PROTOPLASMATOLOGIA
HANDBUCH DER PROTOPLASMAFORSCHUNG

BEGRÜNDET VON
L. V. HEILBRUNN · F. WEBER
PHILADELPHIA   GRAZ

HERAUSGEGEBEN VON
M. ALFERT · H. BAUER · C. V. HARDING · W. SANDRITTER · P. SITTE
BERKELEY   TÜBINGEN   ROCHESTER   FREIBURG I. BR.   FREIBURG I. BR.

MITHERAUSGEBER
J. BRACHET-BRUXELLES · H. G. CALLAN-ST. ANDREWS · R. COLLANDER-HELSINKI
K. DAN-TOKYO · E. FAURÉ-FREMIET-PARIS · A. FREY-WYSSLING-ZÜRICH
L. GEITLER-WIEN · K. HÖFLER-WIEN · M. H. JACOBS-PHILADELPHIA
N. KAMIYA-OSAKA · W. MENKE-KÖLN · A. MONROY-PALERMO
A. PISCHINGER-WIEN · J. RUNNSTRÖM-STOCKHOLM

BAND II
CYTOPLASMA

C
PHYSIK, PHYSIKALISCHE CHEMIE, KOLLOIDCHEMIE

6
**DIE HYDRATATION UND HYDRATUR DES PROTOPLASMAS DER PFLANZEN
UND IHRE ÖKO-PHYSIOLOGISCHE BEDEUTUNG**

1970

SPRINGER-VERLAG
WIEN · NEW YORK

DIE HYDRATATION UND HYDRATUR DES PROTOPLASMAS DER PFLANZEN UND IHRE ÖKO-PHYSIOLOGISCHE BEDEUTUNG

VON

H. WALTER und K. KREEB
STUTTGART-HOHENHEIM

MIT EINEM BEITRAG VON

H. ZIEGLER und G. H. VIEWEG
DARMSTADT

REDIGIERT VON

K. KREEB

MIT 165 ABBILDUNGEN

1970

SPRINGER-VERLAG
WIEN · NEW YORK

ISBN-13: 978-3-7091-5743-5   e-ISBN-13: 978-3-7091-5742-8
DOI: 10.1007/978-3-7091-5742-8

Die Hydratation und Hydratur des Protoplasmas der Pflanzen und ihre öko-physiologische Bedeutung

Von

H. WALTER und K. KREEB

Stuttgart-Hohenheim

Mit einem Beitrag von

H. ZIEGLER und G. H. VIEWEG

Darmstadt

Redigiert von

K. KREEB

Mit 165 Abbildungen

Inhaltsübersicht

---

[1] Von H. Ziegler und G. H. Vieweg, Botanisches Institut der T. H. Darmstadt.

I. Einführung[2]

1. Kausale und kybernetische Betrachtung

Die Grundlage der modernen Biologie bildet das Kausalitätsprinzip. Die im vorigen Jahrhundert vorherrschende teleologische Betrachtungsweise war mehr und mehr verdrängt worden. In neuester Zeit werden aber die Organismen auch aus der Perspektive der Kybernetik (vom griechischen kybernétes = Steuermann) betrachtet, welche sich mit der Steuerung und Regelung von Vorgängen beschäftigt und heute bei der Automatisierung der Betriebe und bei der Entwicklung von Computeranlagen eine große Rolle spielt. Ein lebender Organismus als eine Ganzheit läßt sich kybernetisch mit solchen selbstgesteuerten, automatisierten Betrieben vergleichen (Hassenstein 1967). Die rein kausale Erklärung des Ablaufes der Lebensvorgänge genügt für das Verständnis eines

---

[2] Frl. G. Buri danken wir für ihre zuverlässige Assistenz bei den technischen Vorarbeiten.

Organismus nicht. Erst wenn wir berücksichtigen, daß alle kausal bedingten Vorgänge auch gesteuert werden oder einen Regelkreis bilden, kommen wir dem Wesen des Organismus als einer natürlichen Einheit näher.

Wenn aber irgendwelche Vorgänge gesteuert werden, so muß ein bestimmtes Ziel gegeben sein. Dies gilt für biologische Reaktionen gleichermaßen wie für automatisierte Betriebe. Ihre gesteuerten Mechanismen versteht man erst, wenn man das Ziel, das erreicht werden soll, kennt. Bei einem Organismus ist dies letzten Endes seine Erhaltung in einer stets wechselnden Umwelt bis zur Ausbildung der Fortpflanzungsorgane und der Erzeugung von Nachkommen, wodurch erst die Erhaltung der Art gesichert ist (vgl. S. 192).

Jeder gesteuerte oder geregelte Mechanismus funktioniert nur unter bestimmten Voraussetzungen. Eine nicht vorgesehene Störgröße (= Außeneinfluß) kann den Mechanismus zerstören. Dasselbe gilt auch für einen Organismus, der nur in einer bestimmten Umwelt funktionsfähig ist. Seine Regelkreise, die einen bestimmten Zustand (die Regelgröße) möglichst konstant halten, müssen jedoch flexibel sein, weil die natürliche Umwelt stets wechselnd und in bestimmten Grenzen unbeständig ist. Die Steuerung wird unter vollkommen unnatürlichen Bedingungen im Laboratorium oder auch bei Versuchen im Freien, etwa infolge der Einwirkung von nicht-natürlichen chemischen Verbindungen oder auch von natürlichen Verbindungen in unnatürlich hohen Konzentrationen, versagen. Als Folge davon wird der Organismus Abnormitäten aufweisen und geschädigt oder gar ganz zugrunde gehen.

Die Steuerungs- und Regelungsvorgänge sind bei lebenden Organismen kausal noch nicht ganz durchsichtig. Man beginnt erst in letzter Zeit, Teilprozesse zu verstehen, so die Steuerung durch Enzyme oder Wirkstoffe, durch das Eingreifen der Energiespeicher, die Festlegung der Informationen in der Desoxyribonucleinsäure der Kerne und die Messenger-Funktion der Ribonucleinsäure usw.

Da bei den Regelkreisen der Pflanze vielfach Wachstumsvorgänge eingeschaltet sind, so benötigt die Regelung oft erhebliche Zeiträume, doch läßt sich das allgemeinere, abstrakte, in der Kybernetik verwendete Schaltbild des Regelmechanismus verwenden (vgl. S. 209f.).

Alle diese Vorgänge führen dazu, daß die Kausalketten zu einem gewissen Ziele führen. Die kybernetische Betrachtung zeigt uns somit, daß die Lebensfunktionen nicht nur dem Kausalitätsprinzip entsprechend ablaufen, sondern zugleich auch zielstrebig gesteuert oder geregelt werden. Damit kommen wir in einem modernen Gewande zu der „teleologischen" Betrachtungsweise zurück. Denn was man früher als zweckmäßig bezeichnete, ist im wesentlichen dasselbe, was wir heute als zielstrebig definieren. Anpassungen sind die durch die Steuerung eintretenden Veränderungen, die es dem Organismus ermöglichen, auch unter veränderten Umweltbedingungen am Leben zu bleiben und sich fortzupflanzen. Ein Organismus, der über ein mangelhaftes Steuerungs- oder Regelungssystem verfügt, ist wenig lebensfähig und wird durch Selektion ausgemerzt.

Es findet aber nicht nur eine Gesamtsteuerung aller Lebensvorgänge im Organismus statt, sondern auch eine Steuerung der einzelnen Teilfunktionen, die wir getrennt betrachten können. Ein solcher Teilvorgang ist der Wasserhaushalt der Pflanzen, der kausal weitgehend aufgeklärt ist. Wir sind heute in der Lage, in großen Zügen die Vorgänge bei der Wasseraufnahme der Wurzeln aus dem Boden, bei der Wasserleitung in den Achsenorganen und bei der Wasserabgabe durch die Blätter an die Atmosphäre rein physikalisch zu erklären. Auch hierbei handelt es sich um gesteuerte bzw. geregelte Vorgänge. Wasseraufnahme, Wasserleitung und Transpiration beeinflussen sich gegenseitig, und greifen so ineinander über, daß man sie eigentlich nicht getrennt behandeln kann, wie es aus didaktischen Gründen meist geschieht.

Wenn es gesteuerte Vorgänge sind, so müssen wir aber auch nach dem Ziel fragen, dem sie dienen. Lange Zeit wurde bei der Besprechung des Wasserhaushalts eine intensive Transpiration als bedeutungsvoll angesehen und die Wasseraufnahme und die Wasserleitung als die dem Ersatz der durch die Transpiration entstandenen Wasserverluste dienenden Mechanismen. Eine solche Feststellung ist natürlich nicht falsch, sie führt aber nicht zum richtigen Verständnis des gesamten Wasserhaushalts der Pflanze. Denn in Wirklichkeit ist die Transpiration im wesentlichen eine Begleiterscheinung des für die Photosynthese notwendigen Gasaustausches mit der Atmosphäre. Wir können sie als ein „notwendiges Übel" bezeichnen. Eine intensive Transpiration ist ein Zeichen für einen intensiven Gasaustausch und damit zugleich für eine intensive Photosynthese, falls die anderen, für die CO_2-Assimilation notwendigen Voraussetzungen ebenfalls günstig sind.

Eine sehr wichtige Voraussetzung ist dabei, daß sich die lebende Substanz in den assimilierenden Zellen in einem aktiven Zustand befindet. Das trifft für das Protoplasma nur dann zu, wenn es stark hydratisiert ist, was nur bei einer ausgeglichenen Wasserbilanz auf hohem Niveau der Fall sein kann. Das gilt nicht nur für die Photosynthese, sondern auch für den Ablauf aller anderen Lebensfunktionen, somit auch für das Wachstum und die Entwicklung der Pflanze.

Merkwürdigerweise wird jedoch auf den Hydratationszustand des Plasmas bei der Besprechung des Wasserhaushalts der Pflanzen meist überhaupt nicht hingewiesen, obgleich dies die Kernfrage ist, ohne die man die ganzen komplizierten, mit dem Wasserhaushalt verbundenen Einrichtungen nicht verstehen kann. Eine hohe Hydratation des Plasmas ist bei Landpflanzen durchaus keine Selbstverständlichkeit, wenn man an die oft so trockene, die Pflanzen umgebende Atmosphäre denkt. Die diesbezüglich wichtige Regelung des Wasserhaushalts dient dem Hauptziele, einen möglichst intensiven Gasaustausch für die Photosynthese unter Aufrechterhaltung einer optimalen Hydratation der lebenden Substanz — des Plasmas — zu ermöglichen (vgl. S. 12).

Daß daneben der Transpirationsstrom dem Transport der anorganischen Nährstoffe von den Wurzeln zu den Blättern dient und die Transpiration in wenigen, seltenen Fällen auch eine schädliche Überhitzung der Blätter bei starker Einstrahlung verhindert, ist von zweitrangiger Bedeutung. Für den Transport der Mineralstoffe wären z. B. so große Wasserverluste durch die Transpiration, die meist das 400—600fache der gebildeten organischen Substanz betragen, nicht notwendig. In den meisten Fällen schränken bei starker Einstrahlung an besonders heißen und trockenen Tagen die Pflanzen ihre Transpiration durch Stomataverschluß ein, d. h. daß sie unter diesen Umständen das Auftreten von Übertemperaturen überhaupt nicht zu verhindern in der Lage sind.

Es wird unsere Aufgabe in diesem Band der Protoplasmatologia sein, alle Fragen, die mit der Hydratation des Plasmas im Zusammenhang stehen, zu besprechen.

2. Poikilohydre Pflanzen, homoiohydre Pflanzen und Hydratur

Zu den Grundvoraussetzungen alles Lebens gehören bestimmte Wärme- und Wasserverhältnisse, denen die lebende Substanz, das Plasma, stets ausgesetzt ist. Um die ersteren zu erfassen, genügt es bei poikilothermen Organismen, zu denen alle Pflanzen gehören, im allgemeinen die Temperatur außerhalb des Organismus zu messen, da sie sich nicht wesentlich von der Temperatur innerhalb des Organismus unterscheidet. Bei homoiothermen Organismen, z. B. den Warmblütlern unter den Tieren, ist das nicht der Fall. Deshalb muß man bei diesen die Temperatur im Organismus selbst feststellen, denn sie ist von der Temperatur außerhalb des Organismus weitgehend unabhängig.

Ähnlich wie bei der biologischen Betrachtung im Hinblick auf die Wärmeverhältnisse die Temperatur (Wärmezustand) eine größere Rolle spielt als die Wärmemenge, ist hinsichtlich der Wasserverhältnisse nicht die „Wassermenge" von erstrangiger Bedeutung, sondern der „Wasserzustand". Wir benützen dafür die kurze Bezeichnung Hydratur und werden später zeigen, daß sie dem in der Thermodynamik gebräuchlichen Begriff der „relativen Aktivität des Wassers" entspricht. Um die Wasserverhältnisse, unter denen sich die Pflanzen befinden, zu charakterisieren, gibt man heute fast stets nur die Wasserverhältnisse außerhalb des Organismus an. Das kann man für eine kleine Gruppe der poikilohydren Pflanzen gelten lassen, nicht dagegen für die andere, viel wichtigere Gruppe der homoiohydren Pflanzen (WALTER 1931 a). Ebenso wie für homoiotherme Organismen nur die Temperatur im Organismus uns einwandfrei Auskunft über die für die Lebensfunktionen wichtigen Wärmeverhältnisse gibt, können wir die für homoiohydre Pflanzen wichtigen Wasserverhältnisse nur dann richtig beurteilen, wenn wir die „relative Aktivität des Wassers", d. h. die Hydratur des Plasmas im Organismus kennen.

„Hydratur" ist ein ebenso allgemeiner Begriff wie Temperatur. Man kann von der Temperatur und Hydratur des Bodens, der Atmosphäre usw. sprechen. Für die Lebensfunktionen ist jedoch maßgebend die Temperatur und die Hydratur des Plasmas. Wir dürfen nicht vergessen, daß zwar für die stets poikilothermen Pflanzen die Temperatur außerhalb und innerhalb der Pflanze im wesentlichen dieselbe ist, aber die Hydratur bei der Gruppe der höheren homoiohydren Pflanzen außen und innen sehr verschieden ist. Die Hydratur außerhalb der Pflanze gibt uns deshalb keinen Anhaltspunkt für die Hydratur innerhalb der Pflanze. Sogar die Hydratur in den Interzellularen ist von der des Plasmas verschieden, es sei denn, daß die Zellen nicht turgeszent sind. Diese Tatsachen werden immer noch häufig zu wenig berücksichtigt und sollen deshalb eingehend erläutert werden.

Die homoiohydren Pflanzen haben sich im Laufe der phylogenetischen Entwicklung des Pflanzenreichs allmählich bei der Anpassung an das Leben auf dem Lande herausgebildet. Zum besseren Verständnis der Natur dieser homoiohydren Pflanzen wollen wir anschließend die physiologischen Voraussetzungen für den Übergang der autotrophen Pflanzen vom Leben im Wasser zu dem außerhalb desselben im Laufe ihrer phylogenetischen Entwicklung kurz besprechen.

3. Die Bedeutung der Vacuole für den Übergang vom Leben im Wasser zum Landleben der Kormophyten

Das Leben ist, wie wir wissen, in weit zurückliegenden Epochen der Erdgeschichte im Wasser entstanden. Das kommt auch heute noch darin zum Ausdruck, daß alles Leben an Wasser gebunden ist. Denn nur im stark hydratisierten Zustand der lebenden Substanz, des Plasmas, können wir Lebenserscheinungen feststellen[3].

Die Hydratation des Plasmas war kein Problem, solange das Leben der Organismen sich im Wasser vollzog. Erst bei der Eroberung des Landes hatten sie eine kritische Phase zu überwinden, weil sie dort oft von einer sehr trockenen Atmosphäre umgeben sind. Die frei beweglichen tierischen Organismen können stets von Zeit zu Zeit eine Wasserquelle aufsuchen, um ihren Wasservorrat wieder aufzufüllen. Die ortsgebundenen pflanzlichen Organismen sind jedoch den gegebenen Verhältnissen an ihrem Wuchsort direkt ausgesetzt.

Die Besiedelung des Landes vollzog sich bei den Pflanzen auf zweierlei verschiedene Weise, so daß auch heute noch die bereits oben erwähnten zwei ihrem Wasserhaushalt nach grundsätzlich verschiedenen Typen von Landpflanzen zu erkennen sind (Walter 1931a, 1967a, vgl. auch 1958):

1. die wechselfeuchten oder poikilohydren, meist niederen Pflanzen und
2. die eigenfeuchten oder homoiohydren, ausschließlich höheren Pflanzen.

Der Übergang der Wasserpflanzen zur poikilohydren Lebensweise auf dem Lande dürfte schon sehr frühzeitig stattgefunden haben. Solche Landpflanzen sind niedere autotrophe Pflanzen, *Cyanophyceen* und niedere Grünalgen (*Protococcales*, einige *Ulotrichales*), welche sich durch kleine, vacuolenfreie Zellen auszeichnen (Abb. 1). Als richtige Landpflanzen können wir sie eigentlich nicht ansehen. Zwar leben sie außerhalb des Wassers, aber sie befinden sich im aktiven Lebenszustand nur dann, wenn sie von Wasser befeuchtet werden oder von einer fast dampfgesättigten Atmosphäre umgeben sind. Sonst trocknet ihr Plasma aus und geht in einen latenten Lebenszustand über, ohne jedoch abzusterben. Da diese Zellen keine Vacuolen enthalten, sind die Volumverkleinerungen ihres Zellinhaltes beim Austrocknen so unbedeutend, daß die submikroskopische Feinstruktur des Plasmas erhalten bleibt und beim Wiederaufquellen die normalen Lebensfunktionen erneut einsetzen.

Für *Dunaliella salina* wurde elektronenmikroskopisch nachgewiesen, daß bei starkem Wasserentzug durch hypertonische Lösungen bzw. beim starken Aufquellen in hypotonischen Lösungen die submikroskopische Plasmastruktur erhalten bleibt (Trezzi, Galli und Bellini 1965). Der ganze Zellinhalt verändert gleichmäßig den Quellungszustand, so daß das morphologische Bild das gleiche bleibt. Nur zwischen den Doppellamellen der Kernmembran bilden sich beim Aufquellen größere Säcke;

---

[3] Eine lebende Substanz befindet sich nicht in einem statischen Zustand, sondern in einem dynamischen Strömungsgleichgewicht. Unter „Plasma" verstehen wir den gesamten Protoplasten, also das Cytoplasma, den Nucleus und die Plastiden, die ihrerseits eine elektronenmikroskopisch feststellbare, komplizierte Feinstruktur besitzen. Bei der Hydratation des Plasmas werden die einzelnen Teile und Strukturelemente verschiedene Mengen an Wasser aufnehmen, doch wird sich das Wasser im gesamten System des Plasmas energetisch im Gleichgewicht befinden.

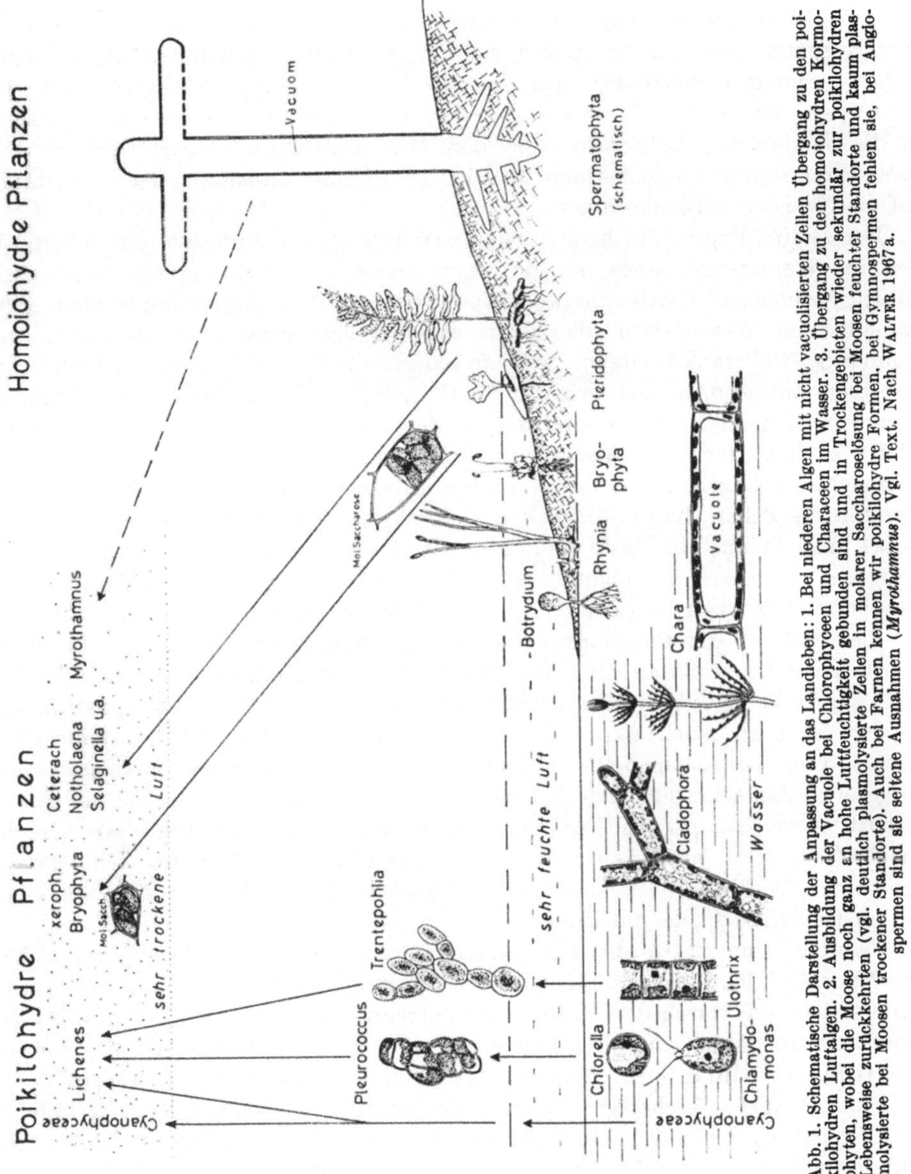

Abb. 1. Schematische Darstellung der Anpassung an das Landleben: 1. Bei niederen Algen mit nicht vacuolisierten Zellen Übergang zu den poikilohydren Luftalgen. 2. Ausbildung der Vacuole bei Chlorophyceen und Characeen im Wasser. 3. Übergang zu den homoiohydren Kormophyten, wobei die Moose noch ganz an hohe Luftfeuchtigkeit gebunden sind und in Trockengebieten wieder sekundär zur poikilohydren Lebensweise zurückkehrten (vgl. deutlich plasmolysierte Zellen in molarer Saccharoselösung bei Moosen feuchter Standorte und kaum plasmolysierte bei Moosen trockener Standorte). Auch bei Farnen kennen wir poikilohydre Formen, bei Gymnospermen fehlen sie, bei Angiospermen sind sie seltene Ausnahmen (*Myrothamnus*). Vgl. Text. Nach WALTER 1967a.

beim Entquellen legen sich die Doppellamellen aber wieder dicht zusammen. Auch bei den Chloroplasten entstehen bei der Wasseraufnahme an den blinden Enden der Lamellenpaare Vesikel, ebenso wie bei den Dictyosomen, welche bei Wasserentzug wieder verschwinden, wobei die cytoplasmatischen Organellen als Ganzes schrumpfen und eine größere Dichte gegenüber den Elektronen erhalten. Alle diese Vorgänge bei der Quellung und Entquellung sind reversibel, und das neue Gleichgewicht stellt sich in sehr kurzer Zeit ein.

Zu dieser Gruppe der poikilohydren Landpflanzen gehören auch die niederen heterotrophen Organismen, wie Bakterien und Pilze, von denen letztere schon zum Teil bei relativ stark herabgesetzter Luftfeuchtigkeit zu gedeihen vermögen. Besonders gut an das Landleben angepaßt sind auch die Flechten, die eine Symbiose von niederen Algen und Pilzen darstellen. Dagegen ist die poikilohydre Lebensweise bei den Moosen, einigen Farngewächsen und ganz vereinzelten Angiospermen als eine sekundäre Anpassung zu betrachten, auf die wir noch zurückkommen.

Der zweite Typus, die homoiohydren Pflanzen, konnte erst entstehen, als sich im Wasser im Laufe der phylogenetischen Entwicklung Grünalgen mit großen vacuolisierten Zellen herausgebildet hatten. Diese Algen sind solchen ohne Vacuolen im Wettbewerb überlegen, weil sie eine größere Produktivität an organischer Substanz besitzen. Letztere hängt von der Größe der dem Licht ausgesetzten photosynthetisch wirksamen Oberfläche ab. Sie ist bei den kleinen, vacuolenfreien Algen im Verhältnis zu der Masse des gesamten Protoplasten relativ gering. Durch die Vacuolenbildung, wobei das Plasma, in welchem die Chloroplasten liegen, meist nur auf einen dünnen Wandbelag beschränkt wird, konnten die Zellen die photosynthetisch wirksame Oberfläche stark vergrößern. Dabei braucht nur eine feste Zellwand aus Kohlenhydraten, die bei der Photosynthese entstehen, aufgebaut zu werden, während ein Mehraufwand an gebundenem Stickstoff, der sich bei den Pflanzen meist im Minimum befindet, für die Synthese der Plasmaproteide nicht notwendig ist. Durch den Turgormechanismus erhielten diese vacuolisierten Zellen zugleich eine große Festigkeit; sie verloren jedoch ihre Austrocknungsfähigkeit. Denn das wandständige Plasma ist beim Austrocknen dieser Zellen zwischen den sich verkleinernden Vacuolen und der festen Zellwand einer so starken mechanischen Beanspruchung ausgesetzt, daß seine Feinstruktur beschädigt wird und ein Absterben der Zellen eintritt. Algen mit großen Vacuolen sind deshalb außerhalb des Wassers nicht anzutreffen. Nur *Botrydium* erhebt den blasenförmigen Teil der Zelle gerade noch über die Bodenoberfläche. Auch *Vaucheria*-Fäden können sich auf einer nassen Bodenoberfläche ausbreiten.

Vacuolisierung hatte aber eine andere sehr wichtige Veränderung zur Folge. Die Vacuole bildet für das Plasma ein inneres wässeriges Medium, an das es unmittelbar, nur durch den Tonoplasten getrennt, angrenzt. Die Hydratation des Plasmas wird dabei, wie wir sehen werden, nicht mehr von dem Außenmedium, sondern von dem Zellsaft in der Vacuole bestimmt.

Damit war die Möglichkeit zu einer Eroberung des Landes auf einem anderen Wege gegeben, der durch die homoiohydren Kormophyten verwirklicht wurde und der sich als viel erfolgreicher erwies, als der oben erwähnte.

Die Vorfahren der *Psilophyten*, die als erste echte Landpflanzen anzusehen sind, kennen wir nicht. Es waren wohl Chaetophoraceen- oder Characeen-ähnliche Grünalgen, auf jeden Fall vielzellige Organismen mit großen, stark vacuolisierten Zellen. Bei diesen wollen wir die Gesamtheit der Vacuolen, die das innere wässerige Medium enthalten, unter der Bezeichnung Vacuom zusammenfassen.

Dieses Vacuom gab den Kormophyten die Möglichkeit, ihr von einer wasserundurchlässigen Cuticula bedecktes Sproßsystem über das Wasser oder den wasserhaltigen Boden in die Luft zu erheben, ohne daß dabei die Hydratation des Plasmas erniedrigt wurde. Allerdings konnte der Schutz der Cuticula gegen Wasserverluste kein vollständiger sein. Denn die Voraussetzung für die Photosynthese der autotrophen Pflanzen ist ein reger Gasaustausch mit der Atmosphäre, d. h. die Aufnahme des Kohlendioxids. Es wurde der Spaltöffnungsapparat ausgebildet, um die Diffusion des CO_2 aus der Atmosphäre in die Pflanze zu ermöglichen. Das hatte aber Wasserverluste durch Transpiration zur Folge, da die Wasserdampfspannung in den Interzellularen des Blattes meist höher ist als in der Außenatmosphäre. Bei offenen Stomata müssen deshalb Wassermoleküle aus dem Blatt herausdiffundieren, was wir als stomatäre Transpiration bezeichnen. In geringem Ausmaße treten auch Wasserverluste durch die cuticuläre Transpiration ein.

Diese Wasserverluste müssen eine Abname der Plasmahydratation nach sich ziehen, wenn sie nicht ständig durch eine Wasseraufnahme ersetzt werden. Die Eroberung des Landes durch die Pflanzenwelt hatte somit die Ausbildung von wasseraufnehmenden Organen, die im Kontakt mit einem wasserhaltigen Medium stehen, und eines Leitungssystems als Voraussetzung. Beides geht Hand in Hand mit einer zunehmenden Entwicklung der Sporophytengeneration.

Bei den *Bryophyten* überwiegt im Generationswechsel noch der Gametophyt. Er besitzt keine Stomata, die Cuticula ist schwach ausgebildet, die Wasseraufnahme aus dem Boden ist kaum möglich, da nur Rhizoiden vorhanden sind. Ein Leitungssystem ist gerade nur angedeutet. Es ist deshalb verständlich, daß die Moospflanzen nur an feuchten Standorten fähig sind, dauernd aktiv zu sein, wobei sie sich kaum über den feuchten Untergrund erheben. Sobald die Bedingungen ungünstiger werden, gehen sie in den latenten Lebenszustand über, d. h. sie verhalten sich in diesem Falle wie poikilohydre Arten. Beim Sporophyten können schon Stomata ausgebildet werden, die jedoch keine Schließbewegungen ausführen. Zu einer selbständigen Lebensweise ist der Sporophyt noch nicht befähigt.

Bei den *Pteridophyten* ist der Sporophyt schon eine selbständige Generation und eine richtige homoiohydre Pflanze. Spaltöffnungsapparat, Wurzelorgane und Leitungssystem sind bereits vorhanden, aber letzteres besteht noch meist aus Tracheiden und ist wenig leistungsfähig. Es werden auch bereits bei den mikrophyllen Formen, vor allen Dingen den *Equisetinen*, xeromorphe Strukturen ausgebildet, welche in Zeiten der Not eine starke Herabsetzung der Transpiration zur Aufrechterhaltung der Hydratation des Plasmas erlauben, so daß baumförmige Arten entstanden. Aus der Karbonzeit sind Pteridophyten-Wälder bekannt, aber auch diese waren noch an sehr feuchte Standorte gebunden. Denn der Gametophyt, der ebenfalls eine selbständige, wenn auch unscheinbare Generation bildet, verhält sich wie die Thallophyten, d. h. er setzt eine dauernd nasse Umgebung für seine Entwicklung voraus. Sofern *Pteridophyten* in ariden Gebieten vorkommen, in denen diese Voraussetzungen fehlen, sind sie sekundär zur poikilohydren Lebensweise der niederen Pflanzen zurückgekehrt. Da jedoch stark vacuolisierte Zellen nicht mehr austrocknungsfähig sind, wurden bei ihnen, aber auch bei Moosen trockener Standorte, bestimmte Anpassungen, die ein Austrocknen ermöglichen, ausgebildet:

1. Reduzierung der Zellgröße mit einer starken Verkleinerung der Vacuolen, so daß die Zellen kaum noch plasmolysierbar sind;

2. in den Vacuolen gelöste Verbindungen, die sich schon bei geringer Austrocknung verfestigen, z. B. Phlorogluzin-Gerbstoffe und andere, so daß nur eine geringe Volumverminderung eintritt;

3. Zellwände, die sich beim Austrocknen der vacuolisierten Zellen leicht in Falten legen, wobei sich die Blätter meist einrollen.

In allen drei Fällen werden schädigende mechanische Einwirkungen auf das Plasma vermieden, so daß es auch im trockenen Zustand am Leben bleibt. Erst als im Laufe der Phylogenie der Gametophyt eine starke Reduktion erfuhr, wurden homoiohydre Arten ausgebildet, die in aridere Gebiete vordrangen, welche während der Pteridophytenzeit im Karbon noch völlig vegetationslos waren (Erhart 1962).

Die vollkommenste Ausbildung aller Anpassungen zur Aufrechterhaltung der Wasserbilanz selbst unter ungünstigsten Bedingungen finden wir bei den *Spermatophyten*, unter denen Arten mit poikilohydrer Lebensweise zu ganz seltenen Ausnahmen gehören.

Alle diese komplizierten Anpassungen der homoiohydren Pflanzen werden erst verständlich, wenn wir berücksichtigen, daß sie ausschließlich dem Zweck dienen, die Konzentration des inneren wässerigen Mediums, des Vacuoms, selbst unter ariden Bedingungen möglichst niedrig zu halten und damit eine hohe Hydratation und Aktivität der lebenden Substanz, des Plasmas, zu gewährleisten.

Allein den Angiospermen ist es gelungen, nicht nur bis in die extremsten Wüsten vorzudringen, soweit diese überhaupt noch episodische Niederschläge erhalten, sondern auch die Salzböden zu besiedeln, welche in ariden Gebieten verbreitet sind. Unter den homoiohydren Landpflanzen findet man echte Halophyten, die in ihrem Wachstum durch Natriumchlorid merklich gefördert werden, ausschließlich unter den Angiospermen.

Nur ganz wenige *Bryophyten* gedeihen gerade noch an leicht brackigen Standorten. Bis auf *Asplenium marinum*, das in der Spritzzone an den Meeresküsten von Schottland bis Spanien wächst, und *Acrostichum aureum* am inneren Rande der Flußmündungsmangroven, sind uns keine *Pteridophyten* bekannt, die an Salzstandorte gebunden sind. Den *Gymnospermen* scheinen Halophyten ganz zu fehlen, wenn auch *Cupressus macrocarpa* an der Küste Californiens auf Felsen wächst, welche bei der starken Brandung dem versprühten Meerwasser ausgesetzt sind.

Die Tatsache, daß sowohl das Natrium als auch das Chlor, die wichtigsten Elemente der Meersalze[4], nicht zu den für die Entwicklung der Pflanzen unentbehrlichen Elementen gehören, wie auch das Fehlen von Halophyten unter den niederen Kormophyten, sprechen dafür, daß die Landpflanzen von niederen Pflanzen abstammen, welche im Süßwasser lebten. Es ist wahrscheinlich, daß der Salzgehalt des Meerwassers ursprünglich sehr gering war. Denn die im Meer gelösten Salze sind ja nur der nicht sedimentierte Teil der Verwitterungsprodukte, welche durch die Flüsse ins Meer geschwemmt wurden, sowie der Exhalationen der Vulkane. Die Halophyten unter den Landpflanzen sind somit eine spätere sekundäre Anpassung, ebenso wie die heutigen Meeresalgen, von denen keine Landpflanzen abstammen.

---

[4] In einem kg Meerwasser sind im Mittel 35 g an Salzen enthalten, wobei der Gehalt an Natrium allein 10,75 g und an Chlor sogar 19,35 g beträgt. Zusammen sind das über 30 g.

Für alle *Halophyten* ist es bezeichnend, daß sie viel Salz, vor allen Dingen Natriumchlorid aufnehmen und in Zellen, namentlich den Blattzellen speichern. Elektrolyte beeinflussen jedoch die Hydratation des Plasmas in einer ganz bestimmten Weise. Chloride wirken z. B. quellend. Wir müssen deshalb diese „Elektrolytquellung", die für die Halophyten von Bedeutung ist, von der Hydratation des Plasmas im Süßwasser streng unterscheiden und somit auch das Halophytenproblem, bei dem diese Elektrolytquellung eine Rolle spielt, gesondert behandeln (siehe Abschn. IX).

II. Grundlegende Untersuchungen über die Hydratation des lebenden Plasmas

1. Untersuchungen an *Spirogyra*

Den Ausgangspunkt für die ersten Versuche zur Bestimmung der Hydratation des Plasmas (WALTER 1923b) bildeten plasmolytisch-volumetrische oder kürzer plasmometrische Messungen. Diese Methoden wurden von LEPESCHKIN (1909a, 1909b) für Permeabilitätsbestimmungen und von HÖFLER (1917, 1918) auch zur Berechnung der Zellsaftkonzentration von nicht plasmolysierten Zellen benutzt. Verwendet man für die Plasmolyse längliche, regelmäßig geformte, z. B. zylindrische oder prismatische Zellen, die plasmaarm sind, so löst sich der Zellinhalt (Plasma und Vacuole) bei beginnender Plasmolyse von den Querwänden ab und zieht sich schließlich in der Mitte der Zelle zusammen. Im Endstadium besitzt er die regelmäßige Form eines an den Längswänden anliegenden Zylinders mit zwei konvexen Kuppen an beiden Enden (Abb. 2). Bei *Spirogyra* sind diese Enden halbkugelig. Ihr Volumen ist dann um 1/3 kleiner als der ihnen entsprechende Abschnitt des Zylinders. Sind die Kuppen flacher, so sind nach HÖFLER (1917) Korrekturen anzuwenden.

Bei plasmaarmen Zellen entspricht das Volumen des plasmolysierten Zellinhalts praktisch dem der Vacuole; folglich wird sich das Volumen des Zellinhalts umgekehrt proportional mit der Konzentration der plasmolysierenden Lösung ändern, welche bei vollzogener Plasmolyse der des Zellsaftes gleich ist. Ist in einem Fall die Konzentration der plasmolysierenden Lösung c_1 und in einem anderen c_2, und sind die Volumina entsprechend v_1 und v_2, so gilt für ideale Lösungen die Gleichung:

$$c_1 \cdot v_1 = c_2 \cdot v_2 = \text{konstant.} \tag{1}$$

Wenn wir ferner das Lumen der ganzen Zelle bei entspannter Membran mit v_0 bezeichnen und bei turgeszenten Zellen mit v_t, so kann man aus obiger Gleichung die Konzentration des Zellsaftes einer unplasmolysierten Zelle bei entspannter Membran c_0 und die einer turgeszenten Zelle c_t berechnen. Es ist dann

$$c_0 = \frac{c_1 \cdot v_1}{v_0} \tag{2}$$

und

$$c_t = \frac{c_1 \cdot v_1}{v_t}. \tag{3}$$

Aber schon Höfler (1918) machte darauf aufmerksam, daß diese Gesetzmäßigkeit bei plasmareichen Zellen nicht gilt. Es muß eine **Plasmakorrektur** angebracht werden. Er ging dabei von der Voraussetzung aus, daß das Volumen des Plasmas sich bei verschiedenen Plasmolysegraden nicht ändert. Bezeichnen wir es mit p, so wird das Volumen der Vacuole $v_1 - p$ bzw. $v_2 - p$ sein, und die Gl. (1) muß lauten:

$$c_1 \cdot (v_1 - p) = c_2 \cdot (v_2 - p) = \text{konstant.} \tag{4}$$

Die Annahme, daß das Volumen des Plasmas sich bei verschieden starker Plasmolyse, also in verschieden konzentrierten Lösungen, nicht ändert, der Hydratationsgrad somit konstant bleibt, beruht auf der verbreiteten Annahme, daß das Quellungswasser von hydrophilen Kolloiden sehr fest gebunden wird.

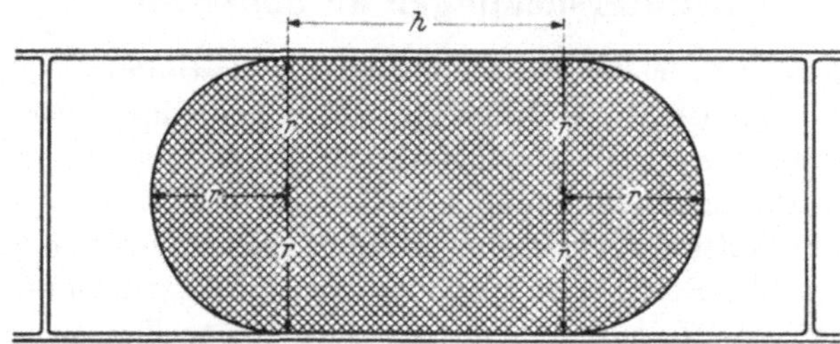

Abb. 2. Schema einer plasmolysierten *Spirogyra*-Zelle. Das Volumen des Zellinhalts mit zwei halbkugeligen Kuppen ist $V = \pi\, r^2 \cdot h + 2\,(2/3\,\pi\, r^3)$.

Wie jedoch Katz (1918) zeigte, ist diese Vorstellung falsch. Der weitaus größte Teil des Quellungswassers wird sehr leicht abgegeben, und nur ein kleiner Rest ist sehr fest gebunden. Auf diese Tatsache, die zu grundlegenden Quellungsgesetzen führt, werden wir später einzugehen haben. Zunächst mußte jedoch geprüft werden, ob man mit einer konstanten Plasmakorrektur bei verschiedenen Plasmolysegraden auch bei plasmareicheren Zellen auskommt. Besonders gut eignen sich hierzu die zylindrischen Zellen von *Spirogyra*, die außer dem Cytoplasma und dem Zellkern noch Chlorophyllbänder von beträchtlichem Volumen enthalten.

Die **Versuchsmethode** ist kurz folgende: Ein geeigneter Algenfaden wird über ein Deckglas gezogen und mit zwei quer darüber gelegten Glasfäden festgehalten. Die Glasfäden klebt man an den Enden an das Deckglas an. Dadurch wird zugleich ein Druck des Deckgläschens, wodurch Abplattung des Fadens hervorgerufen würde, vermieden. Die Deckgläser kommen dann mit dem Algenfaden nach oben in eine geschlossene Glasdose, welche die entsprechende plasmolysierende Saccharose-Lösung enthält. Zur Messung, die möglichst rasch ausgeführt werden muß, bringt man einen Tropfen der Lösung auf einen Objektträger und legt das Deckgläschen mit dem befestigten *Spirogyra*-Faden darauf. Dauert die Messung längere Zeit, so wird, um eine Konzentrierung der Lösung unter dem Deckglas durch Verdunsten zu vermeiden, frische Lösung nachgesaugt.

Bei einigen der von Walter (1923 b) durchgeführten Versuche blieb das Deckgläschen die ganze Zeit auf dem Objektträger, und zwar so, daß die Glasfäden parallel zu den Längsseiten des Objektträgers und der *Spirogyra*-Faden senkrecht dazu zu liegen kamen. Zwei gegenüberliegende Ränder des Deckglases, an den Längsseiten des

Objektträgers, wurden dabei mit Paraffin abgedichtet, die beiden anderen zum ständigen Hinzufügen und Absaugen der Lösung benutzt.

Gleich die ersten Versuche mit einer einbändrigen *Spirogyra*-Art ergaben bei Messungen an 6 Zellen in 1/2 m und 1/1 m Saccharose-Lösungen[5] ein Verhältnis der Volumina von 1,8 : 1,0 statt des theoretischen nach Gl. (1) von 2,0 : 1,0. Die Abweichung durch die Anwesenheit des Plasmas macht sich somit deutlich bemerkbar. Um zu prüfen, ob das Plasmavolumen bei verschiedenen Plasmolysegraden konstant bleibt oder sich ändert, wurden bei einer anderen Versuchsserie ebenfalls mit einer einbändrigen *Spirogyra*-Art die Volumina des Zellinhalts an 18 Zellen in 4 verschieden konzentrierten Saccharose-Lösungen gemessen. Sie ergaben im Mittel folgendes, von dem theoretisch zu erwartenden abweichendes Verhältnis:

Saccharose-Lösung:	1/2 m	2/3 m	5/6 m	1/1 m
Theoretisch nach (1):	2,00	1,50	1,20	1,00
Relatives Volumen:	1,89	1,43	1,12	1,00

Nimmt man an, daß bei diesen *Spirogyra*-Zellen das Plasma 10% des Volumens des Zellinhaltes in einer 1/1 m Lösung einnimmt und sein Volumen bei den verschiedenen Plasmolysegraden sich nicht ändert, dann wäre ein Verhältnis zu erwarten von:

$$1,90 : 1,45 : 1,18 : 1,00.$$

Die Abweichungen der gefundenen Zahlen von diesen dürften nicht gesichert sein. Das gleiche gilt auch für weitere Messungen an 16 Zellen einer vielbändrigen *Spirogyra*-Art. Die Zellen sind für die Entscheidung der Frage, ob das Plasmavolumen sich bei den verschiedenen Plasmolysegraden ändert, in Anbetracht der unvermeidbaren Meßfehler noch zu plasmaarm.

2. Versuche mit *Bangia*

Ein günstigeres Objekt für unsere Fragestellung war die zu den Bangiales gehörende Rhodophycee *Bangia fuscopurpurea*, die an den Meeresküsten in den Spritzzonen über dem Hochwasserniveau sehr häufig ist. Die Versuche wurden an der Biologischen Station auf Helgoland durchgeführt (WALTER 1923b).

Bangia bildet einfache Fäden, die sich an Felsen, Steinen oder Balken mit Hilfe von Rhizoiden festheften. Alle Zellen dieser Alge bis auf die basalen, in Rhizoiden umgewandelten sind teilungsfähig. An der Spitze des Algenfadens treten auch Längswände auf, wodurch der Faden auf dem Querschnitt mehrzellig wird. Die basalen Teile der Fäden bleiben aber sehr lange einreihig (Abb. 3). Eine für unsere Zwecke sehr wichtige Besonderheit der *Bangia*-Zellen ist, daß sie kurze Zylinder darstellen und daß der Zellinhalt in hypertonischen Lösungen sich nicht von der Wand ablöst; denn die inneren Zellwandschichten quellen bei der Volumverkleinerung des lebenden Zellinhalts stark auf. Es tritt also keine richtige Plasmolyse ein, und der Zellinhalt behält seine zylindrische Form bei. Eine weitere Besonderheit dieser Alge ist, daß sie sehr große Konzentrationsunter-

---

[5] m steht für volummolar; die Konzentrationsangabe erfolgt demnach in Mol Rohrzucker pro 1 l Lösung.

schiede der Außenlösung verträgt. Sie wird ja in der Spritzregion nur bei bewegter See vom Meerwasser umspült. Ist das Meer ruhig, so nimmt die Konzentration des an den Algen haftenden Meerwassers infolge von Verdunstung immer mehr zu, bis schließlich eine gesättigte Salzlösung entsteht. Andererseits kann aber insbesondere bei starkem Regen das Salzwasser von den Algenfäden abgespült werden, wodurch die Konzentration nahezu auf Null sinkt.

Die Konzentration des Meerwassers beträgt bei Helgoland im Mittel 3,3%. Bei den Versuchen wurden die Algenzellen aus dem Meerwasser einerseits in gesättigte NaCl-Lösung, welche bei 20° C etwa 35,8 g NaCl auf 100 g H_2O (etwa 27%) enthält, und andererseits in Regenwasser übertragen. Im ersten Fall wurde die Konzentration der Außenlösung um das Achtfache erhöht, im zweiten bis auf 0 erniedrigt.

Da die Algen gegen reine NaCl-Lösung indifferent sind und nach Rückübertragung in Meerwasser frisch und lebensfähig bleiben, war es nicht notwendig, konzentriertes Meerwasser zu verwenden. Das Plasma erwies sich dabei für NaCl als praktisch nicht permeabel.

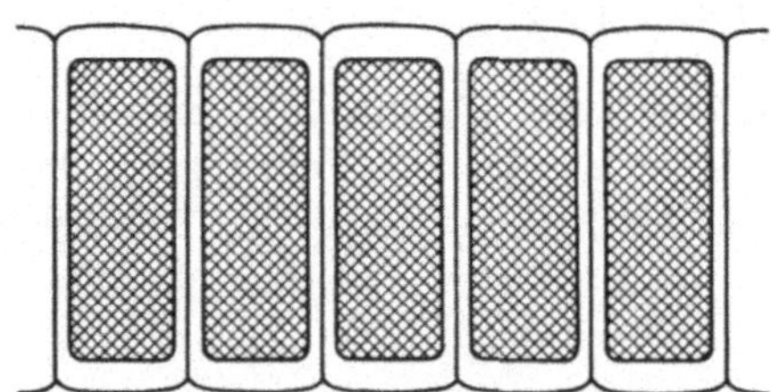

Abb. 3. Teil eines einreihigen *Bangia*-Fadens mit flachen zylindrischen Zellen (schematisch). Chromatophoren nicht eingezeichnet.

Während des Versuches läßt sich beobachten, daß der Zellinhalt in der gesättigten NaCl-Lösung stark zusammenschrumpft und ein homogenes Aussehen annimmt; nur die Umrisse der Chromatophoren bleiben sichtbar. Die inneren Zellwandschichten quellen stark auf. In Meerwasser zurückversetzt, nehmen die Zellen wieder ihre normale Form an; die Quellung der Zellwand geht entsprechend zurück.

Im Gegensatz dazu schwillt der Zellinhalt nach der Übertragung in Regenwasser stark an; zwischen den Fortsätzen der Chromatophoren werden dann Vacuolen sichtbar. Die Zellwand wird zusammengepreßt und ist nur noch als dünner Saum erkennbar. Auch in der Längsrichtung des Fadens legen sich die Zellinhalte dicht aneinander, wobei die Querwände ebenfalls zusammengepreßt werden. Die ausgewachsenen Rhizoidzellen an der Basis sind tot und zeigen daher keine Veränderung, weder in der gesättigten NaCl-Lösung, noch im Regenwasser[6].

Wir sehen somit, daß *Bangia fusco-purpurea* sehr plasmareiche Zellen besitzt. Die Vacuolen sind nur in Regenwasser deutlich zu sehen, im Meerwasser dagegen kaum zu erkennen und in gesättigter NaCl-Lösung überhaupt nicht sichtbar. Die Ergebnisse der Volummessung sind in der Tab. 1 zusammengefaßt. Da der Zellinhalt seine zylindrische Form beibehält, verhalten sich die Volumina wie die Produkte aus dem Quadrat der Breite mal Länge.

Beim Übertragen der Zelle aus gesättigter NaCl-Lösung in Meerwasser nimmt die Konzentration um etwa das 8fache ab. Das Volumen des Zellinhalts vergrößert sich dabei nur auf das 2,5fache. Diese Vergrößerung kann nicht auf einer Volumzunahme der Vacuole allein beruhen, sondern ist auf eine stärkere Hydra-

---

[6] Über die Rhizoidbildung vgl. Walter (1923a).

tation des Plasmas zurückzuführen. Auch die weitere Zunahme im Regenwasser vom 2,5fachen auf das 4fache, also nochmals nicht ganz auf das Doppelte, dürfte mit einer weiteren Plasmaquellung verbunden sein, wobei allerdings die Vergrößerung der Vakuole nicht vernachlässigt werden darf. Außerdem muß man berücksichtigen, daß eine freie Ausdehnung des Zellinhalts durch den Widerstand der Zellwand in diesem Falle verhindert wird. Deshalb streuen die entsprechenden Werte so stark. Daß der Turgordruck der Zellen im Regenwasser stark zunimmt, folgt aus der fast völligen Entquellung der inneren Zellwandschichten, kommt aber auch in einer gewissen Dehnung der äußeren sehr festen Zellwandschicht zum Ausdruck. Der Gesamtdurchmesser der Algenfäden vergrößert sich von 12 Skalenteilen des Okularmikrometers auf 13. Der Turgordruck

Tab. 1. *Relative Volumina von Bangia-Zellen in gesättigter NaCl-Lösung, in Meer- und Regenwasser.* Nach WALTER 1923 b.

Außenlösung	I		II		III		
	Volumen des Zellinhaltes	Verhältnis	Volumen des Zellinhaltes	Verhältnis	Volumen des Zellinhaltes	Verhältnis	Mittelwert der Verhältniszahlen
Gesättigte NaCl-Lösung	$6,0^2 \cdot 3,5$	1,0	$4,25^2 \cdot 3,5$	1,0	$4,25^2 \cdot 4,0$	1,0	1,0
Meerwasser	$8,5^2 \cdot 4,5$	2,6	$6,0^2 \cdot 4,0$	2,3	$6,0^2 \cdot 5,0$	2,5	2,5
Regenwasser	$10,5^2 \cdot 5,5$	4,8	$6,5^2 \cdot 4,5$	3,0	$7,0^2 \cdot 6,0$	4,1	4,0

der Zellen im Meerwasser ist hingegen beträchtlich geringer. Daß er noch vorhanden ist, ergibt sich aus dem Aufquellen der inneren Membranschicht nach dem Übertragen in gesättigte NaCl-Lösung.

Nehmen wir mit HÖFLER (1918) an, daß das Volumen des Plasmas bei *Bangia* beim Übertragen vom Meerwasser in gesättigte NaCl-Lösung sich nicht ändert, so läßt sich aus dem Verhältnis der Volumina 2,5 : 1 der Anteil der Vacuole am Zellinhalt wie folgt berechnen:

Die Konzentrationen der Außenlösungen verhalten sich wie 1 : 8. Bezeichnen wir das als konstant angenommene Plasmavolumen mit p, dann folgt nach Formel (4)

$$1 \cdot (2,5 - p) = 8 \cdot (1 - p) \text{ und}$$

$$p = \frac{5,5}{7} = 0,8,$$

d. h. in der gesättigten NaCl-Lösung würden auf das Plasma 80% des Volumens des Zellinhaltes entfallen und auf die Vacuolen 20%. Da das Gesamtvolumen im Meerwasser 2,5mal größer ist, so müßten auf die Vacuolen 2,5—0,8 = 1,7 von 2,5 entfallen, also 68%. Im Regenwasser ergäbe sich sogar ein Vacuolenanteil von 80%. Das steht im krassen Widerspruch zu den mikroskopischen Befunden. Unsere Annahme, daß das Plasmavolumen konstant bleibt, kann deshalb nicht richtig sein, vielmehr muß sich das Plasmavolumen verändern, d. h. die Hydratation wird mit fallender Konzentration zunehmen.

Der Volumanteil des Plasmas dürfte in gesättigter NaCl-Lösung praktisch 100% sein.

Folgende möglichen Einwände gegen unsere Schlußfolgerung lassen sich entkräften:

1. Das Plasma könnte an der Wand durch Adhäsion festgehalten werden und demzufolge eine Volumverkleinerung des gesamten Zellinhaltes in hypertonischen Lösungen verhindert werden. Dagegen spricht, daß man durch Zerschneiden der Algenfäden das Plasma leicht isolieren kann, ohne daß Membranfetzen am Plasma haften bleiben.

2. Das Plasma könnte für NaCl sehr leicht permeabel sein, wodurch die Volumverkleinerung nicht das Ausmaß erreichen würde, wie man es bei Semipermeabilität erwarten könnte. Hierauf wäre zu entgegnen, daß der Zellinhalt in gesättigter NaCl-Lösung selbst nach Tagen keine merkbare Veränderung erfährt und nach Rückübertragung in Meerwasser sofort sein normales Volumen annimmt.

3. Schließlich könnte man daran denken, daß die Konzentration der NaCl-Lösung in der quellbaren Membran niedriger ist als in der Außenlösung und nur diese geringere Konzentration auf das Plasma einwirkt. Auch das ist unwahrscheinlich; denn die Löslichkeit der Salze in aufgequollenen Gallerten, wie z. B. Agar, das der *Bangia*-Zellwand chemisch ähnlich sein dürfte, ist nicht wesentlich herabgesetzt. Auch eine Undurchlässigkeit der äußeren festen Zellwandschicht für Salze kommt nicht in Frage, denn die Volumverminderung des Zellinhaltes nach Übertragung in konzentrierte Lösung tritt fast momentan ein.

Die bei den Untersuchungen an *Bangia* angewandten Konzentrationsunterschiede waren sehr groß; denn der potentielle osmotische Druck (bisher war hierfür die Bezeichnung „osmotischer Wert" gebräuchlich; vgl. Abschnitt III) von einer gesättigten NaCl-Lösung beträgt etwa 360 atm, der von Meerwasser 20 atm, der von Regenwasser naturgemäß 0 atm.

Es fragt sich nun, ob Quellungsänderungen des Plasmas bei geringeren Konzentrationsunterschieden von Bedeutung für die Pflanze sind. Bevor wir diese Frage beantworten, müssen wir uns mit den allgemeinen Quellungserscheinungen toter Quellkörper etwas genauer beschäftigen.

3. Die Quellung toter Kolloide

Unter Quellung versteht man die Flüssigkeits- oder Dampfaufnahme einer hochmolekularen Substanz unter Volumvergrößerung, wobei die Homogenität des Körpers nicht verlorengeht. Die Quellung kann begrenzt sein, wenn die Flüssigkeitsaufnahme einen Höchstwert — das sogenannte Quellungsmaximum — erreicht, oder unbegrenzt, falls der quellbare Körper kontinuierlich in Lösung geht. Da die Quellungseigenschaften vom Alter und der Vorgeschichte des Körpers abhängen, auch durch die Hysterese stark kompliziert werden, schienen die Gesetzmäßigkeiten bei der Quellung zunächst äußerst verwickelt und unübersichtlich zu sein. Es war das Verdienst von Katz (1918), durch Anwendung von möglichst homogenen Körpern und einfachen Versuchsbedingungen gezeigt zu haben, daß alle quellungsfähigen Körper, organische und anorganische, kristalline und amorphe, sich im wesentlichen analog verhalten. Wir wollen hier zunächst nur die Tatsachen kennenlernen und kommen auf die thermodynamischen Betrachtungen später zurück.

Von den durch KATZ (1918) untersuchten Körpern wählen wir vier aus, die ihrer chemischen Natur nach dem Protoplasten oder seinen Einschlüssen am nächsten stehen. Es sind dies Nuclein, Kasein, Stärke und Gelatine. Die Gelatine unterscheidet sich von den drei ersten Substanzen durch eine stärkere Quellung. Es ist anzunehmen, daß im Protoplasma auch zum Teil ähnlich stark quellende Stoffe enthalten sind. Eine einheitliche Quellungskurve der Plasmabestandteile darf natürlich nicht erwartet werden. Denn es handelt sich um einen Quellkörper mit sehr komplizierter Feinstruktur aus überwiegend hydrophilen

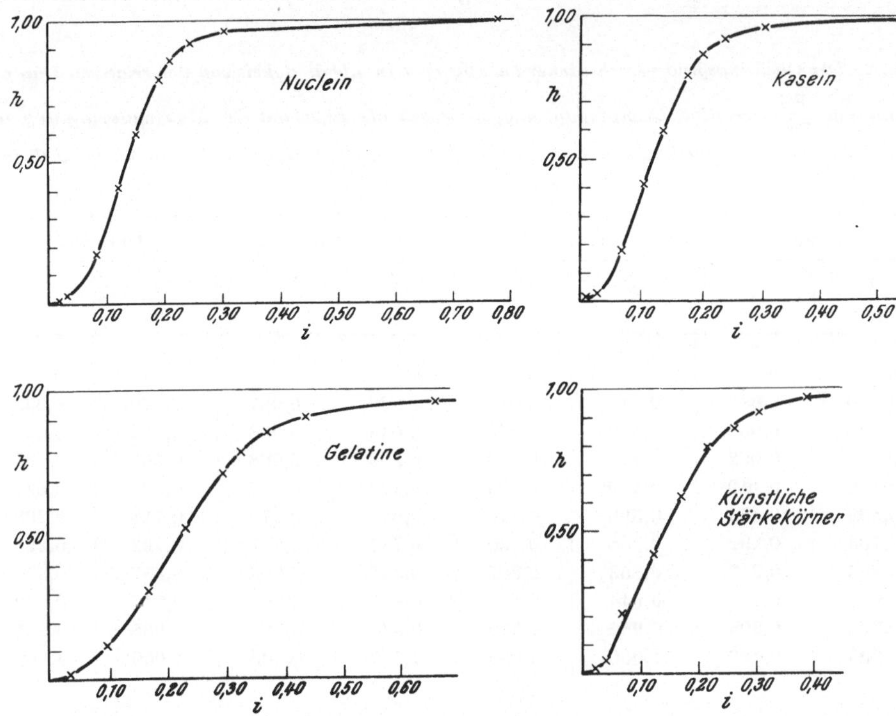

Abb. 4. Quellungskurven nach KATZ 1918. $i = g\ H_2O/1\ g$ trockener Substanz. h = relative Dampfspannung.

Kolloiden, aber auch nicht quellbaren lipophilen Verbindungen. Wenn wir von der Quellung des Plasmas sprechen, so soll darunter die mittlere Hydratation der gesamten lebenden Substanz verstanden sein.

Betrachten wir zunächst die Quellung von homogenen, toten Verbindungen. Als Beispiel sind auf Abb. 4 vier Kurven von KATZ (1918) dargestellt. Es zeigt sich, daß, von der relativen Dampfspannung des Wassers $\left(\dfrac{p}{p_0} = 1\right)$ ausgehend, alle Quellkörper bei Verringerung der Dampfspannung anfangs eine große Wassermenge abgeben. Die Kurve läuft fast horizontal. Bei $\dfrac{p}{p_0} = 0{,}962$ bis $0{,}965$ ändert sich dagegen das Bild beträchtlich. Die Kurven biegen um und verlaufen darauf nahezu vertikal. Erst bei sehr geringen $\dfrac{p}{p_0}$-Werten, welche für uns nicht mehr in Frage kommen, stellt sich wieder ein mehr horizontaler Verlauf ein. Die somit vorhandene S-Form kann als typisch angesehen werden. Es läßt sich daraus schließen, daß das Quellungswasser zum größten Teil nur schwach gebunden wird, während ein kleiner Teil relativ fest gebunden und nur schwer dem Quellkörper zu entziehen ist. Nehmen wir $\frac{p}{p_0} = 0{,}962$ als Grenzwert an, bei welchem das nur leicht gebundene Wasser schon zum größten Teil abgegeben ist, so finden wir, daß es für Nuklein etwa 60%, für Kasein etwa 70%, für Stärke 60%, für Gelatine über 85% der maximal aufgenommenen Wassermenge beträgt. Der

Tab. 2. *Der Quellungsgrad verschiedener toter Körper in Abhängigkeit von der relativen Dampfspannung.* $\frac{p}{p_0}$ = *relative Dampfspannung, gemessen als Bruchteil der Maximalspannung des reinen Wassers.* i = *Quellungsgrad, gemessen als Wassergehalt in g pro 1 g trockener quellbarer Substanz.* Nach Katz 1918.

Nuclein		Kasein		Stärke		Gelatine	
$\frac{p}{p_0}$	i	$\frac{p}{p_0}$	i	$\frac{p}{p_0}$	i	$\frac{p}{p_0}$	i
0	0	0	0	0	0	0	0
0,010	0,017	0,010	0,011	0,020	0,021	0,020	0,033
0,022	0,032	0,022	0,029	0,048	0,038	0,122	0,095
0,176	0,082	0,176	0,070	0,208	0,068	0,306	0,168
0,410	0,119	0,410	0,106	0,420	0,125	0,525	0,232
0,596	0,154	0,596	0,140	0,620	0,172	0,718	0,298
0,788	0,192	0,788	0,180	0,793	0,217	0,793	0,328
0,853	0,213	0,853	0,207	0,857	0,263	0,857	0,376
0,914	0,247	0,914	0,245	0,915	0,303	0,915	0,442
0,962	0,305	0,962	0,319	0,965	0,389	0,965	0,641
1,000	0,780	1,000	1,040	1,000	0,805	1,000	4,600

größere Teil des Quellungswassers wird somit sehr leicht von den Quellkörpern abgegeben. Die Meinung, das Quellungswasser wäre generell fest gebunden, ist nicht richtig.

Unter der Voraussetzung, daß die Quellungsvorgänge der oben besprochenen toten Substanzen denen des lebenden Plasmas entsprechen, können wir annehmen, daß auch das Plasma einen Teil des Hydratationswassers leicht abgeben wird, wenn man beim Plasmolysieren die Konzentration der Außenlösung erhöht, also ihre Dampfspannung herabsetzt.

Die Versuche von Katz (1918) wurden auf folgende Weise durchgeführt: Von dem zu untersuchenden Körper kam eine genau abgewogene Menge in einen Exsikkator über Schwefelsäure bestimmter Konzentration und bekannter relativer Dampfspannung. Sobald die relative Dampfspannung des Quellkörpers diejenige der Schwefelsäure erreicht hatte, also Gleichgewicht eingetreten war, wurde erneut gewogen und aus der Wasseraufnahme bzw. -abgabe der Quellungsgrad ermittelt. Das Ergebnis ist in der Tab. 2 dargestellt.

Aus der Tabelle können wir berechnen, wie die Gewichts- und damit auch die Volumveränderungen der vier Quellkörper wären, wenn wir sie ins Gleichgewicht mit der relativen Dampfspannung von gesättigter NaCl-Lösung (76%) bzw. der von Meerwasser (98,5%) brächten. Es ergeben sich folgende Werte (Tab. 3):

Tab. 3. *Quellungsgrad verschiedener toter Körper bei der relativen Dampfspannung* $\left(\dfrac{p}{p_0}\right)$ *von Regenwasser, von Meerwasser und von gesättigter Kochsalzlösung.* Nach WALTER 1923 b.

$\dfrac{p}{p_0}$	1 g trockene quellbare Substanz wiegt nach der Quellung				Verhältnis der Gewichte				Mittel
	Nu-clein	Ka-sein	Stärke	Gela-tine	Nu-clein	Ka-sein	Stärke	Gela-tine	
Regenwasser = 1	1,78	2,04	1,805	5,6	1,5	1,74	1,49	4,25	2,24
3,3% NaCl = 0,985	1,53	1,66	1,565	3,64	1,29	1,41	1,29	2,68	1,67
Gesätt. NaCl = 0,759	1,185	1,175	1,21	1,32	1,00	1,00	1,00	1,00	1,00

Nimmt man an, daß das Plasmavolumen von *Bangia* sich entsprechend den in der Tabelle angegebenen Mittelwerten ändert, dann würde auf die Vacuole in der gesättigten NaCl-Lösung nur ein Anteil von 10% des gesamten Zellinhaltes und bei Meerwasser von 30% entfallen. Diese Verhältnisse entsprechen etwa dem mikroskopischen Bild. Legt man aber die Zahlen für Gelatine zugrunde, so müßten Vacuolen überhaupt fehlen. Eine Entscheidung über die tatsächlichen Verhältnisse mußte an einem besser geeigneten Objekt durch direkte Messung des Plasmavolumens in verschiedenen konzentrierten Lösungen, für welche das Plasma nicht permeabel ist, gesucht werden. Als dafür gut brauchbar erwiesen sich die sporogenen Fäden von *Lemanea*.

4. Versuche mit *Lemanea*

Lemanea annulata ist eine im Süßwasser lebende Rhodophycee. Sie kommt zerstreut in Mitteleuropa in Gebirgsbächen mit klarem und kalkarmem Wasser vor. Ihre sporogenen Fäden entspringen den befruchteten, in der Rindenschicht gelegenen Karpogonen und wachsen nach innen in den Hohlraum des borstenförmigen Thallus hinein. Zum Versuch wurden die Borsten der Länge nach aufgeschlitzt, die sporogenen Fäden mit einer Lanzettnadel entnommen und auf dem Objektträger ausgebreitet. Der anhaftende Schleim macht eine besondere Befestigung überflüssig. Die sporogenen Fäden erinnern in ihrer Zellanordnung stark an sprossende Hefezellverbände. Die einzelnen Zellen sind oval. Die Membran ist als dünner Streifen nur schwer sichtbar. Der Zellinhalt ist dicht, körnig, undurchsichtig und von schmutzig-olivgrüner Farbe. In der Mitte der Zelle ist der Kern als heller Fleck angedeutet. Vacuolen fehlen. Mit Jodjodkalium färbt sich der Inhalt zum Teil dunkel-rotbraun; er enthält also eine gewisse Menge an Florideen-Stärke. Nur der Kern in der Mitte und das Plasma am Rande werden deutlich gelb gefärbt.

Ersetzt man das Wasser unter dem Deckglas nacheinander durch 1/2 m, 1/1 m und gesättigte Saccharose-Lösungen, so kann man recht gut eine Verkleinerung der Zellen feststellen. Anfangs folgt die in Wasser stark gedehnte Zellwand dem schrumpfenden Protoplasten. Plasmolyse tritt erst in gesättigter Saccharose-Lösung ein, wobei zwischen dem Zellinhalt, welcher jetzt vollkommen homogen und stark lichtbrechend geworden ist, und der Zellwand ein schmaler Hohlraum entsteht. Die in Wasser nur schwach hervortretende Zellwand wird in 1/1 m Lösung deutlich doppelt konturiert. Die Plasmahaut selbst ist für Saccharose impermeabel. Die aus Wasser in 1/2 m, 1/1 m und gesättigte Rohrzuckerlösung übertragenen Zellen nehmen, in 1/1 m und 1/2 m Lösung zurückgebracht, wieder ihr früheres Volumen an. Die Volummessungen sind bei den regelmäßigen ovalen Zellen sehr einfach auszuführen: Sie entsprechen Rotationselipsoiden, deren lange Achse die Rotationsachse ist; ihre Volumina verhalten sich wie das Produkt aus der längeren Achse und dem Quadrat der kürzeren Achse. Die Mittelwerte aus allen Versuchen ergaben folgende relative Volumverhältnisse (Tab. 4):

Tab. 4. *Relative Volumina von Zellen der sporogenen Fäden von Lemanea in Wasser und in verschieden konzentrierten Saccharose-Lösungen.* Nach Walter 1923 b.

Molarität der Saccharoselösung	0	1/2 m	1/1 m	3/2 m	gesättigt (ca. 2,6 m)
Relatives Plasmavolumen	1,39	1,24	1,00	0,73	0,68

Bei diesen Zellen fällt auf, daß bei einer Verminderung der Konzentration um je 1/2 m, von 3/2 m bis zu reinem Wasser, das Volumen des Plasmas immer weniger zunimmt. Es beträgt die Differenz

in 3/2—1/1 m gleich 0,27,
in 1/1—1/2 m   ,,   0,24 und
in 1/2—0   m   ,,   0,15.

Wir erwähnten, daß eine Ablösung des Plasmas von der Zellwand erst in 1/1 m Lösung gerade zu erkennen ist, so daß eine Entspannung der Membran eintritt. In weniger konzentrierten Lösungen wird somit die Ausdehnung des Plasmas durch den Widerstand der Zellwand behindert, wobei ein Turgordruck entsteht. Das ist insbesondere beim Übertragen der Zellen in reines Wasser der Fall. Bei ungehinderter Quellung dürften die relativen Volumina des Plasmas, eine lineare Ausdehnung angenommen, in einer 1/2 m Lösung 1,27 und im Wasser 1,54 betragen. Die zweite interessante Tatsache ist, daß bei einer Erhöhung der Konzentration über 3/2 m Saccharose hinaus kaum noch eine weitere Volumabnahme erfolgt.

5. Die Plasmaquellungskurve

Die Zellen der sporogenen Fäden von *Lemanea* sind vacuolenfrei. Die Volumänderungen, welche ihr Zellinhalt in verschieden konzentrierten Saccharoselösungen erfährt, kommen daher nur durch Änderung des Quellungsgrades zustande. Wir haben somit die Möglichkeit, die Quellungskurve des lebenden Protoplasmas mit den Quellungskurven von toten hydrophilen Kolloiden zu vergleichen. Gleichzeitig kann man den Grad der Bindung des Wassers bestimmen, wenn man die Volumänderung in Beziehung zur relativen Dampfspannung setzt.

Zwischen der relativen Dampfspannung, dem potentiellen osmotischen Druck und der Gefrierpunktserniedrigung von Lösungen bestehen bestimmte mathematische Beziehungen (vgl. S. 118, 138). Wir bringen in der folgenden Tab. 5 die sich entsprechenden Werte für Saccharoselösungen:

Tab. 5. *Relative Dampfspannung (p/p₀ in %), potentieller osmotischer Druck (π^* in atm bei 20° C) und Gefrierpunktserniedrigung (Δ in °C) von Saccharose-Lösungen verschiedener Konzentration (in Mol pro 1 l Lösung).*

	p/p_0	π^*	Δ
Wasser	100	0	0
1/4 m	99,5	6,7	0,56
1/3 m	99,3	9,1	0,76
1/2 m	98,9	14,3	1,19
2/3 m	98,5	20,2	1,68
5/6 m	98,0	26,9	2,24
1/1 m	97,4	35,2	2,94
3/2 m	95,1	66,9	5,60
2,6 m	ca. 85,0	ca. 220,0	ca. 18,00
(gesättigt bei 20° C)			

Diese Werte können wir verwenden, um eine Plasmaquellungskurve in Abhängigkeit von der relativen Dampfspannung zu zeichnen und sie zugleich mit den Kurven für Nuclein, Kasein, Stärke und Gelatine zu vergleichen. Zu diesem Zweck nehmen wir die Werte von KATZ (1918) und setzen dabei das Volumen, welches die quellbare Substanz bei einer relativen Dampfspannung von 97,4 (= 1 m Saccharose-Lösung) annimmt = 1 und berechnen die anderen Werte im Verhältnis dazu. Die Trockensubstanz kann nicht als Basiswert verwendet werden, weil diese beim Plasma nicht bekannt ist. Ebenso ist der Wert für die maximale Quellung im Wasser als ungenau anzusehen, da das Plasma am Erreichen des Quellungsmaximums durch die gespannte Zellwand gehindert wird. Nach dem Aufschneiden der Zellwand einer turgeszenten Zelle würde das Plasma noch etwas mehr aufquellen, wie es die punktierte Kurve annäherungsweise zeigt (Abb. 5). Der Vergleich der Plasmaquellungskurve der *Lemanea*-Zellen mit den Quellungskurven toter organischer Körper, welche chemisch dem Plasma entsprechen dürften, zeigt, daß eine große Ähnlichkeit besteht. Die Plasmaquellungskurve würde fast genau mit der Kurve eines Quellkörpers aus gleichen Teilen von Nuclein, Kasein, Gelatine und Stärke zusammenfallen. Die Stärke nimmt allerdings am Aufbau des Plasmas nicht teil, doch enthalten die sporogenen Zellen von *Lemanea* Florideenstärke. Es kann angenommen werden, daß die Quellungskurve von reinem Plasma mehr der Mittelkurve von Nuclein, Kasein und Gelatine, ohne Stärke, entspricht. Sie ist auf der Abb. 6 ebenfalls eingezeichnet und zeigt mit der Plasmakurve eine noch bessere Übereinstimmung.

Die relative Dampfspannung von etwa 96%, welche einem potentiellen osmotischen Druck von 54,5 atm entspricht, scheint für alle Quellkörper, auch für das Protoplasma, ein kritischer Bereich zu sein. Bei höherer Dampfspannung wird nämlich das Hydratationswasser relativ leicht abgegeben[7]. Unterhalb von 96% ist es dagegen sehr viel fester gebunden. Es kann nur in extrem trockener Luft von unter 20% relativer Dampfspannung oder über Lösungen mit potentiellen osmotischen Drucken von über 2000 atm, z. B. konz. Schwefelsäure, den Quellkörpern entzogen werden.

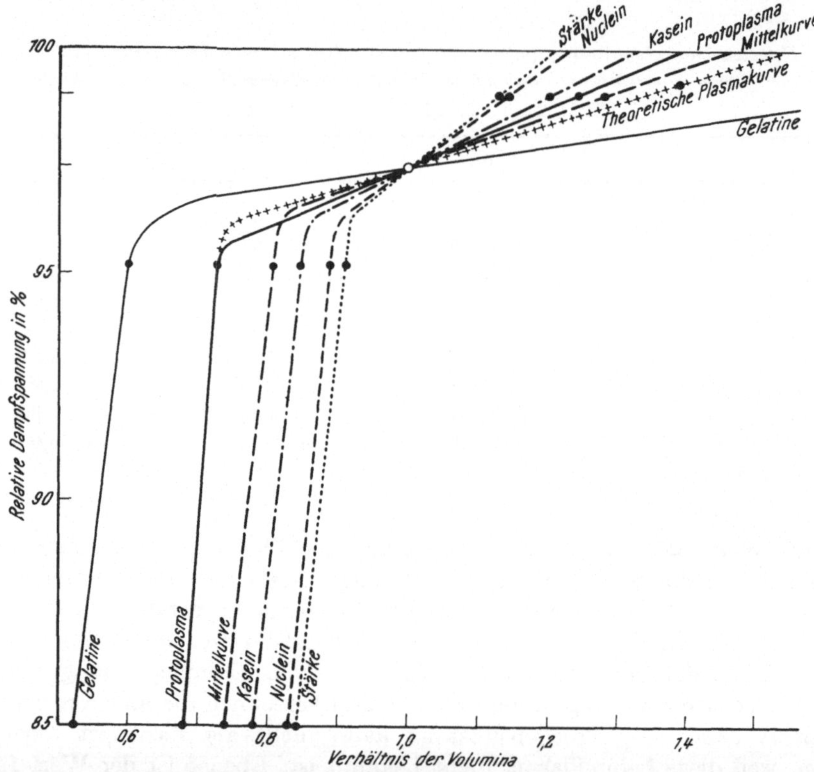

Abb. 5. Quellungskurve des Plasmas (Karposporen von *Lemanea*) verglichen mit den Quellungskurven anderer Quellkörper. Das Volumen bei einer relativen Dampfspannung von 97,4% (molare Zuckerlösung) wurde in allen Fällen gleich 1 gesetzt. Die theoretische Plasmaquellungskurve würde sich ergeben, wenn man den Innendruck noch mit in Betracht zieht. Nach Walter 1925.

Der aktive Lebensbereich der Pflanzen liegt mit wenigen Ausnahmen oberhalb einer relativen Dampfspannung von 96%, also in dem Bereich, in welchem das Plasma stets aktives, schwach gebundenes Hydratationswasser enthält. Es gibt dieses genauso leicht ab wie Lösungen mit entsprechender relativer Dampfspannung oder mit potentiellen osmotischen Drucken bis zu 55 atm bzw. mit einer Gefrierpunktserniedrigung von bis zu — 5° C. Bei etwa — 5° C friert

---

[7] In diesem Bereich gibt das Plasma bei einer Erniedrigung der relativen Dampfspannung von je 0,1%, was ganz grob einer Zunahme des potentiellen osmotischen Druckes um etwas über 1 atm und der Gefrierpunktserniedrigung um etwa 0,1° C entspricht, ungefähr 1% an Quellungswasser ab.

somit praktisch alles leicht gebundene Wasser aus den Pflanzenteilen aus; aber dieses ausfrierende Wasser stammt nicht nur aus dem Zellsaft, sondern auch aus den Plasmakolloiden und z. T. auch aus den gequollenen Zellwandschichten. Das verbleibende, stärker gebundene Wasser wird in gleicher Weise nicht nur von den Kolloiden festgehaltenes Hydratationswasser sein, sondern auch Lösungswasser bei höheren Konzentrationen, wie z. B. bei 1,2—1,3 m Saccharose-Lösungen.

Die Annahme der Anhänger der „bound water"-Theorie (vgl. KRAMER 1955), daß bei — 5° C nur das Wasser aus den in den Zellen enthaltenen Lösungen

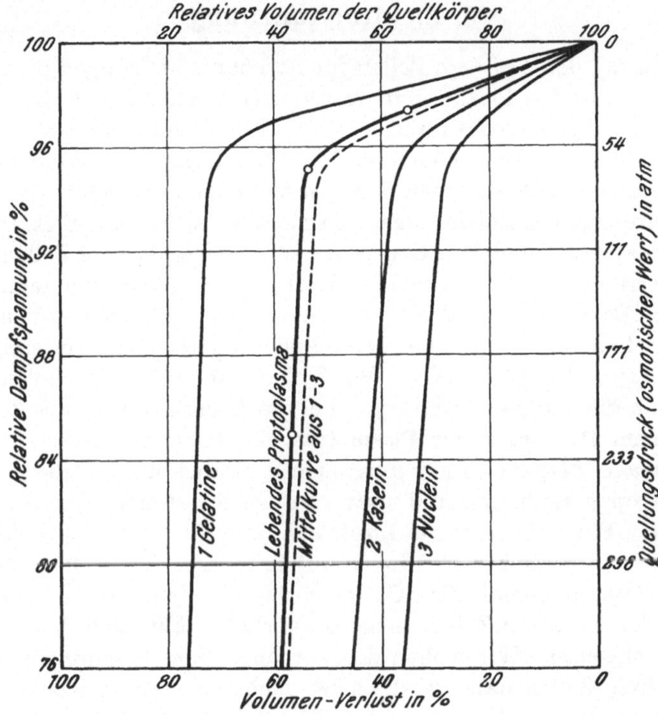

Abb. 6. Quellungskurve des Plasmas (starke Linie) in Abhängigkeit von der relativen Dampfspannung (Hydratur), gemessen an den vakuolenfreien Karposporen von *Lemanea*. Zum Vergleich Quellungskurven von 1 Gelatine, 2 Kasein und 3 Nuclein, dazu (gestrichelt) die Mittelkurve derselben. Gezeichnet nach Zahlenwerten von WALTER 1923 b aus WALTER 1963 a.

ausfriert und das nicht ausfrierende Restwasser dem Hydratationswasser der Plasmakolloide entspricht, ist nicht richtig. Zwischen Lösungen und hydrophilen Kolloiden besteht in dieser Hinsicht kein Unterschied. Alles Wasser in Lösungen und in Kolloiden ist gebunden, was durch die Erniedrigung der relativen Dampfspannung, die der Aktivität des Wassers entspricht (vgl. S. 56), zum Ausdruck kommt. Aus den Kurven, welche die Abhängigkeit des Hydratationsgrades bzw. der Konzentration der Lösung von der relativen Dampfspannung bzw. vom potentiellen osmotischen Druck oder von der Gefrierpunktserniedrigung zeigen, können wir ohne weiteres ersehen, wieviel Wasser und wie fest es bei einer bestimmten Dampfspannung gebunden ist. Die Quellungskurve ist, wie wir sahen, keine gerade Linie, sondern sie besitzt bei etwa 96% eine stärkere Krümmung, was auch für Lösungen gilt, wenn man bei diesen die Konzentration in g Wasser pro g fester Substanz ausdrückt.

Diesbezüglich können wir also sowohl bei Kolloiden als auch bei Lösungen von schwächer und stärker gebundenem Wasser sprechen, doch ist der Übergang zwischen beiden Konditionen kein abrupter. Die „bound water"-Theorie im Sinne von Gortner (1932) und Newton (Newton und Gortner 1922) und vielen anderen hat keine Berechtigung. Eine eingehende Kritik derselben und der verwendeten Methoden findet man bereits bei Weismann (1938[8], vgl. auch Stocker 1956a).

6. Elektrolytquellung

Da das Plasma der *Lemanea*-Zellen für Saccharose-Lösungen nicht permeabel ist, wirken diese auf das Plasma nur wasserentziehend. Es tritt eine Entquellung ein, bis im Gleichgewichtszustand die relative Dampfspannung der Zuckerlösungen und die des Plasmas gleich ist. Eine chemische Veränderung des Plasmas findet nicht statt. Verwendet man dagegen zur Plasmolyse statt der Saccharose-Lösungen konzentrierte Salzlösungen, so zeigt es sich, daß Elektrolyte in das Plasma der *Lemanea*-Zellen, im Gegensatz zu dem der *Bangia*-Zellen, eindringen können; sie werden von den Proteinen adsorbiert und verändern deren Quellungseigenschaften. Da es sich bei den sporogenen Zellen von *Lemanea* um vacuolenfreies Plasma handelt, zeigt jede Volumänderung die Beeinflussung der Quellungseigenschaften des Plasmas an. Bei Zellen mit großen Vacuolen permeieren die Salze bis in die Vacuole, erhöhen dabei die Konzentration des Zellsaftes und führen zu einem Rückgang der Plasmolyse, die Fitting (1915, 1917) sehr eingehend an *Rhoeo discolor*-Zellen untersuchte. Dabei nimmt die Permeabilität nach der lyotropen Reihe zu, und zwar von den SO_4-Ionen über die Cl-Ionen zu den CNS-Ionen. Für Sulfate ist das Plasma kaum oder überhaupt nicht permeabel. Zugleich weiß man, daß die CNS-Ionen auf Proteine sehr stark quellend wirken, die Cl-Ionen etwas quellend, die SO_4-Ionen dagegen schon entquellend. Daß sich das Plasma der *Lemanea*-Zellen genauso verhält, läßt sich leicht unter dem Mikroskop nachweisen. Wir wollen die Vorgänge kurz beschreiben, weil es sich um vacuolenfreie Zellen handelt, die sonst nicht untersucht wurden.

Legt man die Zellen der sporogenen Fäden in konzentrierte NaCl-Lösungen, so tritt im ersten Augenblick, ebenso wie in gesättigter Saccharose-Lösung durch Wasserentzug, eine starke Plasmolyse ein; das Plasma schrumpft und wird homogen. Im Gegensatz zu den *Bangia*-Zellen, welche in gesättigter NaCl-Lösung selbst nach längerer Zeit unverändert bleiben (vgl. S. 18), tritt bei den *Lemanea*-Zellen anschließend an die Plasmolyse eine Volumvergrößerung des Plasmas ein. Dabei legt es sich fest an die Wand an und dehnt diese beträchtlich aus, so daß die Zellen wieder ihr ursprüngliches Aussehen anzunehmen scheinen.

---

[8] In letzter Zeit wird nur noch selten auf die „bound water"-Theorie zurückgegriffen (vgl. Slavik 1963b). Nach neueren russischen Arbeiten ist auch das sogenannte gebundene Wasser stets leicht austauschbar, also eigentlich gar nicht gebunden. Dies zeigte sich bei Versuchen mit H_2O^{18}, u. a. bei Stärkekörnern, und gilt generell für alles Quellungswasser (Vartapetyan 1965, Lebedev und Askochenskaja 1965).

Aber dieser Vorgang hat nichts mit einem gewöhnlichen Rückgang der Plasmolyse zu tun, vielmehr dringt hierbei das gelöste NaCl in das Plasma ein, wird von den Kolloiden adsorbiert und bewirkt eine Änderung der Quellungseigenschaften. Als Folge davon nimmt die Hydratation des Plasmas stark zu.

Da jedoch das Plasma der Süßwasseralge *Lemanea* nicht salzresistent ist, koaguliert es. Es bekommt dabei eine körnige Struktur; der helle Kernfleck in der Mitte wird undurchsichtig und der Farbstoff scheidet sich in Form von einzelnen Körnchen aus. Die scheinbar turgeszente Zelle ist abgestorben; doch quillt das tote Plasma in einer konzentrierten NaCl-Lösung mindestens ebenso stark auf wie lebendes in reinem Wasser.

Verwendet man zum Vergleich der verschiedenen Anionenwirkungen 2 n-Lösungen von KCNS, KNO_3 und KCl, so lassen sich deutliche Unterschiede im Verhalten der *Lemanea*-Zellen feststellen: In KCNS tritt die Schrumpfung und das Wiederaufquellen so rasch ein, daß man den ganzen Vorgang kaum zu beobachten vermag. In KNO_3 verläuft der Vorgang wesentlich langsamer, jedoch sind innerhalb einer halben Stunde alle Zellen bereits aufgequollen, während in KCl der Quellungsvorgang schon mindestens 40 Minuten dauert. Verwendet man im Gegensatz dazu ein stark entquellendes Salz, wie z. B. $(NH_4)_2SO_4$, so ändert sich das Bild vollkommen. In 2 n-Lösung tritt keine Plasmolyse ein, der Inhalt wird sehr dunkel und sieht wie erstarrt aus. Nimmt man gesättigte $(NH_4)_2SO_4$-Lösung, so schrumpft der Inhalt, aber nicht wie gewöhnlich, sondern er erhält eine dichte eckige Form und sieht dann wie eine eingedellte Blechdose aus; ein Wiederaufquellen tritt niemals ein. Wir haben es also mit einer starken Entquellung und einer Verfestigung des Zellinhalts in $(NH_4)_2SO_4$-Lösung zu tun, wodurch die Plasmolyse in der 2 n-Lösung verhindert wird, so daß erst ein noch stärkerer Wasserentzug die Deformation hervorruft.

Die Intrabilität, d. h. das Eindringen der Salze in das Plasma, ist dabei in $(NH_4)_2SO_4$-Lösung gegenüber KCNS-Lösung stark herabgesetzt. Die Zellen, welche nur einen Augenblick in konzentrierter KCNS-Lösung verblieben, zeigten nach sofortigem Auswaschen in Rohrzuckerlösung keine Plasmolyse mehr; sie waren also tot. Zellen, welche vier Stunden in konzentrierter $(NH_4)_2SO_4$-Lösung lagen und anschließend in Wasser gebracht wurden, nahmen ihr normales Aussehen wieder an und wurden durch Saccharose-Lösungen plasmolysiert. Blieben sie länger in der $(NH_4)_2SO_4$-Lösung, so traten Risse auf, und sie starben ohne aufzuquellen ab.

Totes Plasma quillt also in KCl, KNO_3, KCNS in steigendem Maße auf und wird von $(NH_4)_2SO_4$ zum Entquellen gebracht. Dasselbe dürfte auch für lebendes Plasma gelten, da es, wie wir oben gesehen haben, seinen Quellungseigenschaften nach sich nicht prinzipiell von toten Quellkörpern unterscheidet. Zugleich ergab sich, daß die Intrabilität für $(NH_4)_2SO_4$ sehr viel geringer ist als für die übrigen Salze. Bei diesen nahm der Vorgang des Wiederaufquellens in der Reihe KCl, KNO_3 und KCNS immer kürzere Zeit in Anspruch, was auf größere Intrabilität zurückzuführen ist. Es ergibt sich also folgende Gesetzmäßigkeit: je quellungsfördernder ein Salz wirkt, desto leichter dringt es in das Plasma ein. Dieses Ergebnis stimmt vollkommen mit den Befunden FITTINGS (1915 und 1917) überein. Er fand, daß die Permeabilität bei *Rhoeo discolor* für K_2SO_4 gegenüber KNO_3, KCl, KBr und $KClO_3$ stark herabgesetzt ist. KAHHO

(1921a und b) zeigte gleichfalls, daß die Giftigkeit und Permeabilität in der Reihenfolge von CNS^- zu SO_4^{--} abnimmt. Ähnliches fand auch Hansteen-Cranner (1922, vgl. Höfler 1942).

Bei Bakterien kann die Thermoresistenz durch Elektrolyte über den Quellungszustand beeinflußt werden (Vor dem Esche 1953). Sie nimmt mit zunehmender Verquellung ab.

An vacuolisierten Zellen, wie den Epidermiszellen der Zwiebelschuppen oder den Zellen der unteren Blattseite von *Rhoeo discolor*, sind die Wirkungen der Elektrolyte auf die Plasmolyseform und die Quellung des Plasmas im Zusammenhang mit den als Kappenplasmolyse und Tonoplastenplasmolyse bezeichneten Erscheinungen (Höfler 1928, 1932, 1934, 1940) so ausführlich untersucht worden, daß wir hier darauf nicht einzugehen brauchen. Sie werden im Praktikum von Strugger (1949) zusammenfassend behandelt. Dort findet man auch die sehr umfangreiche Literatur zusammengestellt.

Der Salzeinwirkung sind bei Plasmolyseversuchen nicht nur die Plasmakolloide, sondern auch die Kolloide, aus denen sich die Zellwand aufbaut, ausgesetzt. Bei *Bangia*-Zellen sahen wir, daß die inneren Wandschichten sehr stark aufquellen können. In diesem Falle handelt es sich nicht um Proteine, sondern um Kohlenhydrate von ähnlicher chemischer Zusammensetzung wie Agar, welcher ja aus den Zellwandbestandteilen der *Rhodophyceen* gewonnen wird. Chemisch besteht Agar aus komplizierten Polysacchariden (Polyglukuronen), unter denen Galaktane, die bei Säurehydrolyse Galaktose ergeben, überwiegen. Die Einwirkung der Elektrolyte auf die Hydratation des Agars läßt sich sehr leicht feststellen, wenn man Agarpulver verwendet. Bringt man trockenes Agarpulver in kaltes Wasser oder in verschieden konzentrierte Salzlösungen, schüttelt die Suspension durch und läßt dann in einem hohen schmalen Gefäß absetzen, so zeigt uns die Höhe des Sediments die Beeinflussung des Quellungsmaximums durch die jeweiligen Salze an (Walter 1923b).

Eine Prüfung dieser Volummethode ergab, daß sie genügend genau ist. Die Sedimenthöhe kann nach 24 Stunden abgelesen werden. Sie wird in % der Sedimenthöhe in reinem Wasser angegeben.

Die Versuche zeigen, daß alle Salze sich ziemlich ähnlich verhalten. In geringer Konzentration von 1/8 n setzen sie die Quellung des Agars um etwa 10—20% deutlich herab, bei höheren Konzentrationen macht sich wieder die lyotrope Reihe bemerkbar. Das ist zu erwarten, da diese Reihe unabhängig vom Quellkörper durch die Veränderung des Dispersionsmittels, also des Wassers unter dem Einfluß der Ionen zustande kommt. Am stärksten entquellend wirken die SO_4-Ionen, weniger die Cl-Ionen. Bei den NO_3-Ionen wird bei Konzentrationen von der normalen an aufwärts die Entquellung schon sehr gering, und in 2 n-Lösung wird die Sedimenthöhe in Wasser wieder erreicht. Bei Thiocyanaten wird dieser Punkt schon bei etwa 1/2 n erreicht und in 2 n-Lösung ist die Quellung um etwa 70% höher als im Wasser.

Bei den Kationen sind die Unterschiede der Quellungsbeeinflussung zwischen den einzelnen einwertigen Kationen und zwischen einwertigen und zweiwertigen sehr gering. Durch Traubenzucker und Glycerin wird selbst bei hohen Konzentrationen die Quellung des Agars nicht beeinflußt. Wir dürfen annehmen, daß bei den von uns untersuchten Algenmembranen die Verhältnisse denen bei Agar entsprechen, so daß die Plasmolytika die Quellung der inneren Wandschichten bei *Bangia* nicht wesentlich veränderten.

Wenn eine Lösung die Quellung nicht beeinflußt, so wird der Quellkörper in der Lösung dasselbe Quellungsmaximum wie im Wasser erreichen (vgl. jedoch Gl. 65), jedoch wird die relative Dampfspannung derjenigen der Lösung entsprechen. Das gilt auch im Falle der Quellungsbeeinflussung durch die Lösung. Die Quellung wird dann erhöht (Elektrolytquellung), wenn die gelösten Salze von den Molekülen des Quellkörpers adsorbiert werden, so daß die Konzentration der Lösung im Quellkörper größer ist als in der Außenlösung, sie wird herabgesetzt bei negativer Adsorption, d. h. wenn die Konzentration im Quellkörper geringer ist.

III. Thermodynamische Grundlagen der Quellung und Osmose und deren zellphysiologische Bedeutung[9]

Wie in der Einleitung gezeigt werden konnte, besitzen die Vacuolen pflanzlicher Zellen eine lebenswichtige Bedeutung für die Plasmaquellung der höheren Landpflanzen. Das Vacuom stellt ein Wasserreservoir dar, welches als entscheidende Voraussetzung für alle homoiohydren Arten anzusehen ist. Aus dem typischen Aufbau ihrer Zellen, Zellwand, Plasma = semipermeable Membran, Vacuole, ergibt sich die Fähigkeit zur Osmose. Mit den dabei auftretenden Gesetzmäßigkeiten hatten sich bereits PFEFFER (1877) und DE VRIES (1884b, vgl. STOCKING 1956) befaßt, und dann vor allem von physikalisch-chemischer Seite VAN'T HOFF (1887). Ein wichtiges Ergebnis dieser Arbeiten war, daß zwischen osmotischen Gesetzen und Gasgesetzen eine Analogie besteht. Sie gilt aber auch gegenüber den Quellungserscheinungen. Dies läßt sich besonders gut mit Hilfe thermodynamischer Überlegungen aufzeigen, weshalb wir uns in diesem Abschnitt mit den in diesem Zusammenhang wichtigen Grundlagen befassen wollen. Wir beginnen mit der Besprechung der allgemein bekannten Osmose (vgl. GLASSTONE und LEWIS 1965, S. 8—11 und 242). Aus der experimentell in geeigneten Osmometern [z. B. BERKELEY und HARTLEY (1904), MORSE und FRAZER (1905)] nachweisbaren, allerdings strenggenommen nur für verdünnte Lösungen gültigen Beziehung $\pi V = c$ und $\dfrac{\pi}{T} = c$ (π = osmotischer Druck, V = Volumen der Lösung, T = absolute Temperatur, c = Konstante) ergibt sich bei Berücksichtigung von molaren Konzentrationen die VAN'T HOFFsche Gleichung

$$\pi V = R T. \tag{5}$$

R entspricht darin annähernd der Gaskonstanten.

Um nun die für uns wichtigen thermodynamischen Beziehungen entwickeln zu können, müssen zunächst einige thermodynamische Grundbegriffe geklärt werden. Wir beginnen mit den für geschlossene Systeme geltenden Zustandsfunktionen.

---

[9] Herrn Dr. W. BORCHARD, Physikalisch-Chemisches Institut der T. H. Clausthal, danken wir für zahlreiche grundsätzliche Diskussionsbeiträge und wertvolle Ratschläge.

1. Thermodynamische Zustandsfunktionen geschlossener Systeme

Die sogenannten Zustandsfunktionen in der Thermodynamik verbinden die Begriffe innere Energie (U), Arbeit (A) und Wärme (Q). Für ein geschlossenes System, definiert als System ohne Stoffaustausch, gilt

$$U = A + Q \tag{6}$$

d. h., daß die gesamte Innere Energie eines Systems sich aus den Komponenten „Arbeit" und „Wärme" zusammensetzt. Diese Grundfunktion gilt für reversible Vorgänge und läßt sich verschiedentlich umwandeln. Zunächst kann man A durch $P\,\Delta\,V$ ersetzen, da meist, insbesondere bei den später zu betrachtenden Pflanzenzellen, reine Volumarbeit auftritt (vgl. bei Glasstone und Lewis 1965, S. 36). Das Wesen der Volumarbeit kann man sich leicht an Hand der Abb. 7 klarmachen. Wenn das Gasvolumen 1 auf 1 + 2 ausgedehnt werden soll, so muß Arbeit gegen den Außendruck P (im allgemeinen Atmosphärendruck) geleistet werden. Dies kann etwa durch Temperaturerhöhung bei konstantem Druck geschehen. Die unter dieser Bedingung geleistete Arbeit ist gleich dem Produkt aus Kraft · Weg, also $P\,a$ [dyn] · h [cm]. Die Größe $P\,a\,h$ wird in [erg] gemessen, der Dimension der Arbeit. Da aber $a\,h$ nichts anderes als die Volumzunahme ist, die dem Volumen 2 des Zylinders entspricht, können wir auch $P\,\Delta\,V$ schreiben.

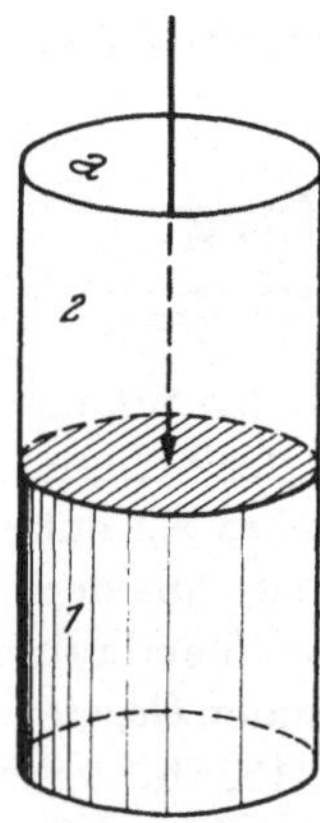

Abb. 7. Darstellung der reinen Volumenarbeit. Außendruck = P (Pfeil), a = Grundfläche des Zylinders, 1 und 2 = Inhalte.

Ersetzen wir in (6) A durch $P\,\Delta\,V$ und lösen wir gleichzeitig nach Q auf, so kommen wir zur Enthalpiezustandsfunktion. An Stelle von Q schreibt man dann H (von „heat content")[10]. Es folgt:

$$H = U + P\,\Delta\,V. \tag{7}$$

Nun kann man gleichermaßen Gleichung (6) auch nach A auflösen. Hierbei wird das Augenmerk auf die Arbeit, welche in einem System geleistet oder gewonnen wird, gelenkt. Die maximale Arbeit bei einem reversiblen Vorgang entspricht der freien Energiefunktion nach Helmholtz. Unter freier Energie ist der als Arbeit nutzbare Energiebetrag eines Systems zu verstehen, im Gegensatz zu der ausgetauschten Wärmemenge, welche der gebundenen Energie entspricht (Eggert 1960, S. 51). An Stelle von A setzt man in diesem Fall F, gleichbedeutend mit der freien Energie nach Helmholtz:

$$F = U - T\,S, \tag{8}$$

---

[10] Zur Erklärung der Enthalpie darf auf Eggert (1960) S. 27 verwiesen werden. Bei der chemischen Reaktion: $Zn + H_2SO_4 = ZnSO_4 + H_2$ wird Arbeit und Wärme ausgetauscht, sofern die äußeren Bedingungen der Zimmertemperatur und konstantem Druck entsprechen, d. h., wenn die Reaktion in einem offenen Gefäß, das sich in einem Kalorimeter befindet, abläuft. Die geleistete Arbeit des Systems ist $A = -P\,V = -R\,T = -1{,}986 \cdot 293 = -582$ cal. Sie ist das Resultat des gegen den Atmosphärendruck in die umgebende Luft entweichenden Wasserstoffes. Der Zahlenwert von 582 gilt für 1 Mol. Außerdem gibt das System an das Kalorimeter die meßbare Reaktionswärme (Q_P) von $-34\,200$ cal ab. Diese Reaktionswärme, analog dem

oder, wobei durch die Indices auf die Konstanzverhältnisse hingewiesen ist (EGGERT 1960, S. 490):

$$\Delta F_{v,\,T} = \Delta U_T - T\,\Delta S_T. \tag{8a}$$

$T\,S$ stammt aus der Entropiefunktion $S = Q/T$ ($S =$ Entropie, $T =$ absolute Temperatur) und wird an Stelle von Q gesetzt. (8a) gilt also für isotherm-isochore Prozesse[11].

Die sogenannte maximale Nutzarbeit, welche kleiner als F ist, wurde von GIBBS aufgeklärt. Sie berücksichtigt an Stelle von U die Enthalpie H. Man spricht von der freien Energiefunktion nach GIBBS; G ist das Symbol für die freie Energie nach GIBBS (im Deutschen = freie Enthalpie). Es ergibt sich so:

$$G = H - T\,S \tag{9}$$

bzw.

$$\Delta G_{P,\,T} = \Delta H_T - T\,\Delta S_T. \tag{9a}$$

Diese Funktion gilt demnach bei isotherm-isobaren Vorgängen, also dann, wenn bei einem Vorgang Arbeit geleistet wird im Hinblick auf Volumänderungen bei konstantem Druck und konstanter Temperatur. Nach SPANNER (1964, S. 95) handelt es sich um die Differenz aus der maximalen Arbeit (ΔF) und der gegen äußeren Druck geleisteten Arbeit ($P\,\Delta V$). Sie entspricht, wie bereits erwähnt, der maximalen Nutzarbeit (ΔG) und ist für das Zellgeschehen, chemische und physikalische Vorgänge betreffend, die nützlichste Funktion. Der rein mathematische Zusammenhang des bisher Gesagten wird nach (10) deutlich:

$$G = H - T\,S = U + P\,V - T\,S = F + P\,V. \tag{10}$$

Da die englisch-deutschen Bezeichnungen zur Verwechslung Anlaß geben könnten, seien sie einander gegenübergestellt:

$G =$ GIBBS free energy = freie Energie nach GIBBS = freie Enthalpie,

$F =$ HELMHOLTZ free energy = freie Energie nach HELMHOLTZ = freie Energie.

Wärmebedarf der Reaktion bei konstantem Druck, wird die Reaktionsenthalpie (ΔH) genannt. Die Gesamtdifferenz (ΔU) zwischen Ausgangs- und Endprodukten bei der obigen Reaktion ist, entsprechend Gleichung (6):

$$\Delta U = \Delta A + \Delta Q_P \,(\equiv \Delta H) = (-\,582) + (-\,34\,200)$$
$$= -\,34\,782 \text{ cal.}$$

Läuft die Reaktion ohne Leistung äußerer Arbeit ab, wie es in einem geschlossenen Gefäß, z. B. einer Kalorimeterbombe der Fall ist, wobei das Volumen konstant bleibt, nicht jedoch der Druck, so wird auch jene Energie, welche sonst zur Leistung äußerer Arbeit verwendet wird, dem Kalorimeter als Wärme zugeführt. ΔU (identisch mit Q_v) ist dann ($\Delta A = 0$)

$$\Delta U = Q_v = -\,34\,782 \text{ cal.}$$

Diese Größe nennt man die Reaktionsenergie. Sie ist also numerisch größer als die Reaktionsenthalpie. In beiden Fällen wird ein Minuszeichen vorangestellt, da das System Wärme bzw. auch Arbeit verliert (exotherme Reaktion).

[11] Vorgänge bei gleicher Temperatur und gleichbleibendem Volumen.

2. μ-Thermodynamik offener Systeme

Die bisher betrachteten Größen sind nicht absolut meßbar. Es können nur
Differenzen bestimmt werden. Das gilt auch für die sogenannte „partielle
molare freie Enthalpie". Sie ist für offene thermodynamische Systeme
maßgebend. Ein offenes thermodynamisches System liegt dann vor, wenn
wir es nicht nur mit Energieaustausch (z. B. Wärme) zu tun haben, sondern
auch mit Stoffaustausch, wenn also z. B. bei der Osmose Wassermoleküle ein-
oder austreten. Diese sich im System verändernden Substanzmengen wirken
sich nämlich auf die freie Enthalpie mit aus. Um dies deutlich zu machen, ist ein
partieller Differentialquotient notwendig, d. h. es wird ausschließlich
die Abhängigkeit zu einer ganz bestimmten Substanz n_i untersucht, wobei alle
übrigen Faktoren konstant zu halten sind, z. B. Druck, Temperatur und andere
gelöste Stoffe (Indices P, T, n_j). Wir schreiben $\left(\dfrac{\partial G}{\partial n_i}\right)_{P,\,T,\,n_j}$

Dieser Ausdruck wird allgemein abgekürzt mit μ_i. μ ist das chemische
Potential des Stoffes i (vgl. Eggert 1960, S. 511: μ-Thermodynamik).
Es ist also definitionsgemäß

$$\mu_i \equiv \left(\frac{\partial G}{\partial n_i}\right)_{P,\,T,\,n_j} .^{12} \tag{11}$$

Diese Beziehung bedeutet demnach die differentielle Änderung der freien
Enthalpie einer Mischphase (z. B. Lösung) bei Änderung der
Molzahl i. Der partielle Differentialquotient wird nach Lewis and Randall
(1927) eine partielle molare Größe des Stoffes i, also hier: „partielle molare freie
Enthalpie" (= „partial molar Gibbs free energy") genannt.

Wie oben erwähnt, sind bezüglich des chemischen Potentials nur Differenzen
zwischen 2 verschiedenen Zuständen meßbar; Absolutbeträge lassen sich nicht
angeben. Wir werden diese Frage später bei der Besprechung des Wasserpotentials
noch näher erläutern. Zunächst wollen wir die Beziehung zwischen dem osmotischen Druck einer Lösung und dem zugehörigen Dampfdruck ableiten.

3. Die Beziehung zwischen dem osmotischen Druck einer Lösung und dem Dampfdruck

Untersucht wird der Gleichgewichtszustand des chemischen Potentials[13]
zwischen einer flüssigen Phase und einer Dampfphase (gekennzeichnet durch ').
Die abzuleitende Formel gilt also nur für ein im Gleichgewicht befindliches
System, d. h. daß in beiden Phasen des Systems „Lösung—Dampf" gleiche
Bedingungen herrschen. Gleichgewichtszustände sind für die Thermodynamik
der reversiblen Prozesse eine Grundbedingung.

---

[12] Das Zeichen $\equiv$ steht für „identisch gleich" in der Bedeutung „definitionsgemäß gleich". μ_i dient lediglich der Vereinfachung der Schreibweise; häufig wird
auch $\bar{G}_i$ (sprich: G_i mit Querstrich) benutzt.

[13] Bei gleichen chemischen Potentialen findet kein Stoffaustausch statt. Als
anschaulicher Vergleich kann die Temperatur zweier Körper dienen. Ist diese gleich,
so ist der Wärmeaustausch = 0.

Davon ausgehend ergibt sich im Hinblick auf die chemischen Potentiale der beiden Phasen (μ_i = flüssige Phase, μ_i' = Dampfphase) folgende Formulierung:

$$\mu_i = \mu_i'. \tag{12}$$

Differenziert man $G = U + P\,V - T\,S$ aus Gl. (10), so erhält man

$$d\,G = d\,U + P\,d\,V + V\,d\,P - T\,d\,S - S\,d\,T \tag{13}$$

ebenso aus (6), wenn man nach Q auflöst und für A Volumarbeit ($P\,\Delta\,V$) einsetzt

$$d\,Q = d\,U + P\,d\,V. \tag{14}$$

Diese Beziehung läßt sich umformen in

$$T\,d\,S = d\,U + P\,d\,V, \tag{15}$$

da $d\,Q = T\,d\,S$[14] ist.

Die Kombination von (13) und (15) führt zu

$$d\,G = V\,d\,P - S\,d\,T \tag{16}$$

und für $d\,T = 0$ (Isothermie) zu

$$d\,G = V\,d\,P. \tag{17}$$

Dies ist die Beziehung zwischen der freien Enthalpie und Druckänderungen bei konstanter Temperatur, die auch im Hinblick auf das chemische Potential (= freie partielle molare Enthalpie) gilt. Dann muß allerdings auch das Volumen V als partielle molare Größe angegeben werden. Das entsprechende Symbol ist V_i oder $\overline{V}_i$ (sprich: V_i mit Querstrich)[15]. Analog zu (11) ergibt sich folgende Definition hierfür:

$$V_i \equiv \left(\frac{\partial V}{\partial n_i} \right)_{T,\,P,\,n_j}. \tag{18}$$

V_i wird als **partielles Molvolumen** bezeichnet (in unserem Beispiel ist $i = H_2O$, V das Volumen der Mischphase, z. B. der Lösung).

---

[14] Dies ergibt sich aus der Differenzierung der Entropiegleichung $Q = S\,T : d\,Q = S\,d\,T + T\,d\,S$; für Isothermie, also $d\,T = 0$, bleibt $d\,Q = T\,d\,S$.

[15] Leider muß hier gesagt werden, daß bei verschiedenen Autoren unterschiedliche Symbole verwendet werden. Die Vorschläge in „Symbole, Einheiten und Nomenklatur in der Physik" (Friedr. Vieweg u. Sohn, Braunschweig 1965) gehen nicht weit genug. Wir nennen folgende Beispiele:

Autor	Volumen	Molvolumen des reinen Stoffes	Partielles Molvolumen in der Mischphase
HAASE 1956	V	V_{0i}	V_i
EGGERT 1960	v	V	$\overline{V}_i$
GLASSTONE und LEWIS 1965	v	V	$\overline{V}_1$
SPANNER 1964	V	V_i	$\overline{V}_i$
SLATYER 1967a	V	—	$\overline{V}$ bzw. $\overline{V}_i$

Im folgenden richten wir uns nach HAASE (1956).

(17) geht damit über in

$$d\,\mu_i = V_i\,d\,P \text{ (Lösung) bzw. in} \tag{19}$$

$$d\,\mu_i' = V_i'\,d\,p_i \text{ (Dampf)} [16]. \tag{20}$$

(19) bzw. (20) geben also die infinitesimale chemische Potentialänderung an bei einer reversibel vorgenommenen kleinsten Druckerhöhung in der Lösung von P auf $P + d\,P$, wobei der Dampfdruck von p_i auf $p_i + d\,p_i$ ansteigt. Da unser System Lösung—Dampf bei einer reversibel vorgenommenen Druckänderung nicht als aus dem Gleichgewicht kommend gedacht werden kann, folgt aus (12), (19) und (20)

$$V_i\,d\,P = V_i'\,d\,p_i. \tag{23}$$

Aus der allgemeinen Gaszustandsgleichung $p\,V = R\,T$ [vgl. (5)] kann V_i' ersetzt werden durch $\dfrac{R\,T}{p}$. Wir erhalten dann

$$V_i\,d\,P = R\,T\,\frac{d\,p_i}{p_i}. \tag{24}$$

Diese Gleichung läßt sich beidseitig integrieren, auf der linken Seite z. B. von P_0 bis P, wobei $P - P_0$ dem osmotischen Druck π der Lösung entsprechen soll;

---

[16] V_i', also das partielle Molvolumen des Wasserdampfes, entspricht V_{0i}', dessen tatsächlichem Molvolumen, da sich in der Dampfphase keine Teilchen des in der Flüssigkeit gelösten Stoffes befinden. V_i ist das partielle Molvolumen des Wassers in der Lösung, d. h. sein Anteil pro Mol, am Gesamtvolumen der Mischphase; nur bei Volumenadditivität entspricht dieses partielle Molvolumen dem Molvolumen der reinen Substanz. Im allgemeinen haben wir es mit Volumenkontraktion (Abnahme des partiellen Molvolumens) bzw. Volumendilatation (Zunahme) zu tun. Generell gilt für das Volumen einer Mischphase, welche aus 2 Substanzen i und j besteht, nach Glasstone and Lewis (1965) S. 85

$$V = n_i\,V_i + n_j\,V_j \tag{21}$$

(V = Gesamtvolumen, V_i bzw. V_j = partielle Molvolumina der Substanzen i und j mit der Molzahl n_i bzw. n_j).

Der Differenzialquotient (Gl. 18) entspricht der Steigung (Tangente) an die Kurve der Funktion, welche die Abhängigkeit des Gesamtvolumens (V) einer Mischphase von der Substanzmenge n_i bei, im 2-Komponenten-Beispiel, gleichbleibendem n_j wiedergibt. In Ergänzung hierzu läßt sich das partielle Molvolumen auch definieren als Änderung des Gesamtvolumens einer Mischphase bestimmter Konzentration bei Zugabe von 1 Mol der Substanz n_i zu einer sehr großen Menge dieser Mischphase (Konstanz der Konzentration) beim Druck P und der Temperatur T. Anschaulicher ausgedrückt: es geht dabei um die Klärung der Frage, eine genaue Volummessung vorausgesetzt, ob und wie das Molvolumen der reinen Substanz nach Zugabe zu der Mischung sich ändert. Dies ergäbe sich nach

$$V_i = V_2 - V_1 \gtrless V_{0i} \tag{22}$$

(V_i = partielles Molvolumen der Substanz i in der Mischung, V_2 = Gesamtvolumen nach, V_1 = vor Zugabe von 1 Mol der reinen Substanz mit dem Molvolumen V_{0i}; letzteres kann =, > oder < als V_i sein, entsprechend additivem, dilativem oder kontraktivem Verhalten).

dann ergibt sich auf der rechten Seite, da bei $P - P_0 = \pi$ Gleichgewicht mit der reinen Phase, also Wasser, besteht, eine entsprechende Integration von p_i bis p_{0i}, d. h., wenn P_0 auf P ansteigt, erhöht sich im Dampfraum der Dampfdruck auf den Wert von reinem Wasser (p_{0i}). Wir schreiben demnach

$$V_i \int_{P_0}^{P} dP = R T \int_{p_i}^{p_{0i}} \frac{dp}{p} . \tag{25}$$

R und T können als Konstante vor das Integral gezogen werden, ebenso V_i, da es praktisch als konstant angenommen werden darf. Rein mathematisch folgt nun

$$V_i (P - P_0) = R T \ln p_{0i} - \ln p_i \tag{26}$$

bzw., da $(P - P_0) = \pi$ und $\ln p_{0i} - \ln p_i = -(\ln p_i - \ln p_{0i}) = -\ln \dfrac{p_i}{p_{0i}}$ ist,

$$V_i \pi = -R T \ln \frac{p_i}{p_{0i}} \quad \text{oder} \quad \pi = -\frac{R T}{V_i} \ln \frac{p_i}{p_{0i}} . \tag{27}$$

Das negative Vorzeichen steht, da einer Erhöhung des osmotischen Druckes eine Dampfdruckerniedrigung entspricht. Eine Vereinfachung der Formel ergibt sich, wenn man die Konstanten einsetzt, und zwar für R (Gaskonstante) $= 8.206 \cdot 10^{-2}$ [Literatm. Grad^{-1}][17], für $T = 20°$ C $= 293$ [Grad Kelvin], für $V_i \approx V_{0i}$ von H_2O bei $20°$ C $= 18,05$ [cm^{-3}][18]. Formel (23) geht dann über in

$$\pi_{20° \text{ C}} = -1000 \cdot \frac{8206 \cdot 10^{-2} \cdot 293}{18,05} \ln \frac{p_i}{p_{0i}}$$

$$= -1332 \ln \frac{p_i}{p_{0i}} = -3067 \log \frac{p_i}{p_{0i}} . \tag{28}$$

Die Multiplikation mit 1000 ist notwendig, um die Gaskonstante in der richtigen, dem cgs-System entsprechenden Größenordnung, nämlich [cm^3 atm] an Stelle von [Literatm.], zu haben.
Die Dimensionskontrolle ist:

$$[\text{atm}] = 1000 \frac{[\text{cm}^3 \text{ atm Grad}]}{[\text{Grad}] [\text{cm}^3]} \cdot \ln \frac{p_i}{p_{0i}} \frac{[\text{mm Hg}]}{[\text{mm Hg}]} = [\text{atm}]. \tag{29}$$

Mit Formel (28) läßt sich für beliebige Lösungen, auch Zellsaft, der zugehörige osmotische Druck aus dem Dampfdruckverhältnis $\dfrac{p_i}{p_{0i}}$ errechnen (vgl. RENNER 1912, siehe Tabellenanhang X, 8. und 9. sowie 10.—14.). Nach BORCHARD (1966, vgl. KREEB und BORCHARD 1967) müssen wir an Stelle von „osmotischem Druck" allerdings richtiger von einem „potentiellen osmotischen Druck" sprechen,

---

[17] Nach EGGERT (1960) S. 11 und 25.

[18] V_{0i} läßt sich errechnen aus $V_{0i} = \dfrac{M}{\rho}$; $M_{H_2O} = 18,016$ [g], ρ (Dichte) $= 0,9982$ [g cm^{-3}] bei $20°$ C nach KÜSTER, THIEL und FISCHBECK 1962.

3*

solange in einer Lösung kein tatsächlicher osmotischer Druck meßbar ist. Dieser tritt bekanntlich erst dann auf, wenn eine in einem Osmometer befindliche Lösung im Gleichgewicht mit dem reinen Lösungsmittel, z. B. reinem Wasser, steht.

Symbolisch läßt sich dies unterscheiden durch π für den tatsächlich vorhandenen osmotischen Druck bzw. π^* für den potentiellen osmotischen Druck. Damit kommen wir auf die für Zellen charakteristische Erscheinung der Osmose zu sprechen.

4. Die osmotischen Zustandsgrößen und die Wasserpotentialgleichung

a) Allgemeines

Für die Osmose gelten naturgemäß ganz bestimmte Gesetzmäßigkeiten, welche nach den bereits zitierten Vorarbeiten von PFEFFER (1877) und VAN'T HOFF (1887) insbesondere von URSPRUNG und BLUM (1916b)[19] und später von THODAY (1918) in ihrer vollen Bedeutung für die Pflanzenzelle erkannt worden sind. Die künstliche „Pfeffersche Zelle" bestand aus einem gebrannten Tonzylinder mit eingelagerter Ferrocyankupfermembran; nach Einfüllung einer Zuckerlösung wurde der Tonzylinder verschlossen, mit einem Manometer verbunden und in Wasser eingetaucht. Dieser Osmometer diente als Modell für eine lebende Pflanzenzelle. Der durchlässige Tonzylinder entspricht der Zellwand, die nur für Wasser durchlässige, also semipermeable Ferrocyankupfermembran dem semipermeablen wandständigen lebenden Plasma und die Zuckerlösung dem Zellsaft in der Vacuole. Da eine Lösung im Osmometer einen von der Konzentration der Lösung abhängigen am Manometer ablesbaren Druck erzeugt, wenn man den Osmometer in Wasser taucht, so sprach man von dem osmotischen Druck, den eine jede Lösung besitzt und die nach der von VAN'T HOFF (vgl. 1887) entwickelten kinetischen Theorie der Lösungen proportional der Teilchenzahl des gelösten Stoffes in der Lösung ist. Aber man muß berücksichtigen, daß es sich in Wirklichkeit hierbei um einen **potentiellen Druck** handelt, der nur im Osmometer als meßbarer hydrostatischer Druck in Erscheinung tritt. Die saubere Unterscheidung zwischen dem potentiellen osmotischen Druck des Zellsaftes und dem tatsächlichen, einem hydrostatischen Druck, der in der Zelle als Turgor bezeichnet wird, ist unbedingt notwendig. Die Nichtbeachtung dieser Tatsache führte zu vielen mißverständlichen Aussagen, die URSPRUNG und BLUM (1916a, vgl. auch 1920) einer scharfen Kritik unterzogen und auf welche WALTER (1952) nochmals hingewiesen hat.

URSPRUNG und BLUM (1916b) hatten zugleich als erste die **Gleichung der osmotischen Zustandsgrößen** aufgestellt und zwischen der Saugkraft der Zelle und der Saugkraft des Zellinhalts (= potentieller osmotischer Druck des Zellsaftes) sowie dem Wanddruck (= Turgordruck) unterschieden. Die Gleichung lautete (Dimension [atm]):

$$S_Z \qquad = \qquad S_{Zi} \qquad - \qquad W. \qquad (30)$$

$$\text{(Saugkraft der Zelle)} \qquad \text{(Saugkraft des Zellinhaltes)} \qquad \text{(Wanddruck)}$$

---

[19] In dieser Arbeit steht auf S. 530 versehentlich „Saugkraft der Zelle = Saugkraft des Inhaltes = Wanddruck"; es muß „— Wanddruck" heißen. Vgl. hierzu auch HÖFLER (1920).

Die Saugkraft der Zelle gibt die Aufnahmefähigkeit der ganzen Zelle für Wasser an. Der Wanddruck ist die Folge der Dehnung der Wand und wird auf den Zellinhalt ausgeübt, wodurch ein hydrostatischer, stets gleicher Gegendruck, der Turgordruck, entsteht.

Da die zwar eindeutigen, aber sehr ähnlichen Bezeichnungen wie „Saugkraft der Zelle" und „Saugkraft des Zellinhalts" für zwei ganz verschiedene Größen namentlich beim Vortragen störend wirken und es physikalisch falsch ist, eine „Kraft" in Atmosphären auszudrücken, wurde die Gleichung von WALTER (1952) abgeändert in:

$$S \qquad = \qquad W \qquad - \qquad P, \qquad (31)$$
$$\text{(Saugspannung)} \qquad \text{(osmotischer Wert)} \qquad \text{(Turgordruck)}$$

wobei für den hydrostatischen Druck, wie in der Physik üblich, „P" gesetzt wurde und für den als osmotischen Wert bezeichneten potentiellen osmotischen Druck W (O sollte vermieden werden, da es auch Null bedeuten kann).

Sie ist in Übereinstimmung mit dem in der physikalischen Chemie gebräuchlichen Symbol π für osmotischen Druck bzw. π^* für potentiellen osmotischen Druck (bisher W) von KREEB und BORCHARD (1967) folgendermaßen, gültig für das Gleichgewichtsstadium, formuliert werden:

$$S = \pi^* - \pi = 0 \ [\text{atm}]. \qquad (32)$$

Für den nichtgesättigten Zustand ist

$$S = \pi^* - P > 0 \ [\text{atm}]. \qquad (33)$$

Für Turgordrucke $P < \pi$ kann das Symbol P beibehalten werden. Bei Sättigung gilt $P = \pi$.

Später hatte MEYER (1945), ausgehend von der physikalisch kaum haltbaren Vorstellung eines nicht meßbaren Diffusionsdrucks des Wassers, folgende Gleichung vorgeschlagen:

$$DPD \qquad = \qquad OP \qquad - \qquad TP. \qquad (34)$$
$$\text{(diffusion pressure deficit)} \qquad \text{(osmotic pressure)} \qquad \text{(turgor pressure)}$$

Dabei erscheint die Verwendung von mehreren Buchstaben für eine bestimmte physikalische Größe sehr unzweckmäßig. Da außerdem rein physikalische Gründe gegen einen Diffusionsdruck sprechen, ist man von dieser Betrachtungsweise der Osmose abgekommen.

In allen diesen Fällen kann als Maßeinheit eine Druckeinheit dienen, meist die Atmosphäre, die dem Druck einer Säule von 760 mm Hg oder 1033 cm H_2O entspricht. In neueren Arbeiten findet man aber auch [bar] und [dyn cm^{-2}] oder „Newton" (N); dabei ist

$$1 \ [\text{atm}] = 1{,}013 \ [\text{bar}] = 1{,}013 \times 10^6 \ [\text{dyn cm}^{-2}] = 1{,}013 \times 10^5 \ [N \ m^{-2}].$$

Neuerdings schlugen SLATYER and TAYLOR (1960) vor, an Stelle der Saugspannung das Wasserpotential (Ψ_w), einen thermodynamisch abgeleiteten Begriff, zu verwenden. Sie legen ihren Betrachtungen die spezifische freie Energie nach GIBBS (= spez. freie Enthalpie) zugrunde und übertragen die Wasserverhältnisse im Boden auf die der Pflanzenzelle. Bei ihren Überlegungen spielt die Arbeit eine Rolle, die man anwenden muß, um dem Boden bzw. der Pflanzenzelle eine Masseneinheit an Wasser zu entziehen. Diese Arbeit wird um so größer sein, je trockener ein Boden, je größer die Saugspannung der Zelle oder je höher die Konzentration einer Lösung ist. Die entsprechende Gleichung lautet, wobei wir an Stelle von π „π^*" (potentieller osmotischer Druck) setzen, um eine Verwechslung mit dem tatsächlichen osmotischen Druck ($\equiv P$, Turgordruck) zu vermeiden:

$$\Psi_W = P - \pi^* - \tau \leqq 0 \ [\mathrm{erg \cdot cm^{-3}}] \tag{35}$$

(Ψ_W ist stets negativ; strenggenommen dürfen Potentiale und Drücke nicht gleichgesetzt werden, vgl. S. 44). τ wird noch nicht allgemein verwendet und muß bei der Parallelisierung der Wasserpotentialgleichung mit der klassischen Saugspannungsgleichung sogar weggelassen werden, da man sonst die Verhältnisse von zwei im Gleichgewicht befindlichen Phasen desselben osmotischen Systems ungerechtfertigterweise addieren würde. Lediglich innerhalb einer Phase ist es richtig, Teilpotentiale zu unterscheiden (vgl. S. 45). Es ist der im Englischen sogenannte „matric pressure"[20], welcher auf Grund struktureller Eigenschaften[21] (Kapillar-Effekte) entsteht. Richtigerweise müßte es auch hier „potentieller matrikaler Druck" heißen bzw. τ^*. Man rechnet auch Quellungserscheinungen hierzu. Zwischen der Saugspannungsgleichung (31) und der Wasserpotentialgleichung (35) sind lediglich Vorzeichen und Dimension verschieden: wenn S ansteigt, erniedrigt sich das Wasserpotential, die S-Dimension ist üblicherweise die [atm], also die Dimension eines Druckes, während für Ψ_W [erg cm^{-3}], somit „Energie pro Volumen" zu verwenden ist. Doch auch diesbezüglich besteht ein einfacher Zusammenhang; denn durch Verwandlung in cgs-Einheiten (Kreeb und Borchard 1967, S. 196) zeigt sich sofort, daß

$$\left[\frac{\mathrm{Energie}}{\mathrm{Volumen}} \right] \equiv (\mathrm{Druck})^{22} \ \mathrm{ist.}$$

Die wichtigsten Maße für S bzw. Ψ_W sind:

Druckmaße	$\triangleq$	Energiemaße
1 [atm] = 1,013 [bar]		1,013 $\cdot$ 10^6 [erg g^{-1}]
= 1,013 $\cdot$ 10^6 [dyn cm^{-2}]		= 101,3 [joule kg^{-1}]

($\triangleq$ bedeutet „entspricht gleich" und steht hier für „numerisch gleich, in der Dimension verschieden").

---

[20] Als deutschen Terminus schlagen wir für matric „matrikal" vor. Die richtige Bezeichnung für „matric-pressure" wäre demnach „matrikaler Druck".

[21] Sie bewirken, anschaulich ausgedrückt, in einer Matrix, z. B. der Zellwand, eine Verringerung des chemischen Potentials des Wassers, ähnlich wie osmotisch aktive Substanzen in einer Lösung.

[22] [erg cm^{-3}] $\equiv$ [g cm^2 sec^{-2} cm^{-3}], da Energie $\equiv$ Arbeit = Kraft $\cdot$ Weg. Eine Umwandlung durch Kürzung bei cm und Auftrennung führt zu [g cm sec^{-2}] $\cdot$ [cm^{-2}]. Nun ist aber [g cm sec^{-2}] die Dimension der Kraft [dyn], so daß unsere Umformung zur Dimension Kraft pro Fläche $\equiv$ Druck führt.

b) Die thermodynamische Ableitung der Wasserpotentialgleichung

Da die Wasserpotentialgleichung vom chemischen Potential, in unserem Fall dem des Wassers, in einer Mischphase ausgeht, läßt sie sich thermodynamisch in mathematisch eleganter Weise ableiten. Wir folgen auch hier wie bisher der von HAASE (1956) verwendeten Terminologie und betrachten ein im Gleichgewicht befindliches osmotisches System. Gleichgewicht herrscht, wenn die Phase α (Lösung) unter dem Druck $P_0 + P$ dasselbe chemische Potential erreicht wie die Phase β (reine Flüssigkeit). Wir schreiben:

$$\mu_i^\alpha \, (P_0 + P, x_i^\alpha) = \mu_{0i}^\beta \, (P_0) \,^{23} \text{ oder} \tag{36}$$

$$\mu_i^\alpha \, (P_0 + P, x_i^\alpha) - \mu_{0i}^\beta \, (P_0) = 0. \tag{37}$$

Zur Entwicklung von (37, linke Seite) kann man nun den ersten Ausdruck (Phase α) aufspalten in eine rein konzentrationsabhängige Komponente und eine rein druckabhängige. Wir bekommen dann rechts vom Gleichheitszeichen

$$= \mu_i^\alpha \, (P_0, x_i^\alpha) + \mu_i^\alpha \, (P_0 + P) - \mu_{0i}^\beta \, (P_0). \tag{38}$$

Da bei $\mu_i^\alpha \, (P_0 + P)$ tatsächlich $f = \mu_i \, (P)$ vorliegt, also die Funktion, welche die Beeinflussung des chemischen Potentials durch Druck beschreibt, kann man hier auch ein partielles Differential einführen $\left(\dfrac{\partial \mu_i^\alpha}{\partial P} \right)_{T, \, x_i^\alpha}$ und integrieren von $P_0 \to P$. Dies ergibt nach Umstellung:

$$= \mu_i^\alpha \, (P_0, x_i^\alpha) - \mu_{0i}^\beta \, (P_0) + \int\limits_{P_0}^{P_0 + P} \left(\frac{\partial \mu_i^\alpha}{\partial P} \right)_{T, \, x_i^\alpha} d P. \tag{39}$$

Da $\left(\dfrac{\partial \mu_i}{\partial P} \right) = V_i$, dem **partiellen Molvolumen** entspricht, wie sich aus Gl. (19) ergibt, geht das Integral über in $\int\limits_{P_0}^{P_0 + P} V_i \cdot d P$ bzw. in $V_i \int\limits_{P_0}^{P_0 + P} d P$, da V_i praktisch als druckunabhängig angesehen werden darf (Vernachlässigung der Kompressibilität der Lösung). Nach der Integrierung ergibt sich so

$$\mu_i^\alpha \, (P_0 + P, x_i^\alpha) - \mu_{0i}^\beta \, (P_0) = \mu_i^\alpha \, (P_0, x_i^\alpha) - \mu_{0i}^\beta \, (P_0) + V_i^\alpha \, P. \tag{40}$$

Die Differenz $\mu_i^\alpha - \mu_{0i}^\beta$ kann, da die chemischen Potentiale auf den gleichen Druck bezogen sind und $\mu_{0i}^\alpha \, (P_0) = \mu_{0i}^\beta \, (P_0)$, also die reine Phase (Wasser) ist, zu $(\Delta \, \mu_i^\alpha) \, P_0$ vereinfacht werden. Wir erhalten dann unter Weglassung der in den Klammern angegebenen Zustandsbezeichnungen

$$\mu_i^\alpha - \mu_{0i}^\beta = (\Delta \, \mu_i^\alpha) \, P_0 + V_i^\alpha \, P. \tag{41}$$

---

[23] x_i ist ein Konzentrationsmaß, der **Molenbruch**. Man versteht darunter das Verhältnis des zu betrachtenden Stoffes (i) in Mol zur Summe aller im System vorhandenen Stoffe in Mol, also

$$x_i \equiv \frac{n_i}{n} \, (i = 1, 2, \ldots, N; n = 1 + 2, + \ldots + N).$$

$(\Delta \mu_i{}^\alpha) P_0$ bezeichnen wir aus Analogiegründen zu π^* (vgl. S. 38) als $\Delta \mu_i{}^*$. (41) geht dann über in

$$\mu_i{}^\alpha - \mu_{0i}{}^\beta = \Delta \mu_i{}^* + V_i{}^\alpha P. \tag{42}$$

In diesem Zusammenhang ist hervorzuheben, daß die Potentialdifferenz der linken Seite der Gl. (41) und (42) nicht auch mit Δ bezeichnet werden soll, da sich diese beiden Potentiale auf verschiedene Drucke beziehen.

Der Ausdruck $\Delta \mu_i{}^*$ entspricht dem potentiellen osmotischen Druck π^*. Dies läßt sich bei Betrachtung des Gleichgewichts Flüssigkeit—Dampf leicht ableiten. Wir gehen dabei aus von den Gleichgewichtsbedingungen. Sie lauten:

$$\mu_{0i} = \mu_{0i}' \tag{43}$$

und

$$\mu_i = \mu_i', \tag{44}$$

wobei die Dampfphase mit ' bezeichnet ist. (43) besagt, daß das chemische Potential der reinen Flüssigkeit (μ_{0i}) im Gleichgewicht steht mit dem chemischen Potential des reinen Dampfes (μ_{0i}'), und (44) gibt die Bedingungen des stofflichen Gleichgewichtes für das chemische Potential des Stoffes i in beiden Phasen der Mischung von Flüssigkeit und Dampf wieder. 0 i und i beziehen sich beispielsweise auf Wasser: 0 i sei dann das chemische Potential des reinen Wassers, i dasjenige von Wasser in einer Lösung.

Nach Haase (1956, S. 280) ist das chemische Potential eines Gases i, μ_i', in einer beliebigen Gasmischung

$$\mu_i' = \mu_i{}^{+\prime} + R T \ln \frac{p_i{}^*}{P^+}. \tag{45}$$

Hierin ist $\mu_i{}^{+\prime}$ ein willkürlich eingeführter Standardwert des chemischen Potentials [24] (Integrationskonstante), der nur von der Temperatur abhängig ist, $p_i{}^*$ die Fugazität [25] der Teilchenart i' und P^+ ein willkürlich festgesetzter Standarddruck, z. B. Atmosphärendruck. Für die Gasphase des reinen Stoffes gilt analog zu (45):

$$\mu_{0i}' = \mu^{+\prime} + R T \ln \frac{p_{0i}{}^*}{P^+}. \tag{46}$$

Aus den Gl. (43)—(46) erhalten wir

$$\Delta \mu_i = \mu_i - \mu_{0i} = \mu_i' - \mu_{0i}' = \Delta \mu_i' = R T \ln \frac{p_i{}^* (P_0)}{p_{0i}{}^* (P_0)}. \tag{47}$$

$p_i{}^* (P_0)$ und $p_{0i}{}^* (P_0)$ bedeuten hierin, daß sich die Fugazitäten auf den Druck P_0 beziehen. $\Delta \mu_i$ ist die Änderung des chemischen Potentials des Stoffes i, wenn er vom reinen Zustand in den der Mischung übergeht.

---

[24] Er ist notwendig, da wie früher ausgeführt, Absolutwerte des chemischen Potentials nicht meßbar sind.

[25] Die Fugazität entspricht einem „fiktiven Druck" ($p_i{}^*$) eines realen Gases. Als Maß für dessen Abweichung vom Verhalten idealer Gase (p_i) dient der Fugazitätskoeffizient $\varphi = \dfrac{p_i{}^*}{p_i}$.

Bei einem idealen Gas, in dem keine Assoziation der Komponente i relativ zur Flüssigkeit stattfindet, und bei Vernachlässigung der Druckkorrektur der chemischen Potentiale in den Flüssigkeiten erhält man

$$\Delta\,\mu_i' = \Delta\,\mu_i = R\,T\ln\frac{p_i}{p_{0i}}\,. \tag{47a}$$

p_{0i} ist der Dampfdruck des reinen Stoffes, p_i der Partialdampfdruck des Stoffes i in der Mischung. Beide sind druckunabhängig. Deshalb braucht nun der Außendruck nicht mehr, wie in (47), angegeben werden.

Aus (47a) und (27) ergibt sich

$$- V_i\,\pi = \Delta\,\mu_i' = \Delta\,\mu_i \tag{48}$$

und analog hierzu

$$\Delta\,\mu_i^* = -\,\pi^* \cdot V_i. \tag{49}$$

Berücksichtigen wir dies in Gl. (42), so folgt, wenn man die Phasenindices wegläßt:

$$\mu_i - \mu_{0i} = -\,\pi^*\,V_i + P\,V_i. \tag{50}$$

Sind die partiellen Molvolumina von der Konzentration unabhängig ($V_i = V_{0i}$), so ergibt sich nach Division durch das Molvolumen V_{0i}:

$$\frac{\mu_i - \mu_{0i}}{V_{0i}} = -\,\pi^* + P. \tag{51}$$

Dies ist im Prinzip nichts anderes als die bekannte **Saugspannungsgleichung** (vgl. Gl. 31). $\left(\dfrac{\mu_i - \mu_{0i}}{V_{0i}}\right)$ entspricht dem „Wasserpotential" einer Zelle oder **genauer, der Differenz des chemischen Potentials von Wasser in der Zelle und dem von reinem Wasser.** SPANNER (1964) bezeichnet es als „Saugspannungspotential" (suction potential). SLATYER und GARDNER (1965) verwendeten hierfür das Symbol Ψ[26].

Gl. (51) kann unter Berücksichtigung dessen und von Gl. (27) auch wie folgt geschrieben werden:

$$\Psi_i = \frac{R\,T}{V_{0i}}\ln\frac{p_i}{p_{0i}} + P. \tag{52}$$

Das Verhältnis $\dfrac{p_i}{p_{0i}}$ entspricht hierin der „Luftfeuchtigkeit", welche sich über dem Vacuolensaft einstellen würde.

Bei SLATYER und TAYLOR (1960) findet sich die differentielle Form der Wasserpotentialgleichung. Sie ist geeignet, den Sinn des chemischen Potentials zu verdeutlichen. Dieses, z. B. von Wasser, zeigt eine Konzentrationsabhängigkeit von gelösten Substanzen und eine Druckabhängigkeit. Für jede von diesen beiden Beziehungen steht ein sogenannter „partieller Differentialquotient" durch das Zeichen „∂" gekennzeichnet. Für die differentielle Änderung des chemischen

---

[26] τ erscheint in (51) nicht wegen der auf S. 38 und 45 dargelegten Gründe.

Potentials des Wassers $(d\,\mu_w)$ können wir dann schreiben, wobei Isothermie $(T = \text{const.})$ vorausgesetzt wird:

$$d\,\mu_w = \Sigma \left(\frac{\partial\,\mu_w}{\partial\,n_i}\right)_{P,\,nj} d\,n_i + \left(\frac{\partial\,\mu_w}{\partial\,P}\right)_{n_i,\,n_j\,(j\,=\,1,\,2,\,\ldots,\,N;\,i\,\neq\,j)} dP. \quad (53)$$

Der erste Ausdruck erfaßt den Einfluß gelöster Stoffe auf das chemische Potential des Wassers. Er besagt, daß man alle partiellen Differentialquotienten, welche jeweils bei Konstanz von Druck und allen Molzahlen n_j $(j = 1, 2, \ldots, N;$ $i \neq j)$ gebildet werden, zu summieren hat. Bei diesen Operationen kann also jeweils nur 1 Variable behandelt werden, d. h. lediglich der Einfluß eines Stoffes; alle anderen müssen konstant gehalten werden, ebenso der Druck (Kennzeich-

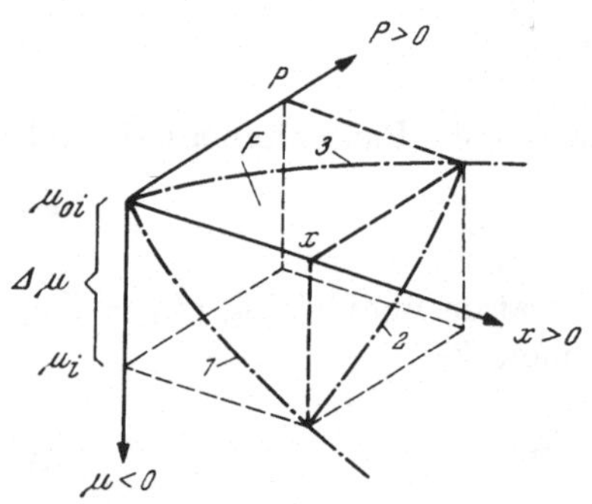

Abb. 8. Abhängigkeit des chemischen Potentials (μ) von der Konzentration (x) und vom Druck (P). Erklärungen im Text. Nach Kreeb und Borchard 1967.

nung durch Indices n_j, P). Als Resultierende ergibt sich hierbei der potentielle osmotische Druck π^*. Der Einfluß des Druckes auf das chemische Potential des Wassers ist im zweiten partiellen Differentialquotienten ausgedrückt. In diesem Fall müssen alle gelösten Substanzen konstant gehalten werden. Geometrisch lassen sich diese Verhältnisse wie folgt veranschaulichen (Abb. 8). Wir zeichnen 3 Koordinatenachsen im Raum. Sie kennzeichnen 1. das chemische Potential μ; es ist nach unten gezeichnet, da sich bei Lösungen, ausgehend vom maximalen Wert der reinen Phase, μ_{0i}, Potentialerniedrigungen ergeben; 2. die Konzentration der gelösten Substanzen x; sie können z. B. als Molenbruch angegeben werden (vgl. S. 39); 3. den Druck P. x und P nehmen Werte > 0 an. Die gezeichnete Kurve 1 repräsentiert die Funktion $\mu_i = f(x)$, Kurve 2 $\mu_i = f(P)$. Zunehmende Konzentration bedeutet also erniedrigtes, zunehmender Druck erhöhtes chemisches Potential; d. h., daß beide Größen einander entgegenwirken. Berücksichtigt man dies, so wird verständlich, wie der Gleichgewichtszustand in einem Osmometer bzw. in einer pflanzlichen Zelle zustande kommt: Die Potentialerniedrigung durch gelöste Substanzen führt, falls wir als Außenlösung reines Wasser haben ($\mu_{0i} = 0$), zu einer Potentialdifferenz. Wasser strömt demzufolge in das Osmometer hinein, nämlich vom höheren Potential 0, außen, zum tieferen Potential < 0, innen. Der auf Grund einer vollkommen starren Membran, wie sie in der Pfeffer'schen Zelle vorhanden ist, oder infolge der schwach dehnbaren Wand einer Pflanzenzelle entstehende hydrostatische Druck bewirkt nun innen eine Potentialerhöhung. Sie führt zu einem Gleichgewichtsstadium, dann, wenn der Potentialerniedrigung durch gelöste Substanzen, eine numerisch gleich große Potentialerhöhung durch Druck entspricht. Dies ist gegeben im Schnittpunkt der Kurve 2 mit der durch $x - \mu_{0i} - P$ gehenden Ebene. $\Delta\,\mu$ entspricht der Differenz zwischen μ_i und μ_{0i}, und die Funktion $\mu_i = f(x, P)$ der im Raum liegenden Fläche F, welche nach rechts fortgesetzt zu denken ist. Jeder definitive Wert von μ_i hängt gleichzeitig ab von der Konzentration x und dem Druck P.

Die senkrechten Abstände zwischen F und der Ebene $x - \mu_{0i} - P$ entsprechen möglichen $\Delta\,\mu$-Werten. Die Kurve 3 schließlich repräsentiert die isothermen Gleichgewichtsbedingungen $\mu_i\,(T, x, P) = \mu_{0i}\,(T, x = 0, P = 0)$. Nur dann koexistiert die Lösung mit dem reinen Lösungsmittel. μ_i wird dann $= 0$ ($P = 0$ ist ein willkürlich festzusetzender Standarddruck).

Auch die Differentialgleichung von SLATYER und TAYLOR (1960) enthält den bereits genannten matrikalen Druck, der den Einfluß des Wassergehaltes, z. B. auf die Quellung von Kolloiden im Plasma und in der Zellwand, kennzeichnen soll, aber auch Kapillareffekte auf Grund von strukturellen Eigenschaften. Letztere bewirken, wie wir bereits gesehen haben, in einer „Matrix", z. B. der Zellwand, eine Verringerung des chemischen Potentials des Wassers analog zu osmotisch aktiven Substanzen in einer Lösung. Man spricht in diesem Fall auch vom „matrikalen Potential" (Ψ_τ) und entsprechend vom „osmotischen Potential" (Ψ_π) und Druckpotential. Wir haben ersteres bei der obigen prinzipiellen Ableitung (53) der Einfachheit halber weggelassen, zumal seine Bedeutung noch nicht voll geklärt ist und direkte Meßmethoden fehlten. Die zunächst rein theoretisch geforderte Größe — aus dieser Sicht heraus wäre unter Umständen auch ein Einfluß der Gravitation u. a. zu erwägen (Ψ_g, vgl. TAYLOR und SLATYER 1961) — wurde 1967 b bei Blättern von BOYER untersucht (vgl. auch WIEBE 1966, WILSON 1967 a, b), und zwar mit Hilfe einer Druckkammer. Er kommt zu dem Schluß, daß sich ein matrikales Potential insbesondere in Abhängigkeit vom Wassergehalt und einer geeigneten Matrix vor allem in Zellwänden entwickelt. Praktisch dürfte es sich hierbei um Entquellungserscheinungen handeln; die Entquellungskurven koinzidieren allerdings bei verschiedenen Arten nicht.

Die Teilpotentiale Ψ_P, Ψ_g, Ψ_π, Ψ_τ ergeben zusammen das Gesamtpotential. Es ist also:

$$\Psi_W = \Psi_P + \Psi_g + \Psi_\pi + \Psi_\tau \tag{54}$$

(die Indices W, P, g, π, τ beziehen sich auf „Wasser", „Druck", „Gravität", „Lösung" und „Matrix").

Um dies deutlich zu betonen, sollte man strenggenommen vom Gesamtwasserpotential (Englisch: „total water potential") an Stelle von Wasserpotential allein sprechen, da auch das osmotische Potential ein „Wasserpotential" ist, nämlich das Potential des Wassers in einer Lösung, genauer die Differenz in den Potentialen zwischen Lösung und reinem Wasser. Da die Potentiale mit Ausnahme von Ψ_P in den Mischphasen stets kleiner sind als in der reinen Phase, dem reinen Lösungsmittel[27] muß die so formulierte Wasserpotentialgleichung auf der rechten Seite nur Additionszeichen aufweisen, im Gegensatz zur Gl. (55) und (56). Um den Unterschied hinsichtlich der Vorzeichen deutlich zu machen, stellen wir alle 3 Gleichungen in vereinfachter Form (ohne matrikales Potential) einander gegenüber. (+) bzw. (—) bedeuten, daß die betreffenden Größen positiv

---

[27] Man verdeutliche sich noch einmal, daß der Stofftransport stets vom höheren Potential zum niedrigeren Potential erfolgt. Wasser in einem Osmometer z. B. strömt von der reinen Phase (außen, Potential 0 = höheres Potential) zur Lösung (innen, < 0 = erniedrigtes Wasserpotential).

oder negativ sind. Das Operationszeichen auf der rechten Seite gibt ihre gegenseitige Beziehung wieder:

1. Klassische Saugspannungsgleichung

$$(+) \, S \, [\text{atm}] = \quad (+) \, W \, [\text{atm}] \quad - (+) \, P \, [\text{atm}]; \qquad (55)$$
$$\text{Saugspannung} = \text{osmotischer Wert} - \text{Turgordruck}$$

2. Wasserpotentialgleichung in Verbindung mit Druckangaben

$$(-) \, \Psi_w \, [\text{atm}] = (+) \, P \, [\text{atm}] - (+) \, \pi^* \, [\text{atm}] \qquad (56)$$
$$\text{Gesamtwasserpotential} = \text{Turgordruck} - \text{potentieller osmotischer Druck}$$

$$([\text{atm}] \equiv [\text{dyn} \cdot \text{cm}^{-2}] \equiv [\text{erg} \cdot \text{cm}^{-3}]) \, ;$$

3. Wasserpotentialgleichung in Verbindung mit Potentialangaben

$$(-) \, \Psi_W \, [\text{erg} \cdot \text{cm}^{-3}] = (+) \, \Psi_P \, [\text{erg} \cdot \text{cm}^{-3}] + (-) \, \Psi_\pi \, [\text{erg} \cdot \text{cm}^{-3}]. \qquad (57)$$
$$\text{Gesamtwasserpotential} = \quad \text{Druckpotential} \quad + \text{osmotisches Potential}$$

Gl. (56) ist von Slatyer und Gardner (1965) vorgeschlagen worden, wobei [bar], also die Dimension des Druckes als „working unit" verwendet wird. Dies ist unter der Voraussetzung, daß die Dichte des Wassers annähernd = 1 ist, möglich und, weil wie oben gezeigt „Energie pro Volumen" identisch ist mit „Druck". Drucke und Potentiale lassen sich dann gleichsetzen, wenn man bei ersteren von „Potentialdifferenz pro partielles Molvolumen von Wasser" spricht (briefliche Mitteilung von Herrn Dr. W. Borchard). Dies ist entsprechend dem bei Gl. (51) Gesagten der Fall. Allerdings ist diesbezüglich auch der Begriff der „Saugspannung" thermodynamisch gesehen exakt, weil klar definierbar durch $S = - \Psi_i = \dfrac{\mu_{0i} - \mu_i}{V_i}$. Es gelten demnach auch die Gl. (32) und (33). Sie gehen formal aus (55) hervor, wenn man „W" durch „π^*" ersetzt.

Dabei ist allerdings zu berücksichtigen, daß die Saugspannung keine wirklich auftretende Größe zweier aneinandergrenzender Phasen ist, sondern nur einen gewissermaßen berechneten Wert darstellt. In molekularen Dimensionen einer semipermeablen Grenzschicht ist nämlich der Druck sehr klein. Dies hängt ab von den durch eine Potentialdifferenz in 2 Phasen verursachten Transportvorgängen, wobei die nicht im Gleichgewicht befindliche Komponente in diesem Fall Wasser ist. Dadurch baut sich über eine endliche Distanz ein Konzentrationsgefälle auf. Wäre dem nicht so, würde die Flüssigkeit verdampfen (briefliche Mitteilung von Herrn Dr. W. Borchard).

5. Ein thermodynamisches Modell der Zelle

a) Gleichgewichte in der Zelle

Im Anschluß an Weatherley (1965) ergeben sich für die verschiedenen Phasen einer Zelle folgende Beziehungen, wobei Ψ_g nicht berücksichtigt ist:

1. Vacuole (ZS) $(\Psi_w)_{ZS} = \Psi_P + \Psi_\pi \; (\Psi_\tau = 0);$ (58)
2. Plasma (PP) $(\Psi_w)_{PP} = \Psi_P + \Psi_\pi + \Psi_\tau;$ (59)
3. Zellwand (ZW) $(\Psi_w)_{ZW} = \Psi_\tau \; (\Psi_P \text{ und } \Psi_\pi = 0).$ (60)

Im Gleichgewichtszustand ist

$$(\Psi_w)_{ZS} = (\Psi_w)_{PP} = (\Psi_w)_{ZW}. \tag{61}$$

Das heißt, daß bei gleichen Wasserpotentialen, und zwar unabhängig davon, durch welche Teilpotentiale sie zustande kommen, keine Wasserbewegung zwischen den einzelnen Phasen auftritt. Das Wasserpotential (Ψ_w) ist dann an jedem beliebigen Punkt der Zelle gleich groß. Die Gl. (58)—(60) zeigen, wie die Teilpotentiale im Prinzip am Gesamtpotential verschiedenen Anteil haben und u. U. auch ganz ausfallen können, z. B. Ψ_π bei der Vacuole, Ψ_P und Ψ_π in der Zellwand. Allerdings könnte strenggenommen hier eingewendet werden, daß der Turgordruck zumindest in den inneren Zellwandschichten von Einfluß sein dürfte, ebenso auch gelöste Substanzen im Zellwandwasser, wenngleich nur in geringem Umfang. So gesehen erscheint die Zelle in thermodynamischer Hinsicht als ein kompliziertes System. Osmotische Effekte, Quellungserscheinungen, Struktureinflüsse durch Matrices und Drucke wirken mit- und nebeneinander.

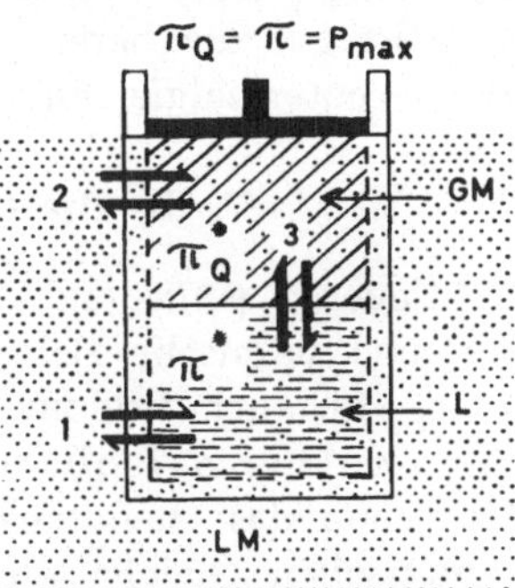

Abb. 9. Thermodynamisches Modell der Zelle. Erklärungen im Text. Nach KREEB und BORCHARD 1967.

Die obigen für die einzelnen Zellphasen gültigen Wasserpotentialgleichungen (58—60) nach SLATYER und TAYLOR (1960) bedürfen allerdings einer sehr wesentlichen Einschränkung, wenn man das Wasserpotential an der Zelloberfläche betrachtet, also die „Saugspannung" einer Zelle im klassischen Sinne. Ist diese, und nur diese gemeint, so muß die Wasserpotentialgleichung auf das osmotische Potential und das Druckpotential beschränkt bleiben. Die zusätzliche Addition eines matrikalen Potentials ist dann nicht möglich, weil die Potentialverhältnisse in den beiden getrennten Phasen „Vacuole" und „Plasma" (stets auf die ganze Zelle, als osmotisches System gesehen) nicht addierbar sind. Zwischen beiden besteht, wie gleich erläutert werden wird, allerdings Gleichgewicht. Gerade deshalb ist hier Addition nicht möglich. Diese ist nur bei Teilpotentialen innerhalb einer Phase richtig. Man könnte diese Tatsache auch so formulieren: Betrachten wir eine Zelle als ganzes osmotisches System, so ist bei ihrer Wasserpotentialgleichung $\Psi_\tau = 0$, da in der dann allein zu berücksichtigenden Vacuole, quellbare Bestandteile fehlen. Das Plasma ist dabei nur als semipermeable Membran zu betrachten. Auf jeden Fall ergibt die Gegenüberstellung der klassischen Saugspannungsgleichung mit der Wasserpotentialgleichung nach SLATYER und TAYLOR (1960) keine Übereinstimmung, wenn man das matrikale Wasserpotential, was nicht zulässig wäre, mithinzurechnete. Die Gleichung von SLATYER und TAYLOR (1960) muß deshalb, wenn sie im Sinne der Saugspannungsgleichung verwendet werden soll, wie folgt lauten:

$$\Psi_{wZO} = P_{ZI} - \pi^*_{ZS} \tag{62}$$

(ZO = Zelloberfläche, ZS = Zellsaft, ZI = Zellinneres; alle Angaben in atm).

Da der Spannungs- und Potentialverlauf in der Zellwand, z. T. wegen der differenzierten Struktur, schwer überschaubar ist, soll diese hier in erster Näherung als starre Struktur betrachtet werden. Dann ergeben sich für das Stadium der in reinem Wasser erfolgten Absättigung die in der Abb. 9 eingezeichneten 3 Gleichgewichtsbedingungen (Kreeb und Borchard 1967):

1. Osmotisches Gleichgewicht Vacuole ⇌ Wasser (= Lösungsmittel, LM);
2. Osmotisches Quellungsgleichgewicht Plasma ⇌ Wasser (Quellungsdruckgleichgewicht);
3. Internes Gleichgewicht Plasma ⇌ Vacuole, welches automatisch aus 1. und 2. folgt. (GM = Gelmischphase = Plasma; L = Lösungsphase = Vacuole.)

Wenn alle Phasen im Gleichgewicht stehen, können wir sie uns, wie in unserem Modell gezeichnet, anstatt ineinander geschachtelt auch nebeneinander gesetzt denken, und zwar umgeben von einer semipermeablen Membran (gestrichelt gezeichnet) und einer durchlässigen starren Wand. Für das osmotische Gleichgewicht gilt die bereits abgeleitete Saugspannungsgleichung (32, 33) bzw. die Wasserpotentialgleichung (35).

b) Die Quellungsphase und Quellungsgesetze

Neuere, eingehende Untersuchungen an Polystyrolgelen und allgemeine thermodynamische Betrachtungen zur Quellung verdanken wir Rehage (1964, a—c, vgl. auch Borchard 1966). Danach ist das Quellungsgleichgewicht ein isotherm-isobares Gleichgewicht, d. h. beide Phasen stehen bei Erreichen des Quellungsmaximums unter gleichem Druck, im Gegensatz zum osmotischen Gleichgewicht. Die Temperaturabhängigkeit des Quellungsgleichgewichts ergibt sich nach Rehage (1964a) zu

$$\left(\frac{\partial T}{\partial x_i{}^*} \right)_P = \left[\frac{T \left(\dfrac{\partial \mu_i}{\partial x_i{}^*} \right)}{\Delta H_{is}} \right]_{T,\,P}. \tag{63}$$

∂ kennzeichnet die partielle differentielle Änderung der absoluten Temperatur T, der Konzentration $x_i{}^*$ [28] und des chemischen Potentials des Lösungsmittels im Gel (μ_i). ΔH_{is} ist die differentielle Verdünnungswärme bei der Sättigungskonzentration; sie wird „letzte Verdünnungswärme" genannt und ist diejenige Wärme, welche frei oder verbraucht wird, wenn 1 Mol des Lösungsmittels zu einer so großen Menge des Gels im Quellungsmaximum zugegeben wird, daß die Sättigungskonzentration praktisch unverändert bleibt. Die Indices T (Temperatur) und P (Druck) weisen auf die konstant zu haltenden Außenbedingungen hin.

Der Differentialquotient auf der linken Seite entspricht der Steigung der Quellungskurve; er ist positiv, wenn ΔH_{is} positiv ist (endotherme Quellung).

---

[28] Als Konzentrationsmaß in vernetzten Systemen kann ebenfalls der Grundmolenbruch genommen werden. Er ist dann definiert durch die Beziehung

$$x_i{}^* = \frac{n_i}{n_i + \nu^* Z}.$$

n_i bedeutet hierin die Molzahl des Lösungsmittels, ν^* die Zahl der Netzbögen in Molen ausgedrückt und Z den mittleren Polymerisationsgrad eines Netzbogens (Zahl der Grundbausteine in einem Netzbogen).

In diesem Fall quillt die Substanz mit zunehmender Temperatur stärker. Bei exothermer Quellung (ΔH_{is} negativ) folgt Entquellung auf eine Temperaturerhöhung. Lediglich bei Additivität der Enthalpien der reinen Phasen (Gel und Lösungsmittel) besteht keine Temperaturabhängigkeit der Quellung, da dann

$\Delta H_{is} = 0$ ist, somit $\left(\dfrac{\partial T}{\partial x_i{}^*}\right) = \infty$ wird, gleichbedeutend mit einem horizontalen

Verlauf der Quellungskurve parallel zur Temperaturachse.

Das Quellungsmaximum wird nicht erreicht, wenn der Druck in der Gelphase (P) größer ist als im reinen Lösungsmittel (P_0). Die Druckdifferenz entspricht dem sogenannten Quellungsdruck π_Q. Es ist

$$\pi_Q = P - P_0 > 0. \tag{64}$$

Aus Analogiegründen zu osmotischen Vorgängen kann man in diesem Fall von osmotischem Quellungsgleichgewicht sprechen. An die Stelle des osmotischen Druckes (π) tritt der Quellungsdruck (π_Q) in der quellenden Substanz (Gelmischphase). Das makromolekulare Netzwerk wirkt als semipermeable Membran. Ein mehr oder weniger trockener Quellkörper besitzt, analog zu Lösungen, einen potentiellen Quellungsdruck $\pi_Q{}^*$.

Über weitere thermodynamische Beziehungen, auf die hier nicht eingegangen werden soll (vgl. REHAGE 1964a, S. 26, 27), läßt sich die Konzentrations-, Temperatur- und Druckabhängigkeit des Quellungsdruckes formulieren.

Bei Vorhandensein eines Quellungsdruckes koexistiert also eine nicht maximal gequollene Gelmischphase mit dem reinen Lösungsmittel. Wenn das Protoplasma nichtvacuolisierter Zellen unter Turgordruck steht, ist es demzufolge nicht maximal gequollen, wie KÜHNE und KAUSCH (1965, vgl. auch KÜHNE 1966) zeigen konnten. Die Zellwandspannung verhindert in diesem Fall das Erreichen des Endstadiums der Quellung. Aber auch bei entspannten vacuolisierten Zellen ($P = 0$) ist die Quellung des Protoplasmas geringer als in reinem Wasser, da es im Gleichgewicht steht mit der Lösung des Zellsaftes[29]. Auch diese wirkt entquellend, da nach REHAGE (1964a) näherungsweise folgende Beziehung gilt:

$$\pi_Q\,(x_i{}^*) = \pi^*\,(x_i{}')\,{}^{[30]} \tag{65}$$

($x_i{}^*$ = Konzentration des Lösungsmittels in der Gelmischphase, $x_i{}'$ = Konzentration des Lösungsmittels in der Lösung).

Ein Gel, das Plasma z. B., erfährt also praktisch die gleiche Konzentrationsänderung in Abhängigkeit von Druck (π_Q) oder gelösten Substanzen (π^*).

Die Verhältnisse im Protoplasma der vacuolisierten Zellen kann man sich klarmachen, wenn man vom Stadium der Grenzplasmolyse ausgeht. Die Wand ist dann vollkommen entspannt, der Turgordruck also 0. Wenn Gleichgewicht eingetreten ist, sind die chemischen Potentiale des Wassers im Gel und in der

---

[29] Änderungen durch Elektrolyte (vgl. z. B. FISCHER 1965) sind hier der Einfachheit halber außer acht gelassen. Wir betrachten lediglich die reine Konzentrationswirkung der Vacuole auf die Protoplasmaquellung.

[30] $\pi^*\,(x_i{}')$ besagt, daß der potentielle osmotische Druck eine Funktion der Konzentration ist. Diese ist hier als Molenbruch angegeben (x_i). Dasselbe gilt für den Quellungsdruck π_Q.

Lösung gleich, das Protoplasma ist also nicht maximal gequollen; anders formuliert: in diesem Stadium besteht bereits ein potentieller Quellungsdruck (π_Q*) analog zu dem potentiellen osmotischen Druck (π*). Bringen wir diese Zellen nun in Wasser, also das reine Lösungsmittel, dann baut sich erst allmählich der tatsächliche osmotische Druck (π) auf, ebenso aber der tatsächliche Quellungsdruck (π_Q). Solange Gleichgewicht nicht eingetreten ist, besteht eine Saugspannung entsprechend Gleichung (33). Diese gilt analog für die Gelphase, das Plasma:

$$S_Q \ (\triangleq \Psi_Q) = \pi_Q* - P > 0 \ [\text{atm}] \tag{66}$$

(S_Q = Saugspannung, Ψ_Q = Wasserpotential der Gelmischphase, π_Q* = potentieller Quellungsdruck, P = Quellungsdruck bzw. Wanddruck).

Wird der Turgordruck dem Betrage nach gleich groß wie der potentielle osmotische Druck bzw. Quellungsdruck, so ist Gleichgewicht bei Sättigung eingetreten. Vorausgesetzt wird bei diesen Überlegungen, daß der Quellungsdruck im Protoplasma überall gleich und die Zellwand eine annähernd starre Struktur hat, welche eine Volumzunahme und damit eine Verminderung der Lösungsmittelkonzentration in der Gelmischphase (x_i*) bzw. der Lösung (x_i') praktisch verhindert. Es darf also hier nochmals deutlich herausgestellt werden, daß die **Plasmaquellung in vacuolisierten Zellen nie maximal sein kann und nicht vom Turgordruck, sondern von der Konzentration der Vacuole bestimmt wird,** wie dies von Walter (vgl. u. a. 1931a, 1963a, b, 1965) gefordert wird. Der Turgordruck spielt jedoch dann eine indirekte Rolle, wenn durch ihn Konzentrationsänderungen verursacht werden. Es kann jedoch schon hier gesagt werden, daß diese sich gleichermaßen auf Vacuole und Protoplasma auswirken. Entscheidend ist also für die Wasserverhältnisse im Zellinnern das oben aufgezeigte Gleichgewicht 3 „Plasma ⇌ Vacuole". Dieser Punkt ist grundlegend wichtig für das Hydratur-Konzept von Walter (1931a). Er geht davon aus, daß einerseits für die Lebensvorgänge in erster Linie die Wasserverhältnisse im Protoplasma ausschlaggebend sind und andererseits Aussagen hierüber nur durch den potentiellen osmotischen Druck der Vacuole gewonnen werden können. Auf die entsprechende Bestimmungsmethode wird später noch ausführlich einzugehen sein. Hier sollen noch zwei Fragen aufgegriffen werden: 1. Wie ist die Druckabhängigkeit im Zellinneren, also von Plasma und Vacuole thermodynamisch zu interpretieren? 2. Was ist die thermodynamische Bedeutung der Hydratur?

c) Der Einfluß von Druck auf Vacuole und Plasma

α) Der Einfluß von Turgordruck

Hierbei gilt es zu klären, ob die Plasmaquellung bei verschiedenen Turgordrucken eine Änderung erfährt oder ob sie allein von der Konzentration der Vacuole, d. h. deren potentiellem osmotischen Druck bestimmt wird. Wir geben eine thermodynamische Berechnung des auf die Gleichgewichtskonzentration zu erwartenden Effektes für den Fall der Isothermie (vgl. Kreeb und Borchard 1967 und Spanner 1964, S. 155). Zelle + Außenmedium wird dabei als geschlossenes System betrachtet, wobei der Druck nur im Zellinnern, also bei konstantem Außendruck, variabel sein soll. Wir gehen dabei aus vom nicht turgeszenten

Stadium und betrachten der Einfachheit halber lediglich eine, und zwar beliebige permeable Substanz i, deren Konzentration x_i im Gleichgewicht sein soll mit derjenigen im Außenmedium. Das chemische Potential der Substanz i, μ_i, muß, da wir innen und außen Gleichgewicht erhalten wollen, zudem als gleichbleibend betrachtet werden. In der thermodynamischen Symbolsprache wird also

$$\left(\frac{\partial x_i}{\partial P}\right)_{\mu_i} \tag{67}$$

zu berechnen sein. Das ist ein partieller Differentialquotient, gleichbedeutend mit der Steigung, welche zu der Kurve $x_i = f(P)$ gehört. Der Index μ_i weist auf die Konstanz des chemischen Potentials während der Differenzierung hin.

Wenn nun zusätzlich Wasser in die Zelle eintritt, was dann möglich wird, wenn außer i noch andere hier nicht näher betrachtete osmotische Bestandteile hinzukommen, also die Substanzen $j = 1, 2, \ldots, N$, so steigt der Turgordruck. Wie wir früher gesehen haben (S. 42), ist aber der Druckeinfluß auf das chemische Potential positiv, es wird also erhöht. Da wir oben fordern, daß μ_i sich nicht ändert, so muß die durch Druck erfolgte Potentialerhöhung kompensiert werden durch eine Potentialerniedrigung auf Grund einer Konzentrationsabnahme. Dies bedingt, daß eine bestimmte Menge der Substanz i, welche z. B. Zucker sein kann, aus der Zelle austreten muß. Wie groß ist nun diese Turgordruckwirkung auf die Zuckerkonzentration in der Vacuole? Das chemische Potential ist in dem hier konstruierten Fall abhängig von Druck und Konzentration, also 2 Variablen. Wir können daher seine differentielle Änderung wie folgt schreiben:

$$d\mu_i = \left(\frac{\partial \mu_i}{\partial P}\right)_{x_i} dP + \left(\frac{\partial \mu_i}{\partial x_i}\right)_P dx_i. \tag{68}$$

Unsere Bedingung für $d\mu_i$ lautet, um dies nochmals zu wiederholen:

$$d\mu_i = 0, \tag{69}$$

d. h., im Hinblick auf das chemische Potential der Substanz i tritt keine Änderung ein.

(68) geht demnach über in

$$\left(\frac{\partial \mu_i}{\partial P}\right)_{x_i} dP + \left(\frac{\partial \mu_i}{\partial x_i}\right)_P dx_i = 0. \tag{70}$$

Hieraus folgt dann rein rechnerisch:

$$\left(\frac{\partial \mu_i}{\partial P}\right)_{x_i} dP = -\left(\frac{\partial \mu_i}{\partial x_i}\right)_P dx_i \tag{71}$$

und

$$\left(\frac{dx_i}{dP}\right)_{\mu_i} = -\left(\frac{\partial \mu_i}{\partial P}\right)_{x_i} \bigg| \left(\frac{\partial \mu_i}{\partial x_i}\right)_P. \tag{72}$$

Da $\left(\dfrac{\partial \mu_i}{\partial P}\right)$, wie sich aus Gl. (19) ergibt, dem partiellen Molvolumen V_i entspricht, können wir auch schreiben

$$\left(\frac{dx_i}{dP}\right)_{\mu_i} = -V_i \bigg| \left(\frac{\partial \mu_i}{\partial x_i}\right)_P. \tag{73}$$

Da außerdem nach Haase (1956, S. 149) für stabile, binäre Phasen, worum es sich in unserem Fall handelt, der partielle Differentialausdruck

$$\left(\frac{\partial \mu_i}{\partial x_i}\right)_P > 0 \tag{73b}$$

gleichbedeutend mit einer Zunahme des chemischen Potentials μ_i bei Erhöhung der Konzentration der Substanz i[31], also positiv, ist, erkennt man sofort, daß bei steigendem Druck in der Vacuole die Konzentration an i abnehmen muß.

Zu einer Formel, mit der wir die Größe des Turgordruckeinflusses berechnen können, kommen wir durch folgende weitere Entwicklung: Für eine ideale Lösung gilt (vgl. Spanner 1964, S. 149)

$$\mu_i = \mu_{0i}\,(P,\,T) + R\,T \ln x_i, \tag{74}$$

wobei eine Phase (μ_{0i}) dem reinen Lösungsmittel entspricht. Der Molenbruch x_i ist dann $= 1$. $\mu_{0i}\,(P,\,T)$ besagt, daß der Druck (P) und die Temperatur μ_{0i} bestimmende Variable sind. Die Ableitung von (74) ergibt sich aus den Ausführungen bei Glasstone und Lewis (1965, S. 232ff. und 252). Sie geht zurück auf das Gesetz von Raoult, wonach die relative Dampfdruckerniedrigung $\dfrac{p_0 - p}{p_0}$ dem Molenbruch der gelösten Substanz proportional ist. Es gilt also

$$\frac{p_0 - p}{p_0} = \frac{n_2}{n_1 + n_2} = x_2 \tag{75}$$

($n_2 =$ Mol gelöste Substanz, $n_1 =$ Mol Lösungsmittel).

(75) läßt sich, wenn man von beiden Seiten der Gleichung 1 subtrahiert, überführen in

$$\frac{p}{p_0} = 1 - x_2. \tag{76}$$

Da die Summe der Molenbrüche der beiden Komponenten x_1, Lösungsmittel, und x_2, gelöste Substanz, stets 1 ergibt, also

$$x_1 + x_2 = 1 \tag{77}$$

ist, kann man weiter umwandeln, wenn man hieraus x_2 in x_1 ausdrückt, nämlich $x_2 = 1 - x_1$, in

$$\frac{p}{p_0} = x_1. \tag{78}$$

---

[31] Hier darf keine Verwechslung mit den auf S. 42 geschilderten Verhältnissen entstehen. Dort wurde das chemische Potential des Wassers in der Mischphase betrachtet. Es nimmt ab mit der Konzentrationserhöhung anderer Substanzen, die man in Lösung gibt!

In Verbindung mit den früher abgeleiteten Formeln (47) und (47a) kommen wir damit zu der Beziehung (74). Diese läßt sich nun differenzieren nach ∂x_i; dabei fällt, weil P und T als konstant angesehen werden und deshalb auch μ_{0i} konstant ist, dieser letztere Terminus weg[32].

Aus $\ln x_i$ wird, da $\int \dfrac{d x}{x} = \ln x$ ist, $\left(\dfrac{\partial x_i}{x_i}\right)$ (Aufhebung des Integrals bei der Differenzierung). Wir bekommen also aus (74) unter Berücksichtigung dessen

$$\left(\frac{\partial \mu_i}{\partial x_i}\right)_P = \left(\frac{R\,T\,\partial x_i}{x_i\,\partial x_i}\right) = \left(\frac{R\,T}{x_i}\right). \tag{79}$$

Ersetzen wir $\left(\dfrac{\partial \mu_i}{\partial x_i}\right)$ durch die Gl. (73), so folgt schließlich

$$\left(\frac{\partial x_i}{\partial P}\right)_{\mu_i} = -\,V_i \,\left|\, \frac{R\,T}{x_i} \right. \tag{80}$$

oder

$$\frac{1}{x_i}\left(\frac{\partial x_i}{\partial P}\right)_{\mu_i} = -\,\frac{V_i}{R\,T}. \tag{81}$$

Mit (81) können wir Berechnungen vornehmen[33], etwa für den einfachen Fall $i =$ Wasser (w) bei vollständiger Semipermeabilität, wobei also nur H_2O-Moleküle die Membran passieren können. Setzen wir die entsprechenden Werte

$$V_w = 0{,}02 \text{ l mol}^{-1}$$
$$R \;\; = 0{,}082 \text{ l atm mol}^{-1} \text{ grad}^{-1}$$
$$T \;\; = 293^\circ \text{ K}$$

in die Formel (81) ein, so ergibt sich pro 1 atm Druckanstieg ($\Delta P = 1$ atm), da für genügend kleine Turgordruck- oder Konzentrationsänderungen annäherungsweise

$$\frac{\partial x_w}{\partial P} \approx \frac{\Delta x_w}{\Delta P} \tag{82}$$

gilt:

$$\frac{\Delta x_w}{x_w} = -\,\frac{V_w}{R\,T}\,\Delta P = -\,\frac{0{,}02 \cdot 1}{0{,}082 \cdot 293} \tag{83}$$

$$= -\,\frac{0{,}83}{100} = -\,0{,}083\% \approx -\,0{,}08\%.$$

Das bedeutet also, daß bei Turgordruckerhöhung Wasser austritt (Minuszeichen auf der rechten Seite); die Gleichgewichtskonzentration ist dann innen um 0,08% pro atm geringer als außen. Haben wir es beispielsweise mit einer stark verdünnten Glucoselösung zu tun ($\pi^* = 1{,}93$ atm), deren Wasserkonzentration ausgedrückt durch den Molenbruch $x_w = 0{,}9985$ beträgt, so würde die bei einer

---

[32] Erklärung: die Differenzierung einer Gleichung $y = b\,x + c$ ergibt $\dfrac{d y}{d x} = b$; man setze hierbei für $y = \mu_i$, für $c = \mu_{0i}\,(P,\,T)$ und für $b\,x = R\,T \ln x_i$.

[33] Sie wurden freundlicherweise von Herrn Dr. W. BORCHARD ausgeführt.

Turgordruckerhöhung um 10 atm zu erwartende Konzentrationsänderung des Wassers in der Zelle nach (83)

$$\Delta\,x_w = -\,0{,}08\% \cdot 10 \cdot 0{,}9985 = 0{,}799\% \tag{84}$$
$$= 0{,}00799$$

betragen. Die Konzentration wird dann „Anfangskonzentration — Änderung (von 83)", also

$$x_w = 0{,}9985 - 0{,}00799 = 0{,}99051. \tag{85}$$

Da angenommen wurde, daß nur Wasser permeiert und der Zucker in der Zelle bleibt, ändert sich, da $x_w + x_z = 1$ ist, automatisch auch die relative Zuckerkonzentration (= Glucose). Nach der Druckänderung ist dann

$$x_z = 1 - 0{,}99051 = 0{,}009499. \tag{86}$$

Die Konzentrationsänderung des Zuckers ergibt sich, indem man von 0,00949 die geringere Ausgangskonzentration $x_z \approx 0{,}0015$ (Ausgangskonzentration des Wassers $x_w = 0{,}9985$; $x_w + x_z = 1$, das ist $0{,}9985 + 0{,}0015 = 1$) abzieht:

$$\Delta\,x_z = 0{,}00949 - 0{,}0015 = 0{,}00799. \tag{87}$$

$\dfrac{\Delta\,x_z}{x_z}$ läßt sich für dieses Beispiel nun ebenfalls berechnen. Es ist

$$\frac{\Delta\,x_z}{x_z} = \frac{0{,}00799}{0{,}0015} \approx 5{,}3 = 530\%. \tag{88}$$

Weil wir die Konzentration über den Molenbruch ausdrücken, ergibt sich ein scheinbar sehr hoher Wert. Er kann nach folgender, aus (81), gültig für $i = H_2O$, abzuleitenden Beziehung sofort errechnet werden[34]:

$$\frac{\Delta\,x_z}{x_z} = \frac{V_w\,\dfrac{x_w}{x_z}}{R\,T}\,\Delta\,P. \tag{89}$$

Das Vorzeichen auf der rechten Seite ist hier positiv im Gegensatz zu Gl. (81), gleichbedeutend mit einer Zuckerkonzentrationserhöhung bei Wasseraustritt.

---

[34] Die Ableitung ist folgende:

In $\dfrac{1}{x_w}\left(\dfrac{\partial\,x_w}{\partial\,P}\right)_{\mu_w} = -\dfrac{V_w}{R\,T}$ ersetzen wir ∂x_w durch $-\,\partial x_z$, da $dx_w = -\,dx_z$ gilt. Wir

bekommen $\dfrac{1}{x_w}\left(\dfrac{\partial\,x_z}{\partial\,P}\right)_{\mu_w} = +\dfrac{V_w}{R\,T}$. Die Multiplikation beider Seiten mit $\dfrac{x_w}{x_z}$ ergibt:

$\dfrac{1}{x_z}\left(\dfrac{\partial\,x_z}{\partial\,P}\right)_{\mu_w} = \dfrac{V_w\,\dfrac{x_w}{x_z}}{R\,T}$. Für genügend große Änderungen (Δ) erhalten wir: $\dfrac{\Delta\,x_z}{x_z} =$

$= \dfrac{V_w\,\dfrac{x_w}{x_z}}{R\,T}\,\Delta\,P.$

Nach Einsetzen der Zahlenwerte bekommen wir für das vorgenannte Beispiel

$$\frac{\Delta x_z}{x_z} = \frac{0,02 \cdot \dfrac{0,9985}{0,0015} \cdot 10}{0,082 \cdot 293} \tag{90}$$

$$\approx 5,5 = 550\%.$$

Gingen wir nicht von permeierbarem H_2O, sondern von permeierbarer Glucose aus (vgl. SPANNER 1964, S. 155), so würde sich ein 10mal größerer Effekt im Hinblick auf deren Konzentrationsänderung ergeben, da das Molvolumen in diesem Fall $V_z \approx 0,21$ mol^{-1} beträgt. Wir erhielten dann pro 1 atm Druckanstieg eine Konzentrationsabnahme innen von

$$\frac{\Delta x_i}{x_i} = -\frac{0,2}{0,082 \cdot 293} \cdot 1 = -0,8\%. \tag{91}$$

Nehmen wir einen Molenbruch x_z von 0,0015, wie oben, an, so errechnet sich die Konzentrationsdifferenz bei einem Druckanstieg von 10 atm zu $\approx 0,0001$. Unter diesen Bedingungen würde dann eine Konzentration von $x_z \approx 0,0014$ innen im Gleichgewicht stehen mit einer Konzentration von $x_z \approx 0,0015$ außen.

Der Druckeinfluß auf die Gleichgewichtskonzentration ist also nicht unbeträchtlich; er darf auf keinen Fall übersehen werden. Allerdings gilt er in gleichem Maße auch für die Gelmischphase, das Protoplasma. Deshalb bzw. da im Gleichgewichtszustand die Wasserpotentiale in der Gelphase (Protoplasma) und der Lösung (Vacuole) gleich sind, bedingt die Potentialänderung einer Phase eine Stoffverschiebung, z. B. von Wasser, so lange, bis wieder Gleichgewicht herrscht. Die Forderung, daß die Plasmaquellung direkt von der Vacuolenkonzentration abhängt oder, besser ausgedrückt, als im Gleichgewicht mit ihr stehend betrachtet werden kann, wird also selbst durch einen möglichen Turgoreinfluß auf die Gleichgewichtskonzentration einer gelösten Substanz nicht angetastet. Bei der theoretischen Betrachtung der Potentialverhältnisse muß dabei stets klar definiert werden, welches Potential gemeint ist, das des Lösungsmittels, in unserem Fall das Wasserpotential, oder dasjenige der sich in Lösung befindlichen Stoffe.

Im ganzen gesehen, dürften sich die hier geschilderten Verhältnisse recht kompliziert auswirken, da eintretendes Wasser bei einer annähernd starren Wand den Turgordruck so rasch erhöht, daß die geforderte Konzentrationserniedrigung bei gelösten permeierbaren Substanzen gar nicht zustande kommen kann. Die in diesem Zusammenhang stattfindenden Vorgänge macht man sich am besten klar mit Hilfe des chemischen Potentials. Ist dieses durch Druck bei der Substanz i erhöht worden, so wirkt diese Erhöhung auf das Wasserpotential der Vacuole erniedrigend, und zwar in gleicher Weise, als wäre noch zusätzlich osmotische Substanz hinzugekommen.

Es wird also Wasser eintreten, bis eine Kompensation erreicht ist, analog zur Osmose, d. h. also, bis die Wasserpotentiale innen und außen wieder gleich sind. Parallel hierzu muß jedoch auch Wasser austreten, da dessen Potential durch Turgordruck direkt erhöht wird. Wie wir gesehen haben, ist dieser Effekt jedoch um eine 10er Potenz kleiner als bei gelösten Substanzen von der Art der Glucose.

Der Grund hierfür ist das geringe Molvolumen des Wassers, eine Gunst der Natur, wie sie auch bei vielen anderen physikalisch-chemischen Eigenschaften dieses lebenswichtigen Stoffes zu Tage tritt.

β) Der Einfluß von hydrostatischem Druck

Es bleibt nun noch die Frage zu klären, ob eine Änderung des hydrostatischen Druckes[35] im Gesamtsystem (Zelle + Außenmedium = geschlossenes System, Zelle unter Turgordruck + hydrostatischem Druck, Außenmedium unter hydrostatischem Druck), ebenso wie der Turgordruck selbst, eine Wirkung auf Protoplasma und Vacuole ausübt. In der Natur kommen allerdings solche Verhältnisse nur bei Luftdruckschwankungen vor. Sie sind in ihrer Auswirkung sicher als gering anzusehen. Doch kann man sie auch auf das System Plasma — Vacuole anwenden, sofern man diese beiden Phasen als geschlossenes thermodynamisches System betrachtet, in welchem die Abhängigkeit von Turgordruckschwankungen untersucht werden soll. Bei der Berechnung folgen wir Rehage (1964a). Für eine Lösung bzw. Gelmischphase, welche durch eine semipermeable Substanz vom reinen Lösungsmittel getrennt ist, gilt, wenn bei konstanter Temperatur und Konzentration eine Druckänderung in beiden Phasen erfolgt:

$$V_i \, d \, (\pi + P) = V_{0i} \, d \, P. \tag{92}$$

Dies folgt aus (19: „dP" bei Phase $i \equiv d \, (\pi + P)$, bei o i dP; Ableitung über $\pi = P_1 - P$), da für eine infinitesimale Änderung bei währendem Gleichgewicht

$$d \, \mu_i = d \, \mu_{0i} \tag{93}$$

gilt. Aus (92) erhält man dann

$$(V_i - V_{0i}) \, d \, P = - V_i \, d \, \pi \tag{94}$$

und

$$\left(\frac{d \, \pi}{\partial \, P} \right)_{T, \, x_i} = \frac{V_{0i}}{V_i} - 1. \tag{95}$$

Diese Beziehung besagt, daß eine Druckabhängigkeit des osmotischen Druckes bzw. des Quellungsdruckes dann nicht vorhanden ist, wenn $V_i = V_{0i}$ ist, die Steigung also 0 wird. Dies trifft zu, wenn sich die Volumina von Lösungsmittel und gelösten Substanzen bzw. Gelen additiv verhalten. Der osmotische Druck bzw. Quellungsdruck nimmt jedoch zu mit steigendem Druck, wenn $V_{0i} > V_i$ ist (Volumenkontraktion), und ab, wenn $V_{0i} < V_i$ ist (Volumendilatation). V_{0i} bezieht sich auf das Molvolumen der reinen Substanz, welches in der Mischung mit dem reinen Lösungsmittel kleiner oder größer werden kann oder aber gleich bleibt. In jedem Fall finden wir auch hier einen gleich großen Einfluß auf Gel und Lösung. In keinem Fall wird also durch hydrostatische Druckänderungen dieses interne Gleichgewicht einseitig gestört.

---

[35] Der tatsächliche osmotische Druck im Zellinneren (π) darf strenggenommen nicht als hydrostatischer Druck bezeichnet werden, da er nur in einem Teilsystem (Vacuole, Plasma, Wand), nicht aber im Außenmedium auftritt. Hier handelt es sich demzufolge um die Betrachtung von einer hydrostatischen Druckwirkung in engerem Sinne.

Beziehung (95) läßt sich unter der Voraussetzung, daß sich der Flüssigkeitsdampf wie ein ideales Gas verhält, ebenso auch aus Gleichung (47a) in Verbindung mit (50) ableiten, wenn man die Druckabhängigkeit des Dampfdruckes p_i nach GLASSTONE und LEWIS (1965, S. 445) verwendet:

$$\left(\frac{\partial p_i}{\partial P}\right)_T = \frac{V_{il}}{V_{iv}} \qquad (96)$$

(V_{il} = partielles Molvolumen des flüssigen Stoffes i, bei Wasser 18 ml; V_{iv} = partielles Molvolumen des Stoffes i im Dampf = 22 415 ml, bei idealen Gasen, 760 mm und 0° C). Aus dieser Gleichung folgt also die Druckabhängigkeit des Dampfdruckes; sie ist 0,08% pro 1 atm.

Die Berechnung zu (95) ergibt für einen Unterschied von V_i und V_{0i} von 0,5% bei Wasser

$$\left(\frac{\partial \pi}{\partial P}\right)_{T,\,x_i} = \frac{18,03}{17,94} - 1 = 0,005. \qquad (97)$$

Dies ergibt pro 1 atm Druckanstieg eine Änderung um 0,5%, d. h. um 0,005 atm[36]. Dieser Betrag ist so gering, daß er praktisch vernachlässigbar ist. Würde vergleichsweise eine so geringe Druckänderung im ersten diskutierten Fall erfolgen, dann würde sich hierbei die Konzentration des Gelösten nur um 0,04% ändern.

6. Die thermodynamische Bedeutung der Hydratur

Wir kommen nun noch zu der wichtigen Frage, wie die Hydratur thermodynamisch definiert werden kann. Der Begriff wurde von WALTER (1931a, vgl. WALTER 1962) eingeführt, in erster Linie um die Frage des „Wasserzustandes" in der Zelle zu verdeutlichen. Es wurde bereits darauf hingewiesen, daß für die Lebensvorgänge in den Zellen, welche im Protoplasma ablaufen, der Quellungszustand dieser Gelmischphase entscheidend sein muß. Die vorhergehenden Ausführungen haben klar gezeigt, daß das interne Gleichgewicht Plasma $\rightleftharpoons$ Vacuole ermöglicht, indirekt diesen Quellungszustand zu erfassen. Eine direkte Messung ist vorerst nicht durchführbar, da wir das lebende Plasma nicht in genügenden Mengen von den übrigen Phasen der Zelle abtrennen können. Als Maß für die Hydratur (hy) verwendete WALTER die relative Dampfspannung in % (vgl. auch WALTER 1963a und b, 1965, WALTER und WIEBE 1966). Es ist (KREEB 1967a, b)

$$hy = \left(\frac{p}{p_0}\right)_{T,\,P\,\ldots\,X} \cdot 100. \qquad (98)$$

p und p_0 sind unter genau denselben Außenbedingungen anzugeben, und zwar insbesondere hinsichtlich der Temperatur und des Druckes (Indices T und P); auch die Oberflächenspannungen und alle anderen Außenfaktoren müssen für den Dampfdruckvergleich dieselben sein (Indices $\ldots X$). Der für die

---

[36] Man beachte gegenüber Beziehung (83), daß dort die Änderung vom vorhandenen Konzentrationswert abhängt: $\Delta x_i = 0,0083 \cdot x_i \cdot \Delta P$. Hier errechnet sich die Änderung nach $\Delta \pi = 0,005 \, \Delta P$, unabhängig vom vorhandenen osmotischen Druck π.

Beziehung (97) von Walter (1965) eingeführte Begriff der „spezifischen relativen Dampfspannung" ist im Prinzip richtig gewählt, aber bereits durch andere Termini der physikalischen Chemie eindeutig erklärbar, wie Kreeb und Borchard (1967) zeigen konnten.

Es ist nämlich (vgl. Glasstone und Lewis 1965, S. 262, Spanner 1964, S. 135 und 176/177)

$$\left(\frac{p_i}{p_{0i}}\right)_{T,\,P} = a_i \tag{99}$$

(p_i = Dampfdruck über der Mischphase, p_{0i} = Wasserdampfdruck) die relative Aktivität des Lösungsmittels i in einer Lösung. Die Beziehung gilt generell, auch für gelöste Substanzen. Im Hinblick auf die Hydratur wird sie eingeschränkt auf Wasser als Lösungsmittel. Wir können daher folgende Definition verwenden: die Hydratur ist die prozentuale relative Aktivität des Wassers (a_w) in einer beliebigen Mischphase (Lösung, Gel), also

$$hy = a_w \cdot 100. \tag{100}$$

Der Terminus „Hydratur" besitzt somit rein thermodynamisch gesehen eine ganz klare Bedeutung. Da er die Aktivität des Wassers kennzeichnet, ist er für die Physiologie des Wasserhaushaltes wichtig. Er kann über Gl. (27) in Beziehung gesetzt werden zum potentiellen osmotischen Druck einer Lösung:

$$\pi^* = -\frac{R\,T}{V_i}\ln\frac{hy}{100}, \tag{101}$$

und durch (102) bzw. (103) zum chemischen Potential (μ; vgl. Spanner 1964, S. 133):

$$\frac{hy}{100} = a_w = \exp\left(\frac{\mu_w - \mu_{0w}}{R\,T}\right) = \exp\left(\frac{-\pi^* V_w}{R\,T}\right) \tag{102}$$

oder

$$R\,T\ln a_w = R\,T\ln\frac{hy}{100} = \mu_w - \mu_{0w} = \Delta\,\mu_w. \tag{103}$$

Die kürzlich von Shmueli und Cohen (1964) geübte Kritik am Hydraturbegriff beruht wohl auf Mißverständnissen und thermodynamischen Mißinterpretationen. Gegen die falsche Auslegung seines Hydraturbegriffes hat Walter (1966, 1967b) selbst Stellung genommen. Die in Shmuelis und Cohens (1967) Antwort darauf wieder geäußerte Meinung, daß in Gl. (47a) p_{0i} ein sogenannter „Standarddruck", nämlich von Wasserdampf bei 1 atm, sein müßte, ist unrichtig. Die Autoren beziehen sich auf Klotz (1957), der diese Ansicht in dieser Weise nicht geäußert hat. Auch Slatyer (1967c) stimmt mit der von Kreeb (1967a) gegebenen Definition der Hydratur (Gleichung 98) voll überein. In seiner Kritik (Slatyer 1967b) bleibt somit nur die mehr rhetorische Frage stehen, ob man den „nichtspezifischen Begriff" Hydratur verwenden soll oder die aus der Thermodynamik abgeleiteten Termini „Wasserpotential" und „osmotisches Potential". Slatyer (1967b) hat Bedenken „... since confusion can result from its use unless the location where it is measured is specified." Das ist vollkommen richtig:

Man muß natürlich sagen, ob die Hydratur des Plasmas, der Vacuole oder des Außenmediums gemeint ist, genauso wie man nicht allgemein von einer „Temperatur der Pflanze" sprechen kann. Die physiologische Bedeutung der Hydratur des Plasmas, auf die später genauer einzugehen sein wird, ist von WEATHERLEY (1965) eingehend gewürdigt worden. Er schreibt: "The important point surely is that the degree of imbibition of the cytoplasmic gels is likely to be defined by the osmotic potential of the vacuolar sap ... This being so, the measurement of the osmotic potential of the sap of leaves has a special physiological and ecological significance which WALTER has long recognized." Sofern die Plasma-hydratur gemeint ist, können also folgende Beziehungen gelten

$$hy_{PP} = a_{w_{PP}} \cdot 100 = a_{w_{ZS}} \cdot 100 = \left(\frac{p_w}{p_{0w}}\right)_{ZS} \cdot 100 \qquad (104)$$

(a_w = Aktivität des Wassers, p_w = Dampfdruck über einer Lösung, p_{0w} = Wasserdampfdruck; Indices: PP = Protoplasma, ZS = Zellsaft).

Sie entspricht der relativen Dampfspannung des Zellsaftes, welche wiederum mit dessen potentiellem osmotischem Druck korreliert ist. Gemessen werden kann die Hydratur des Protoplasmas u. a. mit der sogenannten Dampfdruckmethode, wobei es auf die Einstellung eines Gleichgewichtes zwischen der relativen Luftfeuchtigkeit im Dampfraum über Zellsaft und dessen potentiellem osmotischem Druck ankommt. In der gleichen Weise kann aber auch eine „Hydratur an der Zelloberfläche" gemessen werden (vgl. z. B. die NTC-Methode zur Saugspannungsmessung bei KREEB 1965c). Hierbei entscheidet die Gleichgewichtseinstellung zwischen der Luftfeuchtigkeit über lebendem Blattmaterial und dessen Wasserpotential. „Hydratur" ist also tatsächlich ein nichtspezifischer Begriff, welcher eben deshalb allgemein verwendbar ist (Luft, Boden, Quellungsphasen, Zelloberfläche, Zellinneres, etc.). Es muß SLA-TYER (1967c) zugegeben werden, daß es nicht eindeutig ist, nur von einer „Hydratur der Pflanze" zu sprechen; wichtig ist, welche Phase gemeint ist. WALTER hat jedoch stets deutlich gemacht, daß er unter „Hydratur der Pflanze" einschränkend die Hydratur der lebenden Substanz, also des Protoplasmas, verstanden wissen will.

Für die Hydratur an der Zelloberfläche (hy_{ZO}) gilt:

$$hy_{ZO} = a_{w_{ZO}} \cdot 100 = \left(\frac{p_w}{p_{0w}}\right)_{ZO} \cdot 100. \qquad (105)$$

Sie ist korreliert zum Gesamtwasserpotential (Saugspannung), bestimmend also für die Wasserbewegung von Zelle zu Zelle. Diese mehr dynamischen Fragen werden hier nur vergleichend zur Plasmahydratur aufgegriffen, nicht aber in ihrer Bedeutung für den Wassertransport diskutiert. Näheres hierüber im System Boden—Pflanze findet man bei SLATYER (1967a), der ausführlich die einschlägige Literatur bespricht. Obgleich der wohl von SCHOFIELD 1949 (vgl. WEATHERLEY 1965) vorgeschlagene Terminus „Wasserpotential", $\Psi_w = \dfrac{\mu_w - \mu_{0w}}{V_w}$, irreführend ist, da ja nicht das chemische Potential des Wassers gemeint ist, sondern eine Potentialdifferenz, sollte man bei dieser kurzen Bezeichnung bleiben, allerdings, wie bereits ausgeführt, möglichst von „Gesamtwasserpotential" sprechen. „Wasserdepression" (Weatherley 1965) ist ungewöhnlich, und das hierfür verwendete Symbol ΔW in der Thermodynamik nicht üblich. Richtiger wäre „Wasserpotentialdifferenz", doch ist dieser Begriff zu umständlich.

Abschließend sei also folgende Terminologie empfohlen, welche sich in den englischen und deutschen Bezeichnungen deckt:

Gesamtwasserpotential oder kurz Wasserpotential (Ψ_w) $\equiv$ „total water potential" oder kurz „water potential" $\hat{=}$ Saugspannung (S) $\equiv$ „suction pressure";

potentieller osmotischer Druck (π^*) $\hat{=}$ osmotisches Potential (Ψ_π) $\equiv$ „potential osmotic pressure" $\hat{=}$ osmotic potential;

Turgordruck (P) $\hat{=}$ Turgordruckpotential (Ψ_p) $\equiv$ „turgor pressure" $\hat{=}$ „turgor pressure potential" ($\equiv$ und $\hat{=}$ vgl. Fußnote 12 und S. 38).

Hier werden wir, Plasmahydraturfragen betreffend, an Stelle des bisher gebräuchlichen Terminus „osmotischer Wert" „potentieller osmotischer Druck" und das Symbol π^* verwenden, da dann die numerische Angabe weiterhin in atm und als positive Größe möglich ist.

Wie Kreeb und Borchard (1967) betonen, sind alle oben abgeleiteten Beziehungen nur für den Gleichgewichtszustand gültig, welcher in der Thermodynamik der reversiblen Prozesse eine fundamentale Bedeutung besitzt. Sie gelten außerdem nur unter der Voraussetzung idealer Stoffe bzw. Stoffgemische, also für ideale Gase und verdünnte Lösungen. Für die Belange der Wasserhaushaltsphysiologie sind die gemachten Vernachlässigungen jedoch zulässig, da wir zu annäherungsweise richtigen Aussagen gelangen. Außerdem war bei der Entwicklung der physikalisch-chemischen Grundlagen stets Isothermie vorausgesetzt, die unter natürlichen Bedingungen im allgemeinen nicht gegeben ist. In diesem Zusammenhang darf deshalb auf die moderne Entwicklung der Thermodynamik der irreversiblen Prozesse hingewiesen werden (Spanner 1964, S. 233, Katchalsky und Curran 1965, Haase 1963). Die Ungleichungen der klassischen Thermodynamik sind hier ersetzt worden durch kinetische Gleichungen, welche geeignet sind, die in der Natur ablaufenden Vorgänge wie Materietransport z. B. bei der Wasserleitung, der Nervenleitung und der Muskelkontraktion zu beschreiben. Die Untersuchung eines solchen stationären Zustandes führt etwa zum Begriff des thermo-osmotischen Druckes. Er erfordert einen kontinuierlichen Wärmestrom und errechnet sich für ein einfaches „Flüssigkeits-Luft-Flüssigkeitssystem" (Luft analog einer permeablen Membran) zu — 80,6 atm Grad^{-1}. Es ist leicht verständlich, daß ein solcher Effekt die normale Osmose in Zellen und Geweben stark überlagern kann. Eine Anwendung dieser irreversiblen Thermodynamik im Hinblick auf den osmotischen Wassertransport in der Pflanze findet sich bei Ray (1960) und Dainty (1963, 1965). Hier können wir diese Probleme außer acht lassen, da die folgenden Ausführungen sich in erster Linie auf die Plasmahydratur, also den Wasserzustand im Protoplasma beziehen, wobei die Frage des Wassertransportes nur indirekt von Bedeutung ist.

IV. Die Pflanzenzelle als osmotisches System

1. Die osmotischen Zustandsgleichungen

Die osmotischen Verhältnisse, die im vorhergehenden Abschnitt vom thermodynamischen Standpunkt aus behandelt wurden, sind bereits 1916 (b) von URSPRUNG und BLUM geklärt worden. Die von ihnen verwendeten Bezeichnungen sind in der Folgezeit mehrfach geändert worden (vgl. S. 36f.), ohne daß man bis heute zu einer allgemein verwendeten Nomenklatur gelangte; im Tabellenanhang (X, 7.) haben wir die wichtigsten bisher verwendeten Formulierungen einander gegenübergestellt, um dem Leser einen Vergleich im Hinblick auf die Originalabhandlungen zu erleichtern.

Wie im thermodynamischen Teil ausführlich dargelegt wurde (S. 41, 43), ist der Ausdruck Wasserpotential, aber auch osmotisches Potential (Gl. 4), nicht ganz korrekt, weil es sich eigentlich um Potentialdifferenzen handelt. Ein weiterer Nachteil dieser Darstellung ist, daß die Werte Ψ_w und Ψ_π stets negative Größen sind. Aus der Gleichung ist z. B. nicht ohne weiteres zu ersehen, daß Ψ_w gleich Null ist, wenn Ψ_π numerisch gleich Ψ_P wird. Die Dimension des Potentials ist [erg $\cdot$ cm^{-3}], was bedingt, daß man stets den Faktor 10^{-6} mitführen muß. Zwar könnte man, da Energie pro Volumen gleich Kraft pro Fläche, d. h. Druck, ist, auch die Potentialdifferenzen in atm ausdrücken (S. 38), aber befriedigend ist diese Lösung nicht. Wenn man bei der Dimension atm bleiben will, so sollte man auch von Drücken sprechen, d. h. statt vom „Druckpotential" (Ψ_P) vom „Turgordruck" = turgor pressure (P), statt vom „osmotischen Potential" (Ψ_π) vom „potentiellen osmotischen Druck" = potential osmotic pressure (π^*), der stets eine positive Größe ist, und statt vom „Wasserpotential" (Ψ_w) von einem negativen Druck, d. h. von der „Saugspannung" = suction tension (S), die als solche bei normalen Zellen auch immer eine positive Größe ist. D. h., S ist numerisch gleich Ψ_w, und π^* ist numerisch gleich Ψ_π, nur haben sie das entgegengesetzte Vorzeichen; bei Ψ_P und P ist dieses dagegen gleich. Saugspannung = suction tension ist nicht nur physikalisch einwandfrei, sondern auch thermodynamisch exakt definierbar. Man erhält auch eine direkte Beziehung zur „Kohäsionsspannung", die beim Wasserhaushalt der Pflanzen eine so große Rolle spielt. Nicht zulässig ist es, von Wasserpotential und osmotischem Potential zu sprechen und sie in positiven Atmosphärenwerten oder Bar anzugeben, wie es in letzter Zeit häufig geschieht (z. B. auch bei BARRS 1965b). Auch sollte man nicht für das osmotische Potential das Symbol π benutzen, das für den osmotischen Druck verwendet wird. Wenn man in dieser Beziehung nicht konsequent ist, so wird eine noch größere Verwirrung entstehen, als sie vorher schon war (URSPRUNG und BLUM 1920, WALTER 1952).

In der ersten Gleichung (Abschnitt X, 7.) wird eine „Kraft" in atm angegeben, was physikalisch nicht richtig ist, auch kann S_Z und S_{Zt} leicht zu Verwechslungen führen. (Diese Bezeichnungen werden z. B. noch im „Lehrbuch der Botanik für Hochschulen" verwendet.)

Die dritte Gleichung geht bei der Annahme eines nicht meßbaren „Diffusionsdruckes" von physikalisch nicht haltbaren Voraussetzungen aus (S. 37). Sie sollte in Zukunft nicht mehr verwendet werden.

In der zweiten Gleichung scheint es uns zweckmäßig zu sein, den zu allgemeinen Ausdruck „osmotischer Wert" durch die Bezeichnung „potentieller osmotischer Druck" mit dem Symbol π^* zu ersetzen (π ist der tatsächliche osmotische Druck, vgl. S. 38).

Die vierte Gleichung (Slatyer und Taylor 1960) mit Potentialen hätte den Vorteil, daß das osmotische Potential sich gleichsinnig mit der Hydratur ändert, verlangt jedoch gegenüber allen bisherigen Betrachtungen ein Umdenken, das dem mehr Außenstehenden nach den bisherigen Erfahrungen, wie es scheint, schwer fällt, weil es sich bei Ψ_W und Ψ_π um negative Werte handelt, und sie nicht der Saugspannung und dem potentiellen osmotischen Druck gleichgesetzt werden dürfen. Bei Ziegler 1967 sind z. B. die Operationszeichen in der von ihm zitierten Wasserpotentialgleichung nicht richtig gesetzt und Barrs 1965 b gibt Potentiale in positiven Größen an. Aus diesem Grund, und um die Benutzung der bisherigen Literatur nicht zu erschweren, soll hier die osmotische Zustandsgleichung in folgender nicht nur thermodynamisch einwandfreier, sondern für die Betrachtung des Wasserhaushalts anschaulicher und für die Gestaltung der Tabellen praktischer Form verwendet werden:

$$S \qquad = \qquad \pi^* \qquad - \qquad P \,[\text{atm}]. \qquad (106)$$

$$\text{(Saugspannung)} \quad \text{(potentieller osmotischer Druck)} \quad \text{(Turgordruck)}$$

In dieser Gleichung der osmotischen Zustandsgrößen wird das Plasma nicht berücksichtigt, obgleich es der wesentlichste Teil der Zelle ist und Quellungseigenschaften besitzt (vgl. Abschnitt II, 5.). Wie Walter (1923 b) zeigen konnte, steht das Plasma unter demselben Turgordruck wie die Vacuole und besitzt einen potentiellen Quellungsdruck ($\pi_Q{}^*$), der stets gleich dem potentiellen osmotischen Druck (π^*) des Zellsaftes ist.

In den vorangegangenen Abschnitten konnte das rein thermodynamisch gezeigt werden. Hier soll diese Tatsache nochmals an Hand eines anschaulichen Modells (vgl. Walter 1967 a) bewiesen werden.

2. Die Hydratation des Plasmas
und der potentielle osmotische Druck des Zellsaftes

Wir wollen von einer typischen ausgewachsenen Pflanzenzelle ausgehen. Sie besteht: 1. aus einer festen, für Wasser und gelöste Stoffe durchlässigen Zellwand, die wir zunächst als nicht dehnbar betrachten, 2. aus dem wandständigen Plasma und 3. aus der mit Zellsaft gefüllten Vacuole. Daß nicht das ganze Plasma semipermeabel ist, sondern nur die besonders lipoidreichen Grenzschichten (die äußere das Plasmalemma und die innere der Tonoplast), ist durch Injektionsversuche nachgewiesen worden.

Für die im Zellsaft enthaltenen gelösten Stoffe ist der Tonoplast nicht permeabel; denn sonst könnte eine Zelle nicht turgeszent bleiben. Es ist aber leicht nachzuweisen, daß für andere Stoffe die Grenzschichten mehr oder weniger permeabel sind, z. B. für Elektrolyte, Harnstoff, Glycerin usw. Dabei konnte festgestellt werden, daß die Durchlässigkeit des Plasmalemmas (Intrabilität) größer ist als die des Tonoplasten (Permeabilität). Das zeigt schon die Kappen-

und Tonoplastenplasmolyse, bei der die Elektrolyte rasch in das Plasma gelangen und dessen Hydratation erhöhen, während sie nur langsam in die Vacuole eindringen. Dasselbe gilt auch für Saccharose, die praktisch nicht in die Vacuole eindringt, so daß die Plasmolyse in Rohrzuckerlösungen längere Zeit nicht zurückgeht, aber in das Plasma hineindiffundieren kann. Man erkennt das daran,

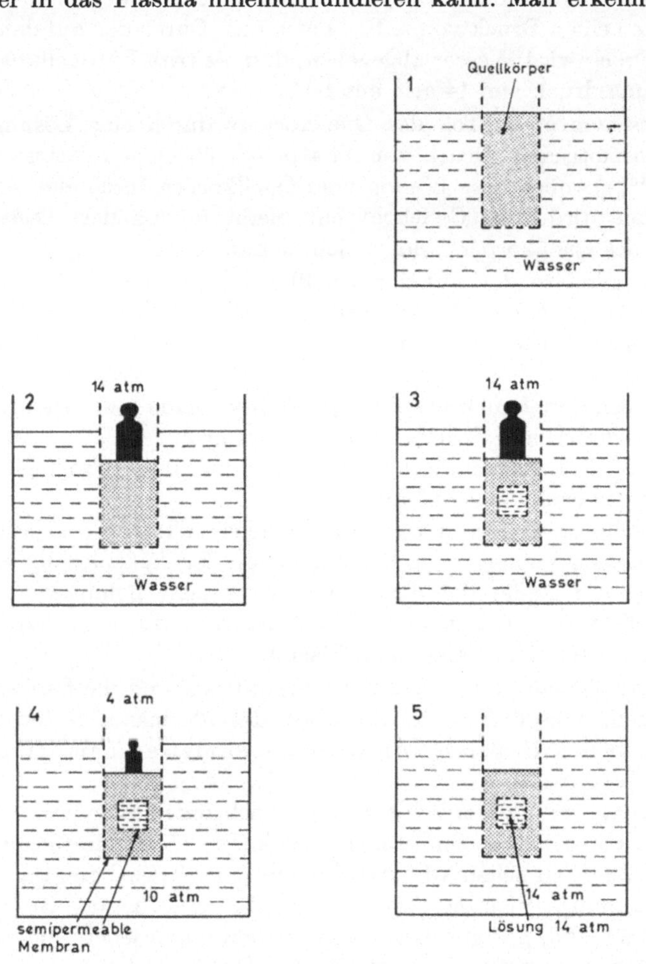

Abb. 10. Thermodynamischer Modellversuch, um zu zeigen, daß das Plasma in wassergesättigten Zellen nicht maximal gequollen ist (vgl. Text). Nach WALTER 1967a.

daß sie in den Chloroplasten im Dunkeln zu Stärke synthetisiert wird. Die Intrabilität ist somit im allgemeinen größer als die Permeabilität. Auf die chemische Zusammensetzung und die Struktur der Grenzschichten wollen wir nicht eingehen. Es sind Plasmabildungen, die beim Zerreißen sehr rasch wieder regeneriert werden, so daß lebendes Plasma stets gegen die Außenwelt durch die semipermeablen Schichten abgegrenzt wird.

Wir betrachten nun die Hydratation, d. h. die Quellung des gesamten Plasmas zwischen den Grenzschichten, bei Veränderung der osmotischen Zustandgrößen. Folgendes thermodynamische Modell soll dazu dienen (Abb. 10):

1. In einem oben offenen Tonzylinder mit eingelagerter semipermeabler Membran (Pfeffersche Zelle) bringen wir einen Quellkörper und stellen das ganze in Wasser. Der Quellkörper wird im Gleichgewichtszustand sein Quellungsmaximum erreichen.

2. Wir verschließen den Tonzylinder mit einem beweglichen Stempel und üben auf diesen einen Druck von z. B. 14 atm aus. Durch den auf den Quellkörper ausgeübten Druck wird Wasser abgegeben, d. h. es tritt Entquellung ein, solange bis ein Quellungsdruck von 14 atm entsteht.

3. Wir ersetzen einen Teil des Quellkörpers durch eine Lösung mit einem potentiellen osmotischen Druck von 14 atm (gleich einer relativen Dampfspannung von 99%), wobei diese Lösung vom Quellkörper durch eine semipermeable Wand getrennt wird. Das Gleichgewicht bleibt unverändert bestehen, an der Hydratation des Quellkörpers ändert sich nichts.

4. Wir vermindern den auf den Quellkörper ausgeübten Druck auf 4 atm, aber ersetzen zugleich das Wasser außen durch eine Lösung mit einem potentiellen osmotischen Druck von 10 atm. Am Gleichgewicht ändert sich wiederum nichts.

5. Wir heben den Druck auf den Quellkörper ganz auf, erhöhen jedoch den potentiellen osmotischen Druck der Außenlösung auf 14 atm. Auch in diesem Falle bleibt die Hydratation des Quellkörpers unverändert, solange die Konzentration der Innenlösung gleichbleibt.

Unser Modell (3.—5. Stadium) ist dasjenige einer lebenden Pflanzenzelle mit einer zentralen Vacuole: Die Konzentration der Außenlösung entspricht der Saugspannung der Zelle, die der Innenlösung dem potentiellen osmotischen Druck des Zellsaftes, der Druck dem Turgordruck und der Quellkörper zwischen den semipermeablen Membranen dem Plasma.

Aus diesem Versuch folgt, daß der Turgordruck und die Saugspannung sich variieren lassen, ohne daß die Hydratation des Plasmas sich ändert. Sie hängt direkt und ausschließlich von dem potentiellen osmotischen Druck des Zellsaftes ab.

Saugspannung und Turgordruck können höchstens auf indirekte Weise, nämlich über den potentiellen osmotischen Druck (π^*), die Hydratation des Plasmas beeinflussen. Zugleich sehen wir, daß für ein matrikales Potential im Sinne der alten Saugspannungsgleichung (31) hier kein Raum vorhanden ist (vgl. S. 38, 45). π^* in Gleichung (106) gilt gleichermaßen für den potentiellen osmotischen Druck des Zellsaftes als auch für den potentiellen Quellungsdruck des Plasmas; eine Summierung beider Größen kann nicht erfolgen. Die Gleichung der osmotischen Zustandsgrößen gilt deshalb für alle Zellen, gleichgültig, ob sie große oder kleine Vacuolen besitzen.

Da somit bei den vacuolisierten Pflanzenzellen die relative Dampfspannung des Zellsaftes in der Vacuole stets gleich der relativen Dampfspannung des Plasmas ist, können wir aus der osmotischen Konzentration des Zellsaftes auf den Quellungsgrad des Plasmas schließen. Denn zwischen dem potentiellen osmotischen Druck einer Lösung und der relativen Dampfspannung besteht eine mathematische Abhängigkeit (vgl. S. 35), ebenso auch zwischen der Hydratation, d. h. dem Wassergehalt des Plasmas und dessen relativer Dampfspannung (vgl. die Plasmaquellungskurve S. 25). Allerdings gilt die von uns festgestellte Plasmaquellungskurve nur für das untersuchte Objekt (sporogene Fäden von *Lemanea*). Das Plasma anderer Zellen wird diesbezüglich einen anderen Kurvenverlauf aufweisen. Wir können somit den Hydratationsgrad des Plasmas verschiedener Zellen nicht angeben, sondern nur den Quellungsgrad des Plasmas, gemessen an der relativen Dampfspannung, also der Hydratur.

Die osmotische Zustandsgleichung gilt selbstverständlich auch für vacuolenlose Zellen. In diesem Falle ersetzen wir π^* durch π_Q^*, den potentiellen Quellungsdruck des Plasmas. Er wird ebenfalls in atm angegeben. Sofern die vacuolenlosen Zellen, wie z. B. bei den Vegetationskegeln, keine elastischen, sondern plastische Zellwände besitzen, wird der Turgordruck fehlen. Es ist dann $S = \pi_Q^*$.

In diesem Sonderfalle hängt die Hydratation des Plasmas also direkt von der Saugspannung ab, genau so wie bei plasmolysierten Zellen, bei welchen ebenfalls $P = 0$ ist. Daraus folgt, was noch einmal betont werden soll, daß für ein besonderes Glied „matrikales Potential" in der Gleichung der osmotischen Zustandsgrößen keine Notwendigkeit besteht. Allerdings haben wir bisher die Quellung der Zellwand noch nicht berücksichtigt. Es soll im nächsten Abschnitt geschehen.

3. Die Hydratation der Zellwand in Beziehung zu den osmotischen Zustandsgrößen

Wir benutzen hierbei zum besseren Verständnis zunächst ein Modell, das einer *Bangia*-Zelle entspricht, d. h. wir nehmen an, daß die Zellwand aus einer äußeren festen, nicht elastischen Schicht und aus inneren quellbaren Schichten besteht, deren Hydratation jedoch von dem Plasmolytikum nicht beeinflußt wird (Abb. 11).

Liegt eine solche Zelle in Wasser, so ist nach Gleichung (106) $S = 0$ und $\pi^* = P$. Der ganze potentielle osmotische Druck des Zellsaftes kommt als realer osmotischer Druck (gleich dem Turgordruck) zum Ausdruck und lastet auf dem Plasma. Dieses besitzt jedoch einen Hydratationsgrad der π^* ($= \pi$) entspricht, wird somit denselben Quellungsdruck erzeugen ($\pi_Q^* = \pi_Q$), der sich auf die inneren Zellwandschichten auswirkt und diese zusammenpreßt, bis auch sie denselben Quellungsdruck besitzen, dem dann die äußere feste Zellwandschicht widerstehen muß.

Betrachtet man das Stadium der Grenzplasmolyse, bei der $P = 0$ ist und $S = \pi^*$, so lastet auf den inneren Zellwandschichten kein Druck und sie werden maximal aufquellen. Wir sehen somit, daß die Hydratation dieser Schichten immer im Gleichgewicht mit dem Turgordruck P steht. Je größer P ist, desto stärker entquollen sind die inneren Zellwandschichten. Also auch diesbezüglich kommt keine Summation mit einem matrikalen Potential in Frage (vgl. S. 38, 45). Solche inneren quellbaren Zellwandschichten finden wir auch bei höheren Pflanzen, z. B. bei den Epidermiszellen vieler *Rosaceen*-Sträucher, namentlich der Trockengebiete.

Bei *Spirogyra*-Zellen ergibt sich der umgekehrte Fall: die innere Zellwandschicht ist fest und die äußeren verquellen. In Wasser und in Lösungen, welche die Quellung der Zellwand nicht beeinflussen, werden diese Schichten immer maximal gequollen sein. Solche äußeren quellbaren Zellwandschichten haben auch Samen- und Epidermiszellen etwa bei der Gartenkresse (*Lepidium sativum*) oder beim Lein (*Linum usitatissimum*). Diese Samen können an verschieden feuchte Luft grenzen. In solchen Fällen wird die Hydratation der äußeren Wandschichten von der Luftfeuchtigkeit (Hydratur der Luft) abhängen bzw. der ihr entsprechenden Saugspannung (S) in atm. Je trockener die Luft ist, desto stärker entquellen die äußeren Zellwandschichten.

Bei den meisten Pflanzenzellen ist die Zellwand jedoch ziemlich fest und besitzt nur eine gewisse elastische Dehnbarkeit. Die Dehnung ist um so stärker, je höher der Turgordruck P ist. Durch die Dehnung der Zellwand entsteht ein Gegendruck, der Wanddruck, der stets gleich dem Turgordruck ist. Bei der Dehnung der Wand vergrößert sich ihre Fläche, während ihre Dicke etwas ab-

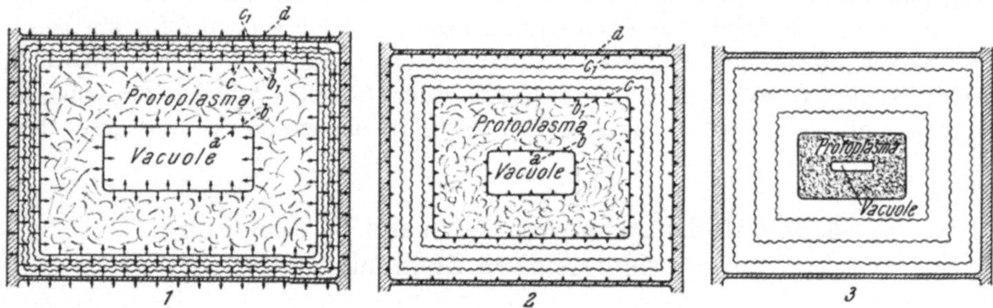

Abb. 11. Schema einer *Bangia*-Zelle: 1 in reinem Wasser, 2 in Meerwasser, 3 in konz. NaCl-Lösung. Schraffiert = äußere feste Zellwandschicht; Wellenlinien = innere quellbare Zellwandschichten. Pfeile: a Druck der Vacuole auf das Protoplasma, b Gegendruck des letzteren auf die Vacuole und b_1 Druck auf die inneren quellbaren Zellwandschichten (bei 1 diese entquollen, bei 3 maximal gequollen), c Gegendruck der Zellwand auf das Protoplasma und c_1 Druck auf die äußere feste Zellwandschicht (diese gespannt), d Gegendruck der festen Zellwandschicht. Es ist stets $a = b = b_1 = c = c_1 = d$. Bei 1 Druckkräfte am größten, bei 2 geringer, bei 3 fehlen sie ganz.

nimmt. Nehmen wir an, daß die Cellulosemicellen wie die Seiten von Rhomboedern angeordnet sind, während die Hohlräume die mit Wasser ausgefüllten Intermicellarräume darstellen, so müßten bei der Dehnung letztere sich verkleinern und Wasser abgeben, d. h. es wird bei vollturgeszenten Zellen in Wasser eine Abnahme der Hydratation der Zellwände eintreten (Abb. 12). Wir haben also die Verhältnisse, wie sie dem Stadium 2 in unserem Modellversuch (Abb. 10) entsprechen: ein Quellkörper, der an Wasser grenzt, ist nicht vollständig aufgequollen, wenn er unter Druck steht.

Bei Plasmolyse ist die Wand entspannt und vollständig aufgequollen, sofern die Quellung vom Plasmolytikum nicht beeinflußt wird. Grenzt dagegen die Zelle an Luft, so liegen die Verhältnisse etwas anders. Verlieren die Zellen in trockener Luft Wasser, so tritt keine Plasmolyse ein, sondern eine Cytorrhyse, d. h. eine Schrumpfung der Zellwand, die sich in Falten legt und vom Plasma nach innen gezogen wird. Im Gleichgewichtszustand sind die Spannungsverhältnisse der Zellwand je nach ihrer Festigkeit sehr verschieden.

Liegen die Zellen in einem festen Zellverband und erfolgt die Wasserbewegung unter der Einwirkung eines Kohäsionszuges in den Zellwänden, so entspricht dieser Kohäsionszug der Saugspannung der Zelle (S), und die Hydratation der Wände wird sich mit ihm ins Gleichgewicht setzen. Kann das Gewebe als ganzes sein Volumen nicht vergrößern, dann werden die Wände bei Turgeszenz des

Gewebes durch den Turgordruck zusammengepreßt. Sind Interzellularen vorhanden, so wird bei zunehmendem Turgor zunächst eine gewisse Dehnung der Wände zustande kommen, wodurch sich die Interzellularen verkleinern, während dort, wo die Zellen aneinanderstoßen, der Gegendruck der Nachbarzellen die Wand zusammenpreßt.

Wird dem Gewebe durch den Kohäsionszug in den leitenden Elementen Wasser entzogen, so wird das ganze Gewebe schrumpfen, bis die Saugspannung (S) dem Kohäsionszug entspricht. Diese Saugspannung wird die Hydratation der Zellwände bestimmen.

Wir sehen aus diesen Betrachtungen, daß die Zellwände bei den Pflanzenzellen und -geweben niemals maximal gequollen sind. Deswegen sind die Zahlen, die GAFF und CARR (1961, vgl. auch LAPEYRONIE 1961) für den Anteil des Wassers angeben, der bei lebenden Blättern von *Eucalyptus* in den Zellwänden enthalten sein soll, viel zu hoch. Sie haben bei ihren Versuchen zunächst den ganzen Zellinhalt entfernt, um reines Zellwandmaterial zu erhalten, und dann dessen Wassergehalt im maximal gequollenen Zustand bestimmt und diese Werte den Berechnungen in lebenden Blättern zugrunde gelegt.

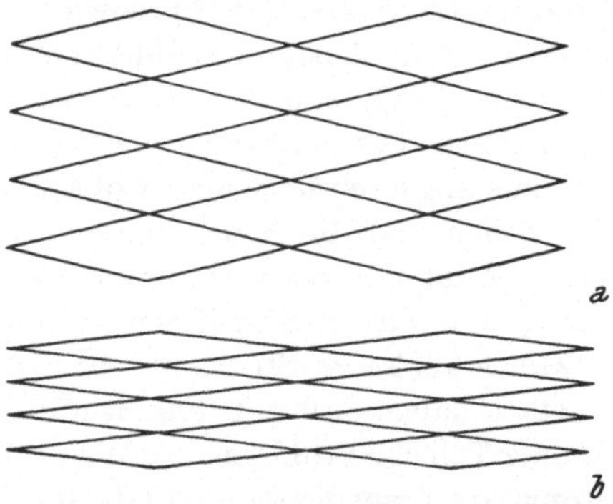

4. Der Begriff der Hydratur

Bei den thermodynamischen Betrachtungen im vorhergehenden Abschnitt wurde auf die relative Aktivität (u) des Lösungsmittels hingewiesen, welche

Abb. 12. Schematische Darstellung der Cellulosemicellen im nicht gedehnten Zustand (a) und im gedehnten (b), wobei eine Entquellung der Wand eintritt (Intermicellarräume werden kleiner). Nach WALTER 1963a.

gleich der relativen Dampfspannung p_t/p_{0t} ist. Für den speziellen Fall, „Wasser" als Lösungsmittel, drücken wir die relative Aktivität des Wassers in % aus und verwenden die kurze Bezeichnung „Hydratur" (WALTER 1931a), für die wir das Symbol „*hy*" gebrauchen[37]. Sie ist dem Begriff „Temperatur" für die Wärmeaktivität analog. Die Temperatur (T) eines Körpers ist um so höher, je größer die Wärmemenge (Q) und je geringer die Wärmekapazität (C) eines Körpers ist; ebenso ist die Hydratur (hy) um so höher, je größer die Wassermenge (M) in einer Lösung oder in einem Quellkörper und je geringer die Zahl der osmotisch wirksamen Teilchen oder die Menge der hydrophilen Kolloidmoleküle (N) ist. Wir dürfen also schreiben:

---

[37] Wenn man von der „Hydratur der Pflanzen" spricht, so ist darunter immer die Hydratur ihrer lebenden Substanz, des Protoplasmas, zu verstehen, worauf stets deutlich hingewiesen wurde (WALTER 1931a, 1962, 1964). Man spricht ja auch von der Atmung der Pflanze und meint die Atmung der lebenden Substanz, oder von der Photosynthese der Pflanze und weiß, daß nur die grünen Teile der Pflanze in Frage kommen und in diesen nur die Chloroplasten (vgl. auch WALTER 1955).

Wenn die Hydratur in den Interzellularen oder außerhalb der Pflanze in der Luft oder im Boden gemeint ist, so muß darauf ausdrücklich hingewiesen werden.

$$T = f\,(Q/C) \qquad\qquad (107)$$

und

$$hy = f\,(M/N) \qquad\qquad (108)$$
$$(f = \text{,,Funktion von''}).$$

Natürlich bestehen zwischen der Temperatur und der Hydratur ihrem Wesen nach Unterschiede. Die Temperatur ist stets für den Energiefluß von der höheren zur niederen Temperatur maßgebend, die Hydratur dagegen für die Wasserbewegung nur dann, wenn isotherme und isobare Verhältnisse sowie eine gleiche Geometrie der Oberfläche gegeben sind.

Die Physiologie des Wasserhaushalts hat sich bisher ausschließlich mit der Wasserbewegung vom Boden in die Pflanze, durch die Pflanze und von der Pflanze in die Atmosphäre beschäftigt. Man vergleiche in dieser Beziehung die verbreitetsten Lehrbücher der Botanik und das häufig zitierte Werk von Crafts-Currier-Stocking (1949) sowie das soeben erschienene Werk von Slatyer (1967a). Eine Ausnahme bildeten nur die ,,Einführung in die Phytologie'' von Walter (1962) und die ,,Angewandte Pflanzenphysiologie'' von Ruge (1967).

Bei der Betrachtung über die Wasserbewegung der Pflanze wird stets Isothermie angenommen, aber isobare Verhältnisse sind durch den Turgor innerhalb der Zellen und die Kohäsionsspannung im Leitungsgewebe nicht gegeben. Deshalb ist für die Wasserbewegungen die Hydratur nicht maßgebend; das führte dazu, daß dieser Begriff wiederholt kritisiert wurde (Renner 1932, 1933, vgl. Walter 1933a, b, Shmueli und Cohen 1964, Slatyer 1967b, vgl. S. 56f.). Man übersah dabei, daß mit dem Studium der Wasserbewegung in der Pflanze nur ein kleiner Teil der Probleme des Wasserhaushalts der Pflanze erfaßt wird und daß die stomatäre Transpiration, auf die man so großen Wert legt, nur eine Begleiterscheinung der Photosynthese ist, die nur bei geöffneten Stomata vor sich gehen kann.

Auf die prozentuale relative Aktivität des Wassers in der lebenden Substanz, d. h. die Hydratur des Plasmas, die, wie wir in der Einleitung hingewiesen haben, das Zentralproblem der gesamten Entwicklung der Landpflanzen darstellte, ging man überhaupt nicht ein.

Für die Wasserbewegung unter den verschiedensten Bedingungen, soweit es sich um einen rein physikalischen Vorgang handelt, ist selbstverständlich die absolute Dampfspannung bzw. die partielle molare freie Enthalpie maßgebend. Aber für die Erklärung anderer Erscheinungen des Wasserhaushalts, die mit den Lebensfunktionen der Pflanze zusammenhängen, kommt man damit nicht aus. Wir wollen einige Beispiele zur Veranschaulichung bringen:

1. In einem Raum, in dem die Luft $12{,}9\,\mathrm{g\,m^{-3}}$ an Wasserdampf enthält, haben wir eine absolute Dampfspannung von 12,8 mm. In diesem Raum werden bei 15° C sowohl Samen als auch Pilzsporen zum Keimen kommen, weil die Luft dampfgesättigt ist. In demselben Raum können sie jedoch bei 25° C nicht keimen, obgleich die absolute Dampfspannung sich nicht geändert hat und die Temperatur eher günstiger ist; aber bei dieser Temperatur beträgt der Sättigungsdruck des Wassers 23,8 mm, so daß die Feuchtigkeit p/p_0 auf 54% sinkt; d. h., die prozentuale relative Aktivität des Wassers (= Hydratur) ist auf fast die Hälfte gefallen.

2. Pflanzen, die beim Gefäßversuch in einer normalen Nährlösung sich gut entwickeln, werden ihr Wachstum einstellen, wenn man zu der Nährlösung einen

indifferenten osmotisch wirksamen Stoff zusetzt, durch den der potentielle osmotische Druck auf 15 atm ansteigt. In diesem Falle wird die absolute Dampfspannung etwas erniedrigt, was man aber wettmachen kann, indem man den gesamten Gefäßversuch in eine Druckkammer unter einen Druck von 15 atm bringt oder die Temperatur um Bruchteile eines Grades erhöht. Trotzdem wird ein Wachstum nicht möglich sein, weil durch die osmotisch wirksamen Substanzen die relative Dampfspannung, also die prozentuale relative Aktivität des Wassers (= Hydratur), erniedrigt bleibt.

3. Wenn wir Keimlinge in Sandboden und in Tonboden kultivieren und in beiden Fällen zu 10 kg Boden 1 kg H_2O hinzufügen, so daß der Bodenwassergehalt 10% beträgt, so werden sie im Sandboden wachsen, aber im Tonboden, der reich an hydrophilen Kolloiden ist und einen hohen Welkepunkt besitzt, nicht. Auch in diesem Falle läßt sich die im Tonboden niedrigere absolute Dampfspannung durch eine Temperaturerhöhung derjenigen des Sandbodens angleichen, aber die prozentuale relative Aktivität des Wassers (= Hydratur) bleibt im Tonboden unverändert niedriger und verhindert ein Wachstum.

Im Gegensatz zu der absoluten Dampfspannung und der **partiellen molaren freien Enthalpie**, die durch die Temperatur, den Druck, die Lage im Schwerefeld der Erde, die Geometrie der Oberfläche usw. verändert werden, ist **die prozentuale relative Aktivität des Wassers (= Hydratur)** von Außenbedingungen unabhängig. Sie beruht bei Lösungen nur auf der Zahl der osmotisch wirksamen Teilchen in der Volumeinheit der Lösung und bei hydrophilen Kolloiden auf dem Quellungsgrad. Sie entspricht dem **potentiellen osmotischen Druck in atm**; doch ist dieser bekanntlich temperaturabhängig. Die Hydratur steht in Beziehung zur Hydratation der Kolloide, d. h. zu der in ihnen enthaltenen Wassermenge, aber Kolloide mit verschiedenem Quellungsmaximum (z. B. Gelatine und Nuclein), die denselben Hydratationsgrad haben, also dieselbe Wassermenge von z. B. 0,3 g je g Trockengewicht enthalten, werden eine verschiedene relative Aktivität des Wassers (= Hydratur) besitzen. In unserem Beispiel würde die Gelatine eine Hydratur von 17%, das Nuclein eine solche von 96% besitzen (vgl. Tab. 2). Schimmelpilzsporen würden in diesem Falle auf dem Nuclein auskeimen, auf der Gelatine dagegen nicht. Handelt es sich um Luft, so ist die Hydratur der Luft identisch mit der Luftfeuchtigkeit.

Es gilt also:

$$\text{Hydratur} = \begin{cases} \text{Feuchtigkeit der Luft} \\ \text{relative Dampfspannung von Lösungen oder} \\ \quad \text{Quellkörpern} \\ \text{relative Aktivität des Wassers in \%.} \end{cases}$$

Die prozentuale relative Aktivität des Wassers (= Hydratur) erlaubt es uns somit, scheinbar verschiedenartige Erscheinungen unter einem einheitlichen Gesichtspunkt zu behandeln. Allerdings muß der Beweis erbracht werden, daß die Hydratur für die Öko-Physiologie der Pflanze, wenn wir vom physikalischen Vorgang der Wasserbewegung absehen, von Bedeutung ist. Wir wollen im nächsten Abschnitt zunächst dieses Problem nur im Hinblick auf die poikilohydren Pflanzen behandeln und kommen auf die komplizierten Verhältnisse bei homoiohydren Pflanzen erst später zurück.

V. Die Hydratur in ihrer Bedeutung für die poikilohydren Arten

1. Die absoluten Hydraturgrenzen des Lebens und die Konservierung durch Trockenheit

Wenn man Lebensmittel, Futtermittel, Papier, Holz, Textilien usw. offen längere Zeit aufbewahren will, so sorgt man dafür, daß sie trocken gelagert werden. Denn sobald sie Feuchtigkeit anziehen und ihr Wassergehalt über einen bestimmten Betrag ansteigt, macht sich Schimmelbildung bemerkbar, und sie können verderben. Die Schimmelbildung tritt ein noch lange bevor die Stoffe ihr Quellungsmaximum erreicht haben. Die Luft braucht also nicht dampfgesättigt zu sein.

Man findet für die Praxis Angaben, bei welchem Wassergehalt von Holz, Heu, Getreide usw. mit einer beginnenden Schimmelbildung zu rechnen ist. Da die Quellungskurven der einzelnen Stoffe sich stark unterscheiden, muß der kritische Wassergehalt für jeden einzelnen Stoff bestimmt werden.

Abb. 13. Abhängigkeit des Schimmelns·von der Hydratur. Im Außengefäß Lösung mit bestimmter rel. Dampfspannung. Nach WALTER 1962.

Aber für die Entwicklung der Schimmelpilze ist nicht der Wassergehalt des Substrats in %, also die Hydratation, von Bedeutung, sondern die Hydratur. Die kritische Hydratur, bei der sich gerade die in bezug auf die Feuchtigkeit anspruchslosesten Organismen entwickeln können, ist unabhängig vom Substrat und hat allgemeine Gültigkeit. Als Beweis diene der auf Abb. 13 dargestellte einfache Versuch. In verschließbare Glasschalen bringt man Kochsalzlösungen verschiedener Konzentration bis zur gesättigten, um die Feuchtigkeit im Gefäß zwischen 100% und 76% abzustufen (mit H_2SO_4 läßt sich die Feuchtigkeit noch weiter erniedrigen). Getrennt von der Lösung hält man die zu prüfenden trockenen Stoffe (Brot, Samen, Holz, Gelatine usw.). Auf Temperaturkonstanz ist zu achten, um Feuchtigkeitsschwankungen auszuschließen. Nach kurzer Zeit werden die Stoffe aus der Luft so viel Feuchtigkeit aufgenommen haben, daß sich die Dampfspannung an ihrer Oberfläche derjenigen der Lösung angleicht.

Da die Stoffe nicht steril sind, werden die Bakterien und Schimmelpilzsporen mit dem Wachstum beginnen, sobald die kritische Feuchtigkeit überschritten ist. Zur Bakterienentwicklung kommt es dabei selten und nur bei fast dampfgesättigter Luft. Schimmelbildung macht sich bald bemerkbar, sofern die relative Dampfspannung über 85% beträgt. Zwischen 85% und 80% ist die Schimmelbildung gering, bei 76% (entsprechend der gesättigten Kochsalzlösung) nur noch mikroskopisch nachweisbar.

Dabei zeigt es sich, daß der Wassergehalt der verschiedenen Lebensmittel bei einer Feuchtigkeit von 75% zwischen 10—30% liegt. Als Beispiel bringen wir Zahlen (Tab. 6).

Will man eine Schimmelbildung bei diesen Stoffen verhindern, so braucht man den Wassergehalt nicht zu bestimmen, sondern man muß nur dafür sorgen, daß in den Lagerräumen die Feuchtigkeit (und zwar im Lagergut selbst) nicht über 75% steigt. Da reines Kochsalz (NaCl) erst bei 76% zu zerfließen anfängt, können Schälchen mit gepulvertem Kochsalz als Kontrolle dienen, sofern man

nicht Stechhygrometer verwendet. Bleibt das Kochsalz trocken, dann besteht
keine Gefahr der Verschimmelung.

In den feuchten Tropen ist die Feuchtigkeit oft dauernd über 85%. Die
Folge davon ist, daß Kleider, Bücher, Sammlungen usw. schimmeln, wenn man
sie nicht luftdicht in trockenen Behältern aufbewahrt. Sammlungen in großen
Räumen (z. B. ein Herbar) schützt man, indem man die Räume heizt, so daß die
Temperatur in ihnen einige Grad über der Außentemperatur liegt. Dadurch wird
die Luft trockener. Wenn z. B. die Außenluft bei 27° C nahezu dampfgesättigt
ist, was bei einer absoluten Dampfspannung von 26,7 mm der Fall ist, so wird
dieselbe Luft bei 32° C (Sättigungsdruck 35,7 mm) nur eine Feuchtigkeit von
26,7 : 35,7 = 0,74 also 74% haben.

Beobachtet man die Schimmelbildung bei verschiedener Feuchtigkeit, so
wird man feststellen, daß *Mucor*- und *Rhizopus*-Arten nur bei höherer Feuchtigkeit von über 90% wachsen; darunter findet man meist nur *Penicillium*- oder
Aspergillus-Arten.

Tab. 6. *Wassergehalt verschiedener Stoffe in % des Trockengewichts bei einer Feuchtigkeit*
(= Hydratur) von 75%.

Eipulver	11,6%	Erbsen und Bohnen	15,3%	Steinpilze	19,5%
Nudeln	13,0%	Mehl,		Tabak	23,6%
Haferflocken	13,6%	Trockenkartoffeln	15,9%	Trockengemüse	26,7%
		Reis und Zwieback	16,6%		

Das läßt vermuten, daß die untere Hydraturgrenze bei verschiedenen Schimmelpilzen nicht gleich ist und daß die Feuchtigkeitsansprüche von *Penicillium*-
und *Aspergillus*-Arten die geringsten sind. Dafür spricht auch, daß auf Gegen-
ständen, welche langsam Feuchtigkeit aufnehmen, zuerst immer der Grünschim-
mel auftritt.

Es fragt sich, ob es nicht Organismen gibt, die mit noch geringerer Feuchtigkeit auskommen. Man könnte an die poikilohydren Algen denken, welche an
Baumstämmen oder Mauern wachsen und grüne Überzüge, oder wenn es sich
um *Trentepohlia*-Arten handelt, auch gelbe oder rote Flecken bilden. Ebenso
können sich Flechten bei relativ geringer Feuchtigkeit im aktiven Lebenszustand
befinden. Wir kommen auf diese Frage noch zurück, können jedoch zunächst
festhalten, daß die **für die Praxis wichtige absolute untere Hydraturgrenze bei etwa 75—80% liegt.** Sie gilt zugleich auch für zuckerhaltige
Substrate. Gesättigte Saccharose-Lösung besitzt eine relative Dampfspannung
von 85%, da in Marmeladen außerdem noch andere Zucker und organische
Säuren enthalten sind, schimmeln oder gären sie bei genügendem Zuckerzusatz
nicht.

Anders verhalten sich salzhaltige Lösungen, da Elektrolyte in das Plasma
lebender Zellen eindringen. Es scheint halophile Mikroorganismen zu geben, die
sich noch in konzentrierten Salzlösungen entwickeln können. Doch zeigt das
Einpökeln von Fleisch und Fischen, daß sie sich unter diesen Bedingungen
höchstens nur ganz schwach entwickeln. Es handelt sich dann vor allen Dingen
um das Verhindern einer Entwicklung von schädlichen Fäulniserregern. Die

meisten Salze üben auf nicht salztolerante Mikroorganismen neben der osmotischen Wirkung auch eine Giftwirkung aus. Doch sollte diese Frage genauer untersucht werden (Eschenhagen 1889; Raciborsky 1905; Hof 1935). Vor allen Dingen bedarf eine Angabe von Raciborsky, daß eine *Torula* noch in gesättigter LiCl-Lösung wuchs, einer Nachprüfung.

2. Hydratur und Wachstum bei Pilzen

Zur Untersuchung der Beziehung zwischen Wachstum und Hydratur bei Schimmelpilzen kann folgende Methode verwendet werden (Abb. 14). In runden Schälchen werden NaCl-Lösungen verschiedener Konzentration zur Erzeugung einer bestimmten Luftfeuchtigkeit gebracht. Man verschließt die Schälchen mit einer paraffinierten Pappscheibe, die eine ausgestanzte Öffnung in der Mitte besitzt. Dann wird auf ein steriles Deckgläschen in die Mitte eine dünne Schicht steriler Fleischbouillon- oder Malzwürzegelatine gebracht und diese nach dem Austrocknen im Zentrum mit Sporen oder Konidien einer Pilzreinkultur beimpft. Das Deckgläschen wird mit der Nährschicht nach unten über die Öffnung gelegt und mit Paraffin am Rande luftdicht abgeschlossen. Bei diesen Arbeiten müssen Nebeninfektionen aus der Luft vermieden werden. Die Nährgelatine wird aus der Luft über der Lösung soviel Wasser aufnehmen, daß ihre Hydratur die der Lösung erreicht. Die Keimung der Sporen oder Konidien kann unter dem Mikroskop beobachtet werden; ebenso läßt

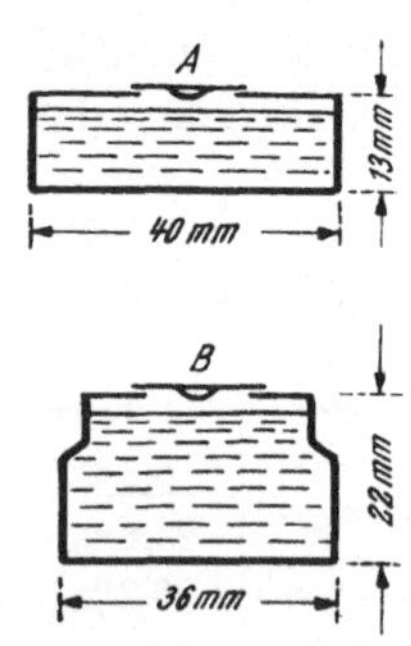

Abb. 14. Wachstum der Schimmelpilze bei verschiedener Hydratur. Erklärung im Text. Nach Walter 1924.

sich der Durchmesser der heranwachsenden Pilzkolonie an aufeinanderfolgenden Tagen mit dem Okularmikrometer messen. Die Schälchen müssen bei möglichst konstanter Temperatur gehalten werden, um Schwankungen der Feuchtigkeit zu vermeiden.

a) Die Keimung der Sporen

Die Keimzeit ist abhängig von der Hydratur (Abb. 15—17; Heintzeler 1939, Stille 1947). Liegt diese über 95%, so läßt sich beobachten, daß Sporangiosporen oder Konidien rasch aufquellen und innerhalb eines Tages Keimschläuche bilden. Bei einer Hydratur von 90% keimt *Oospora* (*Oidium*) *lactis* nicht mehr. Bei Haferflugbrand (*Ustilago avenae*) ist die Keimung nur gehemmt; die untere Grenze entspricht 87% *hy*. *Rhizopus*, *Penicillium* und *Aspergillus* zeigen bei 90% *hy* noch keine Hemmung. Das Hydraturminimum liegt bei *Rhizopus* bei etwas unter 84%, bei *Penicillium glaucum* bei 78%, bei *Aspergillus niger* bei 79% und bei *A. glaucus* bei fast 73%. Es zeigt sich aber, daß das Hydraturminimum eine gewisse Abhängigkeit von der Temperatur aufweist: es ist um so tiefer, je näher die Kulturbedingungen zu dem Temperaturoptimum liegen (Abb. 18). Bei 30° C ist eine Keimung von *Aspergillus glaucus* noch bei 70% *hy* festgestellt worden, nach 2 Jahren sogar bei 66—62% *hy* (Snow 1949), aber die absolute Grenze des aktiven Lebens dürfen wir wohl bei 70% *hy* ansetzen. Man

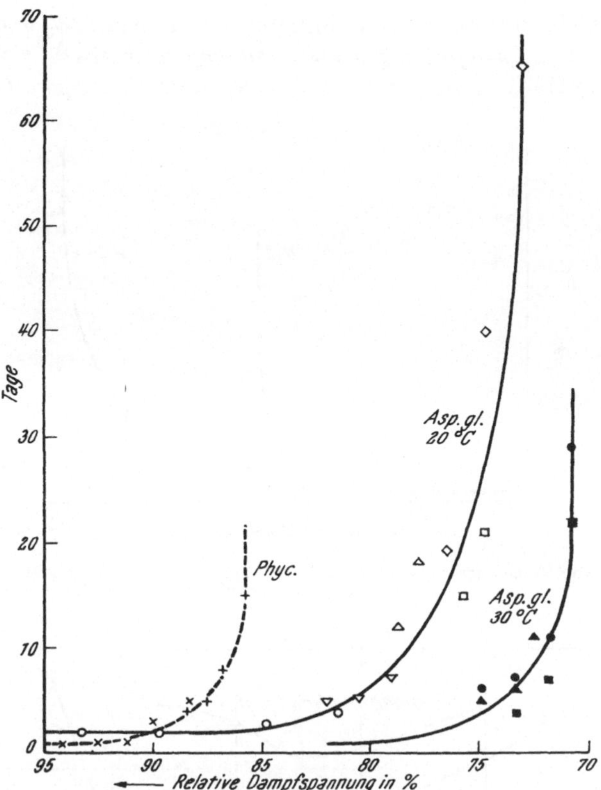

Abb. 15. Keimkurven von *Aspergillus glaucus* bei 20 und 30° —— und *Phycomyces nitens* bei 20° - - -. Ordinate: Zahl der Tage bis zur beginnenden Keimung. Nach HEINTZELER 1939.

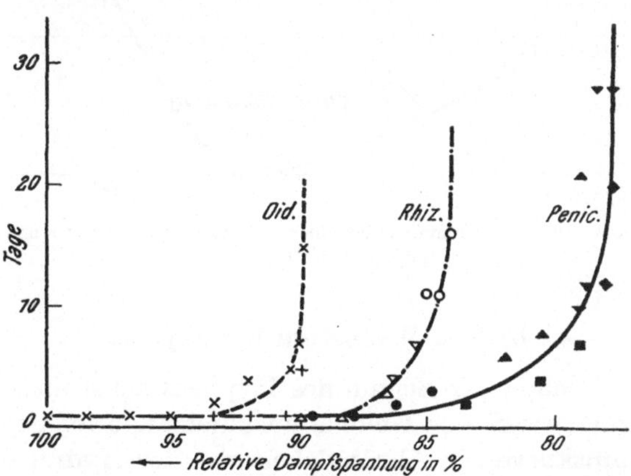

Abb. 16. Keimkurven von *Oidium lactis* - - -, *Rhizopus nigricans* · · · · · · und *Penicillium glaucum* —— bei 20° (s. Erläuterungen bei Abb. 15). Nach HEINTZELER 1939.

kann die Pilze hinsichtlich der Fähigkeit, bei geringer Feuchtigkeit zu keimen, in 3 Gruppen einteilen:

1. xerophytische, die auf festem Substrat noch unter 80% *hy* keimen (*Aspergillus glaucus, A. niger, Penicillium glaucum*);

2. mesophytische, deren Keimungsgrenze zwischen 80% und 90% *hy* liegt (*Sporodinia grandis, Rhizopus nigricans, Phycomyces nitens*[38], *Ustilago avenae*);

3. hygrophytische, die nur über 90% *hy* keimen (*Oospora lactis, Merulius lacrimans*).

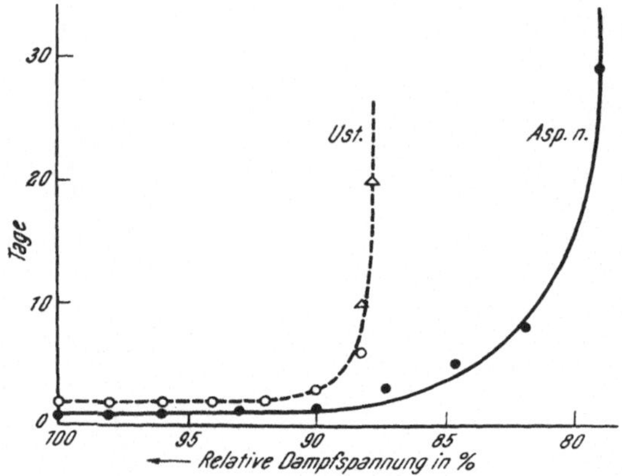

Abb. 17. Keimkurven von *Ustilago avenae* - - - - und *Aspergillus niger* ——— bei 20° (s. Erläuterungen bei Abb. 15). Nach HEINTZELER 1939.

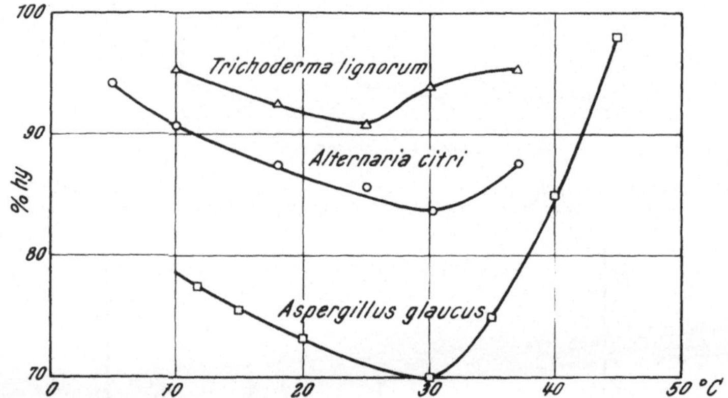

Abb. 18. Abhängigkeit des Hydraturminimums der Sporenkeimung bei drei verschiedenen Schimmelpilzen. Nach WALTER 1962.

b) Das Wachstum des Mycels

Die Keimung ist schon der Beginn des Hyphenwachstums. Verfolgt man die Zunahme des Durchmessers der Kolonie an aufeinanderfolgenden Tagen, so erhält man Wachstumskurven in Abhängigkeit von der Hydratur, deren Nullwert der Keimungsgrenze entspricht. Als Beispiel bringen wir einige Wachstumskurven (Abb. 19—22) aus HEINTZELER (1939). Nicht ganz geklärt ist die Frage, ob es ein Wachstumsoptimum unterhalb von 100% *hy* gibt. Nach TOMKINS (1930) ist das nicht der Fall, dagegen finden SCHWARTZ und KAESS (1934, vgl. auch

---

[38] Für *Phycomyces nitens* werden 86% und für *Sporodinia grandis* 83% angegeben (alle Werte bei 20° C).

Kaess u. Schwartz 1935) für *Penicillium flavoglaucum* ein Optimum bei 99,35% *hy*.

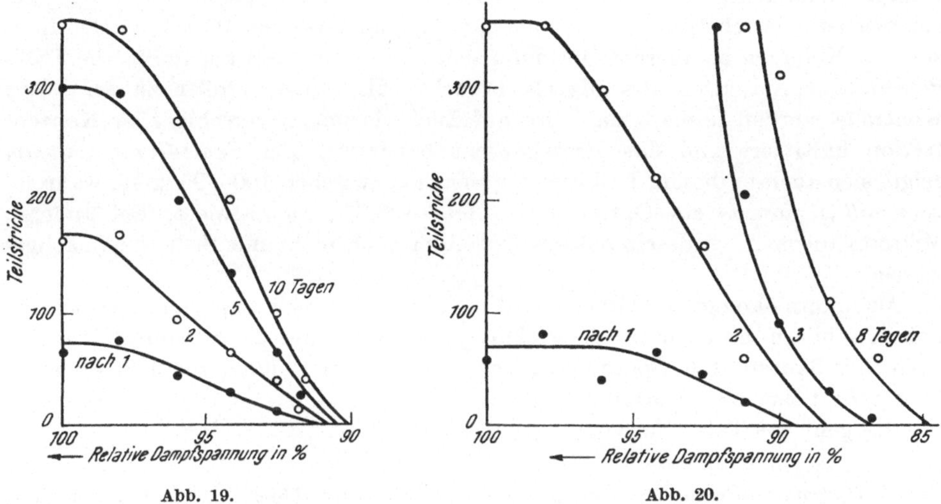

Abb. 19.   Abb. 20.

Abb. 19. Wachstumskurven von *Oidium lactis* auf festem Substrat (s. Erläuterung bei Abb. 21). Nach Heintzeler 1939.
Abb. 20. Wachstumskurven von *Rhizopus nigricans* auf festem Substrat (s. Erläuterungen bei Abb. 21). Nach Heintzeler 1939.

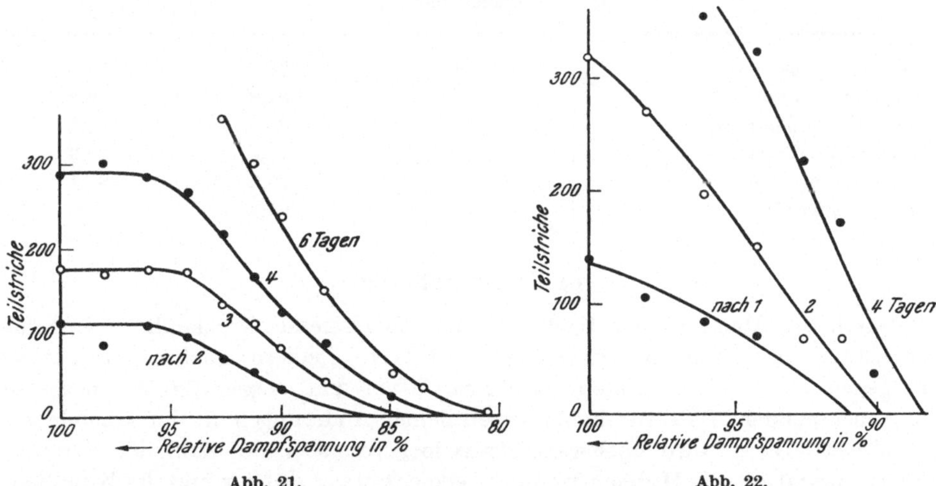

Abb. 21.   Abb. 22.

Abb. 21. Wachstumskurven von *Penicillium glaucum* auf festem Substrat bei verschiedener relativer Dampfspannung nach 2, 3, 4 und 6 Tagen. Ordinate: Durchmesser der Kolonie in Teilstrichen des Okularmikrometers (1 Teilstrich = 0,038 mm). Nach Heintzeler 1939.
Abb. 22. Wachstumskurven von *Phycomyces nitens* auf festem Substrat (s. Erläuterung bei Abb. 21). Nach Heintzeler 1939.

Theoretisch wäre ein solches Optimum zu erwarten, da eine Hydratur von 100% reinem Wasser entspricht, also sehr verdünnten Nährlösungen, während bei 99% eine Saccharoselösung schon eine Konzentration von 17% hätte, was für das Wachstum von Pilzen günstig wäre. Bei geringerer Hydratur könnte sich schon eine Hemmung durch Plasmaentquellung bemerkbar machen.

Benützt man festes Substrat, so läßt sich bei *Penicillium glaucum* zwischen dem Längenwachstum im Bereich von 100—95% *hy* kein Unterschied feststellen. Dagegen beobachtete HEINTZELER (1939) bei *Aspergillus glaucus* und *A. niger* ein rascheres Wachstum der Kolonie bei 93% *hy* bzw. bei 98% *hy*. Allerdings sind die Kolonien bei diesem Optimum sehr viel lockerer als bei 100%, die Trockensubstanzproduktion des Mycels brauchte also nicht größer zu sein. Zur Kontrolle wurden deshalb die Pilze auf Zuckerlösungen verschiedener Konzentration kultiviert und das Erntegewicht bestimmt. Bei *Penicillium glaucum* zeigte sich auch in diesem Fall kein Unterschied zwischen 100—95% *hy*, während *Aspergillus glaucus* ein Optimum bei 98,1—96,8% *hy* aufweist. Bei anderen Mikroorganismen wurde ein solches Optimum noch nicht mit Sicherheit nachgewiesen.

Als untere ökologische Grenze wird man nicht die Keimungsgrenze anzusehen haben, sondern die normale Entwicklungsgrenze, bei der die Schimmelpilze sich auch fortpflanzen, d. h. Sporangiosporen oder Konidien bilden. Sie liegt um etwa 3—8% *hy* höher als die Keimungsgrenze.

Das geht aus Tab. 7 hervor:

Tab. 7. *Hydraturminimum für Sporangiosporen- und Konidienbildung (S) und Keimung (K).* Nach HEINTZELER 1939.

Pilzart	Beobachtung nach Tagen	Hydraturminimum (% *hy*)	
		S	K
Aspergillus glaucus	49	78,1	73,3
Aspergillus niger	49	81,8	79,0
Penicillium glaucum	77	80,5	77,8
Sporodinia grandis	6	91,0	83,3
Rhizopus nigricans	20	89,2	84,1
Phycomyces nitens	10	94,2	86,0

c) Xeromorphosen

Durch die Abnahme der Hydratur, also zunehmende Trockenheit, wird das Wachstum nicht nur quantitativ verändert, sondern auch qualitativ. Die gegen Trockenheit resistentesten *Penicillium*- und *Aspergillus*-Arten zeigen bei abnehmender Hydratur keine wesentlichen Änderungen in der Ausbildung des Mycels. Dieses wird höchstens etwas lockerer, d. h. die Zahl der Verzweigungen nimmt ab, die Hyphen werden vielleicht etwas dünner und die Konidienträger kleiner. Erst nahe am Hydraturminimum bilden sich stark abweichende Zwergmycelien aus (Abb. 23).

Im Gegensatz dazu wird bei den *Phycomyceten* das Mycel bei abnehmender Hydratur gedrungener, die Hyphen werden dicker oder schwellen sogar blasenförmig an. Auffallend ist auch das Auftreten von Querwänden; die Zwergformen bilden eine zunehmend geschlossenere Flächenform aus (Abb. 24, 25).

Besonders stark sind die morphologischen Veränderungen bei *Ustilago avenae*: Bei 100% *hy* bilden sich keine Hyphen, sondern lockere hefeartige Sproßverbände (Sporidien), wobei die Gelatine verflüssigt wird. Dies ist bei 98% *hy* nicht mehr der Fall; zugleich bildet sich dann eine kreisförmige, sehr dichte Kolonie aus querwandlosen Hyphen. Ab 96% nimmt die Kolonie ein sternförmiges Aussehen an, wobei die Hyphen sich immer dichter zusammenlegen und viele Querwände

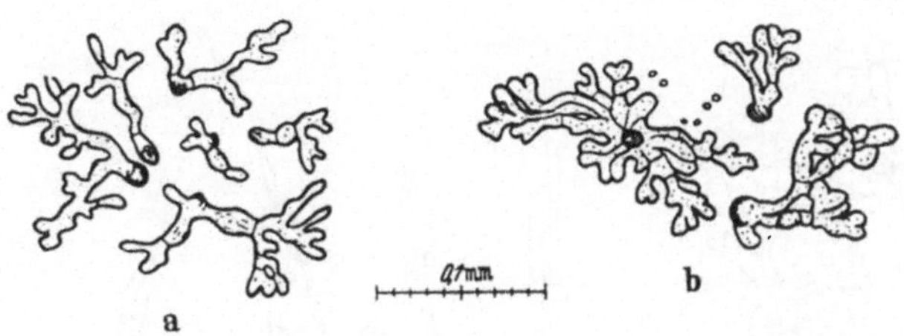

Abb. 23. Kümmerformen: *a*) *Aspergillus glaucus* bei 72,5% r. D. und 30° nach 7 Wochen; *b*) *Aspergillus niger* bei 79% r. D. und 25° nach 10 Wochen. Nach HEINTZELER 1939.

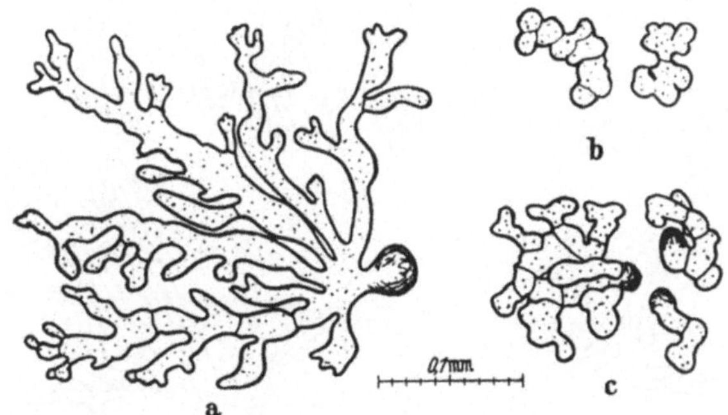

Abb. 24. Kümmerformen: *a*) *Phycomyces nitens* bei 88,4% r. D. und 20° nach 15 Tagen; *b*) dasselbe bei 86,6% r. D. nach 5 Wochen; *c*) *Sporodinia grandis* bei 83,3% r. D. und 20° nach 3 Wochen. Nach HEINTZELER 1939.

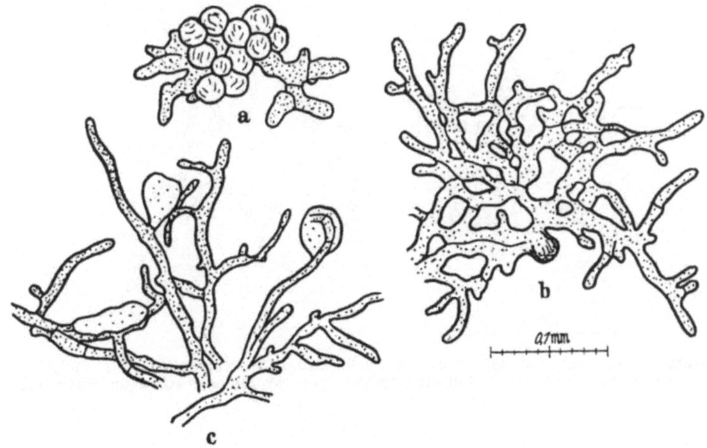

Abb. 25. Wachstumsformen von *Rhizopus nigricans* bei 20°; *a*) Kümmerform bei 84,1% r. D. nach 6 Wochen; *b*) dasselbe bei 84,6% r. D.; *c*) Blasenzellen bei 88,3% r. D. nach 5 Tagen. Nach HEINTZELER 1939.

ausbilden. In der Nähe des Hydraturminimums werden wiederum Zwergmycelien ausgebildet (Abb. 26, 27). Bei Kultur in Zuckerlösungen steigender Konzentration werden ähnliche Xeromorphosen beobachtet wie bei Kulturen auf festem

Substrat. Dieselbe Beobachtung hatte Galle (1964) bei *Phycomyces* gemacht, wenn die Sporen bei 95% auskeimten.

Noch nicht geklärt ist die Frage, ob die Hydratur für die Ausbildung der Hauptfruchtform eine gewisse Bedeutung hat. Es ist bekannt, daß bei vielen

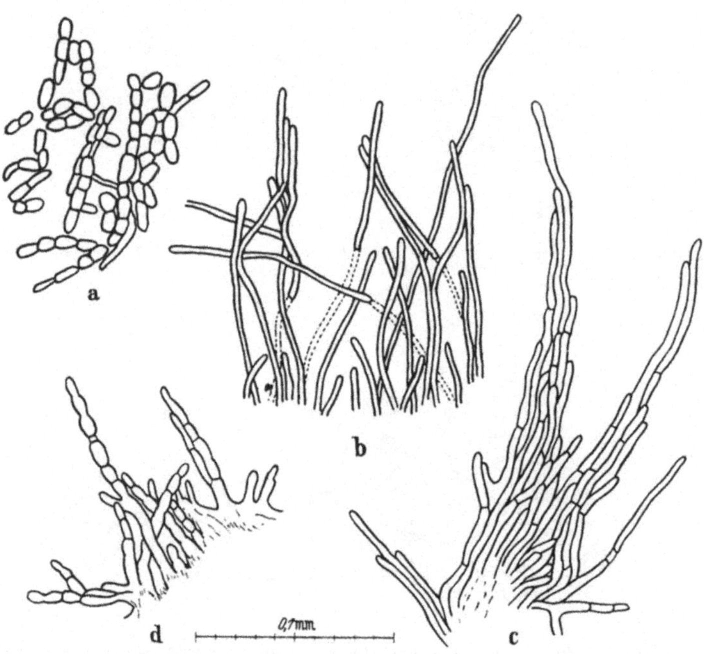

Abb. 26. Wachstumsformen von *Ustilago avenae* auf Malzwürzegelatine: *a*) Stück aus der Sproßkolonie bei 100% r. D.; *b*) Hyphen am Rand der Kolonie bei 98% r. D.; *c*) dasselbe bei 90% r. D.; *d*) dasselbe bei 88,3% r. D. Nach Heintzeler 1939.

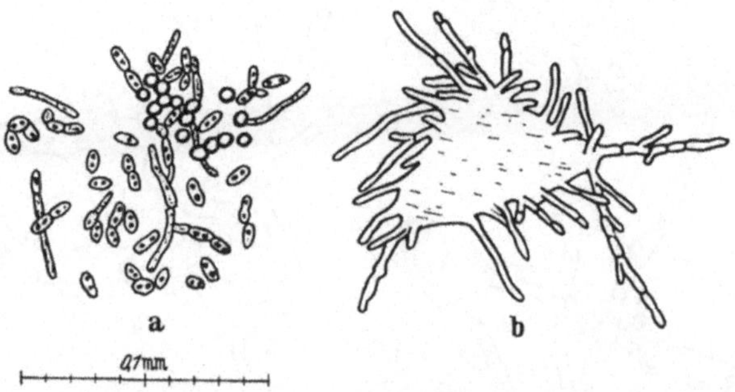

Abb. 27. Wachstumsformen von *Ustilago avenae* in Zuckerlösung: *a*) Sproßkolonie in 10%iger Zuckerlösung nach 5 Tagen; *b*) aus Hyphen bestehende Kolonie in 20%iger Zuckerlösung nach 10 Tagen. Nach Heintzeler 1939.

Pilzen diese nur bei geringer Luftfeuchtigkeit entsteht, z. B. bei *Myxomyceten*, vielen *Ascomyceten* und *Hymenomyceten*. Besonders auffallend ist das beim Hausschwamm (*Merulius*). Andererseits hat schon Klebs (1928) gezeigt, daß bei *Sporodinia* die Zygoten nur in feuchter Luft gebildet werden, während die Sporangien in trockener Luft entstehen.

d) Hydraturgrenzen bei Kulturen in Lösungen

Bei Kulturen in Lösungen müssen wir zwischen solchen in Zuckerlösungen und anderen mit Zusatz von Salzen, die keine Nährstoffe sind, unterscheiden. Hinsichtlich der Zuckerlösungen zeigt es sich, daß gegenüber den Kulturen auf festem Nährsubstrat keine gesicherten Unterschiede bestehen, auch hinsichtlich der Hydraturgrenzwerte. Bei den Salzlösungen muß man dagegen berücksichtigen, daß sie einerseits osmotisch wirksam, andererseits aber auch giftig für das Plasma sind, da Elektrolyte von den Zellen aufgenommen werden. Die Giftwirkung ist bei reinen Salzlösungen größer als bei einer äquilibrierten Lösung.

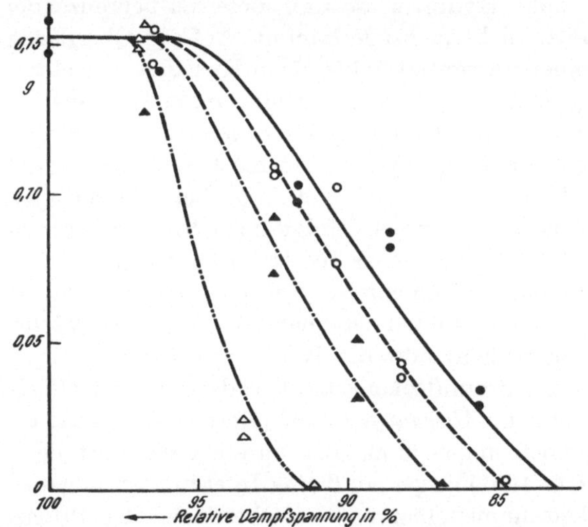

Abb. 28. Wachstumskurven von *Penicillium glaucum* in verschiedenen Salzlösungen: äquilibrierte Lösung ——●, KCl-Lösung ---○, NaCl-Lösung —·—▲, CaCl₂-Lösung —··—△. Ordinate: Trockengewichte der Pilzdecken in Gamm. Nach HEINTZELER 1939.

Eine solche enthält auf 58,4 g NaCl noch 3,7 g $MgCl_2$, 2,3 g $MgSO_4$, 1,64 g KCl und 1,1 g $CaCl_2$. Das Wachstum von *Penicillium glaucum* in reinen Salzlösungen und in einer äquilibrierten zeigt Abb. 28. Man sieht, daß das Wachstum in der letzteren besser ist; die Giftwirkung von KCl ist geringer als die von NaCl (KROEMER und KRUMBHOLZ 1932, vgl. auch KRUMBHOLZ 1931). Am schlechtesten ist das Wachstum in $CaCl_2$; schon bei einer relativen Dampfspannung (Hydratur) von 90% hört das Wachstum ganz auf. Auch bei *Rhizopus nigricans* liegt der Grenzwert bei der äquilibrierten Lösung mit 90% *hy* immer noch um 6% höher als bei Kultur in feuchter Luft. Ein gewisses Anpassungsvermögen an Salzlösungen scheint bei Pilzen vorzukommen (ERRERA 1899), aber die Grenzwerte für feuchte Luft dürften niemals unterschritten werden.

Nur eine Angabe von RACIBORSKY (1905) widerspricht dieser Feststellung, doch bedarf sie einer Nachprüfung. Er infizierte eine gesättigte Zuckerlösung mit verschiedenen Pilzen. Von den darauf sich entwickelnden Organismen ertrugen zwei das Übertragen in gesättigte NaNO₃- und dann in gesättigte NaCl-Lösung (76% *hy*). Es waren eine *Torula*-Art und *Aspergillus glaucus*, der nach 1½ Jahren die ersten Konidien bildete. Bei der weiteren Übertragung in gesättigte

LiCl-Lösung ging er jedoch zugrunde, während die *Torula*-Art sich angeblich weiterentwickelte. Die relative Dampfspannung einer solchen LiCl-Lösung liegt bei 10%, dazu sind Li-Salze relativ giftig. Die Angabe ist deshalb sehr zweifelhaft und widerspricht allen bisher gemachten Erfahrungen.

e) Grenzwerte bei Erregern von Pflanzenkrankheiten

Die Infektion der Pflanzen durch pathogene Pilze erfolgt, wenn ihre Sporangiosporen oder Konidien auf die Oberfläche der Pflanze gelangen und dort auskeimen und dann in das Pflanzengewebe eindringen. Im Gewebe herrscht immer eine sehr hohe Hydratur, so daß diese als begrenzender Faktor für das Wachstum der Pilze nicht in Frage kommt. Auf der Oberfläche einer unbeschädigten und von einer wasserundurchlässigen Kutikula bedeckten Epidermis kann die Hydratur dagegen häufig stark erniedrigt sein. Es ist deshalb wichtig zu wissen, bei welcher Hydratur eine Keimung der Sporen und Konidien der pathogenen Pilze noch erfolgt. Für einige Arten sind die Grenzwerte ermittelt worden: der Haferflugbrand (*Ustilago avenae*) bildet Sporidien oberhalb von 99% *hy*, und Wachstum in Form von Hyphen erfolgt noch bei 96% *hy*; die Zwergmycelien bei 92% *hy* dürften kaum zu einer Infektion führen (Schneider 1954).

Die Konidien vom Rosenmehltau (*Sphaerotheca pannosa*) keimen bei 96,6% noch gut, unterhalb von 94,9% nicht mehr. Bei *Cercospora beticola* (Dörrfleckenkrankheit bei Zuckerrüben) hört die Keimung schon bei 97% *hy* auf, dagegen keimt der Erreger der Braunfleckenkrankheit der Tomaten (*Cladosporium fulvum*) noch bei 90% reichlich. *Alternaria solani* (Dörrfleckenkrankheit der Kartoffeln) wächst bei 98% noch ungehemmt; der untere Grenzwert liegt bei 92%. Diese Angaben (Gäumann 1951) zeigen, daß eine Infektion im allgemeinen nur bei sehr großer Feuchtigkeit unmittelbar an der Oberfläche der Pflanze erfolgen kann. Relativ unempfindlich gegen Trockenheit ist *Alternaria citri* (Abb. 18), die auf *Citrus* vorkommt.

Holzzerstörende Pilze wachsen noch bei 85% *hy*, doch findet eine nennenswerte Holzzerstörung erst oberhalb von 95% statt (Theden 1941). Als untere Grenze für das Wachstum des Hausschwammes (*Merulius domesticus*) wird eine Hydratur von 97% angegeben.

f) Hydraturwerte und Plasmaquellung bei den poikilohydren Pilzen

Alle Angaben über die Hydratur bei unseren Ausführungen in diesem Abschnitt bezogen sich auf die Hydratur **außerhalb** der Pilzhyphen. Da bei den wachsenden Pilzzellen ein Turgordruck vorhanden ist, muß die Hydratur des Plasmas etwas niedriger sein. Wenn wir sie gleich derjenigen außerhalb der Zelle setzen, so begehen wir deshalb einen gewissen Fehler. Die Zellwände der Pilzhyphen sind sehr zart. Deshalb dürften die Maximalwerte des Turgors 5—10 atm nicht überschreiten. Somit ist die relative Größe des Fehlers nur bei nahezu dampfgesättigter Luft beträchtlich, bei geringerer Hydratur kann man sie dagegen vernachlässigen. Bei 99% beträgt z. B. die entsprechende Saugspannung 14 atm. Bei einem Turgordruck von 10 atm würde der potentielle osmotische Druck des Zellsaftes 24 atm betragen und die Hydratur des Plasmas entsprechend 98,2%. Einer Luftfeuchtigkeit von 90% *hy* entspricht schon eine Saugspannung von 140 atm, bei demselben Turgor von 10 atm würde die Hydratur in der Zelle 89,4% betragen, eine Differenz, die bereits kaum ins Gewicht fällt. Bei noch größerer Trockenheit spielt der Unterschied von einigen 0,1% überhaupt keine Rolle mehr.

Wir können also sagen, daß die Hydratur des Plasmas bei den Pilzen praktisch parallel mit der Hydratur außerhalb der Zellen abnimmt und daß die Beeinflussung des Wachstums mit durch die Hydraturunterschiede bedingt wird.

Wachstum ist bei Pilzen somit noch möglich, wenn nur noch fest gebundenes Wasser im Plasma vorhanden ist, denn wir haben keinen Anhaltspunkt dafür, daß die Quellungskurve des Plasmas bei Pilzen grundsätzlich von der anderer Pflanzen verschieden ist. Auch die Konzentration der Lösung im Zellsaft muß bei abnehmender Hydratur zunehmen. 85% *hy* entsprechen einer gesättigten Zuckerlösung; deshalb wird man bei so niedrigen Hydraturgraden in den Vacuolen kaum noch eine Flüssigkeit vorfinden. Das erklärt auch die sehr starke Hemmung des Ablaufs aller Lebensfunktionen bei niedriger Hydratur.

3. Hydratur und Vermehrung von Bakterien und Hefen

Von einem Wachstum kann man bei Bakterien und Hefen eigentlich nicht sprechen, denn es ist stets mit einer Zellvermehrung durch Teilung oder Sprossung verknüpft. Wie diese von den Hydraturverhältnissen beeinflußt wird, ist nicht leicht festzustellen. Auszählungen lassen sich nur in Lösungen durchführen, aber nicht, wenn man diese Organismen auf festem Nährsubstrat über Lösungen mit verschiedener relativer Dampfspannung kultiviert. Sie bilden dann die charakteristischen Kolonien.

Durch genaue Beobachtung dieser Kolonien konnte BURCIK (1950) im Laufe von 8 Jahren bei etwa 25 verschiedenen Arten die Grenzwerte der Hydratur bestimmen, wobei zwischen normalem Wachstum und stark gehemmtem Wachstum unterschieden wurde.

Bei der großen physiologischen Variabilität der Bakterien erwies es sich als notwendig, möglichst mehrere verschiedene Stämme von jeder Art zu prüfen. Es zeigte sich dabei, daß in den meisten Fällen sich die Stämme einer Art den Hydraturbedingungen gegenüber sehr ähnlich verhielten. Größere Schwankungen kamen bei *Rhizobium leguminosarum* (= *Bacterium radicicola*), bei *Bacterium vulgare* und *Escherichia coli* vor. Bei *Bacterium mycoides* und *Pseudomonas pyocyanea* konnte man zwei deutlich verschiedene Hydraturtypen feststellen.

Die praktische Erfahrung lehrt, daß sich die Bakterien im allgemeinen nur bei sehr hoher Hydratur rasch vermehren. Sie gedeihen hauptsächlich in verdünnten flüssigen Nährlösungen, in Milch, in Fleischbouillon, auf sehr wasserhaltigen eiweißreichen Substraten wie Fleisch und toten Fischen, in Abwässern, Jauchegruben usw. Im Gegensatz dazu können Hefen sich noch in konzentrierten zuckerhaltigen Lösungen oder Früchten, in Brotteig, Marmeladen usw. vermehren bzw. eine Gärung durchführen. Die Untersuchungen mit Reinkulturen bei abgestuften relativen Dampfspannungen (Hydraturbedingungen) bestätigt diese Beobachtungen, wenn es auch unter den Bakterien einige Arten gibt, die sich noch bei 90% *hy* vermehren können.

Die Abb. 29 gibt schematisch die Ergebnisse der von Burcik (1950) durchgeführten Versuche wieder. Wie wir sehen, liegt bei vielen Bakterien die untere Hydraturgrenze schon bei 99% *hy* oder bei 98% *hy*; andere zeigen bei 98% *hy* noch normales Wachstum der Kolonien, das jedoch bei weiterer Hydraturabnahme stark gehemmt wird. Die untere Grenze liegt dann zwischen 96 und 94% *hy*.

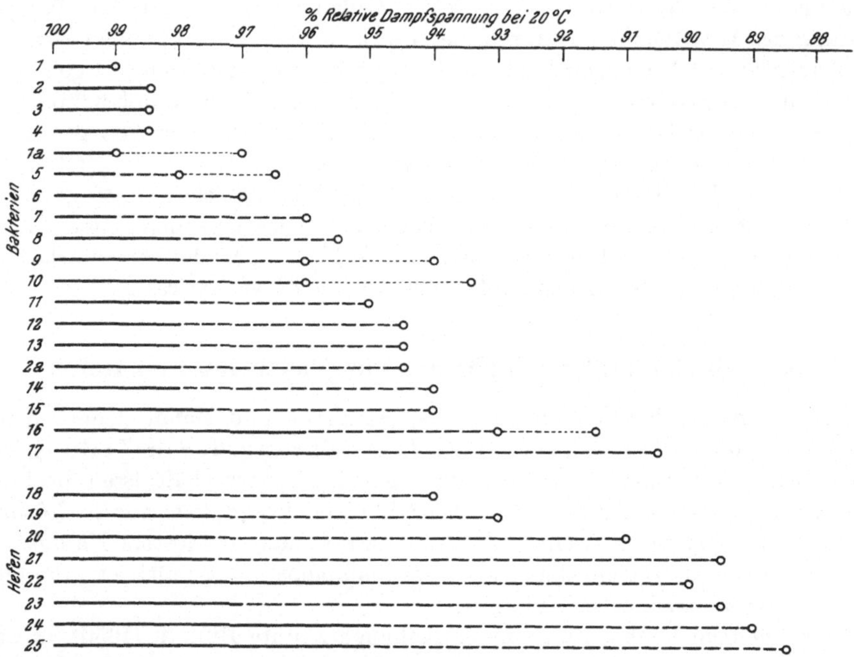

Abb. 29. Hydraturgrenze des Wachstums bei Bacterien und Hefen. ——— normales bzw. nicht dauernd gehemmtes Wachstum, - - - ○ stark gehemmtes Wachstum, ○ · · · · · ○ Schwankungen des Grenzwertes bei verschiedenen Stämmen. Zahl der untersuchten Stämme in Klammern: 1 und 1a zwei Hydraturtypen von *Bac. mycoides* (5), 2 und 2a ebenso von *Pseudomonas pyocyanea* (4), 3 *Bac. luteus* (2), 4 *Bac. asterosporus* (2), 5 *Bact. radicicola* (3), 6 *Azotomonas insolita* (1), 7 *Pseudomonas tumefaciens* (3), 8 *Bac. mesentericus* (3), 9 *Bact. vulgare* (3), 10 *Bact. coli* (3), 11 *Bac. subtilis* (2), 12 *Bact. prodigiosum* (4), 13 *Bact. aerogenes* (4), 14 *Mycobact. siliacum* (1), 15 *Pseudomonas iniqua* (1), 16 gelbe *Luftsarcina* (5), 17 *Micrococcus roseus* (3), 18 *Torula utilis* (1), 19 *Schizosaccharomyces jörgensohnii* (1), 20 *Willia spec.* (1), 21 *Saccharomyces cerevisiae* (3), 22 *Zygosaccharomyces polymorphus* (1), 23 *Oospora lactis* (2), 24 „Rosahefe" (1), 25 *Endomyces vernalis* (3). Nach Burcik 1950 aus Walter 1962.

Zu dieser Gruppe gehört z. B. *Bacillus mesentericus*, der das Sauerwerden von zu schwach ausgebackenem Brot bedingt oder das bekannte *Bacterium prodigiosum*, das auf stärkehaltigem Substrat in sehr feuchten Räumen leuchtend rote Kolonien erzeugt („Blutwunder"). Nur die Bakterien, welche in der Luft weit verbreitet sind, also starke Austrocknung gut vertragen, wie die gelbe Luft-*Sarcina* und *Micrococcus roseus*, die man leicht als Kolonien auf Fleischbouillon-Gelatine-Platten erhält, wenn man diese in Petrischalen einige Zeit offen der Luft exponiert, wachsen normal bei fast 95% *hy*, wobei die untere Hydraturgrenze bei fast 90% *hy* liegen kann.

Dieses Verhalten finden wir allgemein bei den echten Hefen oder hefeähnlichen Organismen. Die untere Hydraturgrenze liegt bei ihnen zuweilen sogar unter 90% *hy*, aber im allgemeinen nicht unter 88% *hy*. Damit stimmt überein, daß diese Organismen sich in gesättigten Saccharoselösungen mit einer relativen

Dampfspannung von 85% nicht mehr vermehren. Die gewöhnliche Bier- oder Bäckereihefe (*Saccharomyces cerevisiae*) sproßt bei 97% *hy* noch normal und weist eine untere Hydraturgrenze bei etwas über 89% *hy* auf. Einige Hefen scheinen bei stark erniedrigter Hydratur zu Hyphen auszuwachsen, ähnlich wie die Sporidien der Brandpilze (vgl. S. 75f.).

Eine besondere Gruppe der *Streptomyceten* zeigt ein gutes Wachstum bis 96,5% *hy*, ab 94,5% *hy* machen sich bereits morphologische Wachstumsmodifikationen bemerkbar, wobei die unterste Grenze der Keimung bei 91,5% *hy* liegt (JAGNOW 1957).

Bisher ist nur eine relativ geringe Zahl von Arten der Bakterien und Hefen im Hinblick auf ihre Hydraturabhängigkeit untersucht worden, doch dürften die verschiedenen Typen bereits erfaßt worden sein. Es ist anzunehmen, daß auch die anderen Arten in den hier skizzierten Rahmen hineinpassen werden. Erreger der verschiedenen pflanzlichen Bakteriosen wurden in dieser Beziehung noch nicht studiert. Die für Tiere pathogenen Formen finden im tierischen Organismus immer sehr günstige Hydraturverhältnisse vor. Die physiologische Kochsalzlösung, die mit dem Blut isotonisch ist, besitzt eine Hydratur von etwa 99%.

4. Hydraturgrenzen bei terrestrischen Algen und bei Flechten

Algen, welche außerhalb des Wassers leben, findet man unter den *Cyanophyta*, den *Protococcales* und den *Ulotrichales* (*Trentepohlia*). Sie bevorzugen meist feuchte Standorte, finden sich in den oberen Bodenschichten allgemein verbreitet und spielen in sonst fast vegetationslosen Wüsten zuweilen eine größere Rolle. Zu nennen wären die „*Takyre*", nur zeitweise überschwemmte Flächen mit Tonböden in Mittelasien (Turkestan) und anderen Wüsten, deren Oberfläche von *Cyanophyceen* und weiteren Algen bedeckt ist. In Mittelasien wurden 92 Arten von *Cyanophyceen* (vorherrschend *Phormidium* und *Microcoleus*), 38 Arten von *Chlorophyceen* und dazu eine Reihe von *Flagellaten* und *Diatomeen* sowie *Actinomyceten* festgestellt. Ihre Entwicklung erfolgt, wenn die Flächen mit einer seichten Wasserschicht bedeckt sind, so daß es sich mehr um Wasserorganismen handelt, die zwischendurch langes und extremes Austrocknen vertragen. Die Gesamtmenge an Trockensubstanz dieser Algen hat man zu 500—600 kg/ha bestimmt (vgl. WALTER 1968). Auf den höheren nicht überschwemmten Flächen siedeln sich Flechten an (*Diploschistes albissimus, Squamaria lentigera* u. a.). Eine zweite interessante Gruppe von Wüstenalgen bilden die „Fensteralgen" (VOGEL 1955), die man auf der in den Wüstenboden eingesenkten Unterseite durchsichtiger Quarzite findet, die als besonders schwer verwitterbare Gesteine oft die Oberfläche in den Wüsten bedecken. Geringe Regen- oder Tauniederschläge bleiben unter diesen Steinen längere Zeit vor Verdunstung geschützt und geben somit den Algen die Möglichkeit, das schwache durch die Steine hindurchdringende Licht für die Photosynthese auszunutzen (vgl. WALTER 1964, S. 387).

Physiologisch untersucht wurden nur die bei uns auf Baumrinden und an feuchten Mauern wachsenden Algen, die häufig grüne Überzüge bilden. Man teilt sie ökologisch in 2 Gruppen ein (SCHMID 1927):

1. Solche, die mit Wasser benetzbar sind und meist an der feuchteren Stammbasis wachsen (*Prasiola crispa, Trentepohlia*-Arten), und

2. für Wasser unbenetzbare Algen, die mit geringerer Feuchtigkeit auskommen (*Pleurococcus vulgaris* u. a.).

Die zweite Gruppe kann somit das Wasser nur in Dampfform aus einer feuchten Atmosphäre aufnehmen, eine Eigenschaft, die aber auch der ersten Gruppe zukommt (FRITSCH 1922, ITZEROTT 1937). Bei Kultur von *Prasiola crispa* im schwachen Licht über NaCl-Lösungen mit verschiedenen relativen Dampfspannungen konnten folgende relative Wachstumsraten festgestellt werden (Tab. 8, vgl. FRITSCH und HAINES 1923):

Tab. 8. *Wachstum von Prasiola crispa bei 10—15° C und verschiedener Hydratur.* Nach ITZEROTT 1937.

Hydratur %	100	99,4	98,8	98,1	97,5	96,8	93,0	88,0
Relative Wachstumsrate	730	590	546	346	175	71	34	0

Das Wachstum sinkt danach bei abnehmender Hydratur rapide ab. Der Grenzwert liegt bei 90% *hy*. Algenfäden, die mit Wasser benetzt werden, wuchsen etwa 10mal intensiver als solche in dampfgesättigter Luft. Sie nehmen dabei auch bedeutend mehr Wasser durch Quellung auf (vgl. EDLICH 1936).

Schwieriger gestalten sich die Versuche mit der zweiten Gruppe der Algen, deren Kultur auf künstlichem Substrat bis jetzt noch nicht gelungen ist. Zwar konnte ZEUCH (1934) einige Zellteilungen bei einer Temperatur von 1° C noch bei 68% *hy* beobachten, bei 10° selbst bei 55% *hy* oder bei 20° sogar bei 48%, und WINTER-GÜNTHER (1936) gelang der Nachweis, daß das Licht dabei von Einfluß ist, aber ein anhaltendes Wachstum, wie z. B. bei den Pilzkulturen, erfolgte bei diesen Versuchen nicht. Die untere Hydraturgrenze des Wachstums dürfte somit höher liegen als die oben angeführten Werte. Da es sich bei diesen Algen um autotrophe Organismen handelt, ist die Voraussetzung für das Wachstum und die Entwicklung die CO_2-Assimilation am Licht. Deswegen kann die Untersuchung der Grenzwerte für die photosynthetische Leistung uns einen Anhaltspunkt für die Abhängigkeit des Wachstums von den Hydraturverhältnissen geben.

Über den CO_2-Gaswechsel von pleurococcoiden Grünalgen (*Apatococcus lobatus*) liegt eine eingehende Arbeit von BERTSCH (1966a) vor. Untersucht wurde die Abhängigkeit der Netto-Photosynthese und der Dunkelatmung von der Temperatur, dem Licht und der Hydratur. Uns interessieren hier nur die Hydraturverhältnisse.

Die Beziehungen zwischen dem Wassergehalt der Algen und der Hydratur ergeben eine typische Quellungskurve. Der maximale Wassergehalt bei 100% *hy* beträgt etwa 80% des Trockengewichts, er nimmt bis 95% *hy* rasch ab und beträgt dann noch 38%, um bei weiterer Hydraturabnahme langsamer abzusinken (bei 80% *hy* ist der Wassergehalt 18%, bei 55% *hy* noch 12%). Im Gegensatz dazu nimmt die Netto-Photosynthese zuerst langsam ab, dann aber sehr rasch. 50% der maximalen Leistung werden bei 90% *hy* gemessen, 10% bei 76% *hy*.

Der Grenzwert der meßbaren CO_2-Aufnahme liegt bei 69% *hy*. Bei Abnahme des Wassergehaltes zeigt die Netto-Photosynthese anfangs sogar noch eine

Zunahme, die jedoch darauf beruht, daß die Atmung zunächst rascher absinkt als die Photosynthese. Die Brutto-Photosynthese weist demgegenüber dieses Hydraturoptimum nicht auf. Das günstigste Bilanzverhältnis zwischen Netto-Photosynthese und Dunkelatmung ist bei 97—98% hy zu beobachten.

Der Grenzwert für das Wachstum muß höher liegen als der Grenzwert für die CO_2-Assimilation (= 68% hy). Denn eine positive Stoffproduktion tritt ja erst dann ein, wenn die am Tage gebildete Assimilatmenge größer ist als die in der Nacht durch Atmung verlorengehende. Für eine positive Stoffbilanz ist auch die Länge der Tage und der Nächte maßgebend. Unter natürlichen Verhältnissen liegt die Hauptvegetationszeit dieser Algen in den feuchten Wintermonaten mit langen Nächten und kurzen Tagen. Wir werden deshalb den Grenzwert für das Wachstum der Algen bei über 70% hy zu suchen haben, d. h. er entspricht dem absoluten Hydraturminimum, das für die heterotrophen Pilze gefunden wurde. Man muß dabei berücksichtigen, daß die Nächte meist feuchter sind als die Tage, was die Atmungsverluste im Vergleich zu der Netto-Photosynthese vergrößert.

Trentepohlia wächst noch bei 95% hy (RENNER 1932); die Grenzwerte wurden nicht bestimmt. Sie dürften aber noch höher liegen als bei *Prasiola*, da die *Trentepohlia*-Arten feuchtere Standorte bevorzugen. Von den *Cyanophyceen* ist bekannt, daß die Grenzwerte der Hydratur sehr hoch liegen, für *Oscillatoria princeps* bei 99,3% hy (entsprechend 8 atm), *Nostoc* wächst am besten in 5% Saccharose-Lösungen (= 3,6 atm, vgl. MÄGDEFRAU 1930/31).

Die terrestrischen Algen können in Symbiose mit Pilzen Flechten bilden. Auch diese nehmen das Wasser in Dampfform aus der feuchten Luft auf (KOLUMBE 1927, BUTIN 1954, BERTSCH 1966b). In Symbiose mit den Pilzen müssen die Algen so viel an Assimilaten produzieren, daß nicht nur ihre eigene Gesamtatmung, sondern auch die der Pilze kompensiert wird und zusätzlich noch ein Stoffgewinn für das Wachstum beider Partner übrig bleibt.

Wenn somit die Grenzwerte der Hydratur für die Algen bei symbiontischer Lebensweise den oben bei nicht symbiontischer erwähnten entsprechen, so müssen sie für das Wachstum der Gesamtflechte noch höher liegen. Flechten stellen auch größere Ansprüche an das Licht als die freilebenden Algen. Die Symbiose bietet jedoch den Algen den Vorteil, daß der Pilzmantel bei Benetzung das Wasser rasch aufnimmt und es bei Abnahme der Luftfeuchtigkeit länger zurückhält. Dadurch steht den Algen eine längere Zeit für die Photosynthese unter günstigeren Hydraturbedingungen zur Verfügung. Deshalb trifft man Flechten noch dort auf Zweigen, Rinden oder Felsen an, wo freilebende Algen nicht mehr zu wachsen vermögen, weil es für sie zu trocken ist (vgl. STOCKER 1927).

Auch bei den Flechten können wir uns auf die Untersuchungen des CO_2-Gaswechsels von BERTSCH (1966b) zur Lösung der Frage des Hydraturminimums stützen. Bei den aus dem Schwarzwald stammenden Flechten *Evernia prunastri, E. divaricata, Ramalia farinacea* und *R. thrausta* wurde die maximale Netto-Photosynthese bei optimaler Einquellung mit tropfbarem Wasser gleich 100% gesetzt; im wasserdampfgesättigten Luftraum betrug sie 90% des Maximalwertes, der Halbwert wurde bei 95% hy gefunden, der minimale Grenzwert bei 80—85% hy. Das Hydraturminimum für das Wachstum dürfte somit bei 85—90% hy liegen.

Lange (1965) fand bei einigen Flechten eine noch meßbare CO_2-Assimilation bei Temperaturen unter 0°, bei *Stereocaulon alpinum* und *Cladonia alcicornis* selbst noch bei — 24° C. Voraussetzung dafür ist, daß die Algen nicht von Eis umgeben werden und die Zellen selbst auch ungefroren bleiben. Das ist bei einem geringen Wassergehalt der Algen der Fall. Eine Gefrierpunkterniedrigung von — 24° C bei Lösungen entspricht einem potentiellen osmotischen Druck von etwa 290 atm oder einer relativen Dampfspannung (Hydratur) von etwas über 80%. Dieser Grenzwert kommt somit dem gleich, den Bertsch (1966b) als Hydraturminimum für die CO_2-Assimilation fand, d. h. eine Flechte mit einem Wasser-

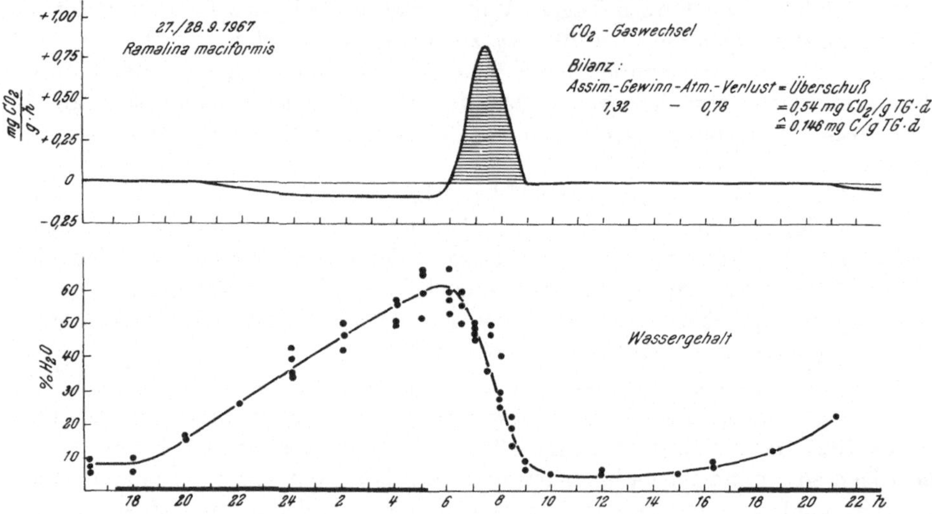

Abb. 30. CO_2-Gaswechsel (oben) und Wassergehalt (unten) von *Ramalina maciformis* im Tageslauf bei Taufall mit mittlerer Intensität (Avdat, Negev); Ausgleichskurven aus mehreren Parallelmessungen. Schwarze Säulen auf der Abszisse geben die Nachtzeit an. Nach Lange 1969.

gehalt entsprechend einer Hydratur von 80% wird gerade noch eine CO_2-Assimilation zeigen und wird bei — 24° C nicht gefrieren, so daß eine CO_2-Diffusion zu den Chloroplasten der Algenzellen möglich ist. Die Übereinstimmung beider Befunde ist sehr gut. Die vielleicht etwas niedrigere Hydraturgrenze bei tiefen Temperaturen könnte auf einer relativ geringeren Atmung beruhen. Terrestrische freilebende Algen, die noch bei 70% *hy* (= potentieller osmotischer Druck von ca. 480 atm) eine CO_2-Aufnahme zeigen, sollten bei noch tieferen Temperaturen von etwa — 40° C eine Netto-Photosynthese aufweisen, wenn es um sie herum zu keiner Eisbildung kommt. Ob eine solche geringe Stoffproduktion bei Temperaturen unter 0° C ökologisch von Bedeutung ist, muß noch nachgewiesen werden.

Da Flechten auch in Wüsten vorkommen, in denen es nur selten regnet oder zur Nebelbildung kommt, ist es wahrscheinlich, daß sie schon bei erhöhter Luftfeuchtigkeit in der Nacht so viel Feuchtigkeit aufnehmen, daß sie in den Morgenstunden CO_2 assimilieren können. Bei *Ramalina maciformis* aus der Negev-Wüste konnten Lange und Bertsch (1965) nachweisen, daß die CO_2-Aufnahme am Licht schon bei einem Wassergehalt von 15—20% des Trockengewichtes beginnt und mit zunehmendem Wassergehalt rasch ansteigt; im wasserdampfgesättigten

Luftraum steigt der Wassergehalt auf fast 40%, und die Photosynthese erreicht 70% der maximalen Leistung von den in Wasser gequollenen Flechtenthalli.

Untersuchungen am Standort in der Negev-Wüste (LANGE 1969) bestätigen die Annahme, daß jeder Anstieg der Luftfeuchtigkeit in der Nacht oder jeder Taufall die Flechten aktiviert (Abb. 30). Sobald der Wassergehalt der Flechten in der Nacht zunimmt, beginnt die Atmung; nach Sonnenaufgang setzt eine intensive Photosynthese ein, aber sehr bald fängt die Flechte wieder an auszutrocknen, so daß bereits um 9 Uhr der Kompensationspunkt unterschritten wird. Ab 11 Uhr befindet sich die Flechte wieder in Trockenstarre. Berechnet man den CO_2-Umsatz im Laufe von 24 Stunden, so erhält man einen Assimilationsgewinn von 1,32 mg CO_2 bezogen auf 1 g Flechtenthallus und einen Atmungsverlust von 0,78 mg CO_2. Daraus ergibt sich eine positive Bilanz von 0,54 mg CO_2 oder von 0,146 mg an gebundenem C pro Tag und pro g Trockengewicht der Flechte. Ein trockener Thallus von *Ramalina maciformis* besteht zu 35,4% aus C. Bei Avdat in der Negev-Wüste kann man im Mittel mit 195 Taunächten im Jahr rechnen. Wenn man annimmt, daß jede Taunacht den gleichen Gewinn von 0,146 mg an C erbringt, so ergibt sich ein jährlicher Zuwachs der Flechte von 8,4%, was den tatsächlichen Verhältnissen nahekommen dürfte.

In der Namib findet man im regenlosen, aber nebeligen Küstenstreifen viele Flechten und Fensteralgen. In 50 km Entfernung von der Küste hören die Nebel auf, und es beginnt eine Zone seltener Sommerregen. An Stelle der poikilohydren Kryptogamen treten dann in Form einer kontrahierten Vegetation einzelne höhere Pflanzen, vor allem nach guten Regenjahren, als Ephemere auf.

5. Poikilohydre *Bryophyta* (Moose)

Alle Moose gehören zu den poikilohydren Pflanzen. Nur bei den *Marchantiaceen* mit ihren dicken Thalli, den in Innenräumen befindlichen Assimilationszellen, den kleinen dem Gasaustausch dienenden Öffnungen in der äußeren Hautschicht und den vielen das Wasser aus dem Boden aufnehmenden Rhizoiden ist eine homoiohydre Lebensweise an fast dauernd feuchten Standorten angedeutet (WENZL 1934). Eine gewisse Wasseraufnahme aus dem Boden und eine geringe Wasserleitung in den Stengeln läßt sich auch für *Polytrichum* nachweisen (MÄGDEFRAU 1935/36). Im allgemeinen findet jedoch bei den Moosen die Wasserleitung kapillar an der Außenseite der Moossprosse und in den Moospolstern statt. Die Austrocknungsresistenz der Moose ist sehr verschieden. BIEBL hat sie im Protoplasmatologia Bd. XII („Protoplasmatische Ökologie der Pflanzen", 1962) ausführlich behandelt. Wir brauchen deshalb hier nicht darauf einzugehen. Wichtig ist für uns nur die Frage der Hydraturabhängigkeit der verschiedenen Lebensfunktionen der Moose, vor allen Dingen des Wachstums.

Moose lassen sich leicht kultivieren, wenn sie mit tropfbarem Wasser in Berührung stehen. Es gelingt aber nach unseren Erfahrungen nicht, sie in einem dampfgesättigten Raum ohne Kondenswasser, geschweige denn bei erniedrigter Hydratur zum Wachstum zu bringen. Auch die Moossporen keimen nur in Wasser; im dampfgesättigten Raum wird höchstens die Exine gesprengt, ein Wachstum erfolgt nicht (MÄGDEFRAU 1930/31). Beim Austrocknen der Mooszellen geht die Semipermeabilität des Protoplasmas verloren, doch wird sie beim

Befeuchten nach Wassersättigung in wenigen Minuten wieder hergestellt (Holle 1915). Elektronenmikroskopisch ist diese Erscheinung noch nicht untersucht worden[39]. Vergleicht man Moose von dauernd feuchten Standorten, z. B. *Hookeria splendens* mit Moosen, die sich die meiste Zeit im latenten Lebenszustand befinden, weil sie an trockenen Standorten wachsen, so fällt auf, daß erstere große vacuolisierte Zellen besitzen, während bei letzteren die Zellen klein sind und fast ganz vom Plasma und den Chloroplasten ausgefüllt werden. Oft sind die Zellen sehr lang sowie schmal und laufen an der Blattspitze in ein langes Haar aus. In hypertonischen Lösungen schrumpft der Zellinhalt nur wenig, die Zellen sind deshalb schwer zu plasmolysieren, was bei der plasmolytischen Bestimmung des osmotischen Wertes bei diesen Moosen trockener Standorte zu einem erheblichen Fehler führen kann; die gefundenen Werte sind vielleicht zu hoch. Die Reduzierung der Vacuolen bei Moosen trockener Standorte ist für die Erhöhung ihrer Austrocknungsfähigkeit günstig. Dazu kommt, daß die Blättchen, die aus einer Zellschicht bestehen, sich leicht zusammenrollen oder schrumpfeln, so daß beim Austrocknen das Plasma keiner größeren mechanischen Beanspruchung ausgesetzt wird und keine Schäden erleidet[40].

Die Resistenz gegen das Austrocknen ist namentlich bei Moosen arider Gebiete außerordentlich groß. Am weitesten gegen die Wüsten scheinen gewisse *Ricciaceen* zu dringen, die in die Bodenoberfläche eingesenkt wachsen und nur in frischem Zustand nach einem Regen leicht erkennbar sind (vgl. Irmscher 1912).

Wie sich der Lebenszyklus einer Moosart, die an Steinmauern zu finden ist, unter den klimatischen Verhältnissen Mitteleuropas im Lauf eines Jahres am natürlichen Standort vollzieht, hat Romose (1940) am Beispiel von *Homalothecium sericeum* sehr eingehend studiert. Die Hauptwachstumsperiode fällt in die feuchte und kühle Jahreszeit, da ja Wachstum nur bei völliger Wassersättigung der Zellen erfolgt.

Es fragt sich, wie die Abhängigkeit der anderen Lebensfunktionen der Moose von der Hydratur ist. Auf Grund einiger Messungen, die Mayer und Plantefol (1924a) ausführten, konnten wir die Quellungskurve und die Atmungskurve für die Moospflanze *Rhytidiadelphus triquetrus* berechnen (Abb. 31a, b)[41]. Es zeigt sich, daß mit dem Austrocknen der Wassergehalt und die Atmung bis zu einer Hydratur von etwa 96% sehr rasch abfallen. Wenn bei 70% *hy* nur noch festgebundenes Wasser im Plasma verbleibt, ist die Atmung kaum meßbar. Die Photosynthese wurde bisher z. B. bei *Conocephalum conicum* untersucht (Slavik 1965). Da die Thallusteile keine Stomata, sondern unbewegliche „Atemöffnungen"

---

[39] Tumanov (1967) erwähnt ein Verschwinden der äußeren Plasmamembran bei abgehärteten Pflanzen, deren Plasma bei tiefen Temperaturen durch die Eisbildung einer starken Entwässerung ausgesetzt ist.

[40] Beim Austrocknen der Mooszellen sollen in den Zellen Gasblasen auftreten; merkwürdigerweise bleiben jedoch die Zellwände deformiert. Man sollte annehmen, daß nach Überwindung der Kohäsionsspannung die Zellwände ihr normales Aussehen annehmen. Eine Nachprüfung der Befunde ist notwendig.

[41] Die Quellungskurve von *Homalothecium sericeum* in Abhängigkeit von der Hydratur (nach Romose 1940) hat Stocker (1956b, Abb. 10) abgebildet. Die maximale Quellung bei 100% *hy* beträgt nur etwa 100% des Trockengewichtes. 20—40% des Wassers sind fest gebunden.

besitzen, läßt sich die Abhängigkeit der Photosynthese von der Hydratur leicht feststellen. Der potentielle osmotische Druck bei voller Sättigung der Zellen beträgt 5 atm. Bei seiner Erhöhung bis auf 8,5 atm (Wassergehalt der Pflanzen

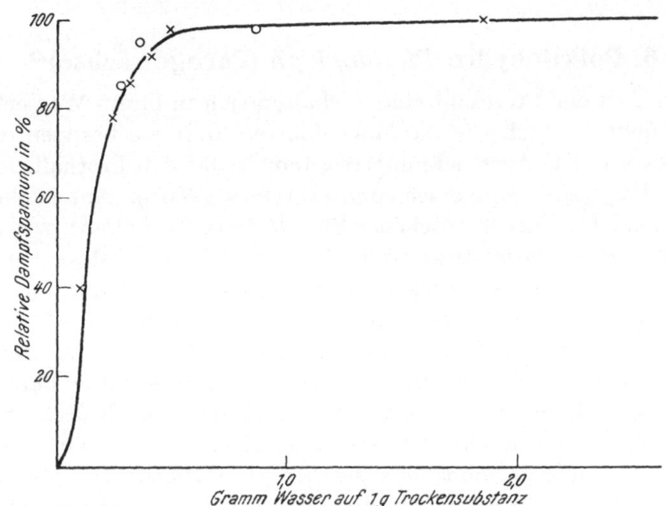

Abb. 31a. Abhängigkeit des Wassergehaltes der Moose von der relativen Dampfspannung. × Werte aus den Versuchen von MAYER und PLANTEFOL 1924a. ○ selbst bestimmte Werte (der Wert für 100% liegt außerhalb der Figur). Nach WALTER 1925.

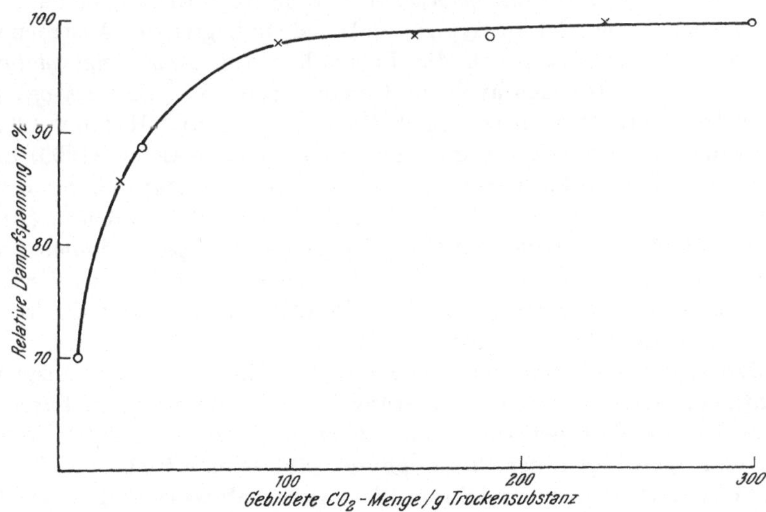

Abb. 31b. Abhängigkeit der Atmung von der relativen Dampfspannung bei Moosen. × Werte aus Versuch I von MAYER und PLANTEFOL 1924a. ○ selbst bestimmte Werte. Nach WALTER 1925.

350%) nimmt die Intensität der Photosynthese linear ab, um bei 12,6 atm (Wassergehalt 100%) ganz aufzuhören.

Bei *Rhacomitrium lanuginosum*, der Hauptart der Deckenmoore im extrem ozeanischen Gebiet Mitteleuropas, hat TALLIS (1959) die Netto-Assimilation mit der $^{14}CO_2$-Methode bestimmt. Das Optimum liegt bei einem Wassergehalt von 300—400% und bei einer Temperatur von 13—15° C. Bei einem Wassergehalt von 100% beginnen die Blättchen des Mooses sich zusammenzurollen. Sinkt die Feuchtigkeit auf etwa 95% hy, so trocknet das Moos völlig aus (vgl. Mayer und Plantefol 1924b).

6. Poikilohydre *Pteridophyta* (Farngewächse)[42]

Die *Prothallien* der Pteridophyten verhalten sich in ihrem Wasserhaushalt — soweit untersucht — noch wie die Moospflanzen, d. h. sie besitzen eine poikilohydre Lebensweise. Die Austrocknungsresistenz ist bei den Prothallien der mitteleuropäischen *Polypodiaceen* verschieden (Kappen 1966a). Am höchsten ist sie erwartungsgemäß bei Farnen trockener Standorte (z. B. Felsen), wie *Polypodium vulgare, Asplenium ruta-muraria* und *A. septentrionale*, schwächer schon bei *A. adiantum-nigrum*. Die Austrocknungsresistenz ist im Winter am größten und kann auch im Experiment durch niedere Temperaturen (6—7° C) gesteigert werden. Diese winterliche Trockenresistenz ist (ebenso wie die Kälteresistenz) deshalb ökologisch von Bedeutung, weil bei den untersuchten Farnarten keine Sporenruhe im Winter zu verzeichnen ist. Nach der Kältehärtung ertrug *A. adiantum-nigrum* 36 Stunden im Exsikkator bei 40% hy ohne äußerlich sichtbare Schäden und 25—30% hy ohne abzusterben. Die Prothallien von *Polypodium vulgare* und *A. ruta-muraria* bleiben unter diesen Bedingungen sogar bis 25% hy am Leben.

In den Versuchen von Pickett (1914) überlebten Prothallien des nordamerikanischen Farnes *Camptosorus rhizophyllus* 4—6 Tage Aufenthalt in einem Exsikkator mit konzentrierter Schwefelsäure und fast unbegrenzte Austrockung im Freiland; ähnlich verhielten sich die Prothallien von *Asplenium platyneuron*. Nach Koshanin (1939) sollen auch die Gametophyten von *Ceterach officinarum* völliges Austrocknen ertragen (zit. nach Oppenheimer und Halevy 1962).

Eine niedrigere Austrocknungsresistenz zeigen nach Kappen (1965) die Prothallien einer Reihe von Farnarten mit sommer- und wintergrünen Sporophyten, die im Walde auf dem Boden oder an Baumstümpfen u. ä. wachsen (*Athyrium filix-femina, Blechnum spicant, Lastrea phegopteris, Dryopteris dilatata* und vor allem *Lastrea dryopteris*). Als besonders empfindlich erwies sich ferner der Gametophyt von *Pteridium aquilinum*, der sich vermutlich meist unter der Laubstreu entwickelt und schnell heranwächst.

Das ökologische Verhalten der Prothallien, vor allem auch ihre Ansprüche an die Feuchtigkeit, sind von großer Bedeutung für die Verbreitung der Farne; durch sie wird ja der Standort der aus ihnen hervorgehenden Sporophyten bestimmt.

Unter den *Sporophyten* der Pteridophyten gibt es eine Reihe von Typen, die sich in ihrer Trockenresistenz und ihrem Wasserhaushalt wesentlich unterscheiden.

Poikilohydre Pflanzen mit (relativ) geringer Austrocknungsresistenz sind die Arten der *Hymenophyllaceae*, die vor allem in den Nebelwäldern der tropischen

---

[42] Die Kapitel 6 und 7 (Poikilohydre Pteridophyta und Spermatophyta) wurden von Prof. Dr. Hubert Ziegler und Dr. Georg Heinrich Vieweg, Botanisches Institut der Technischen Hochschule, Darmstadt, unter Berücksichtigung eigener unpublizierter Ergebnisse und unter Verwendung eines Manuskriptentwurfes von Prof. Dr. Heinrich Walter verfaßt.

und subtropischen Gebirge entwickelt sind. Sobald die Luftfeuchtigkeit in der Umgebung dieser z. T. wurzellosen Hautfarne unter 100% sinkt, rollen sich die meist einschichtigen, spaltöffnungsfreien Blätter ein. Sie vertragen eine Austrocknung bis zu 80—70% *hy* (HÄRTEL 1940).

Im Gegensatz zu den *Hymenophyllaceen* (und den Gametophyten) sind die Sporophyten der meisten anderen Farnpflanzen in ihrem Bauplan mit den wichtigsten Attributen der Homoiohydren ausgestattet: sie besitzen Wurzeln, Leitbahnen mit verholzten Elementen, eine Cuticula und funktionierende Stomata. Trotzdem wachsen sie im allgemeinen nur an relativ feuchten Standorten mit dauernd genügend hohem Wassergehalt des Bodens und bei nicht zu großer Lufttrockenheit. Dies mag damit zusammenhängen, daß ihr Wasserleitungssystem noch nicht sehr leistungsfähig (meist nur aus Tracheiden besteht) und der maximale Transpirationswiderstand nicht sehr hoch ist.

Selbst an günstigen Standorten ist daher in den Farnblättern der potentielle osmotische Druck höher als bei den am gleichen Standort wachsenden Blütenpflanzen. So lagen z. B. im Urwaldgebiet von Usambara (Ostafrika) die potentiellen osmotischen Drucke bei den Blütenpflanzen der Boden- und Strauchschicht, selbst an sonnigen Standorten, zwischen 3,6 und 8,9 atm, bei den Farnpflanzen dagegen bei 8,6 und 16,2 atm (WALTER 1964).

Sofern Pteridophyten an trockenen Standorten oder gar in Klimagebieten mit langandauernden Dürrezeiten vorkommen, zeigen sie hier nicht die für entsprechende Spermatophyten kennzeichnenden Anpassungen wie extensive Wurzelsysteme, Einschränkung der transpirierenden Fläche, evtl. gekoppelt mit Wasserspeicherung, sondern sie weisen eine Austrocknungsresistenz auf, die sie zu mehr oder weniger poikilohydren Pflanzen stempelt[43].

Schon unter den mitteleuropäischen Farnarten gibt es recht dürreresistente Vertreter (MONTFORT und HAHN 1950, KAPPEN 1965): Während für sommergrüne Polypodiaceen ähnliche Sättigungsdefizite kritisch werden wie für mesophytische Phanerogamen (ca. 60%), sind die wintergrünen Arten zeitweise (im Winter) stark austrocknungsfähig und zeigen am natürlichen Standort hohe Sättigungsdefizite (etwa 70—80%). Zu anderen Zeiten besitzen sie eine wesentlich geringere Austrocknungsresistenz und stabilisieren ihren Wasserhaushalt als homoiohydre Kormophyten. KAPPEN (1965) spricht deshalb auch von einer poikilohydren und einer homoiohydren Phase; sie dauern bei den einzelnen Arten im Jahresgang verschieden lang, und man kann danach eine Abnahme der poikilohydren Eigenschaft von *Polypodium vulgare* über *Asplenium septentrionale, A. ruta-muraria, A. trichomanes* und *Polystichum lobatum* bis hin zu den immergrünen *Dryopteris*-Arten feststellen, bei denen nur noch andeutungsweise eine kurze Resistenzphase zu erkennen ist. Die Fiedern aller wintergrünen Farnarten (außer *Blechnum spicant*) überstanden in den Versuchen von KAPPEN (1965) während der Resistenzphase im ausgetrockneten Zustand längeren Auf-

---

[43] Die am ausgeprägtesten xeromorphen Formen unter den Pteridophyten findet man bei der Gattung *Equisetum* (Reduktion der Blätter, dicke Epidermisaußenwand, tief eingesenkte Stomata usw.), aber auch diese sind an feuchte Standorte gebunden, was wieder für die geringe Leistungsfähigkeit des Wasserleitungssystems spricht. Dasselbe gilt für die *Lycopodien* mit schuppenförmigen Blättern. Poikilohydre *Equisetum*- und *Lycopodium*-Arten sind nicht bekannt.

enthalt bei 40% *hy*. *Polypodium* und die *Asplenien* werden erst nach längerem Trocknen über H_2SO_4 oder P_2O_5 geschädigt. Nach Wittrock (1891) soll *Polypodium vulgare* und nach Pessin (1924) *P. polypodioides* das Verweilen über konzentrierter H_2SO_4 ertragen.

Mit *Asplenium ruta-muraria* wurden von uns (Ziegler und Vieweg, unveröffentlicht) Messungen des CO_2-Gaswechsels mit dem URAS nach verschieden langer Austrocknungsperiode vorgenommen.

Frische Wedel (von einer Mauer östlich von Darmstadt) hatten zu Versuchsbeginn (19. 7. 1966) einen Wassergehalt von 260% des Trockengewichtes. Die Nettophotosynthese zeigte ein Maximum bei etwa 15° C, war aber auch bei 5° noch beachtlich, jedenfalls höher als bei 20° (Abb. 32). Die Blätter trockneten bis zur Lufttrocknis aus und wurden nach 58 Stunden Trockenheit wieder mit flüssigem Wasser versorgt. Sie waren sofort wieder zur Atmung und Photosynthese fähig. Sie erreichten bei einem Wassergehalt von 63% des Trockengewichtes den Kompensationspunkt (15° C, 11 000 Lux), zeigten aber auch nach vollständiger Wasseraufsättigung (276% des Trockengewichtes) in der Versuchszeit (bis 4 Tage nach der Wasserzufuhr) nicht ganz die volle

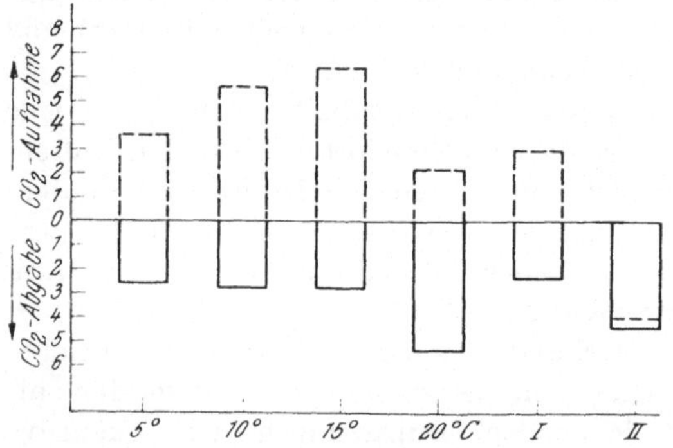

Abb. 32. Photosynthese und Atmung der Wedel von *Asplenium ruta-muraria*, ausgedrückt in relativen Einheiten des CO_2-Umsatzes, bei verschiedenen Temperaturen. I war nach 58 Stunden Lufttrockenheit wieder angefeuchtet und bei 17° C gemessen worden; II nach 14 Tagen Lufttrockenheit und Wiederanfeuchtung (bei 17° C gemessen). Weitere Einzelheiten im Text. (Original.)

Stärke der ursprünglichen Atmung und Photosynthese.

In einem zweiten Versuch wurden Wedel von *Asplenium ruta-muraria* (von der Friedhofsmauer in Kleinsassen/Rhön) 14 Tage lang nach dem Sammeln (10. 7. 1966) lufttrocken bei Zimmertemperatur aufbewahrt. Sie hatten dann einen Wassergehalt von 15,6% des Trockengewichtes (Sättigungsdefizit 95,2%). 48stündiges Verweilen in wasserdampfgesättigter Luft steigerte den Wassergehalt auf 16,8% des Trockengewichtes, verstärkte auch etwas die CO_2-Abgabe, brachte aber keine (Brutto-)Photosynthese in Gang. Nach Zufuhr von Wasser erreichten die Wedel einen Wassergehalt von 326% des Trockengewichtes, auch wieder eine ansehnliche Atmung, dagegen nur eine sehr schwache Photosynthese, die weit unter dem Kompensationspunkt lag (Abb. 32).

Man kann aus diesen Versuchen schließen, daß *A. ruta-muraria* ohne wesentlichen Schaden eine Trockenperiode von einigen Tagen (auch ohne Wasseraufnahme durch die Wurzel) überstehen kann, daß aber längere starke Austrocknung doch starke Schäden am Photosyntheseapparat verursacht.

Wesentlich widerstandsfähiger sind die echten poikilohydren Pteridophyten, die in den Halbwüstengebieten Nord- und Südamerikas sowie Südafrikas ziemlich verbreitet, in Australien dagegen selten sind. So erträgt *Notholaena maranthae* 94% Sättigungsdefizit des Wassergehaltes (Iljin 1931) und *Ceterach officinarum* 96,2—98,4% (Rouschal 1938).

In Versuchen von OPPENHEIMER und HALEVY (1962) blieben isolierte Wedel von *Ceterach* auch nach 5 Monaten Trockenheit am Leben, wenn sie im März, weniger lang, wenn sie im Mai gesammelt wurden. Wurden trockene Wedel wieder befeuchtet, so setzte die Atmung sofort ein und erreichte innerhalb von 10 min eine Intensität, die dreimal so hoch war wie die normaler Wedel, und sank innerhalb 48 Stunden auf den Normalwert ab. Trockene Blätter wurden durch Temperaturen über 60° C geschädigt, zeigen also keine besondere Hitzeresistenz.

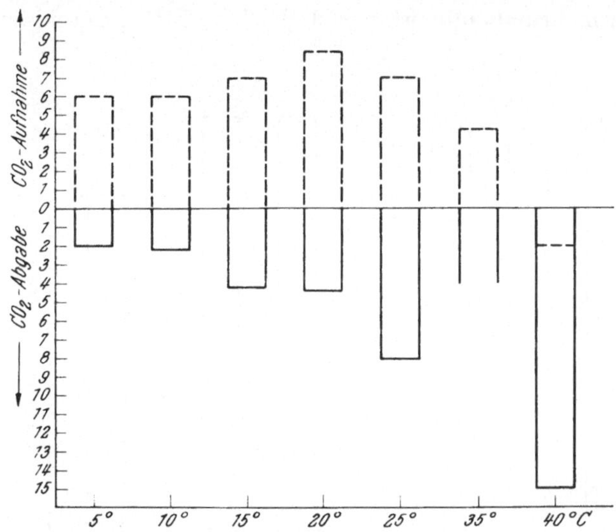

Abb. 33. Photosynthese und Atmung der Wedel von *Ceterach officinarum*, ausgedrückt in relativen Einheiten des CO_2-Umsatzes, bei verschiedenen Temperaturen (Bestrahlung 11 000 Lux). Weitere Einzelheiten im Text. Die Atmung bei 35° C wurde nicht gemessen. (Original.)

URAS-Bestimmungen des CO_2-Wechsels (ZIEGLER und VIEWEG, unveröffentlicht) ergaben für *Ceterach officinarum* folgende Ergebnisse:

Wedel wurden am 28. 8. 1966 in Banyuls (S-Frankreich) gesammelt[44] und bis zum 10. 9. 1966 lufttrocken aufbewahrt; sie hatten dann einen Wassergehalt von 23,8% des Trockengewichtes. Es war eine geringfügige, aber nachweisbare CO_2-Produktion vorhanden, die sich bei Zufuhr wasserdampfgesättigter Luft verstärkte. Auch nach 24 Stunden Wasserdampfversorgung war aber keinerlei Anzeichen einer Photosynthese (auch nicht einer Brutto-) zu erkennen. Der Wassergehalt der Wedel hatte sich dabei auf 30,7% gesteigert. Nach Einquellen mit flüssigem Wasser stieg der Wassergehalt auf 194,7% des Trockengewichtes, die (Brutto-)Photosynthese setzte sofort ein und hatte nach 7 Stunden den Kompensationspunkt erreicht (20° C; 11 000 Lux). Nach 18 Stunden war eine starke Netto-Photosynthese festzustellen. Die Temperaturabhängigkeit von Photosynthese und Atmung nach dieser Phase zeigt Abb. 33. Der Farn kann (unter den gegebenen Bedingungen) von 5—35° C mit Gewinn arbeiten und die Photosynthese wird erst durch 40° C unter den Kompensationspunkt gedrückt.

---

[44] Herrn Dr. H. TITSCHACK, Zoologisches Institut der Technischen Hochschule Darmstadt, danken wir für die Besorgung des Materials.

Im Vergleich zu *Asplenium ruta-muraria* ist *Ceterach officinarum* also nicht nur resistenter gegen Austrocknung, sondern hat auch einen weiteren Temperaturbereich und ein nach höheren Temperaturen (20° C) verschobenes Maximum der Nettophotosynthese.

Läßt man *Ceterach* langsam wieder austrocknen (Wasserentzug), so erreicht er bei einem Wassergehalt von 79,5% des Trockengewichtes den Kompensationspunkt, der einige Stunden lang eingehalten wird (Spaltenschluß?). Schließlich ist nur noch die geringe Atmung des lufttrockenen Zustandes meßbar. Diese Stadien können mehrmals mit prinzipiell gleichem Erfolg durchlaufen werden.

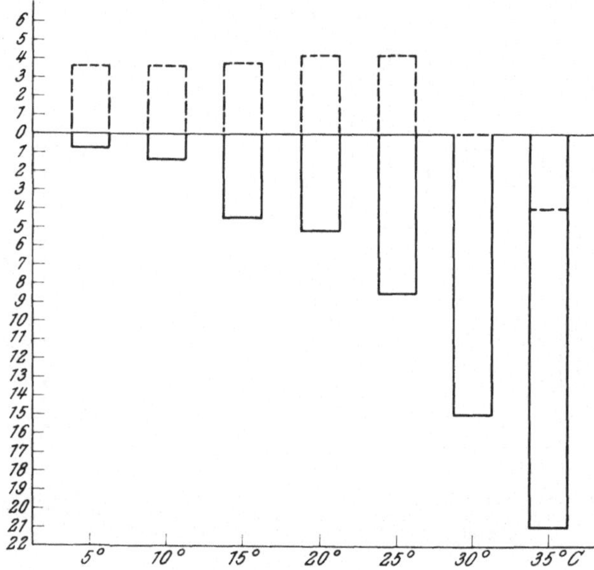

Abb. 34. Photosynthese (bei 11 000 Lux) und Atmung der Wedel von *Notholaena marantae*, ausgedrückt in relativen Einheiten des CO_2-Umsatzes, bei verschiedenen Temperaturen. Weitere Einzelheiten im Text. (Original.)

Auch Wedel von *Ceterach officinarum* (gesammelt am 17. 4. 1966 an einer Wegmauer auf Capri), die erst nach 11 Wochen (6. 7. 1966) mit Wasser versorgt wurden, zeigten sofort eine starke Atmung (20° C) und nach 36 Stunden auch die erste merkliche (Brutto-)Photosynthese. Nach 3 Tagen war der Kompensationspunkt erreicht und später wurde auch eine — nicht sehr starke — Netto-Photosynthese erzielt.

Ganz ähnlich wie *Ceterach officinarum* verhielt sich *Notholaena marantae* (gesammelt am 3. 8. 1966 auf Teneriffa). Er hatte im lufttrockenen Zustand einen Wassergehalt von 14,8% des Trockengewichtes, zeigte in wasserdampfgesättigter Luft (ab 23. 8. 1966) ebenfalls nur eine Atmungssteigerung, die bei Zufuhr von flüssigem Wasser (25. 8.) stark erhöht wurde. Nach einiger Zeit (27. 8.) setzte auch eine Photosynthese ein, die schließlich (3. 9.) auch zu ansehnlichen Nettowerten führte. Gegenüber dem *Ceterach*-Material war der Temperaturbereich der Nettophotosynthese enger (bei 30°C wurde schon der Kompensationspunkt erreicht; Abb. 34), doch ist ein Vergleich nicht ohne weiteres möglich, weil nicht nur die Herkunft, sondern auch die Länge der Trockenphase verschieden waren.

Auch die Gaswechselmessungen belegen demnach die außerordentliche Trockenresistenz dieser Farne. Ähnliche poikilohydre Eigenschaften kommen auch Arten der Gattungen *Cheilanthes*, *Pellaea*, *Gymnopteris*, *Actiniopteris* und *Selaginella* zu. Bekannt ist *Selaginella lepidophylla* aus Mexiko, die sich beim Austrocknen zusammenrollt und beim Befeuchten ausbreitet. Diese Bewegungen werden auch noch ausgeführt, wenn die Pflanzen tot sind. *Selaginella arizonica* verändert die Form beim Austrocknen kaum; die kleinen Blättchen legen sich nur dichter an das Stämmchen an. Die im Mittelmeergebiet verbreitete *Selaginella denticulata* dürfte auch zu den poikilohydren Arten gehören, die das Austrocknen vertragen.

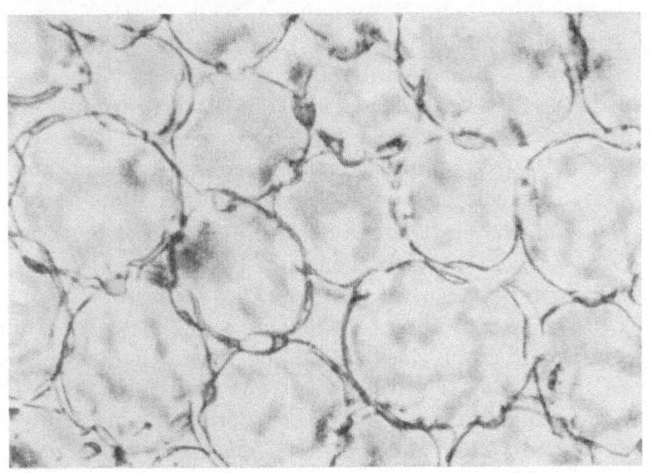

Abb. 35. *Ceterach officinarum*, Blattflächenschnitt mit Verdickungen der Palisadenzellen. Nach ROUSCHAL 1938, aus GESSNER 1956.

Welche Eigenschaften verleihen diesen poikilohydren Arten unter den sonst mehr homoiohydren Farnen die Fähigkeit, weitgehende Entwässerung zu tolerieren (vgl. dazu auch ILJIN 1927, 1930, 1931, 1933, GESSNER 1956, BIEBL 1962)?

Die Blätter dieser Farne besitzen ein deutlich ausgebildetes Palisaden- und Schwammparenchym, also „normalen" Bau. Beim Austrocknen rollen sie sich oft nach oben ein (*Ceterach*, *Notholaena* u. a.), aber durchaus nicht bei allen Arten; bei den *Pellaea*-Arten bleibt die Blattform fast unverändert, nur der schon im frischen Zustand nach unten umgebogene Blattrand rollt sich noch etwas stärker ein und die Blattdicke nimmt deutlich ab. Bei allen diesen Bewegungen handelt es sich um reine Kohäsionsmechanismen (SCHMIDT 1910, WALTER u. BAUER 1937). Die Art der Bewegung hängt nur vom anatomischen Bau der Blätter ab. Beim Austrocknen wird das Volumen des Zellinhaltes kleiner, infolgedessen müssen sich die Wände umstülpen oder in Falten legen, d. h. die Zellen schrumpfeln. Aber die Formveränderungen sind bei den einzelnen Zelltypen verschieden. Bei *Ceterach* besteht ein Antagonismus zwischen dem Palisaden- und dem Schwammparenchym. Die Palisadenzellen verkürzen sich in ihrer Längsrichtung nicht, weil die Längswände durch Wandverdickungen ausgesteift sind (Abb. 35). In der Längsrichtung des Blattes wird eine Verkürzung durch den Verlauf der

Blattadern verhindert; infolgedessen nimmt auf der Blattoberseite nur die Breite des Blattes bis fast auf die Hälfte ab, wobei die Epidermiszellen zusammengeschoben werden. Im Gegensatz dazu verkürzt sich die Blattbreite auf der Unterseite nur um ein Viertel, weil die großen Interzellularen zwischen den Schwammparenchymzellen sich nicht verkleinern, z. T. sogar größer werden. Die Folge dieser verschiedenen Verkürzung auf der Blattober- und Unterseite ist das Einrollen nach oben.

Bei *Notholaena hookeri* kommt das Einrollen auf andere Weise zustande. Einem Kohäsionszug unterliegen hier vor allem die großen Epidermiszellen der Blattoberseite. Bei diesen sind die Seitenwände stark ausgesteift, die Verkürzung der Innenwand wird durch die anstoßenden Zellen verhindert, infolgedessen stülpen sich — ähnlich wie beim Farnanulus — beim Austrocknen nur die Außenwände ein. Die Folge ist auch hier ein Einrollen des Blattes nach oben. Bei *Pellaea mucronata* ist das Einrollen der Blattränder nach unten darauf zurückzuführen, daß an dieser Stelle die Epidermis der Blattunterseite sehr dünnwandig ist, während die Oberseite mit einer dicken Außenwand jede Verkürzung verhindert; mehr zur Blattmitte hin ist die Epidermisaußenwand auf beiden Seiten dick, so daß beim Austrocknen nur die Blattdicke abnehmen kann.

Diese Bewegungen, die ein leichtes Schrumpfeln der Zellen ermöglichen, sind insofern für die Austrocknungsfähigkeit der Blätter wichtig, als eine starke mechanische Beanspruchung des Plasmas durch hohe Kohäsionskräfte verhindert wird, die sonst leicht zum Absterben führen könnten. Noch wichtiger ist in diesem Zusammenhang vermutlich, daß die Vacuolen beim Austrocknen nicht verschwinden, sondern sich verfestigen. Die Volumverkleinerung des Zellinhaltes im Verhältnis zur Größe der Vacuolen ist daher gering. Iljin (1931) fand dies bei *Notholaena marantae* und Rouschal (1938) bei *Ceterach officinarum* (vgl. auch Oppenheimer und Halevy 1962); vermutlich gilt ähnliches aber für die meisten austrocknungsfähigen Kormophyten (s. u.). Rouschal (1938) konnte bei *Ceterach* durch Farbreaktionen wahrscheinlich machen, daß die Vacuolen hochmolekulare Katechingerbstoffe enthalten, die bei geringen Wasserverlusten der Zelle vom Sol- in den Gelzustand übergehen. Auf diese Weise verhalten sich die Zellen ähnlich wie die vacuolenfreien Zellen der niederen poikilohydren Organismen oder der Samen.

Im wassergesättigten Zustand unterscheiden sich die Zellen der poikilohydren Farne — soweit untersucht — von denen der anderen nicht. Rouschal (1938) fand bei turgeszenten Blättern von *Ceterach officinarum* eine ausgiebige Transpiration und einen potentiellen osmotischen Druck von 12,5 atm. In der Upper Karroo (Südafrika) betrug er bei *Cheilanthes hirta* im halbfrischen Zustand (Wassergehalt der Blätter 95% des Trockengewichtes) 20,5 atm (Walter 1939). Läßt man wassergesättigte Pflanzen austrocknen, so zeigt die Austrocknungskurve unter konstanten Laboratoriumsbedingungen beim Übergang von der Verdunstung des Kapillarwassers an der feuchten Oberfläche zur Transpiration durch die geöffneten Stomata keinen Knick, d. h. der Transpirationswiderstand ist ebenso gering wie bei Moospflanzen. Ähnliches fanden Rouschal (1938) sowie Oppenheimer und Halevy (1962) bei *Ceterach officinarum*.

Solange der Boden feucht ist, werden die Transpirationsverluste durch die Wasseraufnahme der Wurzeln ersetzt. Die Austrocknung beginnt erst, wenn kein leicht aufnehmbares Wasser im Wurzelbereich mehr vorhanden ist. Da diese Farnpflanzen meist zwischen Felsblöcken an der sonnenabgewandten Seite wachsen und unter den Felsen die Feuchtigkeit relativ lange erhalten bleibt, sind die Wachstumsbedingungen während der Regenzeit verhältnismäßig günstig. Nach einer langen Dürrezeit können die ausgetrockneten Wurzeln zunächst kein Wasser aufnehmen, sondern müssen wie die Sukkulenten erst neue Saugwurzeln bilden (OPPENHEIMER und HALEVY 1962). Das Aufquellen der Blätter geschieht deshalb durch direkte Wasseraufnahme dieser Organe. Dabei spielen die Schuppen auf der Dorsalseite keine Rolle. Auch bei *Polypodium polypodioides* sollen sie vor allem die gleichmäßige Verteilung des Benetzungswassers bewirken (PESSIN 1924).

7. Poikilohydre *Spermatophyta* (Samenpflanzen)

Die endgültige Eroberung des Landes gelang, wie in der Einleitung bereits betont, erst den Spermatophyten. Unter den Gymnospermen kennen wir keine einzige poikilohydre Art, die völlige Austrocknung verträgt. Merkwürdigerweise findet man jedoch unter den Angiospermen, welche die höchste Entwicklungsstufe der homoiohydren Pflanzen darstellen, wieder einige Arten, die sekundär zur poikilohydren Lebensweise zurückgekehrt sind. Eine bestimmte taxonomische Stellung nehmen sie nicht ein.

In Europa gehören dazu Arten der Gattungen *Ramonda* und *Haberlea* aus der tropisch-subtropischen Familie der *Gesneriaceen*, die als Tertiärrelikte in den Pyrenäen und am Balkan vorkommen. *Ramonda serbica* und *R. nathaliae* wurden von KOSHANIN (1939; zitiert nach OPPENHEIMER und HALEVY 1962) untersucht. Die Pflanzen konnten zwei- bis dreijährige Trockenheit und auch wiederholtes Trocknen und Anfeuchten vertragen. Wie bei *Ceterach* sterben bei längerer Trockenheit auch die Saugwurzeln und Wurzelhaare ab und müssen nach Bewässerung erst wieder neu gebildet werden. Die Behaarung der *Ramonda*-Blätter verzögert die Wasserabgabe und wirkt vermutlich — wie bei *Ceterach* — als Schutz gegen die vom felsigen Untergrund reflektierte Strahlung.

Die Blätter sollen nach KOSHANIN (1939) keine xeromorphen Strukturen zeigen (vgl. auch GESSNER 1956 für *R. pyrenaica*). Die Antiklinen der oberen Epidermis von *Haberlea rhodopensis* sind aber nach eigenen Untersuchungen mit leistenförmigen (im Flächenschnitt knotig erscheinenden) kollenchymatischen Auflagerungen versehen (Abb. 36); schwächer sind diese Verdickungen auch in der oberen und unteren Blattepidermis von *Ramonda nathaliae* vorhanden (Abb. 37). Sie dürften ähnlich wirken wie die Verstärkungen in der Epidermis von *Notholaena* (vgl. oben). Auch bei den *Gesneriaceen*-Blättern kommt die Einrollung durch Kohäsionszug zustande. Trockene Blätter können Wasser aus einer gesättigten Atmosphäre aufnehmen, doch erreichen sie hierbei nicht die volle Turgeszenz. Mit flüssigem Wasser quellen die Zellwände sofort auf, während das Cytoplasma erst nach Stunden voll aufgequollen ist. Die trockenen Blätter vertrugen in den Experimenten von KOSHANIN (1939) Temperaturen über 50° C nicht; *R. myconi* konnte eine Austrocknung bis zu 98% Sättigungsdefizit in den Blättern und dabei Temperaturen bis zu 55° C erdulden (KAPPEN 1966b). Über den Gaswechsel der *Ramonda*- und *Haberlea*-Arten ist noch nichts bekannt.

Zu den Scrophulariaceen gehören die poikilohydren Arten *Craterostigma plantagineum* und *Chamaegigas intrepidus*, beide aus Südwestafrika.

Craterostigma plantagineum wurde von Boss (1952) untersucht. Es wächst in flachen Mulden im lehmig sandigen Steppenboden. Die während der Trocken-

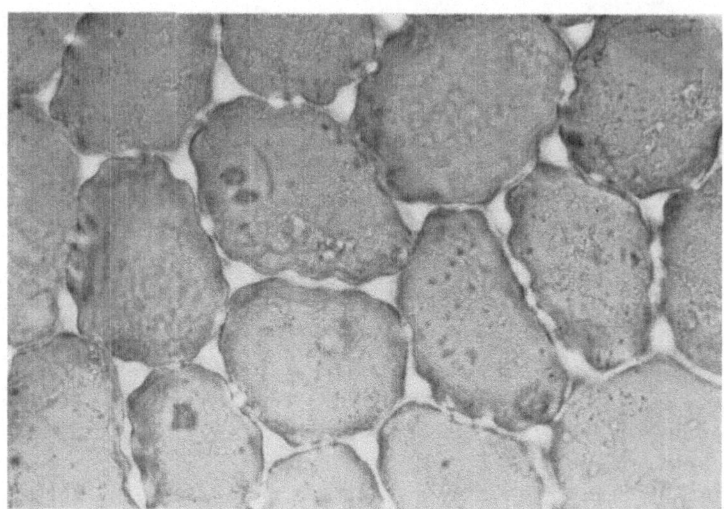

Abb. 36. *Haberlea rhodopensis*, Flächenschnitt durch die Epidermis der Blattoberseite. Verdickungen an den Kanten und auf den Flächen der Antiklinen. Vergr. 625fach. (Original.)

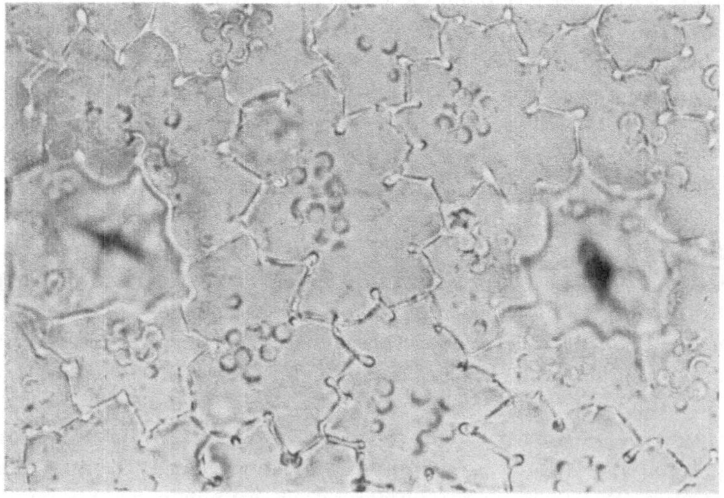

Abb. 37. Flächenschnitt durch die Epidermis der Blattunterseite von *Ramonda nathaliae*. Einspringende Leisten an den Antiklinen. Auf die beiden Stomata wurde nicht fokussiert. Vergr. 625fach. (Original.)

zeit eingeschrumpften Blätter werden nach Befeuchtung hellgrün und fleischig. Die Transpirationskurve der turgeszenten Pflanze folgt völlig derjenigen der Evaporation (Abb. 38); es handelt sich also um eine echte Poikilohydre, die kaum Anstalten macht, die ihr konstitutionsmäßig zur Verfügung stehenden Mittel zum Erreichen eines homoiohydren Zustandes zur Wirkung zu bringen.

Eine besondere Stellung nimmt *Chamaegigas intrepidus* ein, der von DINTER 1906 entdeckt (vgl. WALTHER 1967) und von HEIL (1925) näher untersucht wurde (vgl. auch MAUVE 1966). Es ist eine kleine, in seichten Wannen der Granitberge Südwestafrikas wachsende Wasserpflanze. Durch die Verwitterung und das

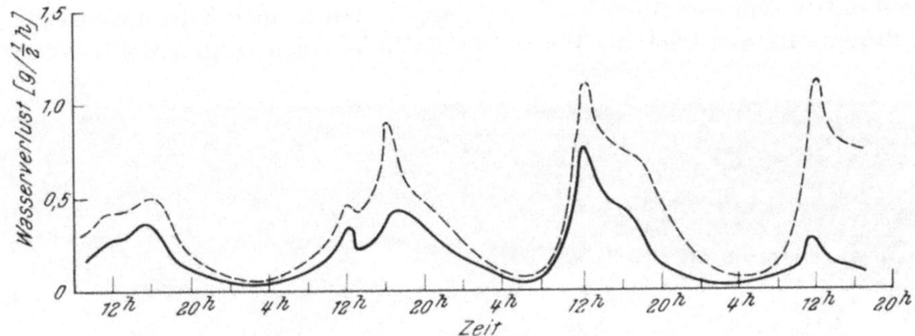

Abb. 38. Wasserabgabe des Piche-Evaporimeters (- - -) und Transpiration von *Craterostigma plantagineum*. Nach BOSS 1952, aus GESSNER 1956.

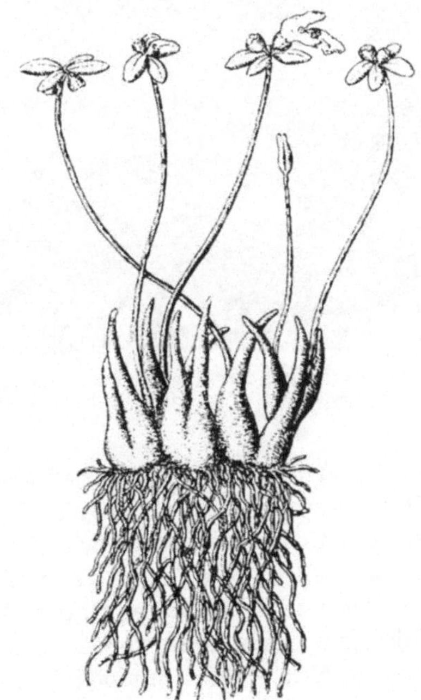

Abb. 39. *Chamaegigas intrepidus* im turgeszenten und blühenden Zustand. Nach HEIL 1925, aus GESSNER 1956.

Ausblasen der Verwitterungsprodukte durch den Wind entstehen auf ebenen Granitfelsflächen kleine Wannen von 10—30 cm Tiefe und 1 bis mehreren Metern Durchmesser. Der Boden ist mit 1—2 cm Sand bedeckt. Die Sandschicht ist dicht von *Chamaegigas*-Wurzeln durchzogen. Diese wie auch die kleinen, knollenförmigen Unterwasserblätter (Abb. 39) trocknen nach Ende der Regenzeit völlig aus und sind oft 10 Monate einer extremen Dürre ausgesetzt, weil die Granitfelsen sich in der Sonne stark erwärmen. Füllt sich nach Regen die Wanne mit Wasser, so quellen die geschrumpften Wasserblätter (Länge etwa 2,5 mm) schnell auf und erreichen in wenigen Stunden die zehnfache Länge; bei dieser Dehnung wie bei der Schrumpfung spielen wahrscheinlich Tracheidalzellen mit auffallenden Schraubenverdickungen eine Rolle (Heil 1925). Nach wenigen Tagen entwickeln sich auch die bereits angelegten kleinen Schwimmblätter und die Blüten, die sich über die Wasseroberfläche erheben (Abb. 39, 40). Bevor die

Abb. 40. *Chamaegigas intrepidus,* Standortaufnahme der blühenden Pflanze am km 12 des Pad Okahandja-Otjisan von Prof. K. Dinter. Das Photo erhielt Herr Dr. H. Heil am 11. 11. 1931.

Wanne austrocknet, reifen die Früchte, und dann stirbt alles ab, nur die zusammenschrumpfenden, als Reservestoffspeicher dienenden Unterwasserblätter und die Wurzeln bleiben im trockenen Zustand am Leben.

Erste Gaswechselversuche stellten wir (Ziegler und Vieweg, unveröffentlicht) mit Material von den Dachsbergen (Roter Granit) bei Omaruru, Südwestafrika, an, das am 11. Juli 1966 gesammelt worden war[45]. Es war lufttrocken aufbewahrt worden bis zum 16. Nov. 1966. Im trockenen Zustand war im URAS kein Gaswechsel meßbar. Wurde mit wasserdampfgesättigter Luft (bei 25° C) überströmt, so war eine erhebliche CO_2-Produktion festzustellen; nach 2 Tagen hatte der Wassergehalt der Pflanzen 99% des Trockengewichtes erreicht. Die Atmung wurde durch Zufuhr flüssigen Wassers auf etwa das Vierfache erhöht. 27 Stunden nach der Wasserzugabe war die erste (Brutto-)Photosynthese zu erkennen, nach weiteren 23 Stunden wurde der Kompensationspunkt erreicht.

[45] Herrn W. Giess, Windhoek, sind wir hierfür wie für die Beschaffung von *Myrothamnus flabellifolia* (s. u.) sehr zu Dank verpflichtet.

Abb. 41. *Myrothamnus flabellifolia*, links im trockenen Zustand, Mitte etwa 4 Std. nach der Anquellung, rechts in voller Turgeszenz. (Zeichnung R. GÜNDEL.)

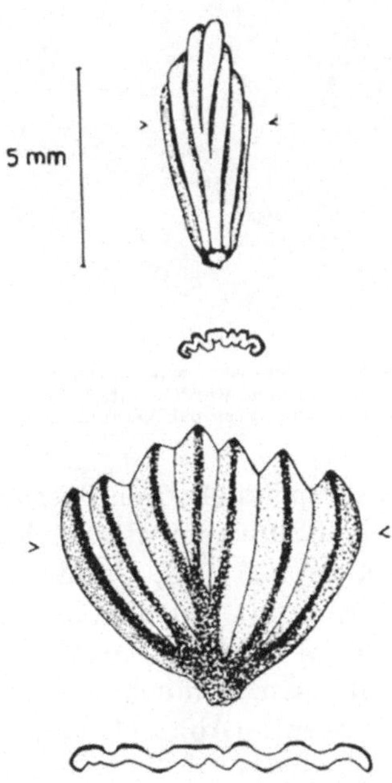

Abb. 42. *Myrothamnus flabellifolia*, Umriß und Querschnitt des Blattes im trockenen (oben) und feuchten Zustand. (Zeichnung R. GÜNDEL.)

7*

Eine erhebliche Netto-Photosynthese konnte nicht erhalten werden, doch wurden bisher noch keine Schwimmblätter und auch die Unterwasserblätter nur in feuchter Luft (auf wassergetränktem Medium), nicht submers, geprüft.

Originalmaterial, von Dinter bei Okahanja gesammelt und in den 20er Jahren (1923) an Purpus in Darmstadt geschickt und seither lufttrocken aufbewahrt[46], war 1966 nicht mehr lebensfähig.

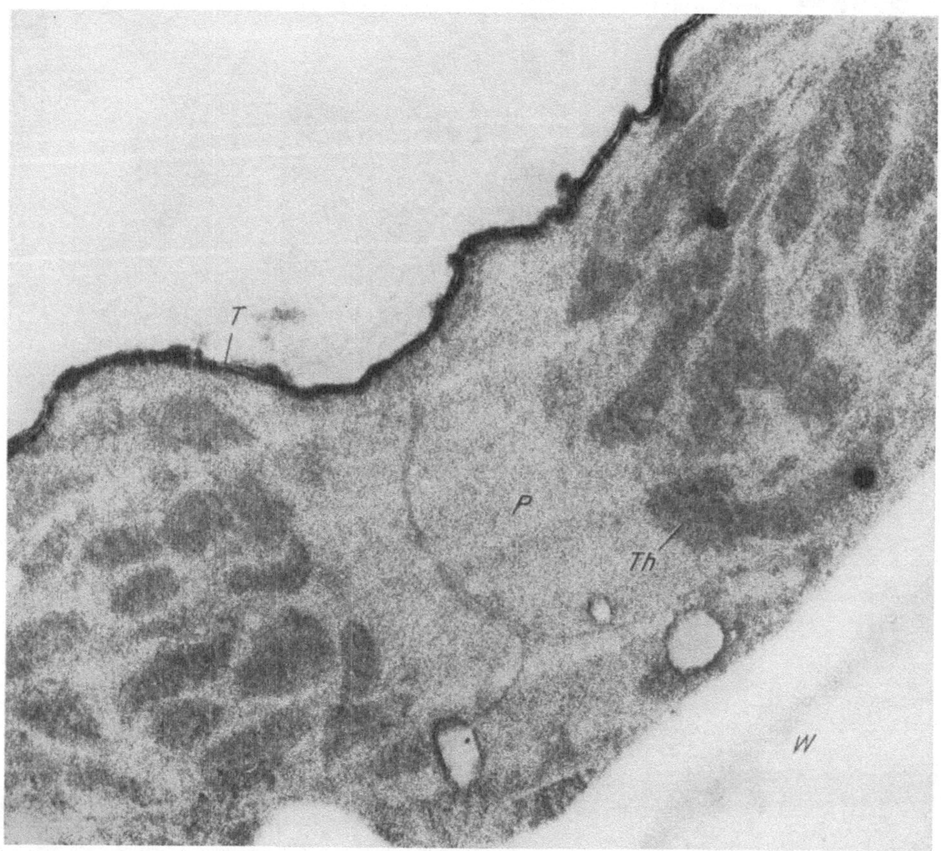

Abb. 43. *Myrothamnus flabellifolia*, elektronenmikroskopische Aufnahme eines Dünnschnittes durch eine Blattparenchymzelle, die im lufttrockenen Zustand fixiert worden war. *P* Plastide mit Thylakoidstapeln *Th*, *T* Tonoplast, *W* Zellwand. Fixierung KMnO$_4$, Einbettung Vestopal. Vergr. 46 200fach. Aufnahme Zeiss EM 9A. (Original.)

Der extremste Typus der poikilohydren Spermatophyten, ja aller Kormophyten, ist wohl die in Süd- und Südwestafrika wachsende *Myrothamnus flabellifolia* (vgl. Thoday 1921, Grundell 1933, Child 1960, Mauve 1966) aus der kleinen Familie der *Myrothamnaceen* (1 Gattung, 2 Arten), die man zu den *Rosales* (in die Nähe der *Hamamelidaceae*) stellt. *Myrothamnus flabellifolia* ist ein etwa 50 cm hoher, aromatisch duftender Strauch („Buschtee"), der im trockenen Zustand wie ein Besen aussieht (Abb. 41, 42). An den Zweigen sitzen

---

[46] Herrn Dr. Hans Heil, Fränkisch-Crumstadt, der uns das Material freundlichst überlassen hat, danken wir herzlich.

in Kurztrieben kleine, an der Spitze gezähnte Blättchen, die sich im trockenen Zustand in 3 Längsfalten zusammenlegen und bräunlich aussehen; sie können dann ohne weiteres in staubtrockenes Pulver zerrieben werden. Schon etwa eine halbe Stunde nach einem Regen spreizen die Sprosse auseinander, die Blätter entfalten sich und sehen frisch grün aus (vgl. ZEMKE 1939).

Myrothamnus flabellifolia wurde von uns (ZIEGLER, VIEWEG und GÜNDEL, unveröffentlicht) an Material aus Südwestafrika (gesammelt von den Herren Dr. R. SEYDEL und W. GIESS, Windhoek) eingehender untersucht. Die Blätter

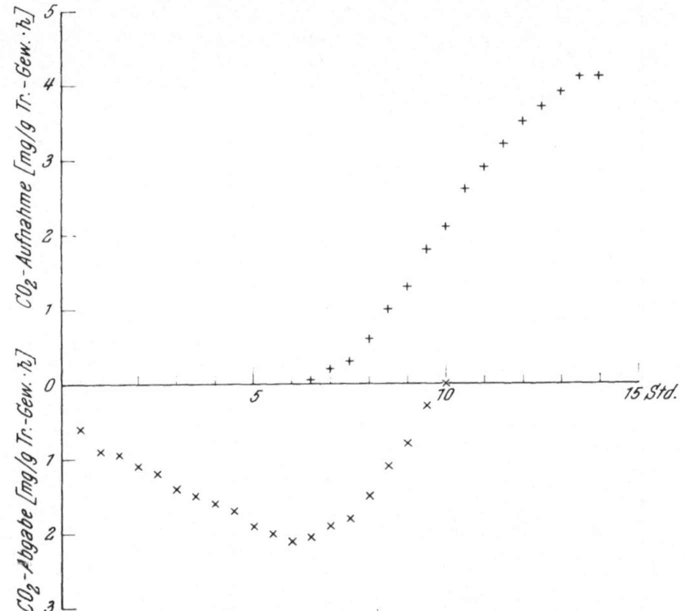

Abb. 44. Apparente Atmung (CO2-Abgabe) und (Brutto-)Photosynthese (CO2-Aufnahme) eines Zweiges von *Myrothamnus flabellifolia* zu verschiedenen Zeiten nach der Wasserzufuhr (über die Schnittfläche der Zweige). 30° C, 100% rel. Luftfeuchte, Xenonlicht 28 000 Lux. (Original.)

vertragen mehrjähriges Austrocknen (Lufttrockenheit). Auch in diesem Zustand ist eine CO_2-Produktion meßbar; sie betrug in einem Falle 20 µg CO_2 pro g Blatttrockengewicht und Stunde (30° C; Wassergehalt der Blätter 8,4% des Trockengewichtes). In diesem trockenen Zustand sind die Blätter außerordentlich temperaturresistent: Sie wurden weder durch 30 Minuten Aufenthalt in flüssigem Stickstoff (— 195,8° C) noch durch vierstündiges Erhitzen auf 80° C in ihrer Atmungs- oder Photosynthesefähigkeit nach dem Einquellen wesentlich beeinträchtigt, obwohl sie im zweiten Falle über 99% ihres Wassergehaltes und auch fast alles ätherische Öl verloren hatten. Erst 4 Stunden bei 90° C führen zu einem vollständigen Verlust der Fähigkeit zur Photosynthese und zu einer weitgehenden (nicht vollständigen!) Drosselung der CO_2-Abgabe bei nachfolgender Befeuchtung.

Das Plasma ist in diesem Trockenzustand sehr dicht (Abb. 43), die Membranen der einzelnen Zellorganellen heben sich im elektronenmikroskopischen Bild nur schwach ab, die Thylakoide der Chloroplasten sind ganz zusammengefallen, so daß die Grana Stapel dichtest gepackter Lamellen darstellen, die wie Fingerabdrücke aussehen.

Überströmung von trockenen *Myrothamnus*-Zweigen mit wasserdampfgesättigter Luft steigerte zwar die CO_2-Abgabe, führte aber auch nach 12tägiger Dauer noch nicht zur Photosynthese. Auch nach Zufuhr flüssigen Wassers ist zunächst — wie bei allen anderen, längere Zeit ausgetrockneten poikilohydren

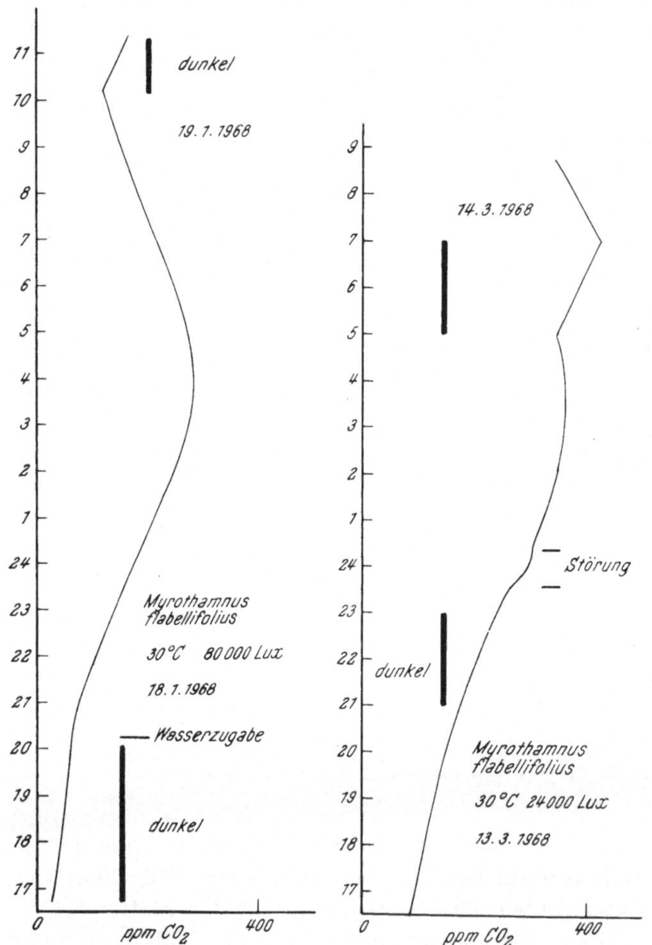

Abb. 45. *Myrothamnus flabellifolia*, CO_2-Gaswechsel (URAS-Registrierstreifen). Sofortige Steigerung der Trockenatmung (die hier — linkes Bild — relativ hoch war, weil der Zweig vergleichsweise feucht war), allmähliches Einsetzen der (Brutto-)Photosynthese. (Original.)

Kormophyten und im Gegensatz zu manchen Thallophyten — nur eine (gesteigerte und steigende) CO_2-Abgabe zu erkennen (Abb. 44, 45); sie erreicht (bei 30° C) etwa das 100fache der Trockenatmung, hängt aber im übrigen — erwartungsgemäß — stark von der Temperatur ab (Abb. 46). Die Atmungsenzyme liegen also offenbar auch im trockenen Zustand in potentiell aktiver Form vor.

Daß dies tatsächlich der Fall ist, bestätigte eine Aktivitätsbestimmung der Aldolase in trockenen (Wassergehalt 11,29% des Trockengewichtes) und gequollenen *Myrothamnus*-Blättern (Wassergehalt 200%). Sie wurden dazu in 0,0024 M Collidinpuffer pH 7,4 unter Zusatz von Thioglykol (0,3 ml auf 1,5 ml Puffer) im Potter homogenisiert und die Aldolaseaktivität nach den Vorschriften

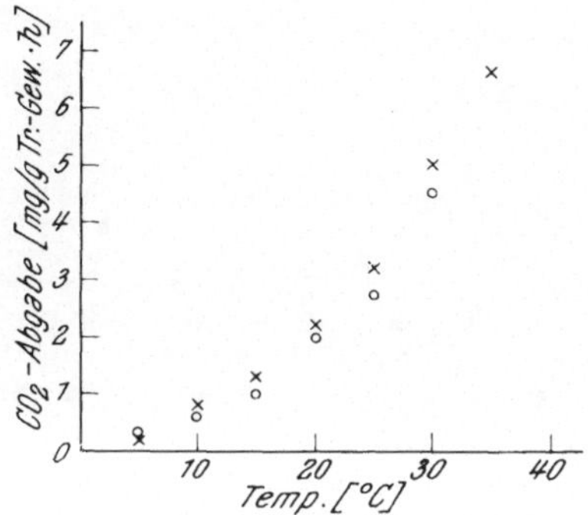

Abb. 46. CO_2-Abgabe dunkel gehaltener, voll turgeszenter Zweige von *Myrothamnus flabellifolia* in Abhängigkeit von der Temperatur. Zwei verschiedene Versuche (×, ○). (Original.)

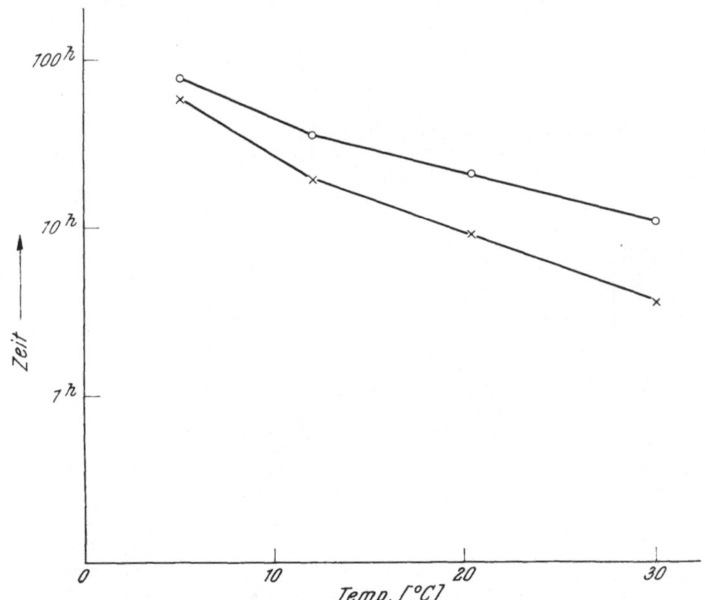

Abb. 47. *Myrothamnus flabellifolia*, Zeitspanne (logarithmischer Maßstab!) von der Wasserzufuhr bis zum Beginn der (Brutto-)Photosynthese (×—×) und bis zum Erreichen des Photosynthese-Maximums (○—○) in Abhängigkeit von der Temperatur. (Original.)

des Farbtestes TC-0 der Fa. Boehringer und Söhne, Mannheim bestimmt. Das trockene Blatt zeigte eine Aktivität von 24,3 mod. Bruns-Einheiten (statt auf 1 ml Serum auf 1 mg Protein bezogen), das eingequollene 40,9. Die Wasserzufuhr steigert demnach zwar die Aktivität, doch ist diese auch im trockenen Blatt schon sehr beachtlich.

Nach einiger Zeit ist auch das Einsetzen der Photosynthese zu verzeichnen (Abb. 44, 45). Die Zeitspanne vom Beginn der Einquellung bis zum Anfangen

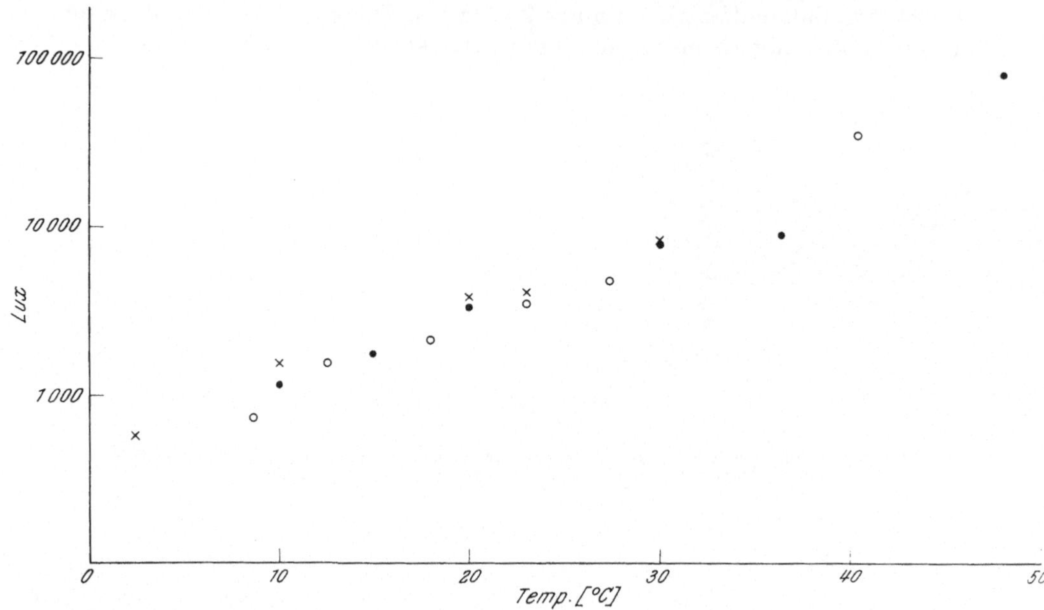

Abb. 48. *Myrothamnus flabellifolia*, vollturgeszente Zweige. Lichtintensitäten, die zum Erreichen des Kompensationspunktes bei verschiedenen Temperaturen erforderlich sind. Drei verschiedene Versuche (×, ○, ●). (Original.)

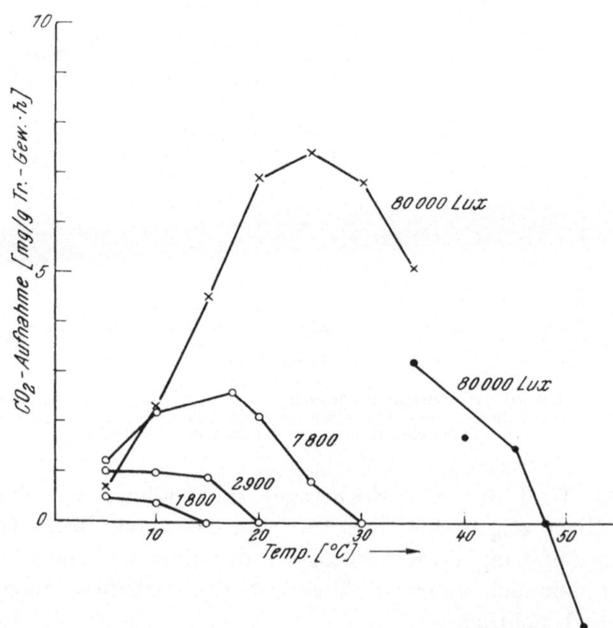

Abb. 49. Netto-Photosynthese (gemessen mit URAS) vollturgeszenter Zweige von *Myrothamnus flabellifolia* bei verschiedenen Lichtintensitäten in Abhängigkeit von der Temperatur. Für den Versuch mit 80 000 Lux wurden zwei verschiedene Zweige (×, ●) benutzt. (Original.)

der Photosynthese und schließlich auch bis zum Erreichen der maximalen Photosynthese hängt von der Versuchstemperatur ab; sie ist — im physiologischen

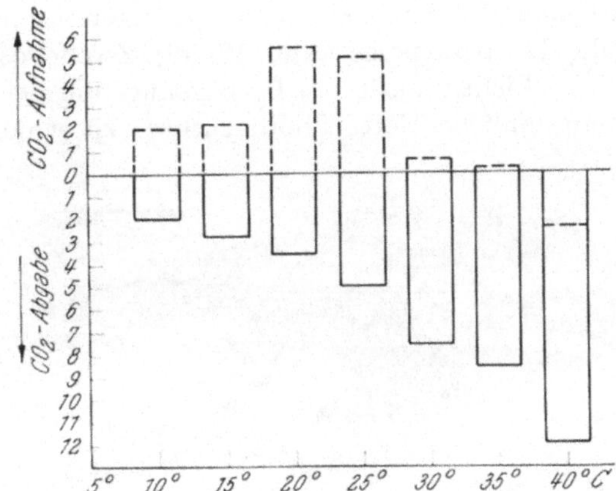

Abb. 50. Photosynthese und Atmung vollturgeszenter Zweige von *Myrothamnus flabellifolia*, ausgedrückt in relativen Einheiten des CO_2-Umsatzes, bei verschiedenen Temperaturen (11 000 Lux). Erläuterung im Text. (Original.)

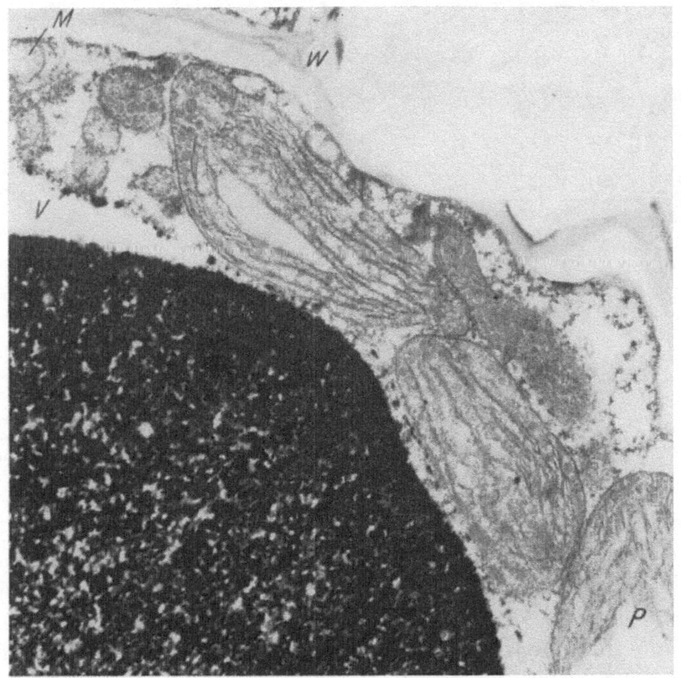

Abb. 51. *Myrothamnus flabellifolia*, elektronenmikroskopische Aufnahme eines Dünnschnittes durch eine Blattparenchymzelle nach Erreichen der Photosynthesefähigkeit nach Wiederanfeuchten. *P* Chloroplasten, *M* Mitochondrium, *V* Vacuole mit Tonoplastenbegrenzung und Gerbstoffüllung, *W* Zellwand. Fixierung OsO_4, Einbettung Vestopal. Vergr. 14 000fach. Aufnahme Zeiss-EM 9A. (Original.)

Bereich — um so kürzer, je höher die Temperatur ist (Abb. 47). Es konnte noch nicht geklärt werden, welche Teile des Photosyntheseapparates in dieser Anlaufphase einer Reaktivierung bedürfen. Die Enzymbestimmung wird sehr erschwert durch das reichliche Vorkommen von sekundären Pflanzenstoffen (vgl. Ziegler und Ziegler 1965).

Der Kompensationspunkt wird bei um so geringeren Lichtintensitäten erreicht, je niedriger die Temperatur ist (Abb. 48, 49). Zweifellos sind unter natürlichen Bedingungen die Lichtintensitäten hoch genug, um bei den herrschenden Temperaturen eine ansehnliche Netto-Photosynthese zu ermöglichen. Auch das

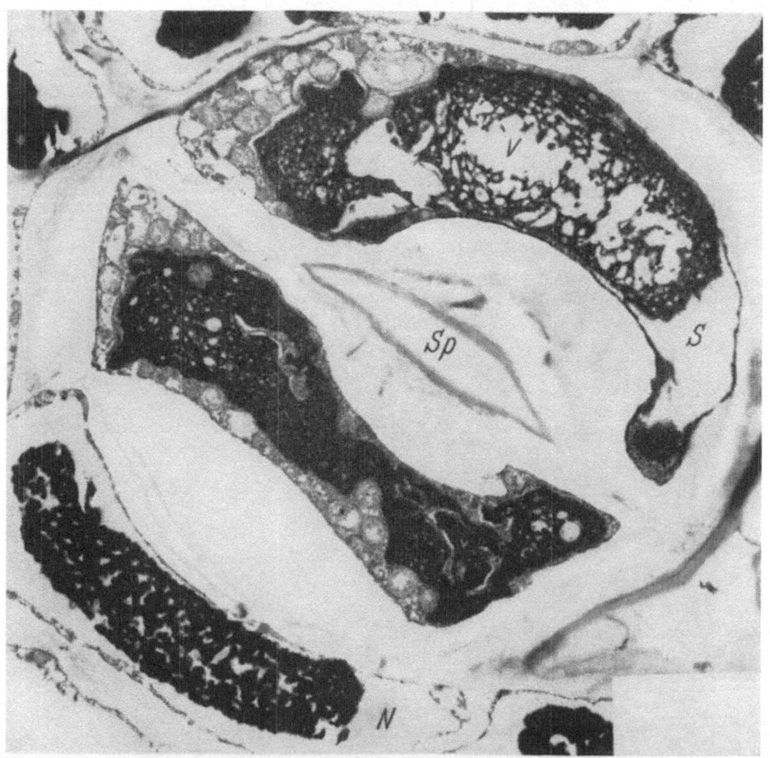

Abb. 52. *Myrothamnus flabellifolia*, elektronenmikroskopische Aufnahme eines Flächenschnittes durch eine Spaltöffnung der Blattunterseite (vollturgeszenter Zustand). *Sp* Zentralspalt, *S* Schließzelle mit elektronendichter Vacuolenfüllung *V*, *N* Nebenzelle. Präparation wie bei Abb. 50. Vergr. 6800fach. (Original.)

Temperaturmaximum der Netto-Photosynthese hängt von der Lichtintensität ab (Abb. 49); bei 11 000 Lux lag es bei 20—25° C (Abb. 50). Längerer Aufenthalt bei 50° C schädigt die turgeszenten Blätter; sie unterscheiden sich also in der Hitzeresistenz eindrucksvoll von den trockenen.

Läßt man die turgeszenten Blätter abgeschnittener Zweige wieder austrocknen, dann verschwindet zuerst wieder die Photosynthese, später auch die Atmung. In unseren Versuchen waren die Blätter kein zweites Mal mehr durch Wasserzufuhr zu aktivieren. Am natürlichen Standort sollen sie aber mehrmals austrocknen und wieder turgeszent werden können (briefliche Mitteilung von Herrn Dr. Seydel, Windhoek, vom 18. 3. 1965, und vom Botanical Research Institute, Department of Agricultural Technical Services, Pretoria, vom 21. 5. 1965), doch

müßte vielleicht noch sichergestellt werden, daß es sich bei dem Ergrünen nach
Benetzung jeweils um dieselben Blätter handelt.

Die Feinstruktur der turgeszenten Blattzellen unterscheidet sich nicht
wesentlich von der normaler Blätter (Abb. 51). Plastiden und Mitochondrien

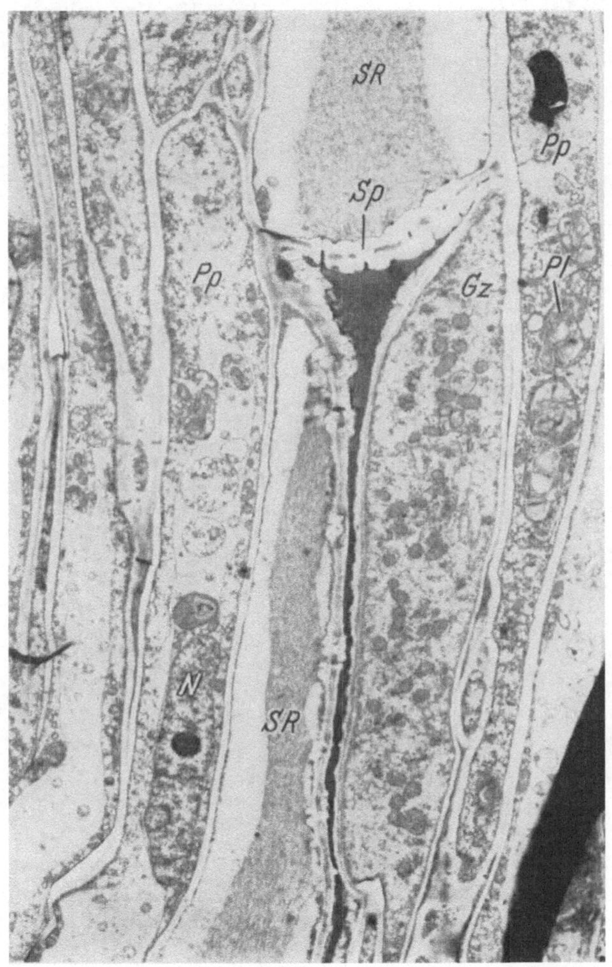

Abb. 53. *Myrothamnus flabellifolia*, elektronenmikroskopische Aufnahme eines Längsschnittes durch den Bast
eines wieder turgeszent gewordenen Zweiges. *Sr* Siebröhrenglied (mit Schleim), *Sp* Siebplatte mit Calloseauflage-
rung, *Gz* Geleitzelle mit zahlreichen Mitochondrien, *Pp* Phloemparenchymzellen mit Zellkern *N* und Plastiden *Pl*.
Präparation wie in Abb. 51. Vergr. 4500fach. (Original.)

haben das übliche Aussehen. Charakteristisch ist die elektronendichte Füllung
der Vacuolen (Gerbstoffe?), die sogar in den Schließzellen der Stomata auftritt
(Abb. 52); es bleibt zu prüfen, ob diese noch funktionsfähig sind. Auch hier wird
— wie bei den Farnen — durch die Verfestigung der Vacuolen eine mechanische
Überbelastung des Plasmas beim Austrocknen verhindert.

Auch der Bastteil der Zweige zeigt nach dem Anfeuchten wieder eine normale
Feinstruktur (Abb. 53). Die Siebplatten der Siebröhren sind zwar häufig mit

starken Calloseauflagerungen versehen (Abb. 53), doch sind auch Poren offen (Abb. 54), so daß dem Assimilattransport von der Struktur der Leitbahnen her keine Hindernisse im Wege stehen dürften; auch diese sind austrocknungsfähig.

Keine vollständige Austrocknung vertragen dagegen die epiphytischen *Tillandsia*-Arten (Biebl 1964), doch können sie fast 70% Wasserdefizit aushalten. Die Wasseraufnahme erfolgt hier allein über die Saugschuppen. *Tillandsien* können sowenig wie andere Kormophyten mit Wasserdampf allein zur Photo-

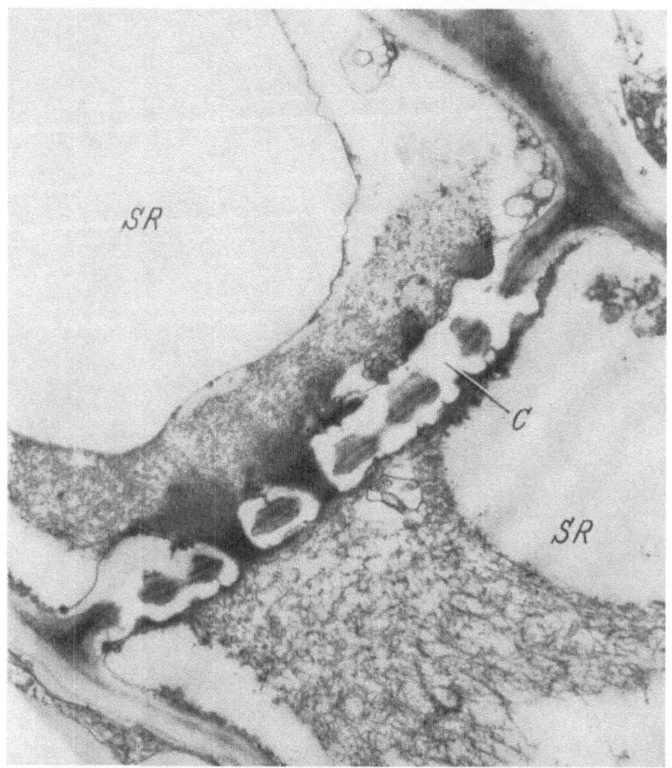

Abb. 54. Wie Abb. 53, aber Siebplatte mit offenen Siebporen. *C* Callose. Vergr. 10 000fach. (Original.)

synthese kommen oder Wassersättigung erreichen (Abb. 320 nach Alvim und Uzeda bei Walter 1964).

Unter den Monokotylen schließlich wären als Poikilohydre die *Vellozia*-Arten Südafrikas zu nennen, sowie die Cyperacee *Trilepis pilosa*, die man auf den granitischen Inselbergen Westafrikas findet (Hambler 1961). *Trilepis*-Blätter enthalten im trockenen Zustand 8, im turgeszenten 56% Wasser. Sie können lufttrocken mindestens ein Jahr überstehen und auf — 10° C abgekühlt werden, ohne Schaden zu leiden. Dagegen ist die früher oft genannte *Carex physodes* aus Mittelasien (Vassiljev 1931) aus der Liste der poikilohydren Arten zu streichen (vgl. Walter 1968). Bei dieser Segge sind nicht die Blätter, sondern nur die knollenförmigen Blattbasen austrocknungsfähig, wie etwa die Knöllchen von *Poa bulbosa*, die selbst bei trockener Aufbewahrung im Herbar nach 8 Jahren wieder austreiben können.

8. Das poikilohydre Embryonalstadium der *Spermatophyta*

Obgleich die Spermatophyten mit Ausnahme der wenigen im vorigen Abschnitt genannten Arten zu den homoiohydren Pflanzen gehören, verhalten sie sich doch alle in dem embryonalen Stadium des reifen Samens noch wie poikilohydre Arten. Bekanntlich kann man trockene Samen im Wasser aufquellen, wobei die einsetzende Atmung das Erwachen der Lebensfunktionen anzeigt, und sie dann wieder trocknen und in den latenten Lebenszustand zurückversetzen. Voraussetzung ist jedoch, daß die eigentliche Keimung, also das Wachstum, noch nicht eingesetzt hat.

Daß die Intensität der Atmung sehr stark vom Quellungsgrade des Samens abhängt, hatten schon MAQUENNE (1900) und KOLKWITZ (1901) nachgewiesen. Letzterer untersuchte Gerstenkörner (*Hordeum distichum*) und machte darauf aufmerksam, daß bei einem Wassergehalt der Samen von 15% die Atmung kaum meßbar ist, um ab 20% mit zunehmendem Wassergehalt rasch anzusteigen. JAUERKA (1912) beschäftigte sich mit den unteren Schwellenwerten der Atmung in Abhängigkeit vom Wassergehalt bei verschiedenen Samen, doch war die von ihm angewandte Methode zur Messung des ausgeschiedenen CO_2 noch wenig empfindlich. BAILEY und GURJAR (1918) geben für Weizenkörner folgende Werte an (Tab. 9):

Tab. 9. *Ausgeschiedene CO_2-Menge pro 100 g Trockengewicht (T) von Weizenkörnern in 24 Stunden in Abhängigkeit vom Wassergehalt.* Nach BAILEY und GURJAR 1918.

Wassergehalt in % Frischgewicht	12,5	13,93	14,78	15,42	16,08	16,65	17,07
mg CO_2/100 T	0,54	0,65	0,86	1,62	2,88	6,86	11,72

Auch diese Zahlen zeigen einen plötzlichen raschen Anstieg der CO_2-Ausscheidung, sobald der Wassergehalt der Körner 15% übersteigt. Genauere Untersuchungen mit Maiskörnern führten RAGAI und LOOMIS (1954) durch. Trockene Maiskörner enthalten etwa 8% Wasser, aber erst bei einem Wassergehalt von 14,9% ist bei einer Temperatur von 21° C die Atmung meßbar. Es wird 1 ml CO_2 pro 1 kg Trockengewicht in 24 Stunden ausgeschieden. Bei weiter ansteigendem Wassergehalt (x) erhalten wir für die Atmung (y) bei allen Temperaturen von 8—30° C eine Exponentialkurve

$$y = a \cdot e^{bx}, \tag{109}$$

wobei die Konstanten a und b bei Wassergehalten unter 17—20% etwas anders sind als bei solchen über diesem Wert (Abb. 55).

Vergleicht man die Atmung von beim Reifungsprozeß austrocknenden Samen mit der von angefeuchteten reifen Samen, so ist sie bei gleichem Wassergehalt bei letzteren bedeutend höher (Abb. 56). Eine Zusammenfassung hierüber mit weiteren Literaturangaben findet man bei STILES (1956, 1960, vgl. auch HUBER und ZIEGLER 1960).

STOCKER (1959) macht darauf aufmerksam, daß bei sehr hohem Wassergehalt von über 55% des Trockengewichts die Atmungskurve wieder abfällt. Da jedoch das Quellungsmaximum der Weizenkörner bei 55% Wassergehalt liegt, dürfte dieser Abfall auf sekundäre Faktoren (erschwerte O_2-Aufnahme) bei Wasserüberschuß zurückzuführen sein. Es ist wohl nicht richtig, von einer Optimumform der Atmungskurve zu sprechen.

Die genauesten Messungen der geringen CO_2-Abgaben trockener Samen verdanken wir Schönborn (1965). Er arbeitete mit den empfindlichsten modernen Geräten für die Bestimmung der ausgeschiedenen CO_2 (URAS) und des auf-

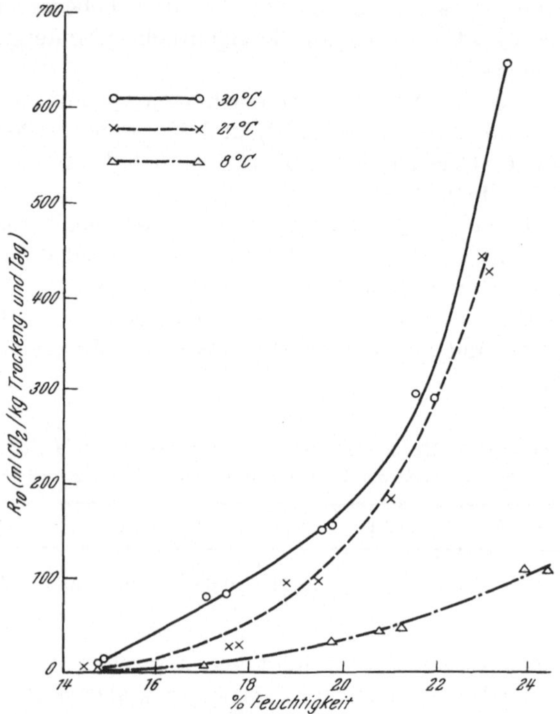

Abb. 55. Atmung von reifen Maiskörnern bei drei Temperaturen und unterschiedlichem Quellungsgrad. Nach Ragai und Loomis 1954.

genommenen O_2 (MAGNOS). Als Untersuchungsmaterial dienten verschiedene Coniferensamen, insbesondere Fichtensamen und zum Vergleich auch Gerstenkörner. Der Wassergehalt wurde von 3,5% bis 20% variiert, die Temperatur von — 20° bis + 50° C. Die Angaben für die CO_2-Aufnahme werden in ml/h für je 1 kg Samenfrischgewicht gemacht. Während bei 20° C und einem Wassergehalt von 5% die CO_2-Abgabe eines kg Samens nur 0,11 ml/h beträgt, steigt sie bei einem Wassergehalt von 20% bereits auf 80 ml/h (gleiche Temperatur).

Die Ergebnisse bei verschiedenem Wassergehalt und verschiedener Temperatur sind auf Abb. 57 dargestellt. Mathematisch ließen sich die Befunde durch folgende Formel ausdrücken:

$$\log CO_2 = -2,5136 + 0,0456\, t + 0,1663\, W, \tag{110}$$

wobei t in ° C und der Wassergehalt W in % des Frischgewichts ausgedrückt

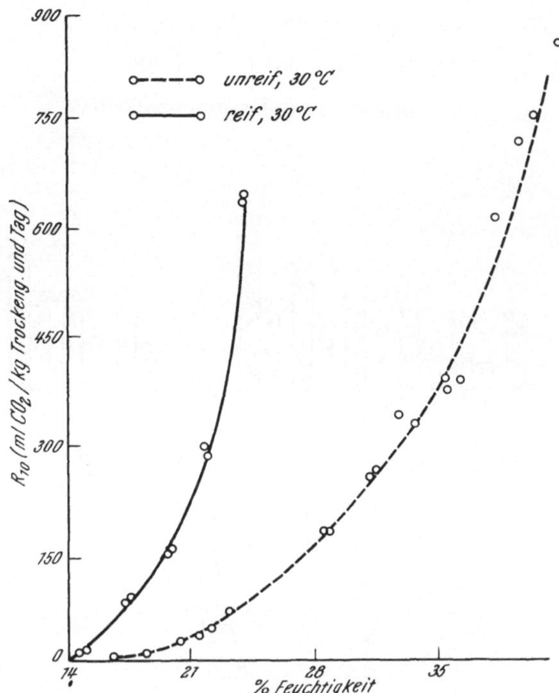

Abb. 56. Atmung von reifen und unreifen Maiskörnern bei unterschiedlichem Quellungsgrad. Nach RAGAI und LOOMIS 1954.

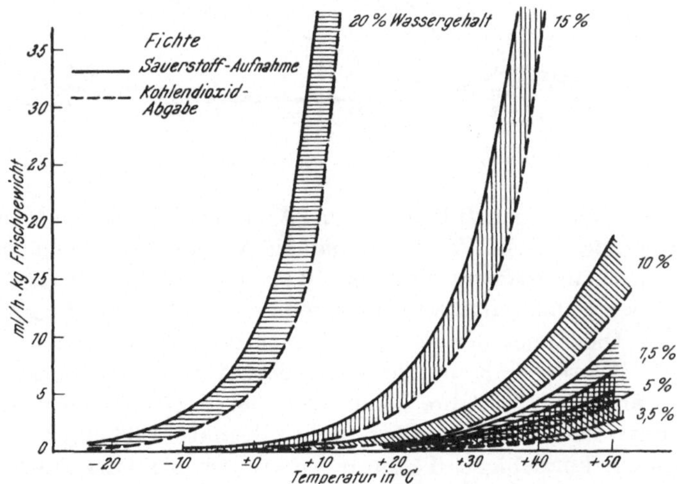

Abb. 57. Sauerstoffaufnahme und Kohlendioxidabgabe bei Fichtensamen in Abhängigkeit von Temperatur und Wassergehalt. Nach SCHÖNBORN 1965.

werden. Man erhält dann CO_2 in mg/h für 1 kg Samenfrischgewicht. Setzt man $t = 20°$ C, so lautet die Abhängigkeit zum Wassergehalt:

$$\log CO_2 = - 1{,}6016 + 0{,}1663\ W, \tag{111}$$

d. h. es handelt sich auch hier um eine Exponentialkurve.

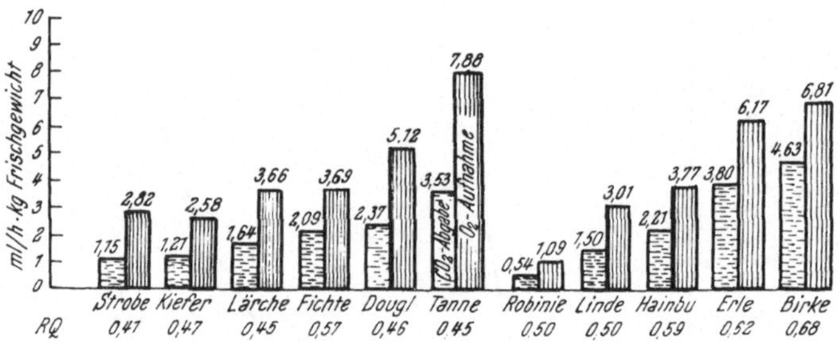

Abb. 58. Atmung verschiedener Saatgutarten mit einem Wassergehalt von 10% (bez. auf Frischgewicht) bei einer Temperatur von + 30° C. Nach SCHÖNBORN 1965.

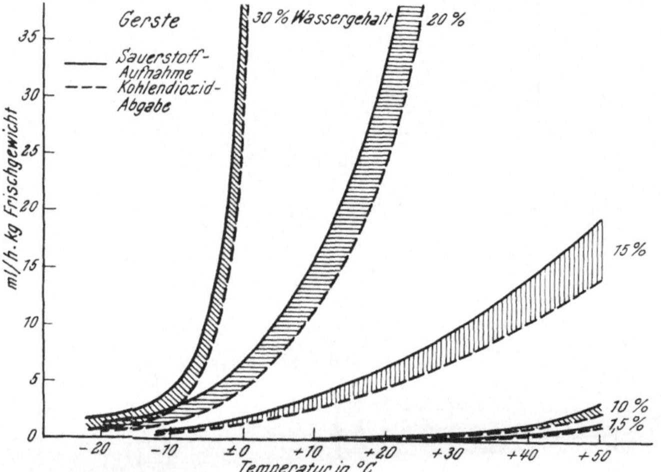

Abb. 59. Wie Abb. 57 bei Gerstenkaryopsen. Nach SCHÖNBORN 1965.

Bei niedrigem Wassergehalt läßt sich eine Atmung der Samen nur bei Temperaturen über 20° C nachweisen. Vergleicht man die Atmung der Samen verschiedener Baumarten bei einem Wassergehalt von 10% und einer Temperatur von 30° C (Abb. 58), so erkennt man, daß sie bei langlebigen Samen sehr viel geringer ist als bei kurzlebigen. Die Samen der *Robinie*, die mehrere Jahrzehnte lebensfähig sind, haben bei 10% Wassergehalt und 30° C nur eine Atmung von 0,54 ml/h (= 0,94 mg/h) je kg, während der entsprechende Wert bei Birkensamen, deren Keimfähigkeit bereits nach einem halben Jahr absinkt, 4,63 ml/h (= 8,08 mg/h) beträgt. Auch die kurzlebigen Tannensamen atmen relativ stark.

Zum Vergleich wurden Gerstenkörner herangezogen (Abb. 59). Bei gleicher Temperatur und gleichem Wassergehalt ist die Atmung der Fichtensamen höher als bei Gerstenkörnern. Aber der Vergleich bei gleichem Wassergehalt ist eigent-

lich nicht statthaft, da er nicht dem gleichen Hydraturgrad entspricht. Wir
wissen, daß für die Lebensfunktionen nicht der Wassergehalt, sondern die Aktivität des Wassers, also die Hydratur, maßgebend ist. Man sollte deshalb die Samen
im Gleichgewichtszustand mit einer bestimmten Luftfeuchtigkeit vergleichen.
Der Wassergehalt wird dabei je nach den Quellungseigenschaften der Samenschale, des Endosperms und des Embryos ein verschiedener sein. Während luft-
trockene Fichtensamen meistens 7—9% Wasser enthalten, beträgt der Wassergehalt lufttrockener Gerstenkörner 10—12%.

Wie bereits Pringsheim (1930) gezeigt hat, hängt der maximale Wassergehalt
der Samen (Quellungsmaximum) von den gespeicherten Reservestoffen ab. Er
beträgt bei den dextrinhaltigen Karyopsen vom Zuckermais 115%, bei den
stärkehaltigen vom Pferdezahn-Mais nur 48%.

Besonders wichtig ist der Gehalt an stark quellbarem Reserveeiweiß, wie die
folgende Tab. 10 zeigt:

Tab. 10. *Abhängigkeit des Quellungsmaximums von der Zusammensetzung der Samen oder
Karyopsen.* Aus Pringsheim 1930.

Samenart	maximaler Wassergehalt	Stärkegehalt	N-Gehalt
Reis	29%	75—80%	8%
Weizen	56%	53—70%	11%
Pisum	105—110%	50—54%	28—29%
Vicia faba	424%	42,7%	22,8%
Soja-Bohne	129%	—	35,0%

Bei den Versuchen mit Coniferensamen zeigte es sich, daß die CO_2-Abgabe geringer ist als die O_2-Aufnahme, d. h. der Atmungskoeffizient ist kleiner
als 1. Das ist darauf zurückzuführen, daß als Atmungsmaterial bei den untersuchten Samen Fette dienen, die weniger Sauerstoffatome als Kohlenstoffatome
enthalten. Allerdings war auch bei den Gerstenkörnern ein gewisser, wenn auch
geringerer Unterschied festzustellen. Voll aufgequollene Samen, die eine intensive
Atmung besitzen, kann man, solange die Wachstumsvorgänge bei der Atmung
noch nicht eingesetzt haben, wie wir erwähnten, wieder trocknen, ohne daß sie
die Lebensfähigkeit verlieren, d. h. sie verhalten sich tatsächlich wie poikilohydre
Arten. In Übereinstimmung damit sind die Zellen bei dem Embryo und dem
Endosperm der Samen vacuolenlos, oder die Vacuolen sind, wenn es sich um
Aleuronkörner handelt, mit festen Eiweißverbindungen ausgefüllt, so daß sie
beim Austrocknen nur eine geringe Volumveränderung erfahren.

Die Quellung der Samen, die aus Testa, Embryo und Endosperm bestehen,
weicht von homogenen Quellkörpern in gewisser Hinsicht ab (Kühne 1966).
Das gilt aber nicht für die einzelnen Teile der Samen mit gleichmäßiger Zellstruktur. Bei ihnen vollzieht sich die Quellung wie bei einem homogenen Quellkörper. Dieser Vorgang ist somit analog zur Quellung des Plasmas, nur daß es
sich bei letzterem um eine submikroskopische Struktur handelt (vgl. S. 8).
Sobald nach dem Aufquellen der Samen die Keimung einsetzt und der Embryo zu
wachsen beginnt, nehmen die Zellen so viel Wasser auf, daß es zur Vacuolenbildung kommt. Damit verliert der Keimling die Fähigkeit, völliges Austrocknen

zu vertragen, und das poikilohydre Stadium ist beendet. Während der Entwicklung liegt der Embryo in einer Lösung, die den Embryosack ausfüllt und die bei *Capsella bursa-pastoris* einen potentiellen osmotischen Druck von 8,4 atm und einen pH-Wert von 6,0 besitzt.

Es ist Rijven (1952) gelungen, die Embryonen von *Capsella* in einer Nährlösung zu kultivieren mit den üblichen Nährsalzen und Spurenelementen unter Zusatz von Glutaminsäure als N-Quelle, einigen Wuchsstoffen und 12—18%

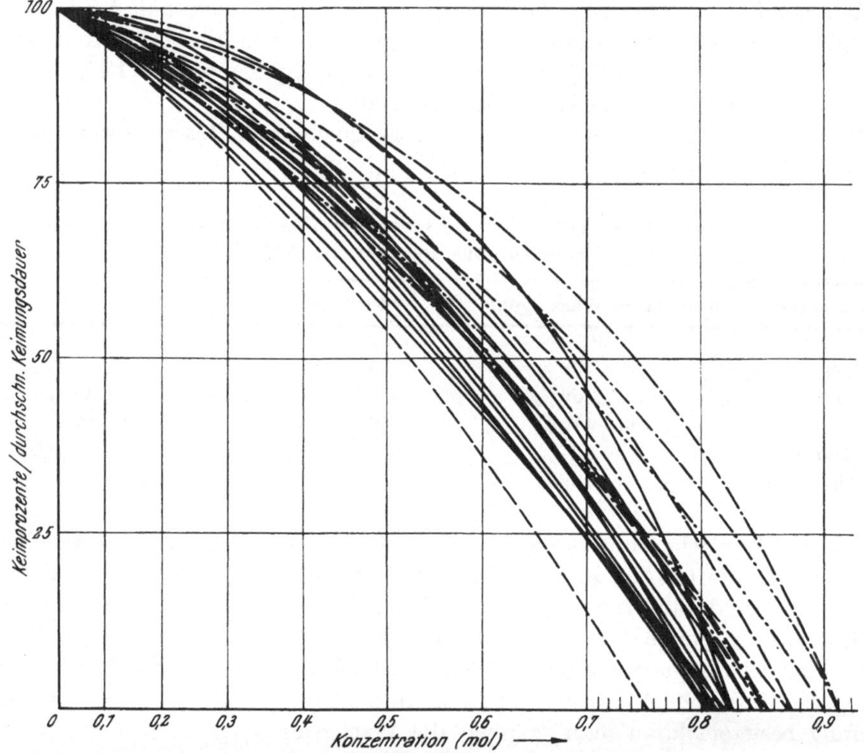

Abb. 60. Kurvenverlauf der Wertungszahlen (Keimprozente pro durchschn. Keimungsdauer) von 23 Winterweizensorten der Ernte 1948 in Zuckerlösungen steigender Molarkonzentration. Versuchstemperatur 18° C. Nach Gassner und Baumgarten 1952.

Saccharose, die nicht nur als Nährstoff dient, sondern auch als Osmoseregulator. Das Plasma der embryonalen Zellen ist also nicht maximal gequollen. In dieser Nährlösung geht die Entwicklung des Embryos bis zur vollen Ausbildung wie im reifen Samen normal weiter, aber es treten nur Zellteilungen auf.

Will man ein Wachstum wie bei der Keimung erzielen, so muß der potentielle osmotische Druck der Nährlösung bei *Capsella* auf 2,5—4,5 atm (3—6% Saccharose) herabgesetzt werden. Dann tritt eine starke Wasseraufnahme ein mit Vacuolenbildung und einer Streckung der Zellen auf etwa das Sechsfache. Dieser Vorgang fällt mit dem Übergang von der poikilohydren Lebensweise zu der homoiohydren zusammen. Er stellt die eigentliche Keimung dar und kann durch höhere osmotische Konzentrationen der Außenlösung, wie es Gassner und

BAUMGARTEN (1952) für verschiedene Weizensorten zeigen konnten, gehemmt werden. Diese Autoren benutzten für die Versuche Weizen-Karyopsen verschiedener Sorten, die 22 Stunden in Wasser vorgequollen waren, so daß sie ihr Quellungsmaximum mit einem Wassergehalt von 42—43% erreichten, wobei der Embryo gerade die Schale zu durchreißen begann. Die Karyopsen kamen dann in gut durchlüftete Zuckerlösungen verschiedener Konzentration, in denen die Keimung, d. h. das Hervorschieben der Wurzelscheide durch Streckung der Zellen, beobachtet wurde. Die Ergebnisse sind auf Abb. 60 dargestellt, wobei die Keimwerte (Keimprozente pro durchschnittliche Keimdauer) in % derjenigen von Wasser (= 100%) verwendet wurden. Der Grenzwert, bei dem keine Keimung mehr auftritt, liegt bei dieser Versuchsanordnung bei 47 Winterweizensorten zwischen 31,3 und 25,5 atm, also bei etwa 98% hy. Bei Saatgut, das in trockenen Jahren geerntet wurde, kann der Grenzwert um 1—3 atm höher liegen.

Sehr genau mit der Kinetik und Thermodynamik der Samenquellung von *Pisum sativum* hat sich KÜHNE (1966) befaßt. Keimungsversuche mit Samen über Wasser und Lösungen verschiedener Konzentration führte MÄGDEFRAU (1930/31) durch. Es zeigte sich, daß die Samen von *Verbascum thapsus*, *Mimulus luteus*, *Papaver bracteatum* und *Juncus squarrosus* vereinzelt noch bei 99,4% hy keimen. *Chelidonium maius*-Samen dagegen, ebenso wie die mit einer Schleimepidermis versehenen Samen von *Capsella bursa-pastoris* (wenn man sie nicht anritzte) oder *Linum usitatissimum* brauchten tropfbar flüssiges Wasser zum Keimen. Andererseits keimten mit einer Schleimepidermis versehene Samen von *Cuphea viscosissima* bei 99,4%. Die Schleimepidermis ist somit in dieser Hinsicht ohne Bedeutung.

Eine Sonderstellung nehmen die Karyopsen der Getreidearten (*Avena, Secale, Hordeum, Triticum*) ein. Sie keimten noch bei 97,8% hy. Dieser Wert stimmt mit dem von GASSNER und BAUMGARTEN (1952) gefundenen praktisch überein (vgl. auch MANOHAR 1966c).

Schon PRINGSHEIM (1930), ebenso wie MÄGDEFRAU (1930/31), hat sich mit der Quellungs-Zeitkurve und dem Einfluß der Temperatur auf diese befaßt. Er fand, daß das Quellungsmaximum von der Temperatur unabhängig ist; diese erhöht nur die Quellungsgeschwindigkeit. Er benutzte jedoch für seine Versuche ganze Samen, die gewisse Unregelmäßigkeiten aufweisen. Deshalb verwendete KÜHNE (1966) nur einzelne Samenteile. Der Quellungsvorgang der einzelnen Samenteile (Kotyledonen, Keimachsen) mit gleichförmiger Zellstruktur vollzieht sich ungeachtet der verschiedenen Zellelemente regelmäßiger und, wie wir bereits erwähnten, nach denselben Gesetzen wie bei toten homogenen Quellkörpern[47]. Die Wasseraufnahme kann als ein Diffusionsvorgang aufgefaßt werden. Die Quellungsgeschwindigkeit (V_Q), d. h. die Wasseraufnahme pro Zeiteinheit $\left(\dfrac{dm}{dt}\right)$, ist proportional dem noch bis zur maximalen Quellung fehlenden Wasserbetrag, d. h.:

$$V_Q = \frac{dm}{dt} = c\,(m_s - m),\qquad\qquad(112)$$

---

[47] Vgl. auch FILIMONOV (1952): Tote Samen quellen schneller als lebende wegen der größeren Wasserdurchlässigkeit der Samenschale toter Samen.

wobei m_s die maximal mögliche Wasseraufnahme und m die zur Zeit t aufgenommene Wassermenge bedeuten. c ist die Konstante der Quellungsgeschwindigkeit mit der Dimension einer reziproken Zeit. Die Quellungs-Zeitkurve ist also eine Sättigungskurve. Da die lufttrockenen Samen zu Beginn der Quellung ($t = 0$) schon einen gewissen Wassergehalt Q (0) besitzen, so sind der Quellungsgrad zur Zeit t (Q) und der maximale Quellungsgrad (Q_s)

$$Q = m + Q\,(0) \tag{113}$$

bzw.

$$Q_s = m_s + Q\,(0). \tag{114}$$

Der maximale Quellungsgrad ist, wie bereits Pringsheim (1930) feststellte, von der Temperatur unabhängig. Er beträgt bei den Kotyledonen mit stärkehaltigen und derbwandigen Zellen bis über 100% des Lufttrockengewichts. Die Quellungsgeschwindigkeit nimmt mit der Temperatur stark zu.

Die genauere mathematische Behandlung der Quellungszeitkurve findet man bei Kühne (1966, vgl. auch Houben 1966). Die Quellung intakter Erbsensamen wird durch den Hülleffekt der Samenschale (Testa) kompliziert. Anfangs nimmt nur die Testa das Wasser auf. Die Quellung des Embryos beginnt bei 25° C erst nach 15 Minuten, bei 5° C erst nach 60 Minuten. Mit zunehmendem Quellungsgrad der Testa erhöht sich deren Wasserpermeabilität. Eine weitere Komplikation tritt dadurch ein, daß infolge der anisotropen Quellung der Palisadenzellen der Testa diese sich in tangentialer Richtung stark ausdehnt, wobei es zur Faltenbildung kommt. Zwischen der Testa und dem Embryo entsteht ein Raum, in dem Unterdruck herrscht, so daß ein Hereinsaugen des Wassers durch den durchlässigsten Bereich der Samenschale, das Hilum, stattfindet. Die Quellung der Keimachsen und Kotyledonen im intakten Samen zeigt deshalb einen S-förmigen Verlauf und verzögert sich stark.

Die Quellung des Plasmas in den Zellen der Kotyledonen und der Keimachsen wird durch die Zellwände behindert. Bei maximaler Quellung der Samen wird das Plasma deswegen nicht maximal gequollen sein, und in den Zellen muß ein gewisser Quellungsdruck herrschen. Dieser läßt sich nicht messen, dürfte jedoch bei den zartwandigen Zellen der Radicula und der Plumula nicht sehr groß sein, namentlich im Zeitpunkt der beginnenden Keimung, wenn die Zellstreckung einsetzt und die Zellwände plastische Eigenschaften annehmen. In den dickwandigen Zellen der Kotyledonen könnte dagegen der Quellungsdruck größer sein. Doch ist das niedrige Quellungsmaximum (um 132% H_2O) der Kotyledonen in erster Linie auf ihren hohen Gehalt an Stärke zurückzuführen, die bei niedrigen Temperaturen nur relativ wenig Wasser bis zum Quellungsmaximun aufnimmt (vgl. S. 19f.), erst über 65° C verquillt und ein Sol bildet. Auch die Quellung der dicken Wände ist relativ gering.

Das Plasma der Zellen trockener Samen ist für Salze relativ leicht permeabel und erhält die semipermeablen Eigenschaften erst nach dem Aufquellen, aber die Gesetzmäßigkeit der Quellung trockener Samen in Salzlösungen ist noch nicht geklärt (Pringsheim 1930). Bei Getreidekörnern hat die reduzierte Samenschale semipermeable Eigenschaften.

Zum Schluß darf nochmals folgendes betont werden: Zwischen den primär poikilohydren niederen Pflanzen und den sekundär poikilohydren Kormophyten besteht ein wesentlicher Unterschied. Zwar halten beide ein völliges Austrocknen aus, aber während erstere noch bei erniedrigter Hydratur (unter 100%) zu wachsen vermögen, ist das bei letzteren, von einigen Samen abgesehen, nicht der Fall[48]. Erst wenn die poikilohydren Kormophyten, deren Zellen Vacuolen besitzen, die Möglichkeit haben, in Wasser dieses bis zur Sättigung aufzunehmen, setzt Wachstum und eine normale Entwicklung ein. Der Aufenthalt im dampfgesättigten Raum allein genügt nicht.

VI. Methoden zur indirekten Bestimmung der Plasmahydratur homoiohydrer (höherer) Pflanzen

Wie im Abschnitt III gezeigt werden konnte, ist es möglich, die Plasmahydratur indirekt zu bestimmen, und zwar über den potentiellen osmotischen Druck der Vacuolenflüssigkeit, da zwischen der Zellsaftkonzentration und der Plasmaquellung ein für die Pflanzenzelle internes Gleichgewicht besteht. Die Methoden zur Messung des potentiellen osmotischen Druckes der Vacuole (im folgenden wird hierfür π^* gesetzt, vgl. S. 38), der demnach, zellphysiologisch gesehen, von besonderer Bedeutung ist, werden deshalb ausführlich zu besprechen sein. Obwohl die Plasmahydratur also strenggenommen nur mit Hilfe von π^* erfaßt werden kann, sollen jedoch auch andere Methoden, wie etwa Wassergehalt, Wasserdefizit und Wasserpotential (= Saugspannung) berücksichtigt werden, jedoch nur dann, wenn sich die betreffenden Meßwerte gleichsinnig mit π^* ändern. In solchen Fällen kann eine wenn auch nur relative Aussage über die Plasmahydratur gewonnen werden. Außerdem ist die Messung der elektrischen Leitfähigkeit der Blätter von Bedeutung, da sie im Gegensatz zu den meisten anderen Methoden, bei welchen das Pflanzenmaterial von der Mutterpflanze entfernt werden oder gar abgetötet werden muß, eine Registrierung an der ungestörten Pflanze erlaubt.

1. Die Hydratur des Plasmas bei homoiohydren Pflanzen

Bei den niederen poikilohydren Arten konnten wir die Hydraturbedingungen außerhalb der Pflanze (Luftfeuchtigkeit, relative Dampfspannung der Außenlösung), ohne einen großen Fehler zu begehen, gleich der Hydratur des Plasmas setzen. Das ist zwar nach der Formel (32 bzw. 106) $S = \pi^* - P$ nicht ganz richtig, aber in allen diesen Fällen ist der Wert von P im Verhältnis zu den zwei anderen nur dann nicht unerheblich, wenn die Außenluft nahezu dampfgesättigt ist oder es sich um sehr verdünnte Außenlösungen handelt. Er kann deshalb meistens vernachlässigt werden, so daß man π^* als nahezu gleich S setzen darf. Anders liegen die Verhältnisse bei der homoiohydren Pflanze, die in einem wasserhaltigen Boden wurzelt und mit ihren Sproßteilen in eine oft sehr trockene Atmosphäre hereinragt. Weder die Feuchtigkeit der Bodenluft, die meistens 100% beträgt und selten nur wenig darunter liegt, noch die Luftfeuchtigkeit in Sproßnähe geben uns einen Anhaltspunkt für die Hydratur des Plasmas. Wie wir bereits ausführten (S. 45f., 62), steht das Plasma in einem Hydraturgleichgewicht

---

[48] Wie poikilohydre einzellige Pflanzen verhalten sich Pollenkörner der Spermatophyten. Die unteren Hydraturgrenzen liegen bei 98—96% (WALDERDORFF 1924).

mit dem Zellsaft in der Vacuole. Die Zelle ist, wie wir uns ausdrückten, hinsichtlich der Hydraturverhältnisse eine Art „Klimakammer" für das Plasma. Da zwischen dem potentiellen osmotischen Druck des Zellsaftes bei 20° C und der Hydratur (relativen Dampfspannung p/p_0 in %) die Beziehung besteht (vgl. S. 35, Formel 28)

$$\pi_{20}^{*} = -3067 \, \log \frac{p}{p_0} \, [\text{atm}] = -3106 \, \log \frac{p}{p_0} \, [\text{bar}], \tag{28}$$

so entspricht jedem potentiellen osmotischen Druck eine bestimmte Hydratur. Die Erfahrung lehrt, daß die Hydratur des Plasmas sich, von wenigen Ausnahmen abgesehen, nur zwischen 99,8% und 97% hy bewegt, was potentiellen osmotischen Drücken des Zellsaftes von 3—40 atm entspricht. Deshalb ist es zweckmäßig, den Hydraturzustand des Plasmas nicht in % hy, sondern durch den potentiellen osmotischen Druck in atm zu charakterisieren, um so mehr als die Bestimmung der Hydratur des Plasmas stets durch die Messung der osmotischen Konzentration des Zellsaftes erfolgt.

Man muß dabei jedoch stets im Auge behalten, daß einer Erhöhung der osmotischen Konzentration des Zellsaftes eine Herabsetzung der Hydratur entspricht. Würde man nicht den potentiellen osmotischen Druck des Zellsaftes, sondern die Saugspannung, die der Feuchtigkeit in den Interzellularräumen entspricht, bestimmen, so wäre bei den homoiohydren Pflanzen der Fehler in bezug auf die Hydratur des Plasmas sehr erheblich. Bei einer wassergesättigten Zelle mit einem potentiellen osmotischen Druck von 20 atm beträgt auch der Turgordruck 20 atm. Die Saugspannung ist gleich Null, was einer Hydratur an der Zelloberfläche von 100% entspricht, während die des Plasmas nur 98,5% beträgt, entsprechend dem potentiellen osmotischen Druck von 20 atm.

Folgendes ist noch wichtig: Wir können bei der Untersuchung von homoiohydren Pflanzen uns nicht mit der Hydratur des Plasmas in einzelnen Zellen beschäftigen, sondern müssen Mittelwerte von allen Zellen einzelner Organe, meistens Blätter, oder sogar ganze Pflanzen bestimmen. Wir erreichen das, indem wir die osmotische Konzentration des gesamten Vacuoms messen, also den mittleren potentiellen osmotischen Druck des Zellsaftes aller Zellen. Man gewinnt den Zellsaft durch Auspressen der vorher abgetöteten Pflanzenteile (s. unten). Es wird gegen diese Methode eingewendet, daß dabei die Unterschiede in der osmotischen Konzentration der Zellen verschiedener Gewebe verwischt werden, daß auch eine Verdünnung des Preßsaftes durch das Wasser in den Gefäßen, evtl. auch durch Quellungswasser der Zellwände erfolgt, worauf wir später noch genauer einzugehen haben. Diese Einwände treffen zwar durchaus zu. Doch man könnte sie ebensogut gegen alle Atmungsversuche erheben, welche die Trockensubstanz der Organe als Bezugseinheit verwenden. In einem Blatt atmen sicher nicht alle Zellen gleich intensiv. Die toten Gefäße oder die Sklerenchymzellen atmen überhaupt nicht, machen aber einen sehr wesentlichen Teil der Trockensubstanz aus. Dasselbe gilt für viele öko-physiologische Messungen, z. B. auch für die Photosynthese der Blätter. Man kann stets nur mit Mittelwerten arbeiten. Worauf man bei der Bestimmung solcher Mittelwerte aber zu achten hat, ist, daß die Proben streng vergleichbar sind. Die Sorgfalt bei der Probenentnahme entscheidet über die Auswertbarkeit der Ergebnisse.

2. Die Bestimmung des potentiellen osmotischen Druckes der Vacuolenflüssigkeit (π^*)

a) Plasmolytische Methoden

Für die Bestimmung des potentiellen osmotischen Druckes der Zellen kommen mehrere Methoden in Frage. Grundsätzlich ist zu unterscheiden zwischen den plasmolytischen Methoden und der kryoskopischen Methode. Die plasmolytischen Methoden (BLUM 1958, BIEBL 1962; vgl. auch COLLANDER 1956 und STADELMANN 1956a) beruhen einerseits auf der Bestimmung der Grenzplasmolyse, zurückgehend auf DE VRIES (1877, 1884a; vgl. OVERTON 1899, BRIGGS 1957 und die methodische Anleitung bei STRUGGER 1949), andererseits auf Volumenmessungen relativ stark plasmolysierter Protoplasten (HÖFLER 1918; vgl. STADELMANN 1956b und die methodische Anleitung bei STRUGGER 1949). Diese Plasmometrie wurde bisher nur bei einzelnen Zellen, welche eine annähernd zylindrische Form haben, angewendet (vgl. jedoch HÄRTEL 1963: methodische Verbesserung für nichtzylindrische Zellen[49]. Sie liegt den anfangs besprochenen Untersuchungen von WALTER (1923b) zugrunde. Die Vor- und Nachteile der plasmolytischen Methode sind immer wieder diskutiert worden (OPPENHEIMER 1932, ERNEST 1935, BUHMANN 1935, 1936, LAUE 1937/38, STOCKING 1956, WALTER 1960, 1962). Nachteilig ist besonders, daß sie nur bei dafür günstigen Objekten in Frage kommt. Eine allgemeine Verwendung für öko-physiologische Arbeiten ist daher nicht möglich. Wenn es auf den Vergleich einer Vielzahl verschiedener Arten ankommt, ist die kryoskopische Methode vorzuziehen, die diese Nachteile nicht besitzt. Unterschiede im π^*, die bei vergleichenden Untersuchungen in der Abhängigkeit von den verschiedenen Methoden auftreten (z. B. bei BUHMANN 1935), führt SLATYER (1966) auf die unvollständige Semipermeabilität der Plasmamembranen und der damit verbundenen Konzentrationserhöhung in der Außenlösung zurück. Dies soll allgemein bei Flüssigkeits-, im Gegensatz zu Dampfaustauschmethoden gelten, also auch bei der Bestimmung des Wasserpotentials. Bei ersteren wären daher grundsätzlich höhere Werte zu erwarten (vgl. die damit übereinstimmenden Ergebnisse bei REHDER und KREEB 1961, REIMERS 1957), folglich eine mehr oder weniger große Verfälschung des Meßergebnisses. Doch dürften andere Fehlerquellen oft weit mehr ins Gewicht fallen.

b) Die kryoskopische Methode

Gefrierpunktsbestimmungen an Pflanzensäften wurden schon kurz nach der Jahrhundertwende zur Charakterisierung des Wasserhaushaltes verwendet, insbesondere in Irland und USA (DIXON und ATKINS 1913a, b, 1915, HARRIS und LAWRENCE 1916) und der UdSSR (MAXIMOV und LOMINADZE 1916, MAXIMOV u. a. 1916). Später hat sich vor allem WALTER (1931a, hier ausführliches Literatur-

---

[49] Das Integrationsokular I von Zeiss gestattet danach mit Hilfe der Punktzählmethode (Flächenvergleiche an plasmolysierten Geweben) den potentiellen osmotischen Druck bei Grenzplasmolyse zu bestimmen, und zwar bei beliebiger Form der Zellen. Die Methode hat den Vorteil, daß eine Plasmakorrektur möglich ist. Außerdem kann auf diese Weise der Anteil der Wand am Zellvolumen gemessen werden.

verzeichnis und 1931b; vgl. auch Stocking 1956 und Walter 1960) und seine
Schule mit diesen methodischen Fragen beschäftigt. Letztere werden wir im folgenden ausführlich behandeln. Der Vorteil der kryoskopischen Methode
ist, daß sie im Prinzip bei allen höheren Pflanzen verwendet
werden kann und relativ wenig schwankende Mittelwerte liefert.
Außerdem ist die apparative Genauigkeit bei der eigentlichen Gefrierpunktsbestimmung so gut, daß dadurch bedingte Meßdifferenzen nicht ins Gewicht
fallen. Auf die möglichen Fehlerquellen und gelegentlich vorgebrachte Einwände, vor allem hinsichtlich der Frage, inwieweit der Preßsaft der eigentlichen
Vacuolenflüssigkeit entspricht, werden wir in den betreffenden Abschnitten über
Probenentnahme, Preßsaftgewinnung und zu verwendende Apparaturen für die
Messung selbst eingehen.

α) Die Probenentnahme

Bei ökologischen Untersuchungen spielen die Hydraturverhältnisse der
transpirierenden und photosynthetisch wichtigen Organe, vornehmlich also der
Blätter, die Hauptrolle. Ausführliche Anleitung über das Einsammeln der Proben
finden sich bei Walter (1931a, b, 1963b), Kreeb (1961a). Grundsätzlich kommt
es dabei darauf an, gut vergleichbares Material zu nehmen, da sich Unterschiede im π^* in Abhängigkeit von der Blattinsertion bzw. dem Blattalter,
bei Bäumen der Blattexposition, und der Tageszeit finden. Außer Blättern
können auch andere Pflanzenteile untersucht werden, z. B. Stengel, Frucht-
gewebe oder auch Wurzeln bzw. bei kleinen Pflanzen ganze oberirdische Teile,
deren Entwicklungszustand jedoch gleich sein sollte. Bei Wurzeln, wie auch bei
Blättern an feuchten Tagen kommt es darauf an, daß kein außen anhaftendes
Fremdwasser mit eingeschleppt wird. Dies wäre z. B. auch bei betauten Blättern
der Fall. Man kann sich in solchen Fällen zwar helfen, indem die Blätter zwischen
Filtrierpapier gut abgetrocknet werden. Sicherer ist jedoch, für vergleichende
Untersuchungen die Proben stets mittags zwischen 12—14 Uhr zu entnehmen.
Hierbei hat man dann außerdem die Gewähr, daß an sonnigen Tagen die höchsten
π^*-Werte erfaßt werden, welche besonders in Zeiten der Wasseranspannung von
Interesse sein dürften. Je nach der verwendeten Methode genügt mehr oder
weniger Material. Walter (1931b) empfiehlt bei dem von ihm benutzten Mikrokryoskop nach Drucker-Burian, wobei ca. 1,5 cm³ Preßsaft benötigt werden,
etwa 10 g Frischgewicht an Pflanzensubstanz. Hierbei handelt es sich jedoch nur
um einen durchschnittlichen Erfahrungswert; bei *Xerophyten*, z. B. *Eucalyptus*-
Arten, *Quercus ilex* und allen Macchienpflanzen wird man besonders während
der Trockenzeiten in diesem Fall größere Probemengen benötigen. Grundsätzlich
kommt es darauf an, die Probenentnahme rasch durchzuführen. Deswegen sollte
man bei *Picea*-Arten z. B. ganze benadelte Zweigstücke entnehmen im Gegensatz
zu *Pinus*, bei dem man die relativ großen Nadeln jeweils zu mehreren bequem
einsammeln kann. Bei großen Stammsukkulenten muß man bestimmte Teile
herausschneiden. Auf jeden Fall hat sich die Probenentnahme dem jeweiligen
Untersuchungsobjekt anzupassen.

Bei dem tragbaren Mikrokryoskop, das Kreeb (1965b) beschrieben hat,
genügen einige Tropfen Pflanzenpreßsaft (ca. 0,2 cm³). Man kommt in solchen
Fällen also mit weniger Blättern aus. Steht genügend Material zur Verfügung,

so ist jedoch auch dann zu empfehlen, auf keinen Fall nur 1—2 Blätter zu verwenden, da sonst die Streuungen zwischen Parallelproben zunehmen. Besser ist es, viele Blätter (5—10) von ökologisch einheitlichen Stellen zu verwenden, um gute Durchschnittswerte zu erhalten. Nur so lassen sich Jahresgänge von Pflanzen an einem bestimmten Standort absichern. Sind die Einzelblätter zu groß, oder ist nur wenig Preßsaft erforderlich, so ist es richtiger, an Stelle von nur einem Blatt die entsprechende Anzahl von vergleichbaren Blatteilen verschiedener Blätter für eine typische Probe eines bestimmten Standorts zu benutzen (KREEB 1955). Dies geht besonders gut bei gefiederten Blättern, wo dann z. B. jeweils die Endfiedern gesammelt werden können. Bei ungeteilten Blättern könnte man sich mit einer Stanzenzange (vgl. z. B. SHIMSHI und LIVNE 1967 und S. 147) behelfen, mittels derer kreisförmige Probestücke (1 bis mehrere cm² groß) von einzelnen Blättern abgetrennt werden können. Da der π^* bei öko-physiologischen Untersuchungen den Standort zu einer bestimmten Tages- und Jahreszeit charakterisieren soll, ist es ebenfalls ratsam, Proben von mehreren Individuen zu berücksichtigen.

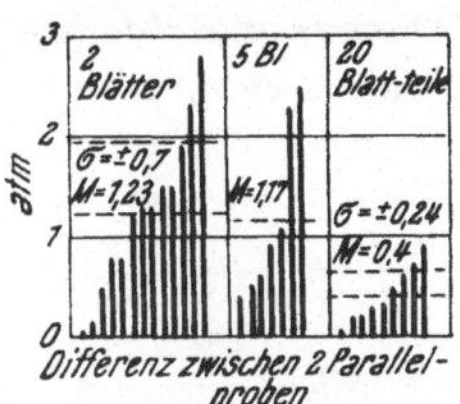

Abb. 61. Streuung im potentiellen osmotischen Druck des Zellsaftes bei Parallelproben von je 2 und 6 Blättern bzw. 20 Blatteilen (Zuckerrüben). Nach KREEB 1955.

Diesbezüglich entscheidet freilich auch die Größe der Pflanzen. So wird man bei Bäumen oder Sträuchern häufig, der Einheitlichkeit des Standortes wegen, nur Individuen für die Probenentnahme heranziehen können. Werden Untersuchungen in fremden Gebieten oder bei bisher nicht untersuchten Arten gemacht, so sollte man grundsätzlich zunächst analytisch vorgehen, um den Einfluß der geschilderten Fehlerquellen quantitativ zu erfassen, also etwa tageszeitliche Unterschiede, Unterschiede in Abhängigkeit zu der Blattexposition und die Streuung zwischen verschiedenen Blättern gleicher Insertion, verschieden alten Blättern und unter Umständen auch verschiedenen Blatteilen bestimmen, wie dies von SLAVIK (1959a) gemacht wurde. Er fand bei einer Varietät von *Beta vulgaris* an einem Blatt Differenzen zwischen 19,8 und 14,6 atm. Zu ähnlichen Ergebnissen, allerdings mit der grenzplasmolytischen Methode, kommt TAKAOKI (1962). Diese relativ große Streuung ist auch noch beim Vergleich mehrerer ganzer Blätter vorhanden, wie KREEB (1955) zeigen konnte. In diesem Fall schwankten die potentiellen osmotischen Drücke bei 30 Blättern einer Pflanze (Zuckerrüben), wobei jeweils 2—3 zusammen gemessen wurden, zwischen etwa 8—15 atm. Erst bei Verwendung von 20 Blatteilen wird die Streuung zwischen Parallelproben beträchtlich kleiner (Abb. 61). Obwohl *Beta vulgaris* ein extremes Beispiel darstellen dürfte, ist es immer erforderlich, die Unterschiede zwischen Parallelproben zu kennen. Trotzdem also bei der Verwendung vieler Blätter oder Blatteile von vornherein ein Durchschnittswert erwartet werden kann, muß empfohlen werden, bei jeder Messung wenigstens 2—4 Parallelproben zu untersuchen. Eine statistische Absicherung wird im allgemeinen erst bei 4 Parallelproben möglich sein[50]. KREEB (1961a) nennt die so experimentell festgestellte Fehlergrenze bei verschiedenen Kulturpflanzen. Sie ist immer noch relativ hoch und liegt bei ± 0,4 bis

---

[50] Mittelwerte von π^* für ganze Pflanzengesellschaften, wie sie HARRIS (1934) beschreibt, sind wohl als illusorisch anzusehen.

1 atm. Größere Streuungen können vor allem bei genetisch nicht einheitlichem Material auftreten.

Geringe Streuungen sind insbesondere an homogenen Standorten zu erwarten. Diese, etwa die Röhrichtzone am Ufer eines Sees, erkennt man schon an der gleichmäßigen Entwicklung der Pflanzen (Walter 1931a; Tab. 11a).

Tab. 11a. *Potentielle osmotische Drücke (π^*) bei Parallelproben $I-IV$. Nach Walter 1931 a.*

Pflanzenart und Pflanzenteile		I	II	III	IV
Phragmites communis:	Blätter	14,3	14,7	14,4	14,6
Scirpus lacustris:	Sprosse	10,1	10,0	9,8	—
Alyssum arenarium:	ganze Pflanzen	17,0	17,1	17,1	17,1
Thymus angustifolius:	ganze Pflanzen	10,6	10,6	10,8	10,5
Asarum europaeum:	Blätter	13,5	13,5	—	—
Salsola kali:	ganze Pflanze	11,2	11,2	11,2	—
Pinus ponderosa ssp. scopularum:	diesjährige Nadeln	18,9	15,0	15,0	14,8
	vorjährige Nadeln	22,5	20,9	19,0	19,4

Man erkennt, daß die Abweichungen bei Parallelproben oft nicht größer als 0,3 atm sind. Bei *Pinus* wurden die Nadeln von verschiedenen Bäumen entnommen. Baum I wuchs offensichtlich an einem trockenen Standort, denn sowohl die diesjährigen als auch die vorjährigen Nadeln weisen um mehrere atm höhere Werte auf als bei den 3 anderen Proben.

Bei offenen Pflanzengesellschaften in Trockengebieten können bei verschiedenen Individuen derselben Arten an eng beieinanderliegenden Stellen erhebliche Unterschiede auftreten. Sie sind auf unterschiedliche Bodenwasserverhältnisse zurückzuführen und sind dann auch schon an verschiedenen Zweigen ein und derselben Pflanze vorhanden (z. B. *Covillea glutinosa*, Tab. 11b). In solchen Fällen wird man als einheitliche Stelle nur den betreffenden Teil des Busches ansehen dürfen und die Blattproben deshalb nur hier entnehmen. Kommt es auf die Untersuchung der Jahreskurve des π^* an, so ist es durchaus möglich, daß unter solchen Verhältnissen eine Materialverknappung eintritt, ein Nachteil aller Methoden, bei denen Proben der Pflanzen verarbeitet werden müssen (vgl. demgegenüber die Methode der elektrischen Leitfähigkeitsmessung an Blättern). Zahlreiche Beispiele für die von verschiedenen Faktoren abhängenden Streuungen finden sich bei Walter (1931a). In der Tab. 11b (vgl. auch 11a) sind einige zusammengestellt. Vollkommen übereinstimmende Verhältnisse bestehen bei den einzelnen Arten nicht, z. T. sind beträchtliche Differenzen vorhanden. Tagesschwankungen, welche meist einige atm nicht überschreiten sind in Abschnitt VI/3 behandelt. Jahresschwankungen andererseits sind, ebenso wie standörtlich bedingte Unterschiede, gerade diejenigen interessanten ökologischen Meßwerte, die es trotz der aufgeführten Schwankungen abzusichern gilt.

Die Probenentnahme muß, wie bereits angedeutet, stets so rasch wie möglich erfolgen, um Verfälschungen durch Transpirationsverluste zu vermeiden. Die ursprünglich von Walter (1931a, b) verwendeten Glas-Aluminium-Dosen (Abb. 62) eignen sich besonders für große Probemengen, sind jedoch nicht immer erhältlich, relativ teuer und auch der Korrosion ausgesetzt. Neuerdings wird von KREEB (1965b) die Verwendung von einfachen, in der Medizin gebräuchlichen Glasspritzen (z. B. EHA-Norm, 20 cm³) als Sammelgefäße empfohlen (Abb. 63). Wenn man den zylindrischen Glaskolben mit Silikonfett behandelt, dichten sie einwandfrei. Sie sind einfach zu handhaben, überall zu beschaffen und robust. Zum Abtöten der Proben durch Erhitzen werden sie mittels eines Plexiglasrostes in ein Gefäß mit heißem Wasser gehängt (Abb. 63). Es ist dabei nur notwendig, den Ansatz der Kanüle mit einem darübergesteckten Gummistopfen zu verschließen (Abb. 63). In diesem Fall genügt es, das Wasserbad gerade bis zum Kochen zu bringen. Ist die Kochtemperatur erreicht, kann man die Wärme-

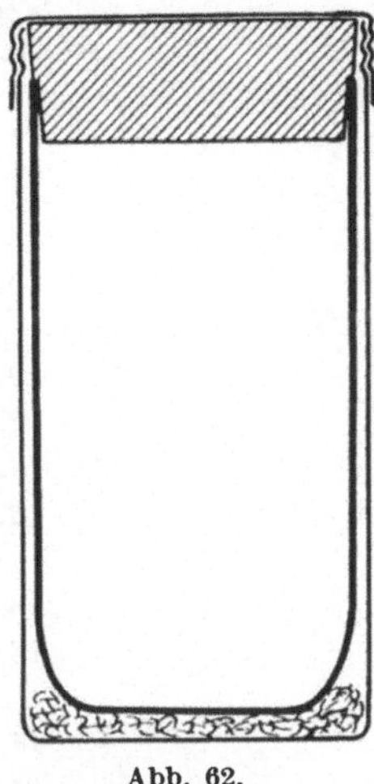

Abb. 62.

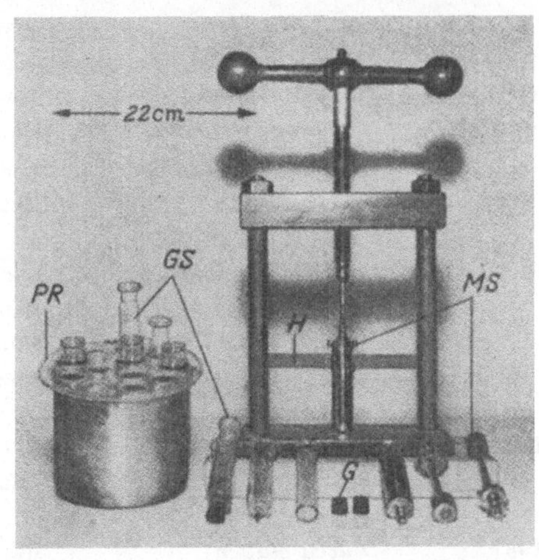

Abb. 63.

Abb. 62. Sammelglas. Glasgefäß mit Gummistopfen und Aluminiumdose. (Durchmesser 4,5 cm, Höhe 9,5 cm.) Nach WALTER 1931 b.
Abb. 63. Apparatur zur Preßsaftgewinnung. *G* Gummistopfen zum Verschließen der Glasspritzen *GS* (Probegefäße), *H* Halterung für Metallglyzerinspritzen *MS* (Preßgefäße), *PR* Plexiglasrost zum Einhängen der Glasspritzen oder Glyzerinspritzen in ein Wasserbad (Abtöten der Proben). Nach KREEB 1965 b.

quelle (z. B. Benzin- oder Propangasbrenner) abstellen. Bei Temperaturen über 90° C sind die in Glasspritzen befindlichen Proben schon nach 5—10 min mit Sicherheit abgetötet, während man für die durch Luftzwischenräume isolierten Glas-Aluminium-Dosen besser 20—30 min Kochen ansetzt (WALTER 1931 b). Diese besitzen übrigens den Nachteil, daß sie bei ihrer Leichtigkeit wegen des entstehenden Auftriebes im Wasserbad leicht umfallen. Wenn man sie also verwendet, so ist ein besonderer Drahteinsatz notwendig, der ihre Lage im Wasserbad fixiert, oder man muß so viele Dosen in das Kochgefäß hineinstellen, daß sie sich gegenseitig festklemmen. Überkochen auf die Höhe des Schraubenverschlusses muß möglichst vermieden werden. Die Gefahr einer Verfälschung durch in die Aluminiumdose eintretendes Wasser ist allerdings gering, wenn man die Glasgefäße mit Gummistopfen verschließt. Die früher verwendeten Korkstopfen absorbierten beträchtliche Feuchtigkeitsmengen, auch im Hinblick auf das feuchte Material sind sie deshalb nicht empfehlenswert. Bei Glasspritzen entfallen diese Nachteile völlig, sie sind allerdings beim Transport mehr gefährdet als Glas-Aluminium-Dosen.

Tab. 11b. *Unterschiede im potentiellen osmotischen Druck des Preßsaftes (π*) innerhalb einzelner Pflanzen.*

Autor	Art	Pflanzenteile	π* in atm
Walter 1931a	*Allium cepa*	Wurzel	6,7
		Zwiebel	8,4
		Blätter	7,8
		Blüten	11,4
Walter 1931a	*Solanum tuberosum*	Knollen	7,0
		Sprosse	ca. 10,0
Harris und Lawrence 1916	*Sphaerostigma chamaenerioides*	Stengel	11,3
		Blätter	11,5
	Eulobus californicus	Stengel	18,7
		Blätter	10,7
Volk 1931	*Jurinea cyanoides*	Stengel	9,9
		Blätter	12,3
		Blütenstände	13,7
		ganze Pflanze	13,2
Walter 1931a	*Hedera helix*	Blattspreite	18,3
		Blattstiele	13,6
Walter 1931a	*Yucca glauca*	Blattspitze	14,9
		Blattmitte	14,2
		Blattbasis	12,6
		jüngste Blätter	11,3
Dixon und Atkins 1915	*Ilex aquifolium*	junge Blätter	14,5
		ausgewachsene Blätter	15,5
		ältere Blätter	13,5
		alte Blätter	15,3
		älteste Blätter	15,7
Thren, aus Walter 1962	*Helianthus annuus*	Wurzel	5,5
		untere Blätter	8—9
		mittlere Blätter	10
		obere Blätter	13
Walter 1931a	*Castanea vesca*	Blüten	9,0
		Blätter an Schößlingen	11,8
		Blätter in 2,5 m	16,4
		Blätter in 13 m	16,7
		Blätter in 22 m	18,8
Walter 1931a	*Covillea glutinosa* = *Larrea divaricata*	innere Zweige	45,2—45,7
		äußere Zweige	45,8—54,5

β) Das Abtöten der Proben

Das Abtöten der Proben ist im allgemeinen schon am Standort unmittelbar nach dem Einsammeln des Materials notwendig, um Veränderungen in den Geweben durch Fremdorganismen, überhöhte Atmung und dergleichen zu vermeiden. Transporte von wenigen Stunden sind, wenn man die Proben vor Besonnung schützt, als unbedenklich anzusehen. Die einfachste Methode ist hierfür, wie bereits gezeigt, die Anwendung von Wärme. Lediglich beim Vorhandensein von leicht spaltbaren Glycosiden, wie sie *Prunus laurocerasus* besitzt, kommt eine teilweise Hydrolyse zustande. Der π^* kann in diesem Fall bis 25% zu hoch liegen. Diese Fehlerquelle ist vermeidbar, wenn man solche Proben mit Hilfe von tiefen Temperaturen abtötet (vgl. WALTER 1928). Abtöten des Untersuchungsmaterials ist jedoch grundsätzlich notwendig, um die Semipermeabilität des Protoplasmas zu zerstören. Preßsäfte aus nicht abgetötetem Material ergeben bei verschiedenem Preßdruck nicht nur wesentlich weniger Saft, sondern die entsprechenden π^*-Werte sind auch wesentlich niedriger. WALTER (1928) nennt beispielsweise folgende Zahlen (Tab. 12):

Tab. 12. *π^* bei lebend abgepreßtem (L) und abgetötetem Material. H = abgetötet durch Erhitzen auf 100° C, K = abgetötet durch Eintauchen in flüssigen Stickstoff (− 195,7° C). Nach* WALTER 1928.

Art	L	H	K
Vitis vinifera	7,5	10,5	10,0
Parietaria ramiflora	7,5	10,6	11,2
Buxus sempervirens	7,2	25,6	25,9
Aucuba japonica (Mittel aus 3 Proben)	—	21,0	21,3
Ficus elastica	6,0	9,7	9,9
Thymus serpyllum	—	12,0	10,2
Thymus serpyllum	—	12,6	13,0

Die Ursache für die geringe Preßsaftmenge liegt nach WALTER (1931a) sicher im hohen Filtrationswiderstand des lebenden Plasmas, während die niedrigen π^*-Werte auf seiner Semipermeabilität beruhen. Die früher geäußerte Hypothese, daß in den lebenden Zellen alles Wasser „gebunden" wäre („bound water"), ist unrichtig (vgl. S. 25).

Eine Ausnahme bilden die Sukkulenten. Bei ihnen sind Unterschiede zwischen lebend gepreßten Säften und solchen aus abgetöteten Proben nicht vorhanden (Tab. 13). Dies trifft merkwürdigerweise auch für *Taxus baccata* zu. In diesen Fällen dürfte das Gewebe schon durch Druck abgetötet werden.

Tab. 13. *π^*-Werte verschieden vorbehandelter Sukkulenten. Nach* WALTER 1931 a.

Vorbehandlung	*Aloe spec.*	*Rhoeo discolor*
lebend gepreßt	5,71	6,48
auf 100° C erhitzt	5,33	6,87
flüssiger Stickstoff	5,06	6,58

Aus Tab. 12 u. 13 ersieht man außerdem, daß die Abtötungsart den π^*-Wert praktisch nicht beeinflußt. Bei *Thymus* ist wahrscheinlich eine individuelle Streuung vorhanden (sehr kleine Pflanzen). Außer Hitze und Kälte wurde auch schon Abtöten durch Zerkleinern (Homogenisieren) und durch Gifte (Chloroform, Äther, Toluol) geprüft. Bei sorgfältigem Arbeiten ergeben sich kaum Unterschiede gegenüber anderen Methoden (Gail 1926 — Homogenisieren). Doch sind u. U. Verfälschungen möglich. So treten beim Homogenisieren leicht Enzymreaktionen auf, sobald die Temperatur über 0° C ist, und Evaporationsverluste, weshalb die π^*-Werte etwas zu hoch liegen können (Tumanov und Borodin 1930). Beim Abtöten durch Chloroform (z. B. Dixon und Atkins 1913a, Goldsmith und Smith 1926, vgl. auch Kozinka 1960) ist eine Korrektur von π^* erforderlich, da diese Substanz in gesättigter Lösung selbst eine Gefrierpunktserniedrigung von 0,102° C bedingt. Die Löslichkeit beträgt 7,10 g pro Liter bei 20° C.

Außer den genannten Abtötungsmethoden (vgl. Walter 1931a, 1931b) gibt es noch die Möglichkeit der Trocknung bei mindestens 90° C nach vorhergehender Frischgewichtsbestimmung. Diese Methode ist recht einfach und kann bei Geländearbeit sehr von Nutzen sein, wenn kein Laboratorium für die kryoskopischen Bestimmungen in der Nähe zur Verfügung steht.

Die in kleinen Plastiktüten einzusammelnden Pflanzenteile können darin nach der Trocknung beliebig lange aufbewahrt werden. Bei der im Labor durchzuführenden Weiterverarbeitung muß dann nach dem Zerkleinern der Pflanzenteile im Mörser oder einem Homogenisator der beim Trocknen entfernte Wasseranteil hinzugegeben werden. Damit alle löslichen Bestandteile erfaßt werden, kann man diese Proben bei 50—60° C für 24 Stdn. stehenlassen. Den Preßsaft erhält man durch das übliche Abpressen. Kontrollmessungen (Kreeb 1963a, vgl. auch Walter 1931a) mit der sonst üblichen Methode (einsammeln in Aluminium-Glas-Behälter, abtöten durch Hitzeeinwirkung von 100° C, abpressen) ergaben keine Differenzen. Solche können jedoch dann auftreten, wenn man nach dem Hinzufügen der berechneten Wassermenge zunächst nicht genügend Saft abpressen kann und deshalb mit der doppelten Wassermenge arbeitet. Bei dieser 2 : 1-Verdünnung müssen die kryoskopisch gefundenen π^*-Werte verdoppelt werden. Die so gewonnenen Ergebnisse sind dann gegenüber den Vergleichsproben nur noch größenordnungsmäßig richtig, d. h. Abweichungen bis zu 3—4 atm sind dann durchaus möglich, wenngleich eine Differenz von 2 atm meist nicht überschritten wird. Dies gilt auch für den Fall, daß die verdünnte Probe auf das Originalvolumen eingedampft wird (Kreeb 1963a). Kontrollbestimmungen von Breckle (1966) zeigen praktisch damit übereinstimmende Ergebnisse (vgl. Walter 1968).

Diese Methode kann auch für Fernuntersuchungen verwendet werden (Walter und van Staden 1965: Probenentnahme in Südafrika, Bestimmungen von π^* in Stuttgart-Hohenheim; vgl. auch Braun-Blanquet und Walter 1931).

Die Haltbarkeit der in Aluminium-Glas-Behältern gesammelten Proben läßt sich noch wesentlich erhöhen, wenn man sicherheitshalber nach 1—2 Tagen nochmals kocht. Längere Zeit sollte man die so gesammelten Pflanzen nie aufbewahren. Dies ist gefahrlos nur bei Preßsäften möglich, die in Glasampullen unter Zugabe von Thymol eingeschmolzen werden und auf diese Weise gut kontrollierbar sind (Walter und Steiner 1936).

γ) Die Preßsaftgewinnung

Das Abpressen der abgetöteten Proben bereitet prinzipiell keine Schwierigkeiten. Man kann sich hierbei behelfen mit geeigneten Vorrichtungen, z. B.
Messingpreßplatten und Schraubstock (Abb. 64; WALTER 1931 b), bzw. Buch-
binderpressen oder handelsübliche Geräte verwenden; zu letzteren zählt die von
der Firma L. Mohr (Abb. 65), Karlsruhe-Durlach, gebaute hydraulische Tinkturenpresse. In Verbindung mit einem Spezialpreßsatz aus nichtrostendem
Stahl nach WALTER (1931b, Abb. 66) wurde sie bisher im Labor und im Gelände
mit Erfolg eingesetzt. Der Preßsatz ist so konstruiert, daß der Preßraum in sich
abgeschlossen ist, Evaporationsverluste also unmöglich sind. Der angewendete
Preßdruck kann an einem Manometer abgelesen werden. Im allgemeinen wird

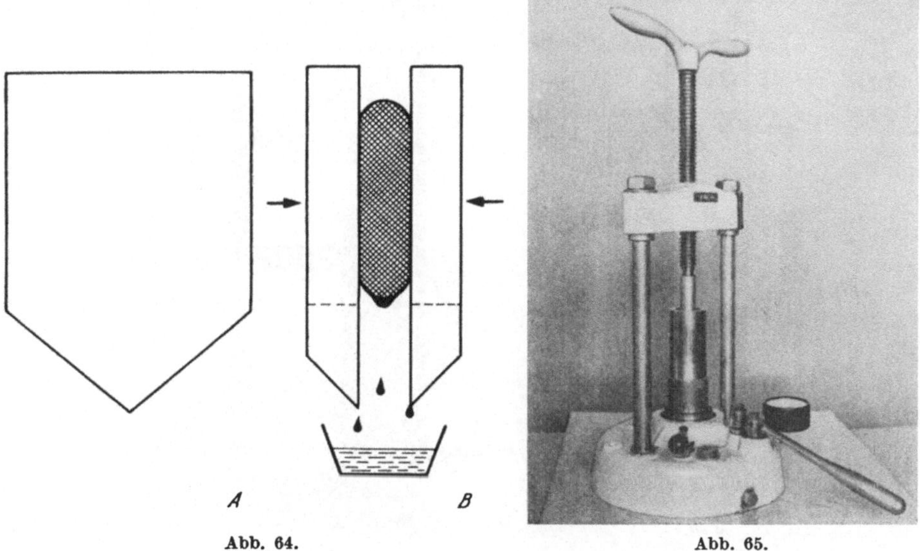

Abb. 64.   Abb. 65.

Abb. 64. Einfachste Vorrichtung zum Auspressen: zwei verzinnte Messingplatten. A = Aufsicht, B = Seiten-
ansicht mit der im Preßtuch eingewickelten Probe. (Die Pfeile geben die Druckrichtung an.) Nach WALTER 1931 b.
Abb. 65. Hydraulische Tinkturenpresse der Fa. L. Mohr mit Preßsatz nach H. WALTER.

100 atü empfohlen. Die Probe kommt zunächst in ein Preßtuch (ca. 1 dm^2)
aus Nesselstoff. Um ein Verstopfen der Siebplatte durch austretende Gewebe-
fragmente zu vermeiden, empfiehlt es sich, über die Siebplatte ein mehrfach
zusammengefaltetes Preßtuch zu legen und den Druck nur langsam zu steigern.
Gepreßt wird so lange, bis kein Saft mehr abfließt, was daran erkennbar ist, daß
der auf 100 atm gebrachte Druck nur langsam nachläßt. Ist von vornherein
wenig Preßsaft zu gewinnen, so hilft gelegentlich ein Umlegen des Preßkuchens
und erneutes Pressen. Von Nachteil bei der hydraulischen Presse ist eine gewisse
Unhandlichkeit des Apparates und seine Schwere, vor allem aber, daß relativ
viel Material notwendig ist. Bei ziemlich saftarmen Proben kann es geschehen,
daß kein Saft abzieht, da er in den Preßtüchern und im Material selbst zurückgehalten wird; wenn man den Druck nachläßt, wird (vgl. die Quellungsgesetze) Saft
sogar zurückgesogen, sofern er noch nicht in den kleinen Vorratsbehälter

abgetropft war. Dies wird bei kleinen Proben vermieden, wenn man als Preßsatz
eine 20—30-cm³-Metallglycerinspritze[51] (vgl. Kreeb 1965b) verwendet
zusammen mit einer einfachen Bücherpresse oder einer umgebauten Schraub-
zwinge (Abb. 63, 67). Der hohle Kolben der Spritze besitzt den Vorteil, daß der
zwischen Kolben- und Zylinderwand nach Druckanwendung „kapillar" hochstei-
gende Preßsaft in jenen überfließt. Ist also erst einmal Saft abgepreßt worden, so
kann dieser nach dem Öffnen der Presse nicht mehr von der Probe zurückgesogen
werden. Preßtücher entfallen, zumindest bei xerophytisch, saftarmen Blättern,
wo sie gerade störend wären. Dieser sehr zweckmäßige Preßapparat ist zudem
billig herzustellen. Die Glycerinspritze muß allerdings etwas geändert werden.

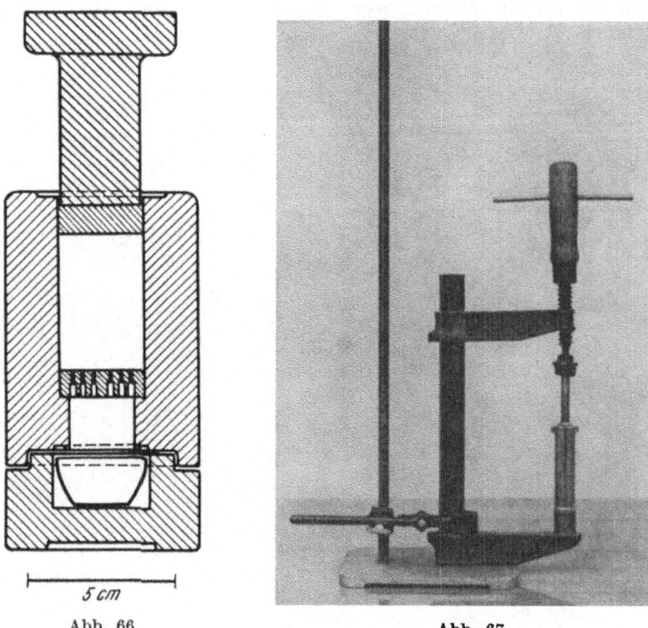

Abb. 66.   Abb. 67.

Abb. 66. Preßgefäß aus nichtrostendem Stahl (Bakterien-Preßgefäß zur Buchner-Presse mit geringen Abänderun-
gen). Für viele Fälle sind auch größere Abmessungen zweckmäßig. Nach Walter 1931 b.
Abb. 67. Schraubzwingenpresse mit Metallglyzerinspritze als Preßsatz.

Es ist notwendig, den Kolbenstiel, der serienmäßig aus weichem Messing besteht, auszutauschen gegen einen Stahlstab, der nicht biegbar ist. Außerdem muß
das Kanülenrohr auf ca. 1 cm gekürzt und verlötet werden. Wird eine Schraub-
zwinge als Preßvorrichtung verwendet, so genügt es, an ihr unten eine Auflage in
Form eines kleinen Rohres anzubringen, ebenso eine Führung oben, in welche der
Stahlstab gerade hineinpaßt, und den Holzdrehgriff durch einen Querstab griffiger
zu machen (Abb. 67).

Werden Preßtücher verwendet, so müssen diese nach dem Gebrauch mehrfach
in destilliertem Wasser ausgekocht und anschließend im Trockenschrank getrocknet werden. Sie können öfters benützt werden, auch wenn sie nach wieder-

---

[51] Einen Spezialpreßsatz für kleinste Probemengen konstruierte Scheumann
(1964).

holter Verwendung gefärbt bleiben. Sie geben (WALTER 1931 b) keine löslichen Stoffe ab. Der Preßsatz muß nach jeder Benutzung gut mit Wasser gespült und anschließend abgetrocknet werden. Zweckmäßigerweise verwendet man beim Preßsatz nach WALTER mehrere Siebplatten, die man über einer Sparflamme des Bunsenbrenners nachtrocknen lassen kann, oder mehrere Spritzen, die reihum nach Trocknung im Trockenschrank verwendet werden. Hat sich in den Sammelgefäßen, was im allgemeinen der Fall ist, an den inneren Wänden Kondenswasser gebildet, so muß dieses möglichst mit der in den Preßsatz zu übertragenden Probe aufgenommen werden oder mit einem kleinen Filtrierpapierstück, das man zum abzupressenden Material hinzugibt. Gelegentlich enthalten die Gewebe, so z. B. *Viscum* und *Opuntia*, Schleim, für welchen auch nach dem Abtöten wegen der großen Viskosität ein hoher Filtrationswiderstand besteht. Hierbei kommt man nur dann zum Ziel, wenn man bei niedrigen Drücken beginnt und eine langsame Drucksteigerung vornimmt. Treten in den Preßsaft, was nicht immer vermeidbar ist, Pflanzenfragmente mit über, so ist das ohne Einfluß auf die π^*-Werte, wie bereits HIBBARD und HARRINGTON (1913) zeigen konnten. Sie verglichen Preßsaft, der aus Pflanzenbrei bei 350 atm abgepreßt wurde, mit normal gewonnenem Pflanzenbrei. Die π^*-Unterschiede lagen bei weniger als 0,1 atm.

Liegt der Preßsaft vor und kann man die π^*-Messung aus zeitlichen Gründen nicht sofort durchführen, dann wird er in mit Gummistopfen verschließbaren Proberöhrchen im Kühlschrank aufbewahrt. Um Bakterienentwicklung oder Schimmelbildung zu vermeiden, gibt man einen Kristall Thymol hinzu. Nach THREN (1933/34), der sich mit der Frage des Sterilhaltens abgetöteter Proben ausführlich beschäftigte, kann man auch Toluol oder Campher verwenden. Sollen die Säfte über längere Strecken transportiert werden, empfiehlt es sich, die Röhrchen ihrerseits in passende Aluminiumdöschen einzuschließen oder den Saft in Ampullen mit Thymolzusatz einzuschmelzen.

δ) Preßsaftkonzentration und Zellsaftkonzentration

Vor Besprechung der eigentlichen Bestimmungsmethoden soll nun noch die Frage aufgeworfen werden, inwieweit der gewonnene Preßsaft als übereinstimmend mit dem wahren Mittelwert der Vacuolenflüssigkeit angesehen werden darf. Es wäre ja denkbar, daß bereits beim Abtöten enzymatische Veränderungen eintreten oder beim Abpressen ein Teil des Wassers zurückgehalten wird, demzufolge eine zu hohe Konzentration vorläge (BROYER 1939). Schließlich könnte hinzukommendes Zellwandwasser oder Gefäßflüssigkeit bei gefäßreichen Organen (BLUM 1958) einen Verdünnungseffekt bewirken.

Enzymatische Veränderungen beim Abtöten, auf deren Möglichkeit URSPRUNG und BLUM (1930) hingewiesen haben, konnte THREN (1933/34) völlig ausschließen. Er verglich mit dem üblichen Verfahren (Abtöten durch Erhitzen) Proben, die zunächst 1 Std. bei 40—50° C gehalten wurden, also im Bereich des Temperaturoptimums der Enzyme. Bei 13 Arten konnte kein nennenswerter Unterschied festgestellt werden, dagegen bei *Alliaria petiolata* (= *Sisymbrium alliaria*) eine Differenz von > 1 atm. Hierbei kommt als Ursache Senfölbildung in Frage, eine Folge fermentativer Spaltung[52]. Abgesehen von diesen Ausnahmen

---

[52] Eine solche tritt auch bei *Prunus laurocerasus* ein.

ist demnach die Methode des Abtötens durch Hitze allgemein geeignet. Es ist jedoch wichtig, die Temperatursteigerung innerhalb der Proben so rasch wie möglich zu erreichen. Bei Glas-Aluminium-Gefäßen dauert es nach Thren (1933/34) immerhin 20 min, ehe eine Temperatur von 90° C auftritt. Besser ist es, Glasspritzen direkt in kochendes Wasser zu hängen. Dabei steigt die Temperatur innerhalb von 4 min im Inneren der Probe auf ca. 85° C an. Nach 3 min sind bereits 75° C erreicht.

Werterhöhend könnten sich nach Oppenheimer (1932) auch Verdunstungsverluste bei der Probenentnahme und später beim Übertragen der Proben von den Sammelgläsern in die Preßzylinder auswirken. Rasches Arbeiten ist deshalb stets erforderlich, vor allem bei der Probenentnahme unter trockenwarmen Bedingungen. Wenn man dies berücksichtigt, ist jedoch der Einfluß dieser Fehler-

Tab. 14. *Vergleich der π^*-Werte von Preßsaft (a) mit vergleichbaren, auf die Gewichtsdifferenz löslicher Stoffe eingedickten Proben des wäßrigen Auszuges von bei 90° C getrocknetem Material (b).* Nach Thren 1933/34.

	a	b	Differenz
Picea excelsa	20,8	22,0	+ 1,2
Taxum baccata	15,8	16,7	+ 0,9
Buxus sempervirens	27,0	28,9	+ 1,9
Fagus silvatica	18,0	18,8	+ 0,8
Digitalis purpurea	10,6	9,4	− 1,2

quelle als gering anzusehen, so daß die π^*-Werte nicht nennenswert beeinflußt werden. Zu niedrige π^*-Werte könnten sich ergeben, wenn osmotisch aktive Substanzen im Preßkuchen zurückgehalten würden (Ursprung und Blum 1930). Dies könnte der Fall sein, wenn das Plasma trotz der Abtötung nicht für alle Stoffe, z. B. Kristalloide, permeabel würde, bzw. wenn die Zellwände gelöste Stoffe zurückhielten. Pisek und Cartellieri (1932a) hatten diese Frage geprüft, indem sie Preßsaft mit dem auf den Wassergehalt des Preßkuchens eingedickten wäßrigen Auszug aus diesem verglichen. Die Differenzen waren unerheblich. Hierbei blieb allerdings das Gewicht der im Zellsaft gelösten Substanzen unberücksichtigt im Gegensatz zu Vergleichsmessungen von Thren (1933/34), bei dem sich aber ebenfalls unwesentliche Differenzen ergaben (Tab. 14).

Die von Fitting (1911; vgl. bei Oppenheimer 1932) gemachten Einwände im Hinblick auf chemische Veränderung des Preßsaftes durch Metalleinwirkung im Preßsatz oder durch Luftsauerstoff werden leicht überschätzt. Erstere spielen nur bei Gerbstoffen eine Rolle, die aber osmotisch unwirksam sind; man kann sie ausschalten, wenn man nichtrostende Stähle oder verchromte Materialien, wie etwa bei den Glycerinspritzen, verwendet. Letztere betreffen nur Ausnahmefälle, sind dann allerdings zu berücksichtigen. Diese oxidative Schwärzung der Preßsäfte, welche leicht erkennbar ist, findet sich z. B. bei der *Kolanuß*, *Melampyrum*-Arten und Arten wie *Cytisus nigricans* und *Sarothamnus scoparius*. Über die Größe des Einflusses auf π^* liegen keine Untersuchungen vor. In diesen Fällen könnte eine Erniedrigung oder Erhöhung eintreten.

Von entscheidender Bedeutung für die Zuverlässigkeit des Preßsaftes ist jedoch der Einfluß des Gefäßwassers. Blätter mit ausgeprägten Mittelrippen und zahlreichen Sekundäradern werden Preßsäfte liefern, welche niedriger sind als der wahre Mittelwert der Vacuolenflüssigkeiten. OPPENHEIMER (1932) fand z. B. bei *Reseda lutea* einen π^*-Wert der Blätter, kryoskopisch bestimmt, von 16,4 atm. Die Achsen 2. Ordnung ergaben nur 14,1 atm. Diese Fehlerquelle läßt sich zweifellos nie ganz ausscheiden, wenngleich man sich prinzipiell etwa durch Herausschneiden der Mittelrippe behelfen könnte. Blattstiele sollten aus diesem Grunde nicht verwendet werden. Am besten würde man mit einer „Probenzange" (vgl. S. 147) fahren, welche es ermöglicht, Blatteile mit geringem Aderanteil auszustanzen. Da der Anteil von Gefäßsträngen bei Blättern im allgemeinen gering sein und höchstens einige Prozente ausmachen dürfte, wird die erniedrigende Wirkung auf π^* größenordnungsmäßig nicht so bedeutend sein. Es wäre allerdings eine Untersuchung wert, diese Frage zu prüfen.

Tab. 15. *π^*-Werte von Nadeln (N), Stengelteilen (S) und ganzen Sprossen (N + S)*. Nach THREN 1933/34.

	N	S	N + S
Picea abies I	24,4	17,1	22,0
II	26,0	17,4	23,0

Wenn in der hier vertretenen Hypothese das Hydraturgleichgewicht Plasma ⇌ Vacuole als entscheidend angesehen wird, dann muß in jedem Fall darauf geachtet werden, ob auch tatsächlich π^*, also der für die Vacuolen gültige Mittelwert, gemessen wird. Dies ist z. B. nicht der Fall, wenn man bei *Picea* der Einfachheit halber und um Transpirationsverluste beim Einsammeln zu vermeiden, ganze Sproßstücke verwendet (THREN 1933/34, Tab. 15).

Die gefundenen Meßwerte lassen sich jedoch, bei einem Fehler von 2—3 atm, zur relativen Indikation der Plasmahydratur verwenden, z. B. zur Feststellung des Jahresganges. Es muß aber stets genau angegeben werden, wie der Preßsaft gewonnen wird. In einigen Fällen konnte kein Einfluß des Gefäßwassers festgestellt werden, z. B. bei *Picea engelmanii* und *Pseudotsuga mucronata* (vgl. WALTER 1963b). Dennoch muß man sich vor Verallgemeinerungen hüten.

Daß bei „normalem" Blattgewebe von *Chamaerops humulis* der Preßsaft zumindest nicht hypertonisch ist, konnten DIXON und ATKINS (1913a, b, 1915) auf sehr originelle Weise zeigen. Sie legten Blattschnitte in Preßsaft abgetöteter Proben; es trat dabei keine Plasmolyse auf.

Den direkten Beweis, daß die π^*-Werte bei toten und lebenden Geweben gleich sind und mit denen der Preßsäfte übereinstimmen, erbrachten WALTER und WEISMANN (1936). Den Autoren gelang unter Verwendung einer kalorimetrischen Methode für homogene Gewebe der Nachweis, daß die Gefrierflächen von lebendem und totem Gewebe gleich sind. In der Abb. 68 ist das Ergebnis für Kartoffelknollengewebe dargestellt. Die Gefrierfläche des toten Gewebes ist $f_1 + f_3$, die des lebenden Gewebes $f_2 + f_3$. Da $\dfrac{f_1 + f_3}{f_2 + f_3}$ annähernd 1 ergeben, muß sich dieselbe Eismenge im toten und lebenden Gewebe bilden. Dasselbe Resultat ergab sich bei Roten Rüben und Tabakstengeln. Alle diesbezüglichen Einwände (Carrick 1930, Curtis und Scofield 1933, Jaccard und Frey-Wyssling 1934) beruhen auf direkten Gefrierpunktsbestimmungen im lebenden Gewebe, die mittels Thermonadeln ausgeführt worden sind. Diese Methode ist nicht zuverlässig, wie bereits von Maximov (1914) erkannt worden ist. Denn die Eisbildung in lebendem Gewebe erfolgt unregelmäßig, und es lassen sich nacheinander mehrere Gefrierpunkte feststellen. Dies zeigen auch die neueren diesbezüglichen Untersuchungen von Hatakeyama (1961) und Hatakeyama und Kato (1965), welche unnötigerweise in Richtung auf sogenanntes „bound water" gedeutet werden (vgl. Walter 1963b und S. 25). Die verschiedenen scheinbaren

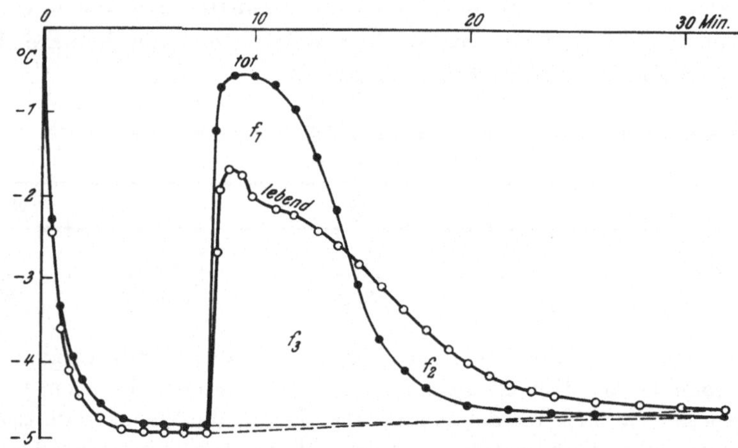

Abb. 68. Gefrierkurven von totem (●——●) und lebendem Gewebe (○——○) der Kartoffelknolle, das zunächst auf — 5° C unterkühlt und dann zum Gefrieren gebracht wird, wobei die Temperatur anfangs rasch ansteigt und dann wieder langsam auf — 5° C sinkt. Relative Gefrierfläche des toten Gewebes $f_1 + f_3 = 266$, des lebenden Gewebes $f_2 + f_3 = 268$. Da die Gefrierflächen gleich sind, bildet sich dieselbe Eismenge im toten und im lebenden Gewebe. Das gilt auch für Gewebe aus Roten Rüben und von Tabakstengeln. Nach Walter und Weismann 1936 aus Walter 1965.

Gefrierpunkte sind methodisch bedingt, weil die Voraussetzungen für eine einwandfreie Gefrierpunktsbestimmung im lebenden Gewebe nicht gegeben sind. Es werden dabei ja Zellen angestochen und wohl auch durch die Kälteeinwirkung (Badtemperatur mindestens — 5° C) z. T. abgetötet[53]. Mehr oder weniger starke Streuungen in den von einer Thermonadel erfaßten kleinsten Gewebebereichen sind daher nicht auszuschließen.

Auch beim Vergleich von totem Gewebe und Preßsaft können die gefundenen nicht allzu großen Differenzen auf die Ungenauigkeit der Bestimmung im Gewebe zurückgeführt werden, so daß die Annahme gleicher π^*-Werte bei beiden gerechtfertigt ist (Walter und Weismann 1936).

Zu klären ist nun noch der Einfluß von Zellwandwasser und Preßdruck. Gaff und Carr (1961) kamen bei *Eucalyptus globulus*-Zellwandmaterial zu dem Ergebnis, daß dieses bis 150% seines Trockengewichtes an Wasser aus einer

---

[53] Gefrierpunktbestimmungen setzen eine gleichmäßige Temperatur im gesamten Objekt voraus (Rühren der Flüssigkeit oder des Breies). Dies trifft bei lebendem Gewebe nicht zu.

dampfgesättigten Atmosphäre aufzunehmen vermag. Dieser hohe Wert entspricht ca. 40% des Wassergehaltes aufgesättigter Blätter, und die Autoren folgerten, daß in solchen Fällen Verdünnungseffekte auf den Preßsaft und daher zu niedrige π^*-Werte unvermeidlich wären. Da von ihnen jedoch besonders präpariertes Zellwandmaterial, das frei von löslichen Bestandteilen und Protein war, zunächst gepulvert und dann in Tablettenform zur Aufquellung gebracht wurde, liegen ziemlich unnatürliche Bedingungen vor. KREEB (1965d) verwendete daher zur Nachprüfung dieser Einwände ganze, über $CaCl_2$ bei 31% Luftfeuchtigkeit nach vorhergehender Auswaschung getrocknete Blätter. Bei diesen wurden demnach alle quellbaren Blattsubstanzen, Cellulosen und Proteine etc., zusammen

Abb. 69. Vergleich Trockensubstanz—Wassergehalt bei *Eucalyptus globulus* (*a*, nach GAFF und CARR 1961), *E. aggregata* (*b*) und *niphophila* (*c*), *Ilex aquifolium* Sonnenblätter (*d*) und Schattenblätter (*e*, nach KREEB 1965d). *O—GT* Gesamttrockensubstanz; *O—TA* Trockensubstanz ohne lösliche Bestandteile; *GT—TA* lösliche Trockensubstanz; *O—SW* Sättigungswassergehalt; *O—TW* Wassergehalt der frischen Blätter; *O—QW* maximaler Quellungswassergehalt; *O—RW* Restwassergehalt nach dem Auspressen bei 100 atm; *O—TZ* Trockensubstanz nur von Zellwandmaterial; *O—QZ* maximaler Quellungswassergehalt des Zellwandmaterials = 150% von *O—TZ* bei *a*.

untersucht, da ja strenggenommen nicht nur das Zellwandwasser, sondern auch das Plasmawasser auf die Konzentration von π^* von Einfluß sein muß. Die Ergebnisse sind denen von GAFF und CARR (1961) in Abb. 69 gegenübergestellt. Man erkennt, daß die maximale Quellung bei *Eucalyptus aggregata* (b) ca. 63% des Sättigungswertes lebender Blätter erreicht. Dieser Wert ist sogar noch höher als der von GAFF und CARR (1961) bei *Eucalyptus globulus* gefundene.

Das erklärt sich dadurch, daß hierbei die gesamte Trockensubstanz, lediglich abzüglich der löslichen Bestandteile, zur Aufquellung gebracht wurde. Bei *Eucalyptus niphophila*, *Ilex aquifolium*, Sonnen- und Schattenblättern, sind die entsprechenden Quellungswerte in % der Sättigungswerte 34, 36,5 und 17,8. Man erkennt aus letzteren, daß der Effekt mit der Abnahme des Xerophyliegrades (Zunahme des Sättigungswassergehaltes) abnimmt.

Wenngleich hierdurch also die Ergebnisse von GAFF und CARR (1961) bestätigt werden, muß doch ihre Interpretation angezweifelt werden. Denn weder im Plasma (vgl. S. 60ff.) noch in der Zellwand wird unter natürlichen Bedingungen das Quellungsmaximum erreicht, da dem vorhandenen Turgordruck ein entsprechender Quellungsdruck entspricht. Bei vorhandenen Wasserdefiziten ist für den Quellungsgrad der Zellwände außerdem die in diesem Stadium feststellbare Saugspannung an der Zelloberfläche (Wasserpotential) maßgebend. Wenn schließlich noch berücksichtigt wird, daß schon bei geringstem Preßdruck von bis zu 2,5 atü aus solchermaßen aufgequollenen toten Blättern ein großer Teil des Quellungswassers abgegeben wird (Abb. 70), so kann der von Gaff und Carr (1961) befürchtete Verdünnungseffekt keine allzu große Rolle spielen, insbesondere nicht bei Mesophyten und bei Trockenbedingungen. Der Wassergehalt bei 10 atü Preßdruck kommt demjenigen von 100 atü schon sehr nahe, so daß bei in lebendem Zustand vorhandenem Turgordruck respektive bei Saugspannungen von einigen atm kaum viel Wasser aus Zellwänden beim Abpressen mit einem Preßdruck bis zu 100 atü zu erwarten ist.

Die Höhe des Preßdruckes ist, wie sich verschiedentlich zeigte, praktisch ohne Einfluß auf π^*. Es kommt in erster Linie darauf an, den größten Teil des

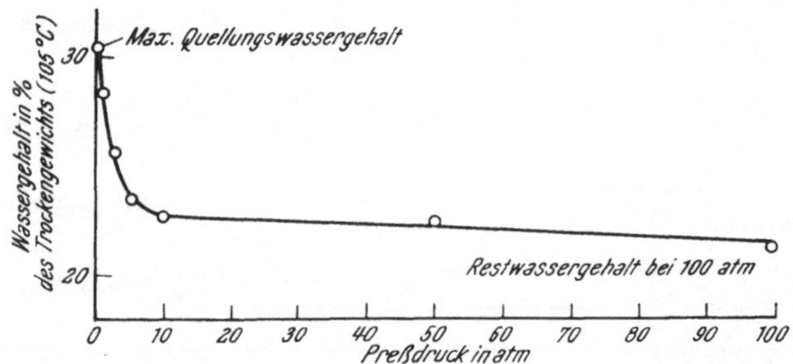

Abb. 70. Entquellungskurve in Abhängigkeit vom Preßdruck bei im Dampfraum über Wasser maximal gequollenen Primärblättern von *Eucalyptus globulus*. Nach Kreeb 1965 d.

Saftes abzupressen, was bei Drücken von 20—50 atü bereits schnell erreichbar ist. Einheitliches Arbeiten ist in jedem Fall anzuraten, d. h., wenn, wie bei der hydraulischen Presse, eine Druckkontrolle an einem Manometer möglich ist, sollte man stets z. B. 100 atü als obere Grenze einhalten. Die bei verschiedenem Preßdruck abgehenden Fraktionen wurden von Walter (1928) getrennt untersucht (Abb. 71). Es zeigte sich, daß die Werte zwar bei höherem Druck etwas absanken. Der anteilmäßig richtige Mittelwert von 13,1 atm steht jedoch in guter Übereinstimmung mit den Fraktionen bei 25, 50 und 100 atü Preßdruck. Der größte Teil des Saftes (80%) ging bereits bei 5 atü ab, im Gegensatz zu lebendem Gewebe, bei welchem das entsprechende Maximum erst bei 50 atü liegt. Die gesamte Saftmenge betrug hier jedoch weniger als ein Viertel derjenigen der abgetöteten Probe.

Die niedrigeren π^*-Werte bei den oberen Fraktionen sind schwer zu erklären, da Kreeb (1965d) bei *Eucalyptus globulus* zunächst eine Zunahme, dann eine Abnahme erhielt (Abb. 72). Die gleichzeitig bestimmten, sich nicht proportional ändernden Refraktometerwerte weisen auf Stoffverschiebungen in den einzelnen Fraktionen hin. Ohne dieses Phänomen näher zu erklären, ergibt sich jedoch auch hierbei eine gute Übereinstimmung des Mittelwertes mit den einzelnen Fraktionen. (Über stoffliche Zusammensetzung vgl. Knodel 1938.)

Zusammenfassend darf gesagt werden, daß die immer wieder gemachten Einwände gegen die kryoskopische Methode größenordnungsmäßig, also gemessen etwa an den oft beträchtlichen jahreszeitlichen Differenzen, keine Rolle spielen. Der Preßsaft abgetöteter Proben entspricht in den meisten Fällen dem wahren Mittelwert von π^* der Vacuolen. Ausnahmen können allerdings infolge von verschiedenen Ursachen auftreten, weshalb stets eine kritische Prüfung der

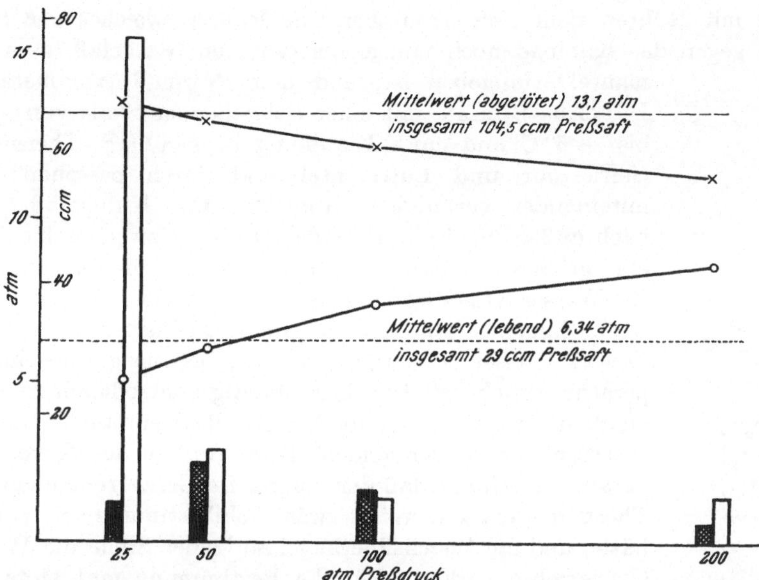

Abb. 71. Preßsaftmenge in ml (Säulchen) aus 188 g lebenden *Helianthus*-Blättern (schraffiert) und 182 g abgetöteten (weiße Säulchen) bei fraktioniertem Auspressen unter Drucksteigerungen von (25, 50, 100 und 200 atm). Die Kurven geben die potentiellen osmotischen Drücke (in atm) der einzelnen Preßsaftfraktionen wieder (lebend ○———○, abgetötet ×———×). Mittelwerte gelten für die gesamte Preßsaftmenge. Nach WALTER 1928 aus WALTER 1963 b.

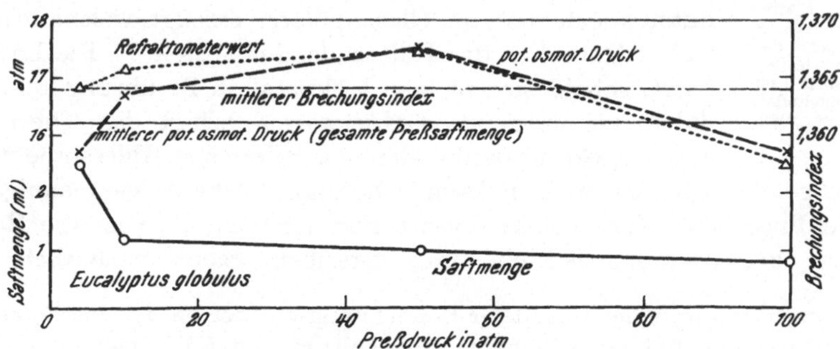

Abb. 72. Saftmenge, potentieller osmotischer Druck und Brechungsindex in Abhängigkeit von niedrigem und hohem Preßdruck bei *Eucalyptus globulus*. Nach KREEB 1965 d.

Methode vor Beginn jeder Untersuchung notwendig ist, vor allem, wenn mit Pflanzenmaterial gearbeitet wird, über das bislang noch keine Erfahrungen vorliegen. Daß stets mit Mittelwerten gearbeitet werden muß, haben wir bereits früher (S. 118, 121) ausgeführt.

ε) Apparaturen zur kryoskopischen Bestimmung von π* und dessen Berechnung

Sehr genaue Bestimmung von π* lassen sich bereits mit dem Mikrokryoskop nach Drucker-Burian[54] (Burian und Drucker 1910) durchführen. Es besteht (Walter 1931b; vgl. Paech und Simonis 1952; Steubing 1965) aus einem Kühlbad mit Rührer, dem Gefrierröhrchen mit Rührer, welches zur besseren Isolation gegen das Kühlbad noch von einem größeren Glasgefäß, dem „Luft-

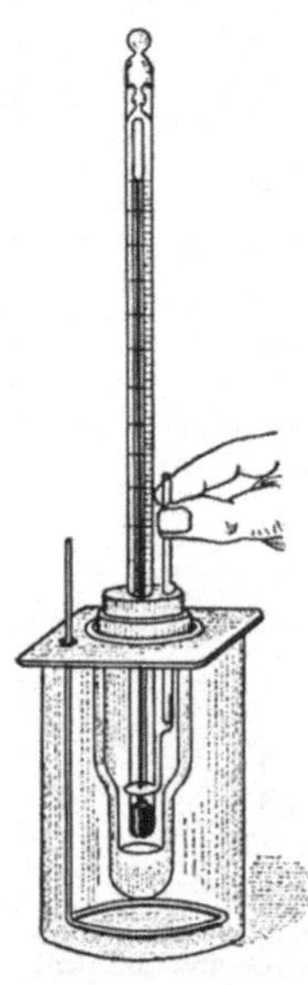

Abb. 73. Mikrokryoskop nach Drucker-Burian: Kühlgefäß mit Rührer, Luftmantel, Gefrierröhrchen mit Thermometer und Platinrührer. Die Ableselupe, die an das Thermometer festgeklemmt wird, ist nicht abgebildet. Nach Walter 1928.

mantel", umgeben ist, und dem Normalthermometer nach Drucker-Burian mit einer feststehenden Skala von + 0,5° C bis — 5° C und einer Einteilung in 1/50° C[55]. Thermometer, Gefrierrohr und Luftmantel sind durch passende Korken miteinander verbunden (Abb. 73). Das Kühlgefäß, welches nach außen hin isoliert werden sollte — zweckmäßig ist auch ein größeres Thermosgefäß —, dient zur Aufnahme einer Eis-Wasser-Salz-Mischung, die auf — 8 bis — 10° C eingestellt wird. Zunächst gibt man hierfür zerkleinertes Eis mit ca. ein Drittel Wasser zu, dann Streusalz, bis die gewünschte Temperatur erreicht ist. Um diese ständig kontrollieren zu können, empfiehlt es sich, ein in das Kühlbad eintauchendes Kältethermometer zu verwenden. Beim Aufbau des Kryoskops ist darauf zu achten, daß der Rührer im Gefrierrohr nicht an der Thermometerwand reibt, was Fehlbestimmungen zur Folge hätte, und die Quecksilberkugel an keiner Stelle die Wand des Gefrierrohrs berührt. Für die Bestimmung muß stets so viel Saft bzw. Wasser für die Nullpunktbestimmung eingefüllt werden, daß die Quecksilberkugel davon ganz bedeckt ist. Bei der eigentlichen Messung kommt es nun darauf an, zunächst die zu bestimmende Flüssigkeit zu unterkühlen; dann wird mit einem Eiskristall geimpft, den man zweckmäßigerweise mit unten angefeuchteten Glaskapillaren erzeugt, welche man in ein weites Röhrchen des Kältebades hineinstellt[56]. Die Lösung gefriert, sobald sie mit dem Eiskristall in Berührung kommt; die dabei frei werdende Gefrierwärme bringt das Thermometer auf den Gefrierpunkt, der mit Hilfe einer Ableselupe noch auf 2/1000° C genau abgelesen werden kann. Die tatsächliche Ablesegenauigkeit beträgt allerdings beim Normalthermometer nur 1/50° C; doch ist die Reproduzierbarkeit der Ablesung bei ein- und derselben Probe wesentlich besser.

---

[54] Es wurde ursprünglich mit dieser Bezeichnung von der Fa. R. Goethe in Leipzig gebaut und kann heute über W. Schulze, Heppenheim, und WTW, Göttingen, bezogen werden. Steubing (1965) beschreibt eine selbstherstellbare Ersatzapparatur.

[55] Ein Beckmann-Thermometer ist nicht notwendig, da die biologisch bedingte Streuung zwischen Parallelproben weit größer ist, als der apparativen Genauigkeit bei Verwendung von Normalthermometern entspricht. Außerdem sind mehrere Messungen von geringerer Genauigkeit wenigen sehr genauen Bestimmungen in der Beurteilung öko-physiologischer Probleme vorzuziehen.

[56] Zweckmäßiger, weil bruchsicher, sind Iridiumdrähte, Drähte aus nichtrostendem Stahl oder dünne Kanülenrohre.

Aufeinanderfolgende Messungen gelten als gesichert, wenn die Schwankung zwischen ihnen nicht größer ist als 6/1000° C.

Da der Gefrierpunkt abhängig ist von der Stärke der Unterkühlung, welche ja durch die frei werdende Gefrierwärme kompensiert werden muß, ist es erforderlich, bei den eigentlichen Bestimmungen stets 1° C unter den richtigen Gefrierpunkt zu unterkühlen. Diesen bestimmt man zunächst grob bei einer Vorbestimmung, wobei generell auf — 4° C unterkühlt wird. Da eine Probe wegen des Luftmantels nur langsam abkühlt, ist es außerdem ratsam, eine weitere Öffnung in der Abdeckung des Kühlbades anzubringen, durch welche das Gefrierrohr mit Thermometer bei Beginn der Messung in direkte Berührung mit dem Eisbad gebracht werden kann. Um die Abkühlung zu beschleunigen, kann der Rührer vorsichtig bewegt werden. Zu rasches Rühren führt häufig zu verfrühtem Gefrieren, vor allem bei Wasser und verdünnten Lösungen. Kommt man in die Nähe des Gefrierpunktes, wird das Gefrierrohr, nach kurzem Abtrocknen, in den Luftmantel übertragen. Hier sinkt die Temperatur nur langsam ab, und man kann dann bei der vorgesehenen Temperatur impfen. Die Impfkapillare wird durch eine Aussparung im Korken zwischen Gefrierrohr und Luftmantel eingeführt. Sobald die Lösung gefriert, ist gleichmäßiges Rühren, ca. 2mal auf und ab pro sec, notwendig. Abgelesen wird die höchste Temperatur, wobei man zur Kontrolle so lange warten sollte, bis die Temperatur wieder zurückgeht. Da der dem Wasser entsprechende Nullpunkt (WALTER 1931b) nicht mit der Nullmarke auf dem Thermometer übereinstimmt, ist es notwendig, vor Beginn einer Meßserie diesen mit aqua dest. zu kontrollieren.

Grundsätzlich können größere Streuungen bei den einzelnen Bestimmungen vermieden werden, wenn man möglichst gleichmäßig arbeitet. So konnte z. B. festgestellt werden, daß auch die Art des Auftauens nach dem Gefrieren mit in die nächstfolgende Messung eingeht. Die Gefrierpunkte liegen höher, wenn man das ganze Gefrierrohr in der Hand hält im Gegensatz zur Erwärmung nur des unteren, von Flüssigkeit erfüllten Raumes. D. h., daß also die Temperaturverhältnisse in den Glasröhren möglichst gleich sein sollen. Das gilt auch für die Temperatur des Quecksilberfadens. Deshalb darf das Fallen des Meniskus nicht zu rasch erfolgen, und beim Auftauen sollte man diesen nur bis zu einer bestimmten Höhe ansteigen lassen.

Selbstredend müssen vor jeder neuen Bestimmung Impfkapillaren, Thermometer und Gefrierrohr sorgfältig gereinigt und getrocknet werden. Bei einigem Geschick gelingt pro Tag die Verarbeitung von 20—30 Proben einschließlich abpressen.

Zum besseren Verständnis fügen wir ein Meßprotokoll an:

1. Nullpunktbestimmung von Wasser (vgl. SLAVIK 1952, S. 139)

		Gefrierpunkt in ° C
a)	Vorbestimmung bei Unterkühlung auf — 4° C	+ 0,064
b₁)	Eigentliche Bestimmung bei Unterkühlung auf — 1° C	+ 0,060
b₂)	wie b₁)	+ 0,061
b₃)	wie b₁)	+ 0,059
b₄)	wie b₁)	+ 0,059
Mittelwert von 1 b₁) — 1 b₄)		+ 0,060

2. Gefrierpunktbestimmung bei Preßsaft

a) wie 1 a)	— 1,563
b₁) wie 1 b₁)	— 1,542
b₂) wie 1 b₁)	— 1,540
b₃) wie 1 b₁)	— 1,540
b₄) wie 1 b₁)	— 1,544
Mittelwert von 2 b₁) — 2 b₄) (Δ'')	— 1,542

Nullpunktkorrektur: Δ'' + Nullpunkt $H_2O = \Delta' =$ — 1,602
(Bei Nullpunkt-H_2O-Werten < 0 wird entsprechend subtrahiert)

Δ' entspricht noch nicht der richtigen Gefrierpunktserniedrigung, da, wie Walter und Thren (1934, vgl. auch Walter 1936 a) zeigen konnten, eine Unterkühlungskorrektur erforderlich ist. Sie ist deshalb notwendig, weil die Restlösung nach dem Ausfrieren von Eis konzentrierter ist als die ungefrorene Lösung. Diese Tatsache macht verständlich, daß die Unterkühlungskorrektur mit zunehmender Konzentration zunimmt, also in Abhängigkeit vom Gefrierpunkt. Die von Harris und Gortner (1914) angewendete Korrekturformel

$$\Delta = \Delta' \, (1\text{—}0{,}0125 \, u) \tag{115}$$

(u = Unterkühlung in $°$ C) reicht nach Walter (1931 b) bei dem Mikrokryoskop nach Drucker-Burian nicht aus. Sie würde nur bei vollständiger Wärmeisolation der zu bestimmenden Lösung gelten. Walter und Thren (1934) bestimmten daher die Unterkühlungskorrektur (K) empirisch bei Zuckerlösungen. Sie beträgt bei der oben angegebenen Arbeitsweise, nur gültig für das verwendete Thermometer und Gerät,

$$K = 0{,}044° \text{ C} + 0{,}038 \, \Delta'. \tag{116}$$

K ist von Δ' abzuziehen, folglich ergibt sich für das oben genannte Beispiel

$$\Delta = 1{,}602° \text{ C} \, (\Delta') \text{—} 0{,}105° \text{ C} = 1{,}497° \text{ C}. \tag{117}$$

Die für Δ' von $0°$ C bis $5{,}9°$ C gültigen Korrekturwerte sind im Tabellenanhang (X, 16) angegeben (nach Walter 1936 a).

Die Berechnung der den Δ-Werten zugehörigen π^*-Werte kann nach Harris und Gortner (1914) nach der von Lewis (1908) abgeleiteten Formel durchgeführt werden:

$$\pi^*_{ZS} = 12{,}06 \, \Delta \text{—} 0{,}021 \, \Delta^2. \tag{118}$$

Sie gilt für konzentrierte Lösungen[57]. Im allgemeinen kann auf das 2. Glied der rechten Seite verzichtet werden. Walter (1931 b) stellte eine Tabelle zusammen, die es gestattet, für Δ-Werte von $0°$ C bis — $5{,}99°$ C die zugehörigen π^*-Werte direkt abzulesen (Tabellenanhang X, 15).

Der so gefundene π^*-Wert (im Beispiel 18,0 atm) gilt für die Temperatur des Gefrierpunktes. Ist es aus bestimmten Gründen notwendig, die Werte

---

[57] π^*-Werte von Lösungen verschiedener Konzentration sind im Tabellenanhang (X, 10—14) aufgeführt.

bei höheren Temperaturen zu kennen, z. B. bei 20° C, etwa für den Vergleich mit den Saugspannungswerten, so kann die Umrechnung nach der Formel

$$\pi^*{}_{t\,^\circ\mathrm{C}} = \pi^*{}_{0^\circ\mathrm{C}}\left(1 + \frac{t\,^\circ\mathrm{C}}{273}\right) \tag{119}$$

erfolgen, wobei strenggenommen zunächst der 0° C-Wert ausgerechnet werden muß. Die Formel für die Berechnung eines beliebigen $\pi^*{}_{t_1}$-Wertes in einen beliebigen $\pi^*{}_{t_2}$-Wert lautet (t in ° C):

$$\pi^*{}_{t_2} = \frac{\pi^*{}_{t_1}}{\left(1 + \dfrac{t_1}{273}\right)}\left(1 + \frac{t_2}{273}\right). \tag{120}$$

Da die Differenzen beträchtlich sind, sollte generell angegeben werden, für welche Temperatur ein π^*-Wert gilt. Lediglich für Werte, die der Gefriertemperatur entsprechen, kann man auf eine nähere Angabe verzichten (für die Umrechnung von Gefriertemperatur auf 20° C vgl. Tabellenanhang X, 17).

Wir haben die von WALTER (1931b) eingeführte Standardmethode deshalb so ausführlich besprochen, weil sie ohne viel Aufwand eingesetzt werden kann und bisher tatsächlich auch bei zahlreichen Untersuchungen in allen Klimagebieten der Erde verwendet worden ist. Es hat nicht an Versuchen gefehlt, Verbesserungen anzubringen. SLAVIK (1952) und KREEB (1957) verwendeten ein automatisches Rührwerk mechanischer Bauart, und im Kryoskop DRUCKER-BURIAN-KREEB der Fa. Schulze, Heppenheim, wurde dann ein elektromagnetisches Rührwerk entwickelt. Dieses Kryoskop besitzt außerdem eine Kältemaschine mit thermostatischer Regelung, wodurch das ganze Gerät jedoch sehr unhandlich wird.

KREEB (1957) schlug vor, ohne Luftmantel zu arbeiten. In diesem Fall ist eine besondere apparative empirisch festzustellende Korrektur erforderlich, die jedoch mit der Unterkühlungskorrektur zusammengefaßt werden kann, da sich hierbei auch zu tiefe Werte ergeben. Es muß hier nochmals darauf hingewiesen werden, daß diese Korrekturen stets nur für ein bestimmtes Gerät gelten. Bei technischen Änderungen ist es notwendig, auch die Unterkühlungskorrektur und die Korrektur für das Arbeiten ohne Luftmantel neu zu bestimmen.

Da sich gelegentlich Schwierigkeiten ergeben bei der Gefrierpunktbestimmung von Wasser, empfahl SLAVIK (1952) die von der Außentemperatur abhängigen Nullpunktschwankungen indirekt mit einer Salzlösung zu erfassen. Hierbei braucht dann der Nullpunkt von Wasser nur einmal sehr genau bestimmt zu werden. Allerdings muß man dafür Sorge tragen, daß sich die Konzentration der Lösung nicht ändert. Entscheidende Vereinfachungen sind im tragbaren elektronischen Mikrokryoskop nach KREEB (1965b, Abb. 74) vorgenommen worden. Im Prinzip liegt hier eine Temperaturmessung mit einem Thermistor zugrunde (KREEB 1964b). Der elektrische Widerstand der Thermistoren ist stark temperaturabhängig. Er kann mit einer Wheatstone-Brückenschaltung und entsprechender Verstärkung sehr genau bestimmt werden. Als Meßkopf eignet sich ein Gerät der Fa. Knauer, Berlin, besonders gut. Das Gefrieren wird hierbei mittels eines Schwingrührers ausgelöst, der exzentrisch auf der Achse eines kleinen Elektromotors angebracht ist. Wegen der Kleinheit der „Zwergthermistoren“

($\emptyset$ ca. 1—2 mm) werden nur noch ungefähr 0,2 cm³ Preßsaft benötigt. Da die Anzeige über ein µ-Amperemeter erfolgt, kann man dieses direkt in atm eineichen. Eine besondere Drucktastenschaltung ermöglicht das Einschalten einer gröberen Empfindlichkeitsstufe (geeicht in ° C) zur Kontrolle der Temperatur im Gefrierröhrchen. Rühren entfällt ganz. Bei der Messung geht man so vor, daß zunächst im groben Meßbereich der Temperaturabfall beobachtet wird. Bei (stets) — 7° C (es kann auch — 6° C oder — 8° C genommen werden) wird der Schwingrührer betätigt. Beim Gefrieren springt der Zeiger zurück, gleichzeitig wird der emp-

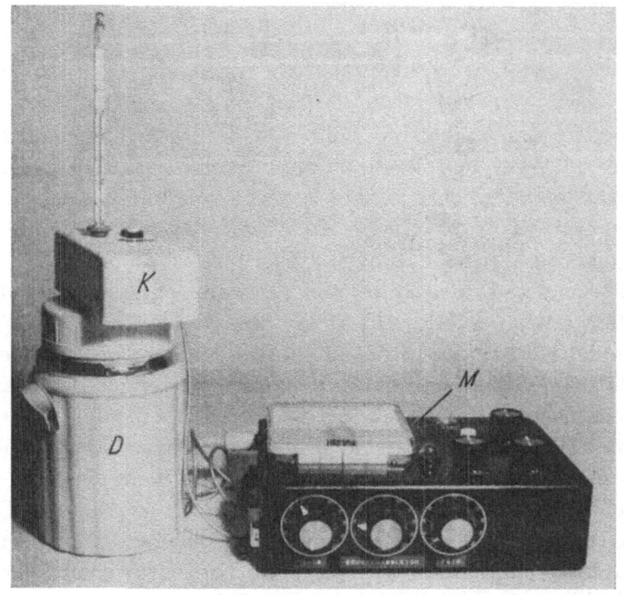

Abb. 74. Elektronisches Mikrokryoskop nach Kreeb 1965 b, verbessert. *M* Meßbrücke, *K* Meßkopf nach Knauer, *D* Dewargefäß zur Aufnahme des Kühlbades.

findliche Meßbereich eingeschaltet und der Atmosphärenwert von π^* direkt abgelesen. Die Eichung erfolgt mit H_2O (einzuregulieren auf 0 µA) und, wegen der leichten Nichtlinearität der oberen Skala, mit wenigstens 2 NaCl-Konzentrationen, z. B. 25 atm und 50 atm. Bei diesem Gerät entfällt natürlich auch die Unterkühlungskorrektur, da sie bereits bei der Eichung, die vor jeder Meßserie zu wiederholen ist, mit eingeht. Zu beachten ist auch, daß die abgelesenen Werte für die Temperatur gelten, die den Eichlösungswerten zugrunde liegen. Bezüglich der Einzelheiten muß auf die Originalarbeit verwiesen werden. Neuerdings (Kreeb und Bogner 1967) wird an Stelle des selbstgebauten Gleichstrom-Transistorverstärkers ein Serien-Chopper-Verstärker der Fa. Knick, Berlin, verwendet, wodurch die Temperaturabhängigkeit und das hierdurch bedingte ständige Nacheichen des Verstärkers entfallen.

Eine handliche serienmäßige Brücke baut die Fa. Knauer, Berlin. Sie hat den Nachteil, daß keine 2 Eichbereiche einstellbar sind, die sich aber als sehr bequem bei Serienuntersuchungen erweisen. Dieselbe Firma liefert auch ein thermoelektrisches Kühlgerät, welches mit Akkumulatorspannung betrieben werden kann. Da jedoch auch hierbei mit Eis gekühlt werden muß, kann man genausogut mit einer Eis-Wasser-Salz-Mischung arbeiten.

Ein ähnliches Meßprinzip liegt den Geräten zugrunde, bei welchen die Gefrierpunkte mit Thermofühlern bestimmt werden. RICHARDS und CAMPBELL (1948) beschreiben einen geeigneten Apparat, wobei jedoch 5 ml Lösung notwendig sind. Als Anzeigeinstrument dient hierbei ein Galvanometer. Bei MARR und VAADIA (1961) sind zwar nur 1—2 Tropfen Saft erforderlich, doch können nur Lösungen bis 6 atm gemessen werden.

Für sehr kleine Saftmengen (1 mm³) hatte MOSEBACH (1940) im Anschluß an DRUCKER und SCHREINER (1913) ein Verfahren entwickelt, das allerdings etwas zeitraubend ist. Pro Bestimmung muß man dabei mit 2—3 Std. rechnen, weil sehr langsam unterkühlt werden muß. Der Preßsaft ist dabei in eine Kapillare eingeschlossen, welche ihrerseits dicht an der Quecksilberkugel des Normalthermometers anliegt. Thermometer mit Kapillare tauchen in ein Kühlbad, in welchem die Temperatur langsam gesenkt wird. Mit einem Horizontalmikroskop beobachtet man den Übergang vom klaren zum getrübten Zustand des Preßsaftes in der Kapillare, der dem Gefrierpunkt entspricht. Noch günstiger ist es, nach vorherigem Gefrieren den Auftaupunkt zu bestimmen.

In diesem Zusammenhang wird auch eine Methode zur Preßsaftgewinnung aus kleinsten Gewebestücken beschrieben. Eine Verbesserung der Methoden unter Verwendung von Thermostaten und elektronischer Programmierung könnte für zahlreiche zell- und gewebephysiologische Untersuchungen einen erheblichen Fortschritt bedeuten. Nur 10⁻⁴—10⁻³ mm³ an Flüssigkeit benötigt man bei dem Verfahren nach KESSELER (1958; vgl. auch RAMSEY 1949, HARGITAY u. a. 1951, KINNE 1952). Zur Gewinnung des Zellsaftes wird das Material wie bei MOSEBACH (1940) unter Paraffinöl angeschnitten und ausgepreßt. Dieses Verfahren eignet sich besonders zur Untersuchung von Meeresalgen wie z. B. *Chaetomorpha*, bei denen sowohl die plasmolytische als auch die kryoskopische Methode nach WALTER (1931 b) versagt.

Gegenüber MOSEBACH (1940) wurden von KESSELER (1958) entscheidende apparative Verbesserungen gemacht[58]. In einer gut mit Styropor isolierten Plexiglasküvette läßt sich durch Kühlung bzw. Heizung eine bestimmte Temperatur einstellen. Ständige Umwälzung des thermostatischen Bades, welche ein mit einem Permanentmagneten versehenes Schaufelrad, exzentrisch angebracht, übernimmt, ist Voraussetzung für einwandfreie Messungen. Die Beheizung erfolgt übrigens direkt und vollkommen trägheitslos durch Schwachstrom, den man über Elektroden in das durch Elektrolytzusatz leitend gemachte Bad einspeist. Für die Temperaturkontrolle eignet sich ein Quecksilberthermometer mit 1/100° C-Skalenteilung am besten. Die Beobachtung der Gefrierverhältnisse der in zugeschmolzenen Kapillaren an einem Kapillarträger im Kühlbad aufbewahrten, zu bestimmenden Lösungen bzw. Preßsäfte erfolgt im polarisierten Licht mit Hilfe eines Zeiss-Stereomikroskopes. Die Eiskristalle leuchten dabei auf. Kleinste Eisspuren sind mühelos zu erkennen.

---

[58] Das hier geschilderte Gerät entspricht der neuesten Ausführung (noch unveröffentlicht; briefliche Mitteilung).

c) Andere Methoden zur Bestimmung von π^*

α) Dampfdruckmethoden

Eine sehr bequeme Methode zur Bestimmung von π^*_{ZS} ist das Dampfdruck-osmometerverfahren (Gerät der Fa. Knauer, Berlin). In einem kleinen, wassergesättigten Thermostatenraum wird dabei die Temperaturdifferenz zwischen einem mit Wasser angefeuchteten Thermistor und einem zweiten Thermi-

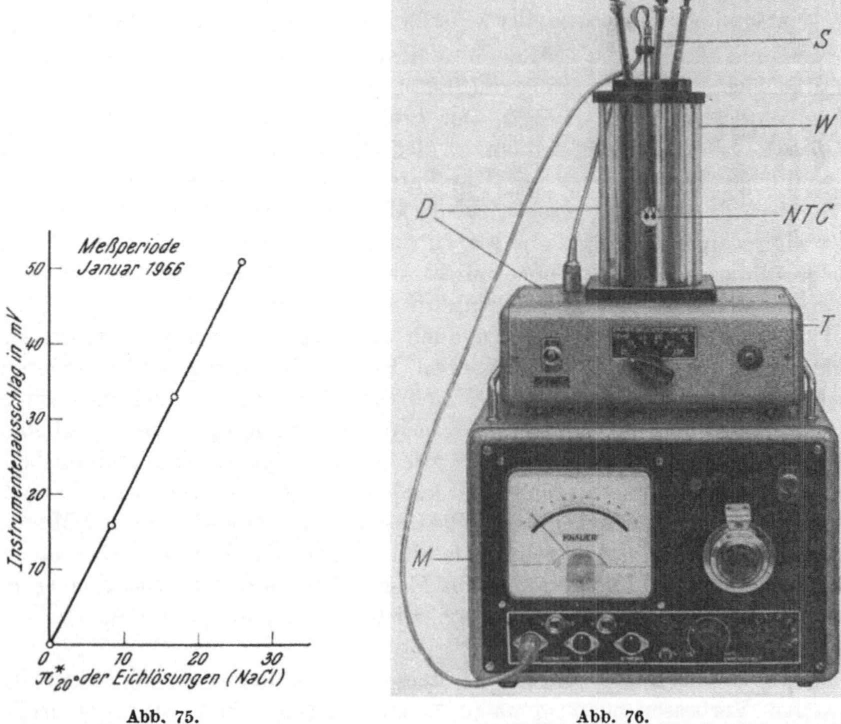

Abb. 75.   Abb. 76.

Abb. 75. Eichkurve zum Knauer-Dampfdruckosmometer zur Bestimmung von π^*.
Abb. 76. Dampfdruckosmometer der Firma Knauer. *M* Meßbrücke für Differenzmessungen (Temperaturmeßgerät), *D* Dampfdruckosmometeraufsatz mit Temperaturregelgerät (*T*) und wasserdampfgesättigter, temperaturkonstanter Meßkammer (*W*), *NTC* 2 Thermistoren für Differenzmessung, an welcher Flüssigkeitstropfen (H_2O und zu untersuchende Lösung) mittels Spritzen (*S*) angehängt werden können. Werksphoto.

stor, der von der zu bestimmenden Lösung umgeben ist, bestimmt. Die Temperaturdifferenz kommt durch Wasseraufnahme am Lösungstropfen, der sich dadurch erwärmt, bedingt durch Dampfdruckunterschiede, zustande. Die Eichung kann direkt mit Lösungen von bekannten π^*-Werten in atm erfolgen. Das Gerät erreicht Temperaturkonstanz nach dem Einschalten schon in ca. 45—60 min. Die Temperaturdifferenz an den beiden Thermistoren stellt sich, nach dem Anbringen des Lösungstropfens, bereits nach 5 min ein. Zur Sicherheit kann die Temperaturkurve durch einen mit der Meßbrücke zu verbindenden Kompensationsschreiber (Meßbereich 100 mV) mitregistriert werden. Der Nullpunkt wird mit Wasser gegen Wasser festgelegt. Der Abgleich der Brücke erfolgt dabei auf 0. Diese Knauer-Meßbrücke kann auch zur Kryoskopie verwendet werden, wenn man den speziell dafür konstruierten Meßkopf benutzt.

Eine für π^*-Werte von 0—50 atm gültige Eichkurve ist in Abb. 75 dargestellt und in Abb. 76 die Meßbrücke mit dem Dampfdruckosmometeraufsatz. Die Lösungs- bzw. Wassertropfen werden mittels kleiner Spritzen an die Thermistorperlen angehängt.

Ein vergleichbares thermoelektrisches Verfahren beschreibt RYCZ-KOWSKI (1960). Es geht zurück auf BALDES und JOHNSON (zit. bei VAN ANDEL 1952).

Eine ebenso originelle wie einfache Mikromethode (0,1 ml), bei welcher Dampfdruckunterschiede ausgenutzt werden, entwickelte WEATHERLEY (1960). In diesem Falle wird die Volumänderung einer in einer Pipette vorgegebenen Lösung bestimmt. Diese hängt, was durch eine besondere Vorrichtung bewerkstelligt werden kann, während der Meßzeit als Tropfen an der Pipettendüse, welche ihrerseits in eine kleine Kammer, welche die zu bestimmende Lösung enthält, eingeschlossen ist. Es kann auch umgekehrt verfahren werden. Eichung und Temperaturkonstanz sind notwendig.

Im Prinzip kann auch die von URSPRUNG und BLUM (1930) eingeführte Kapillarmethode verwendet werden. Sie ist absolut gesehen jedoch nicht ganz zuverlässig (vgl. HERTEL 1938/39). Gegen die BARGER'sche Methode (BARGER 1904 und 1924), ebenfalls eine Kapillarmethode, wurde eingewandt, daß der Konzentrationsausgleich in den Kapillaren nicht durch isotherme Destillation erfolge, sondern durch Kommunikation der Tropfen über dünne Flüssigkeitsfilme entlang der Kapillarwand. THÖNI (1965) empfiehlt daher, Schmelzpunktröhrchen einseitig zuzuschmelzen und mit Silikonlösung (in Tetrachlorkohlenstoff) vorzubehandeln. Da die in die Kapillare einzubringenden Tropfen der Test- und Standardlösung keine gewölbten Menisken besitzen, wird die Längenmessung mit dem Okularmikrometer (Kriterium für die Messung) sehr erleichtert.

Weitere Methoden, welche ursprünglich zur Messung von S (Saugspannung, Wasserpotential) bei Boden- und Pflanzenproben verwendet worden sind, werden ausführlicher in Abschnitt VI/2/d/β, γ besprochen. Sie können generell auch zur Bestimmung von π^* eingesetzt werden; doch wird man es nur in Sonderfällen tun, da dies ja einfacher mit Kryoskopie und Dampfdruckosmometer geschehen kann.

Die Methoden beruhen auf der Feststellung von Gewichtsdifferenzen in Kammern mit verschiedener Luftfeuchtigkeit bzw. auf Luftfeuchtigkeitsmessungen mit Hilfe von trockenen und feuchten Fühlern. Dies kann sehr genau thermoelektrisch bzw. mit Thermistoren geschehen.

EHLIG (1962) bestimmte die π^*-Werte mit einer thermoelektrischen Apparatur, wobei dieselbe Probe zunächst für eine S-Messung, dann nach Gefrieren und Wiederauftauen für die Feststellung von π^* verwendet wurde. π^*- und S-Werte von ein und demselben Material zu kennen wäre an und für sich von Vorteil. Eine Nachprüfung unsererseits hat ergeben, daß die Bestimmungen nach dem Abtöten durch Erhitzen über mehrere Tage keine Konstanz ergeben, vermutlich, weil das an die Meßzellenwände abdestillierte Wasser wieder von den pflanzlichen Gewebefragmenten langsam resorbiert wird. BOYER (1967 b) weist darauf hin, daß bei solchen π^*-Bestimmungen auch das matrikale Potential der Zellwände miteingeht, also nicht allein π^* gemessen wird (vgl. auch WILSON 1967 a).

β) Refraktometerwerte und elektrische Leitfähigkeit
des Preßsaftes

In diesem Zusammenhang kann auch auf die Bestimmung des Brechungsindexes von Pflanzenpreßsäften hingewiesen werden, früher auch als Refraktometermethode bezeichnet (Kreeb 1957, 1961a). Doch sollte diese Bezeichnung der Bestimmung von S (vgl. S. 156), welche auf Maximov (vgl. Ashby und Wolf 1947) zurückgeht, vorbehalten bleiben. Der Refraktometerwert (im folgenden steht hierfür R) kann nicht ohne weiteres zur Bestimmung der Plasmahydratur verwendet werden, da keine absolut gültige Beziehung zwischen π^* und R besteht. Die Korrelation π^*/R ändert sich vielmehr in Ab-

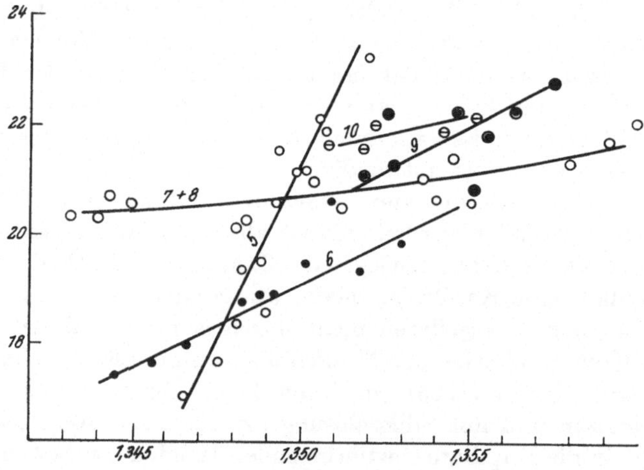

Abb. 77. Änderungen in der π^* (Ordinate in atm) — Brechungsindexrelation (Abszisse) von *Salix caprea* während der Vegetationsperiode. Die Zahlen bei den einzelnen Kurven verweisen auf die Monate, für die sie gelten. Nach Slavik 1959 b.

hängigkeit vom Entwicklungsstadium und wahrscheinlich vom Standort. Sie ist auch bei verschiedenen Arten unterschiedlich. Die Änderung beruht auf stofflichen Verschiebungen im Zellsaft, sogenannten aktiven Hydraturänderungen, im Gegensatz zu rein passiven über den Wassergehalt. Diesbezüglich muß sich bereits eine Änderung im Verhältnis der dissoziierten und nichtdissoziierten Substanzen stark auswirken. Die Änderung in der Korrelation zwischen π^* und R im Laufe der Vegetationsperiode bei *Salix caprea, Carpinus betulus* und *Quercus petraea* u. a. untersuchte Slavik (1959b). Es ergaben sich dabei (Abb. 77) eindeutige, annähernd lineare Beziehungen, welche allerdings in den einzelnen Monaten verschieden sind. Diese vom Entwicklungsstadium abhängigen Veränderungen können auch festgestellt werden, wenn man die π^*-Kurven und die R-Kurven nebeneinander verfolgt. Solange nur passive Hydraturänderungen vorhanden sind, laufen sie parallel (Abb. 78). Dieses Ergebnis findet sich bei Kreeb (1961a) bei Untersuchungen an Kulturpflanzen, wie Rettichen, Lattich, Pferdebohnen, Gerste und Luzerne. Deutliche Abstufungen zu verschieden starken Bewässerungsgaben sind nachweisbar (Abb. 79). Bei Önal (1964) ist die Übereinstimmung bei Weizen und Kartoffeln, Weinreben und Weizen ebenfalls gut. Das gleiche gilt für *Picea abies, Pinus sylvestris, Taxus*

baccata, *Ilex acquifolium*, *Hedera helix* und *Abies alba* (Önal 1962, vgl. auch
Alleweldt und Geisler 1958, Kreeb und Önal 1961). Wenn man also lediglich
einen relativen Vergleich anstrebt, so ist der Refraktometerwert des Preßsaftes

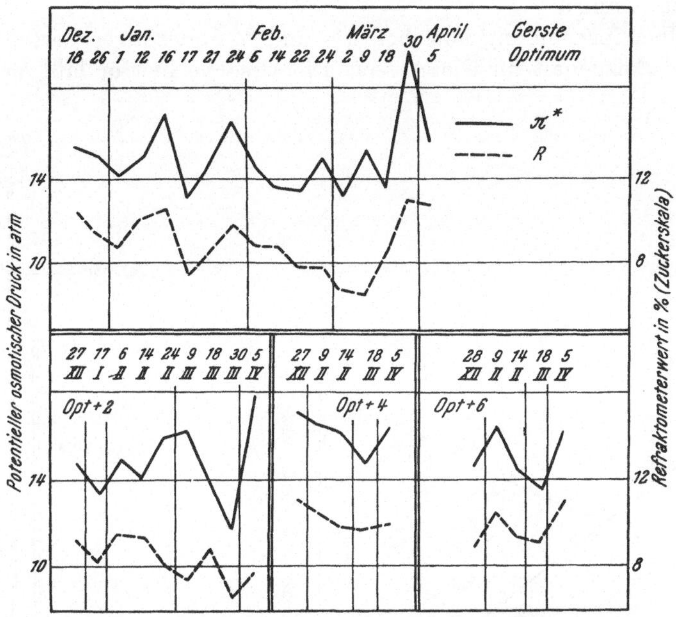

Abb. 78. Vergleich der Jahreskurven von π* mit den Jahreskurven des Brechungsindexes (R) bei Gerste (Trabot,
Beregnung). Optimum-Parzelle, Optimum + 2, + 4 und + 6. Nach Kreeb 1961 a.

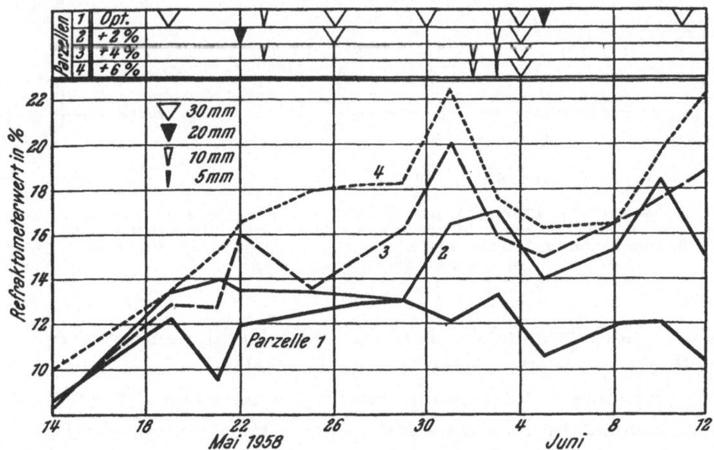

Abb. 79. Jahreskurven des Refraktometerwertes (Zuckerskala) von ausgepreßtem Zellsaft bei Luzerne (Abu
Ghraib, Irak) in Abhängigkeit von unterschiedlich starken Beregnungsgaben. Weitere Erklärungen im Text (auch
S. 199). Nach Kreeb 1961 a.

ein brauchbarer Indikator für die relative Änderung der Plasmahydratur. Zu
dieser Feststellung kommt auch Schläfli (1966). Vorsicht ist allerdings bei
unterschiedlicher Düngung geboten, wie Jaeger (1966) bei zusätzlich durch-

geführten Preßsaftanalysen zeigen konnte. Wenn der Refraktometerwert zur Kontrolle der Wasserversorgung von Kulturpflanzen verwendet wird (z. B. Lobov 1948, 1951, 1957, Babushkin 1959, Belik 1960, Kreeb 1961a, Lebedev 1961, Rodionov 1962, Petinov und Shaidurov 1963, Filipoff 1965), ist darauf Rücksicht zu nehmen.

Keine Übereinstimmung zwischen π^*- und R-Änderungen besteht bei unterschiedlichem Salzgehalt im Gießwasser. Die Ursache hierfür läßt sich an Hand

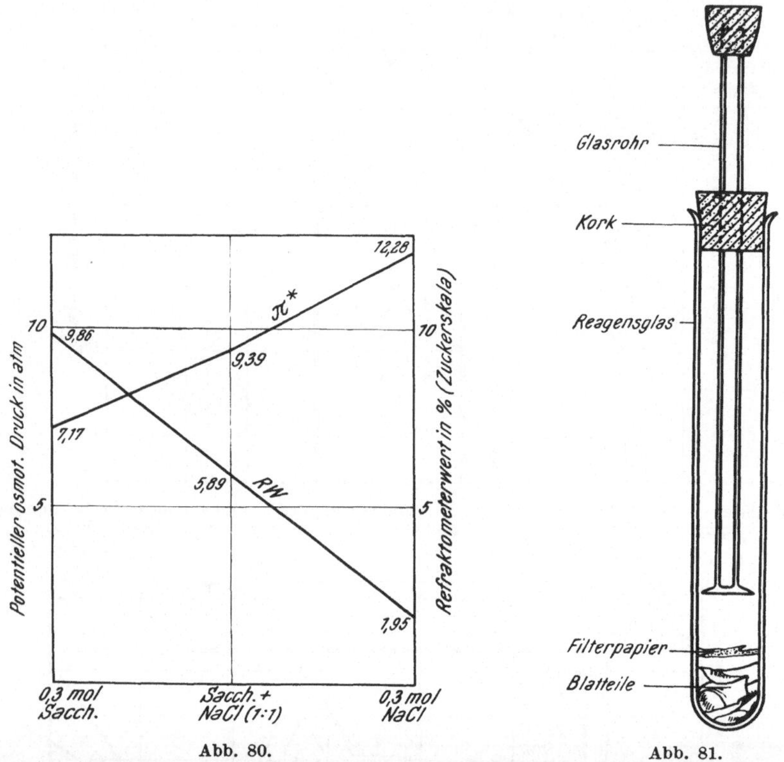

Abb. 80.   Abb. 81.

Abb. 80. Potentieller osmotischer Druck (π^*) und Refraktometerwert (R) einer 0,3 mol Kochsalzlösung, einer 0,3 mol Zuckerlösung und einer Mischung von beiden. Nach Bihler 1963.
Abb. 81. Glasgefäße zum Sammeln, Erhitzen und Abpressen der Proben für die Bestimmung des Refraktometerwertes. Nach Kreeb 1961 a.

eines einfachen Modellversuches (Bihler 1963) leicht demonstrieren. Vergleicht man beide Werte einer 0,3 molaren Saccharoselösung mit einer 0,3 molaren NaCl-Lösung und einer 1:1-Mischung von beiden, so steigt der π^*-Wert stark an, und zwar von Saccharose Richtung NaCl, der R-Wert hingegen fällt ab (Abb. 80). Die Ursache liegt in der Tatsache begründet, daß π^* von der Teilchenzahl abhängt, also bei dissoziierten Substanzen größer ist. R ist dagegen nur ein Maß für den Prozentgehalt an Trockensubstanz. Diese ist bei der Kochsalzlösung wesentlich geringer als bei der Zuckerlösung. Entsprechende Beispiele mit Preßsaft von *Pinus contorta* und verschieden starker Zugabe von Wasser, Zucker- und Salzlösung bzw. Gummiarabicum nennt Önal (1962).

Eine gute Charakterisierung des Wasserhaushaltes mit Hilfe der Refraktometermethode von Obstbäumen ergab sich bei den Untersuchungen von FIEDLER (1964a; vgl. auch FIEDLER 1964b). Die Tageskurven verliefen dabei spiegelbildlich zum Wassergehalt der Blätter. SCHEUMANN und FRITSCHE (1962) sind der Ansicht, daß der Refraktometerwert insbesondere für vegetativ vermehrbare Arten, z. B. bei Pappelklonen, zur Testung der genetisch bedingten Standorttoleranz verwendet werden kann. Die Relation Hydratur/Wachstum war deutlich ausgeprägt. Bei *Pseudotsuga taxifolia* (SCHEUMANN 1965) sind bei den Jahreskurven die hohen charakteristischen Winterwerte in der Zellsaftkonzentration gut zu erfassen. Es gibt allerdings auch negative Ergebnisse. NEČAS (1965) findet, daß die Refraktometerwerte bei Kartoffelpflanzen nicht empfindlich genug reagieren, um den Einfluß der Bodenfeuchtigkeit auf die osmotischen Verhältnisse zu untersuchen.

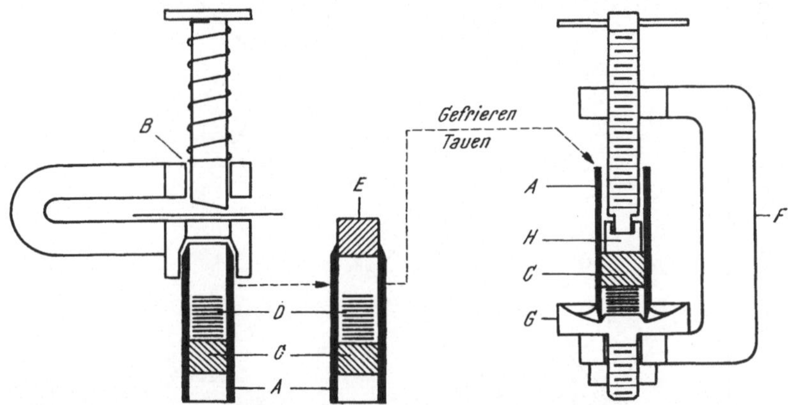

Abb. 82. Blattscheibenstanze und Saftpresse. *A* Zylinder, *B* Scheibenstanzer, *C* Neoprenstöpsel, *D* Blattscheiben, *E* Gummistopfen, *F* C-Klammer, *G* Auffangtisch, *H* Stahlstöpsel. Nach SHIMSHI und LIVNE, 1967.

Rein methodisch kann man bei der Probenentnahme und Preßsaftgewinnung, wie oben gezeigt ist, verfahren. Eine Schnellmethode unter Verwendung eines Feldzuckerrefraktometers beschreibt KREEB (1961a). Als Sammel- und Preßgefäß dient hierbei ein schwerschmelzbares Reagenzglas (Abb. 81). Das Abtöten der Probe erfolgt zweckmäßigerweise auch in einem zum Kochen gebrachten Wasserbad. Diese Methode ist allerdings nur bei weichblättrigen Arten gut einsetzbar.

Die Nennung des Refraktometerwertes erfolgt am besten als Brechungsindex oder, um eine gut lesbare Zahl zu erhalten, als $(n - n_{H_2O}) \cdot 100$ (ÖNAL 1962). Schließlich kann man auch die in dem Handzuckerrefraktometer eingeätzte Zuckerskala (% Trockensubstanz) als Relativskala verwenden.

SHIMSHI und LIVNE (1967) beschreiben eine Feldmethode, welche sich zur Abschätzung des potentiellen osmotischen Druckes von Pflanzenpreßsäften eignet. Sie verwenden eine kleine handliche Stanze in Verbindung mit einem Sammelgefäß, welches zugleich als Preßsatz dient (Abb. 82). Transpirationsverluste bei der Probenentnahme werden auf diese Weise weitgehend vermieden. Der Saft wird nach dem Auspressen refraktometriert (*A*), und außerdem wird eine elektrische Leitfähigkeitsbestimmung (*B*) mit Hilfe einer Mikrozelle durchge führt. Bei zahlreichen Kulturpflanzen und mesophytischen Arten ergab sich, daß $A + B = C$ (potentieller osmotischer Druck) ist. Der Fehler kann naturgemäß allerdings mehrere atm betragen. Die Größenordnung von π^* wird jedoch erreicht, da man auf diese Weise die leitenden und nichtleitenden gelösten Bestandteile erfaßt (Abb. 83).

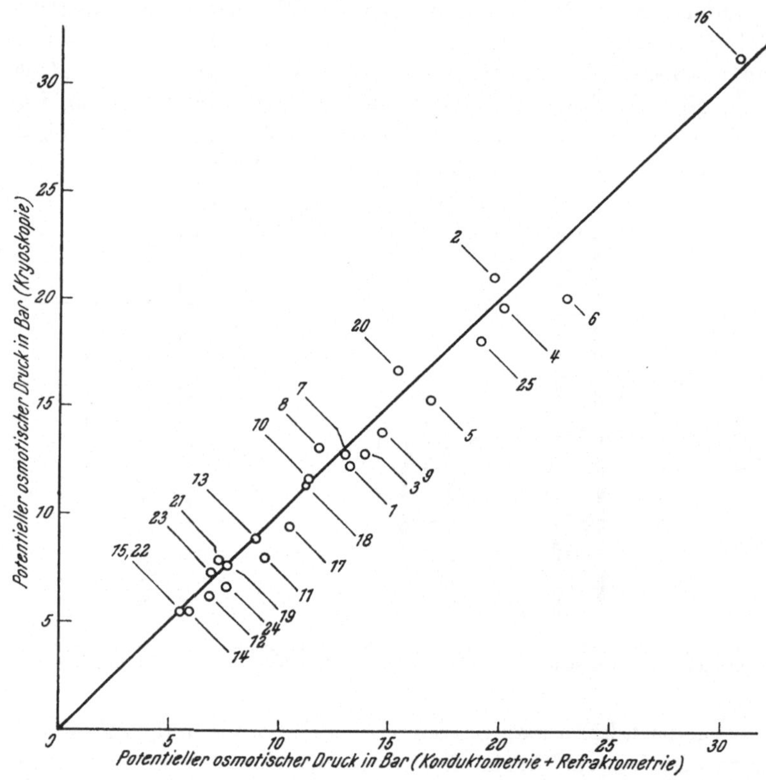

Abb. 83. Korrelationsdiagramm zwischen kryoskopisch und nach der neuen Methode bestimmten potentiellen osmotischen Drücken. Die Zahlen bedeuten Messungen an verschiedenen Arten. Nach Shimshi und Livne, 1967.

3. Ergänzende Methoden

In diesem Abschnitt werden solche Methoden erwähnt, die aus verschiedenen Gründen eine Bedeutung für den Wasserhaushalt besitzen. Einmal sind es Wassergehalts- und Wasserdefizitbestimmungen, welche immer wieder verwendet wurden, zum anderen Methoden zur Saugspannungsmessung, die vom Prinzip her allerdings auch für die Messung von π^* einsetzbar sind (vgl. S. 143). Andere Methoden werden der Vollständigkeit halber erwähnt, und weil sie bei besonderen Fragestellungen benötigt werden, wie etwa die Messung der Blattleitfähigkeit, welche die Registrierung am lebenden Objekt gestattet. Es muß jedoch deutlich herausgestellt werden, daß nur π^* selbst als Maß für die Plasmahydratur genommen werden darf. Andere Größen können jedoch ergänzend von Wichtigkeit sein.

a) Gravimetrische Wassergehaltsbestimmung

Bei dieser Methode werden Blattproben gesammelt und nach der Bestimmung des Frischgewichtes (F) bis zur Gewichtskonstanz im Trockenschrank bei 95—100° C (WALTER 1960, SLATYER 1967a nennt 85—90° C) getrocknet. Die Differenz $F - T$ (Trockengewicht) entspricht dem Wassergehalt der Probe. Er wird in % des Trockengewichtes ausgedrückt ($Wg \% T$). Demnach ist

$$Wg \% T = \frac{F - T}{T} \cdot 100. \tag{121}$$

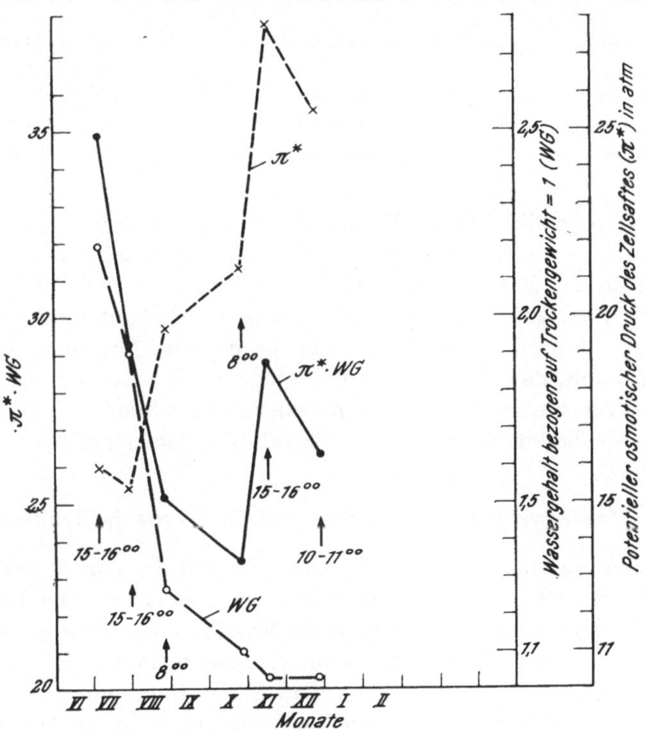

Abb. 84. Jahreszeitlicher Vergleich von Wassergehalt (WG), potentiellem osmotischen Druck (π^*) und dem Produkt aus beiden Größen bei diesjährigen Blättern von *Rhododendron ferrugineum*, gezeichnet nach Zahlenangaben von PISEK und CARTELLIERI 1932a.

Alle Änderungen in den Wasserverhältnissen am Standort äußern sich auch im Wassergehalt der Pflanzen. Dieser kann deshalb, wenn auch nur indirekt und relativ, als Indikator für die Plasmahydratur genommen werden. Nachteilig ist, daß bei langzeitigen Vergleichen die Bezugseinheit, das Trockengewicht, schwankt, vor allem wenn mechanische Gewebe ausgebildet werden (vgl. CLAUSEN und KOZLOWSKI 1965, KOZLOWSKI und CLAUSEN 1965). Auf Änderungen im π^* kann dann geschlossen werden, wenn nur passive Hydraturverschiebungen vorhanden sind. Dies gilt z. B. für die Tageskurven. PISEK und CARTELLIERI

(1932a, 1932b; vgl. auch 1934, 1939, und PISEK u. a. 1935) fanden, daß das Produkt $\pi^* \cdot Wg \% T$ dann annähernd konstant ist. Ausnahmen von dieser Regel sind allerdings möglich, da ja der so gemessene Wassergehalt ein Gesamtwert ist und auch das Wasser im Protoplasma und den Zellwänden miteinschließt. Starke Abweichungen von der Regel, z. B. bei Jahreskurven, dürften auf aktive Hydraturänderungen, insbesondere bei Immergrünen im Winter, zurückzuführen sein. Einige Beispiele sind in der Tab. 16 zusammengestellt.

Tab. 16. *Produkt* $\pi^* \cdot Wg$ *(Trockengewicht = 1) am 6. 6. 1930 bei verschiedenen Alpenpflanzen am Ahrnhang. In Klammern* π^*-*Werte bei Wassersättigung, und Werte um 6 Uhr und 15 Uhr. Nach* PISEK *und* CARTELLIERI *1932 a.*

Rhamnus pumila	41—42,5	(17,7; 19,0; 23,0)
Oxytropis pilosa	42—45	(10,8; 14,3; 16,7)
Laserpitium siler	45—49	(16,5; 16,8; 23,3)
Buphtalmum salicifolium	48—50	(9,1; 9,7; 11,7)
Coronilla varia	55—58	(14,8; 15,0; 21,1)

Die Abb. 84 zeigt die jahreszeitlichen Änderungen von π^*, $Wg \% T$ und dem Produkt aus beiden Größen bei *Rhododendron ferrugineum*. Die letzteren Werte schwanken in diesem Fall zwischen 34,9 und 23,4. Eine Konstanz ist also nicht mehr gegeben. Bei zahlreichen anderen Arten, welche untersucht worden sind, bleiben diese Schwankungen in etwas geringeren Grenzen. Obwohl man generell sagen kann, daß $Wg \% T$ und π^* gegenläufige Tendenzen zeigen, ist es nicht möglich, von einem Wert auf den anderen zu schließen. Der Wassergehalt gibt für sich, wie bereits betont, nur eine relative Aussagemöglichkeit.

b) Wassergehaltsbestimmung mit Hilfe von β-Strahlern

Die Anwendung dieser radioaktiven Methode zur Untersuchung des Wassergehaltes von Baumwollblättern wird von NAKAYAMA und EHRLER (1964) beschrieben. Vorher schon wurden schnelle Neutronen in der sogenannten Neutronensonde zur Bodenfeuchtemessung eingesetzt (vgl. VAN BAVEL, NIXON und HAUSER 1963, VAN BAVEL 1962). Die β-Strahlung nimmt mit der Dicke eines absorbierenden Materials ab. So kann zunächst die Dickenänderung von Blättern bestimmt werden. Da sie kurzfristig in der Hauptsache auf Wassergehaltsschwankungen beruht, ergibt sich die Möglichkeit, indirekt auf Wassergehalt zu eichen. Es zeigt sich eine gute Übereinstimmung zum getrennt bestimmten Wasserpotential und dem relativen Wassergehalt. EHRLER, VAN BAVEL und NAKAYAMA (1966) untersuchten auf diese Weise den Einfluß von Licht-Dunkel-Wechsel auf die Transpiration und Wasseraufnahme von Baumwollpflanzen bei verschiedenen Luftsättigungsdefiziten. Die Methode (Abb. 85) erwies sich als brauchbar zur Indikation der Wasserbilanz über die Blattdickenmessung. Der festgestellte Strahlungswert (in der Abb. 85 ist die „effektive Blattdicke" in $mg \cdot cm^{-2}$ angegeben) stimmt mit dem unabhängig davon festgestellten Differenzwert zwischen „kummulativer Wasseraufnahme minus Transpiration" $[\Sigma (A - T)]$ gut überein. Bei einsetzender Beleuchtung wird die Wasserbilanz

in allen Fällen negativ, doch erholen sich Pflanzen mit höchsten Sättigungsdefiziten am schnellsten.

Mit diesem Verfahren, welches rasch aufeinanderfolgende Messungen gestattet,
gelang es EHRLER, NAKAYAMA und VAN BAVEL (1965) cyklische Änderungen der
Wasserbilanz, wiederum gemessen über die Blattdicke, bei Baumwollblättern

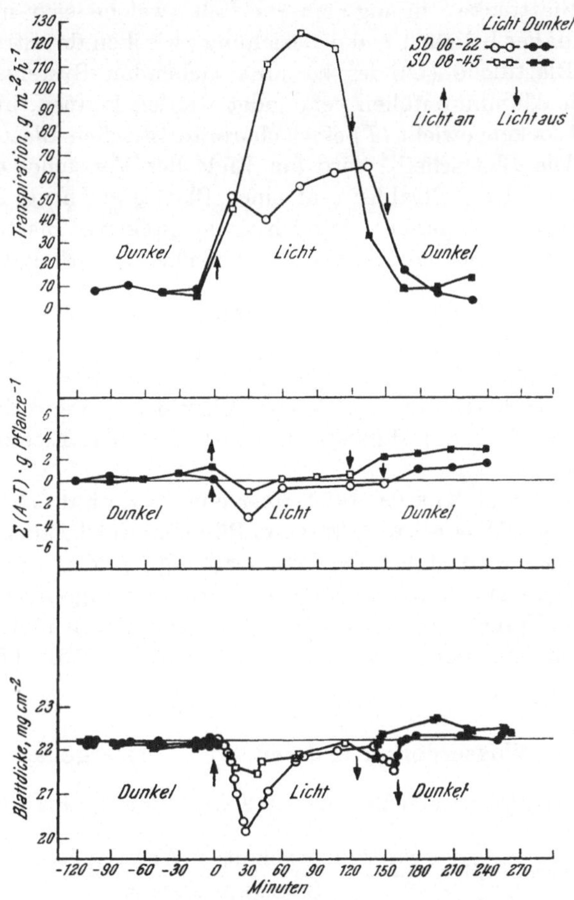

Abb. 85. Die Wirkung von Licht-Dunkel-Wechsel auf die Wasserbilanz [Σ ($A - T$); A Wasseraufnahme,
T Transpiration] und die Blattdicke. Die Blattdickenabnahme geht mit Sättigungsdefiziten konform. Nach
EHRLER u. a. 1966.

unter gleichbleibenden Außenfaktoren nachzuweisen. Sie treten in Perioden von
30 min auf und stehen in Phase mit Transpirations- und Temperaturunter-
schieden sowie Porometerwerten. Als Ursache hierfür, nach einsetzender Belichtung, könnte der Ablauf zweier komplizierter Kausalketten: „Stomataöffnung → Absinken der Wasserbilanz → rückläufige Stomatabewegung" und
„Absinken der Wasserbilanz → Erhöhung der Saugspannung → vermehrter
Wassernachschub → Stomataöffnung", eine Rolle spielen. Immerhin zeigt sich,
daß die β-Strahlung, z. B. unter Verwendung von Promethium-147 (NAKAYAMA
und EHRLER 1964), geeignet ist, rasch aufeinanderfolgende Messungen

ohne Eingriff in die Pflanze durchzuführen. Letzteres dürfte ein entscheidender Vorteil gegenüber herkömmlichen Wassergehaltsbestimmungen sein. Allerdings ist der apparative Aufwand ziemlich groß und die Anschaffung der Einrichtung nicht billig. JARVIS und SLATYER (1966) berichten über eine vereinfachte Eichmöglichkeit zum relativen Wassergehalt (RWg) nach WEATHERLEY (vgl. S. 153), zu dem eine stets gute Korrelation besteht. Im Prinzip wird dabei die „effektive Blattdicke“ in mg · cm^{-2} erfaßt, welche sich mit dem Turgor ändert. Es muß daher lediglich 1. die Beziehung zwischen der Strahlungsrate und der effektiven Blattdicke (D) des zu untersuchenden Systems bekannt sein, wobei z. B. auch Aluminiumfolien verwendet werden können, und 2. das Sättigungs- (S) und Trockengewicht (T) einer charakteristischen Blattscheibe bekannter Fläche (α). Die Blattscheibe wird am Ende des Versuches entnommen. Im Experiment meldet der β-Strahler (auf einer Blattseite angebracht) über einen Detektor (gegenüber angebracht) zunächst die effektive Blattdicke. Über die aus dem Sättigungs- und Trockengewicht berechenbare Steigung

$$\frac{d\,RWg}{d\,D} = \frac{100\,\alpha}{S-T} \tag{122}$$

kann man den einer bestimmten effektiven Blattdicke entsprechenden relativen Wassergehalt feststellen. Auf ähnliche Weise ist auch eine Eichung zum Wasserpotential möglich.

Neuerdings berichtet KLEMM (1966) über eine Durchstrahlungsmethode zur Untersuchung des Wasserhaushaltes von Bäumen, welche aber mit β-Strahlern arbeitet. Gemessen wird dabei der Wassergehalt in den Stämmen, was den Vorzug hat, daß eine für den ganzen Baum gültige Aussage möglich wird.

Mit ähnlichen Fragen, die zu beachtlichen apparativen und meßtechnischen Lösungen führten, beschäftigten sich auch UNGER (1959, 1965, 1966) sowie ENGEL u. a. (1963).

c) Wasserdefizit und relativer Wassergehalt

Das Wasserdefizit ist nach STOCKER (1929) definiert durch die Beziehung

$$\text{Wasserdefizit} = \frac{\text{Sättigungsgehalt} - \text{Wassergehalt}}{\text{Sättigungsgehalt}} \cdot 100. \tag{123}$$

Als Sättigungsgehalt wird die Differenz „Sättigungsgewicht — Trockengewicht“ bezeichnet, entsprechend als Wassergehalt die Differenz „Frischgewicht — Trockengewicht“. OPPENHEIMER und MENDEL (1939) nennen die STOCKER'sche Größe richtiger „water saturation deficit“, also Wassersättigungsdefizit. Besondere Schwierigkeiten der Methode sind, daß sich kein konstantes Sättigungsgewicht, welches bei Sproßteilen oder ganzen Blättern bestimmt wird, einstellt. Vielmehr treten entweder Atmungsverluste auf oder aber eine ständige Zunahme durch weitergehendes Wachstum. Schließlich können sich beide Vorgänge mit der Aufsättigung überlagern. Nach HÄRTEL (1936) kann es auch zu Infiltration kommen. Dieselben Fehlerquellen gelten auch für das von WEATHERLEY (1950) entwickelte Verfahren, mit dem die von ihm sobenannte „relative turgidity“

bestimmt wird (relative Turgeszenz). Tatsächlich handelt es sich dabei um den relativen Wassergehalt. Er ist wie folgt definiert:

$$\text{Relativer Wassergehalt} = \frac{\text{Wassergehalt} \cdot 100}{\text{Sättigungsgehalt}}. \qquad (124)$$

Zwischen dem Wasserdefizit und dem relativen Wassergehalt gilt die folgende einfache Beziehung

$$\text{Wasserdefizit} = 100 - \text{relativer Wassergehalt}. \qquad (125)$$

Im ersten Fall (123) ist das Wasserdefizit, im zweiten (124) der Wassergehalt der frischen Probe auf den Sättigungsgehalt bezogen.

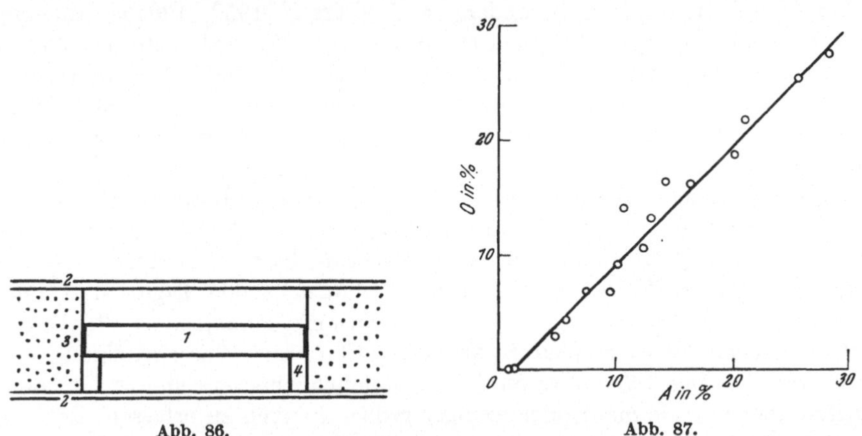

Abb. 86.   Abb. 87.

Abb. 86. Methode zur Aufsättigung von Blattscheiben. 1 Blattscheibe, 2 feuchtes Filtrierpapier, 3 Schaumstoff, 4 Plexiglasring. Nach ČATSKÝ 1960.
Abb. 87. Relation zwischen künstlich durch Welkung erzeugten Blattscheibendefiziten (O) und Defizitbestimmung nach der Methode der Abb. 86 (A). Nach ČATSKÝ 1960.

Der relative Wassergehalt wird bestimmt, indem man einige ausgestanzte Blattscheiben nach der gravimetrischen Bestimmung des Frischgewichtes bei 95° C bis zur Gewichtskonstanz trocknet. Dabei erhält man das Trockengewicht. Parallel hierzu wird bei einer zweiten Serie von Blattscheiben das Sättigungsgewicht bestimmt, und zwar früher nach 24 Stdn. Aufsättigung in Wasser, neuerdings nach nur 4 Stdn. Diese Verfahrensweise ist nach WEATHERLEY (1950, vgl. BARRS und WEATHERLEY 1962) notwendig, da sich das Trockengewicht innerhalb von 24 Stdn. verändert. Es schließt aber andererseits neue Fehler ein, vor allem, wenn das Trockengewicht der zweiten Serie nicht dem der ersten entspricht. Im allgemeinen sind diese Abweichungen jedoch, wenn man die Parallelproben vergleichbar von den Blatthälften entnimmt, gering. Größere Fehler dürften durch Infiltration nach dem Eintauchen der Blätter in Wasser entstehen. ČATSKÝ (1960) verwendete deshalb kleine, für die Blattscheiben gerade passende Kammern, welche in Polyurethan-Schaumstoffplatten angebracht wurden (Abb. 86). Die Blattränder sollen dabei gerade die mit Wasser aufgesättigten Schaumstoffwände berühren. Für die Abdeckung der Kammern dient feuchtes Filtrierpapier. Die Übereinstimmung der mit diesem Verfahren gewonnenen Werte und solchen, welche direkt durch künstliches Welken bestimmt wurden, ist bei den von Čatský (1960) untersuchten Objekten sehr gut (Abb. 87).

Die Trockensubstanzabnahme bzw. -zunahme während der Aufsättigung beruht nach Barrs und Weatherley (1962) auf einer positiven oder negativen Stoffbilanz. Die Autoren fanden, daß die Gewichtsänderung eindeutig korreliert ist zur Lichtintensität. Demnach besteht die Möglichkeit, die Proben während des Versuchs unter Lichtbedingungen, welche dem Kompensationspunkt entsprechen, zu halten. Aber selbst dann sind Gewichtsänderungen nicht ganz ausgeschlossen. Sie lassen sich weiter einschränken durch Stoffwechselinhibitoren, z. B. KCN. Es genügt das Eintauchen in eine 10^{-3}-mol-Lösung. Den gleichen Effekt zeigt allerdings auch Wasser von 3° C bzw. N_2-Atmosphäre, wodurch anaerobe Bedingungen geschaffen werden. Bei jungen Blättern ist die Gewichtszunahme durch Wachstum besonders groß (Čatský 1959, 1965 a). In einigen Fällen bewirkt niedrige Temperatur zu geringe Wasserdefizite (Barrs und Weatherley 1962), in anderen, z. B. bei *Acacia aneura*, sind keine Differenzen im Meßwert zwischen 5° und 20° C vorhanden (Slatyer und Barrs 1965). Weitere Arbeiten, in welchen methodische Hinweise gegeben werden, sind bei Slatyer (1967 a) zitiert.

Insgesamt gesehen, ist der relative Wassergehalt eine brauchbare Größe, um die Wasserverhältnisse in der Pflanze zu charakterisieren. Sie ist von Clausen und Kozlowski (1965) auch für Gymnospermenblätter modifiziert worden. Johnston (1964) z. B. berichtet über recht eindrucksvolle Tages- und Jahresschwankungen bei *Pinus radiata*. In diesem Zusammenhang muß allerdings auf die theoretischen Überlegungen Burströms (1966) zur Wassersättigung hingewiesen werden. Der Sättigungspunkt ist nämlich theoretisch zwar eindeutig, praktisch aber nur als mehr oder weniger großer Bereich zu erfassen. Es ist also stets Vorsicht in der Auswertung geboten, um Fehler in der Interpretation der Meßergebnisse zu vermeiden.

d) Die Saugspannung

Die Saugspannung spielt in der jüngsten anglo-amerikanischen Literatur eine große Rolle, geht aber auf Untersuchungen von Ursprung und Blum (vgl. Blum 1958) zurück. Es wurde oben schon mehrfach darauf hingewiesen, daß die Saugspannung primär verantwortlich ist für den Wasseraustausch zweier Phasen. Wir besprechen sie hier, da sie sich stets gleichsinnig ändert mit dem potentiellen osmotischen Druck, der indirekt das bisher beste Maß für die Plasmahydratur darstellt. Die Beziehungen zwischen beiden Werten in Abhängigkeit vom Wasserfaktor bei Topfkulturen von Gerste und Weizen zeigt die Abb. 88. Die Saugspannung schwankt der Erwartung gemäß stärker als der potentielle osmotische Druck der Vacuole. Dieser steigt aber nach eingeschalteten Trockenzeiten auf gegenüber vorher höhere optimale Werte an im Gegensatz zur Saugspannung, welche bei Sättigung stets nahezu 0 beträgt. Gerade diese Tatsache ist von besonderer Bedeutung. Denn eine Pflanze mit erhöhtem optimalen potentiellen osmotischen Druck reagiert physiologisch anders als Vergleichspflanzen mit niedrigeren Werten. Die Saugspannung ist in diesen Fällen nicht geeignet zur physiologischen Unterscheidung der beiden Typen, da sie zu jeder Zeit bei ausreichender Wasserversorgung nahezu 0 sein kann. Pflanzen mit hohen optimalen potentiellen osmotischen Drücken zeigen jedoch generell geringeres Wachstum und xeromorpheres Aussehen (vgl. S. 191 f., 205 f.).

Abb. 88 zeigt andererseits, daß die relativen Änderungen der Saugspannung und des potentiellen osmotischen Druckes im allgemeinen übereinstimmen. Bisher sind für die Bestimmung der Saugspannung die verschiedensten Methoden benutzt worden. Wir wollen sie im folgenden kurz besprechen.

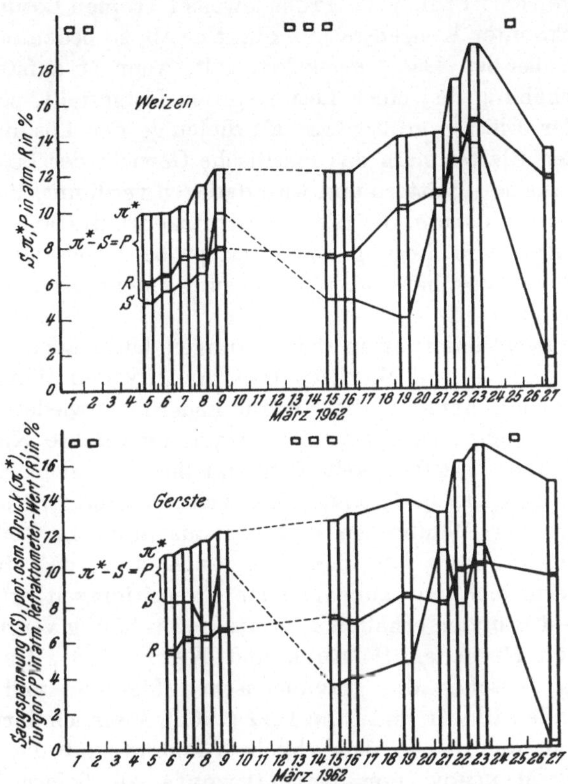

Abb. 88. Die Veränderung der Saugspannung (S), des potentiellen osmotischen Druckes (π*) und des Turgordruckes (P) bei Weizen und Gerstenpflanzen (Topfkulturen), die periodisch gegossen wurden (□). Zusätzlich sind die Refraktometerwerte (R) des Zellsaftes angegeben, die parallel zum potentiellen osmotischen Druck verlaufen. Nach KREEB 1964 a.

α) Flüssigkeitsaustauschmethoden

Die ersten Methoden zur Messung der „Saugkraft" (= Saugspannung ≙ Wasserpotential) von Zellverbänden verdanken wir URSPRUNG und BLUM (vgl. BLUM 1958). Es handelt sich dabei um die sogenannte „Streifen-" und „Hebelmethode". Bei ersterer wird die Längenänderung von Geweben- oder Organstreifen in verschieden konzentrierten Lösungen gemessen und die „Saugkraft" des untersuchten Gewebestreifens dann derjenigen Lösung gleichgesetzt, bei welcher keine Längenänderung eintritt. Bei der Hebelmethode wird die Dickenänderung, bei Blättern etwa, mit Hilfe eines ungleicharmigen Hebels in Abhängigkeit von verschiedenen Konzentrationsstufen festgestellt. Auch hierbei entspricht dann die „Saugkraft" des Gewebes derjenigen Konzentration, bei welcher keine Änderung eingetreten ist. Diese Methoden beruhen zwar auf theoretisch richtigen Überlegungen, sind aber nicht sehr zuverlässig. Das gilt auch für die folgende Shardakov-Methode.

Bei ihr wird im Prinzip die Konzentrationsänderung von Zuckerlösungen gemessen, in welche relativ klein zerschnittene Blattproben eingelegt werden (Shardakov 1948, Rehder 1959). Als Indikator dient das spezifische Gewicht der Lösungen. Mit kleinen Pipetten entnimmt man nach einer genügend langen Expositionszeit von ca. 2 Stdn. jeder Probe jeweils 1 Tropfen Lösung. Er kommt in Lösungen von bekannter Konzentration. Sinkt er ab, so bedeutet dies, daß seine Konzentration größer ist. Das Umgekehrte gilt, wenn er aufsteigt. Wird z. B. Konzentrationserhöhung bei einer Lösungsprobe festgestellt, so folgt, daß die Saugspannung der Blätter größer war als diejenige der Lösung. Bei kleinerer Saugspannung der Blätter muß das spezifische Gewicht der Lösung abnehmen; sie saugt Wasser aus den Blättern und wird dadurch verdünnt. Bei den jeweiligen Meßserien geht es nun darum, die Gleichgewichtskonzentration, bei welcher also die Saugspannungen von Lösung und Blattprobe gleich sind, festzustellen. Der entsprechende Atmosphärenwert der Lösung entspricht dann der gesuchten Saugspannung der Blätter.

Die Konzentrationsänderung in den Lösungen kann auch refraktometrisch festgestellt werden. Diese auf Maximov (vgl. Aschby und Wolf 1947) zurückgehende Refraktometermethode[59] wurde neuerdings wieder von Lemée und Laisné (1951) verwendet. In jedem Fall bringt der direkte Kontakt zwischen Pflanzenmaterial und Testflüssigkeit Fehlerquellen mit sich. Sie wurden von Schläfli (1964) und Gaff und Carr (1964) kritisch geprüft. Von Nachteil sind Quellungsvorgänge der Membranen und der aus angeschnittenen Zellen austretende Vacuolensaft. Es zeigte sich dann auch stets, daß die festgestellten Saugspannungswerte sich mit zunehmender Expositionszeit erniedrigen. Doch auch die nach 3—4 Stunden erhaltenen Werte liegen häufig vergleichsweise hoch gegenüber anderen Methoden (Rehder und Kreeb 1961, Brix 1966). Gute Übereinstimmung zwischen der gravimetrischen Methode und der Refraktometermethode fanden Lemée und Gonzalez (1965). Dennoch darf man Schläfli (1964) beipflichten, wenn er zu dem Ergebnis kommt, daß die Verfahren nach Shardakov und Maximov nur Relativwerte zu liefern imstande sind. Fehldeutungen im Hinblick auf negativen Turgor (z. B. Tyurina 1957) oder überhöhte Wurzelsaugkräfte (Rehder 1960) sind sonst unvermeidbar. Schretzenmayr (1966) konnte ungeachtet dessen Abhärtungsvorgänge bei Austrocknungsversuchen an Waldbodenpflanzen erfassen.

Slavikova (1963a, b) hat die Refraktometermethode von Maximov und Petinov (1948) so modifiziert, daß sie für die Bestimmung der Saugspannung von Wurzeln verwendbar ist. Es kommt dabei darauf an, nur eine kleine Lösungsmenge zu verwenden, welche für etwa 2 Refraktometerbestimmungen ausreicht. Die Lösung soll nur eine dünne Schicht auf den zu untersuchenden Wurzeln bilden. Die Expositionszeit, während der Durchblasen und leichtes Pressen der Wurzeln empfohlen wird, beträgt 2 Stunden. Ein Absinken der Werte mit zunehmender Expositionszeit wurde im Gegensatz zu Blattmessungen nie festgestellt.

---

[59] Schläfli (1966) weist darauf hin, daß nur diese Methode als „Refraktometermethode" bezeichnet werden sollte, nicht also die Messung des Refraktometerwertes des Zellsaftes (vgl. S. 144), wie dies früher von Kreeb (1964a) geschehen ist.

In einer Reihe von Arbeiten konnte SLAVIKOVA zeigen (1963c, 1965, 1966, 1967a, b), daß die Saugspannung der Wurzeln ein feiner ökologischer Indikator ist. Besonders interessant erscheint die Feststellung, daß Saugspannungs-Werte unabhängig vom Bodenfeuchtigkeitsmuster sind. Innerhalb des Wurzelsystems tritt eine Kompensation ein; bestimmend ist, ob sich einige Wurzeln noch in feuchten Bodenbezirken befinden. Die SHARDAKOV-Methode kann im Gegensatz zu den im folgenden zu beschreibenden „Dampfaustauschmethoden" als „Flüssigkeitsaustauschmethode" bezeichnet werden.

β) Dampfaustauschmethoden

Die Dampfaustauschmethode geht im wesentlichen auf ARCICHOVSKIJ und ARCICHOVSKAJA (1931) zurück. Sie wurde 1958 von SLATYER und 1960 von KREEB (1960a, vgl. auch 1965a) modifiziert. Letzterer verwendet Feuchtig-

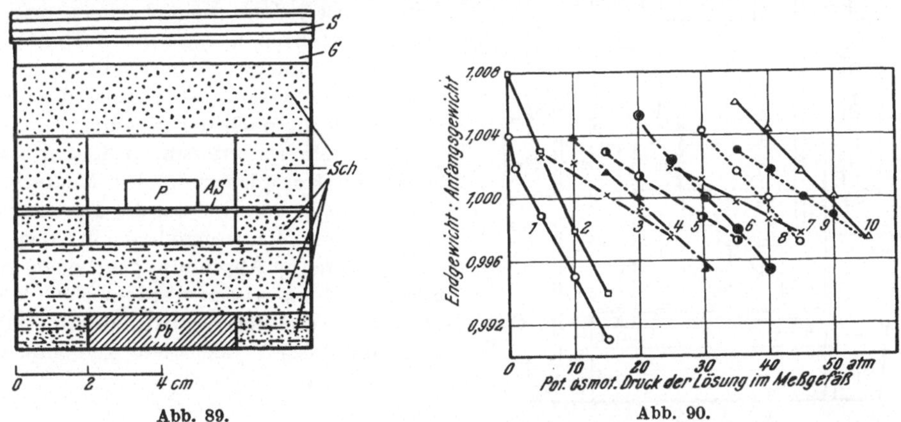

Abb. 89.   Abb. 90.

Abb. 89. Meßgefäß. *AS* Kunststoffsieb. *G* und *S* Glasgefäß mit Schraubdeckel. *P* Probeschälchen (Messing oder Glas) zur Aufnahme der zerkleinerten Blätter. *Pb* Bleiklotz zur Beschwerung. *Sch* Schaumstofflagen. Nach KREEB 1960 a.
Abb. 90. Meßkurven zur Bestimmung der Saugspannung von Kontrollösungen. 1 = 5 atm NaCl, 2 = 10, 3 = 15 etc. Nach KREEB 1960 a.

keitskammern, welche mit Einlagen aus Polyaethylenschaumstoff versehen sind (Abb. 89). Diese werden mit einer Lösung von bestimmtem potentiellem osmotischem Druck getränkt. Die Anordnung hat gegenüber Behältern, welche lediglich unten eine Flüssigkeitslage enthalten (z. B. bei SLATYER 1958), den Vorteil, daß sich das Dampfdruckgleichgewicht in den kleinen Innenräumen sehr rasch einstellt. In diesen wird für mindestens 5 Stdn. eine zerschnittene Blattprobe aufbewahrt.

Die Gewichtsdifferenz „Anfangsfrischgewicht — Endgewicht" zeigt, ob die Saugspannung größer oder kleiner als diejenige der Lösung ist. Man verwendet zweckmäßigerweise 4—5 Parallelproben mit abgestuften Lösungen, z. B. 5, 10, 15 und 20 atm; so läßt sich dann über den Quotienten „Endgewicht : Anfangswicht" eine Kurve zeichnen, welche die 1,000-Linie im gesuchten Atmosphärenwert schneidet (Abb. 90).

Voraussetzung für einwandfreie Ergebnisse ist eine sehr genaue Temperaturkontrolle. Hierfür dienen zwei ineinandergestellte Wasserbäder (Abb. 91). Beide werden mit Kontaktthermometer, Relais und Glühbirne als Heizelemente auf einer gewünschten Temperatur, welche etwas oberhalb der Umgebungstemperatur liegen soll, gehalten. Gute Durchmischung mit Kreiselpumpen ist erforderlich.

Um auch schon geringste Transpirationsverluste zu vermeiden, nahm Kreeb (1960a) das Übertragen des Blattmaterials aus den Meßgefäßen in die Wägegläser in einer Kammer (Typ „Impfkammer") mit hoher Luftfeuchtigkeit vor. Auch dann noch zeigte sich, etwa bei Kartoffelblättern, daß häufig negative Saugspannungswerte auftraten, was nicht möglich ist.

Als Fehlerquelle stellten sich Atmungsverluste heraus. Sie können bei 24 Stdn. Aufenthalt einen Fehler von 2 und mehr atm bedingen. Handelt es sich um frisch aufgesättigtes Material, so kommt es bei der Auswertung zu überhaupt keinem Schnittpunkt. Eine Korrektur des Meßergebnisses ist jedoch möglich, wenn man bei analogen Hälften ausgestanzter Blattscheiben das Anfangstrockengewicht bestimmt (Kreeb und Önal 1961) und das Endtrockengewicht nach der Messung.

Diese Manipulationen bedeuten allerdings eine Komplizierung der Meßtechnik. Da im Prinzip dasselbe bei der Bestimmung des relativen Wassergehaltes gilt, darf auf die in diesem Abschnitt gegebenen Ausführungen hingewiesen werden. Evtl. ließen sich die Atmungsverluste durch Stoffwechselinhibitoren oder tiefe Temperaturen unterdrücken.

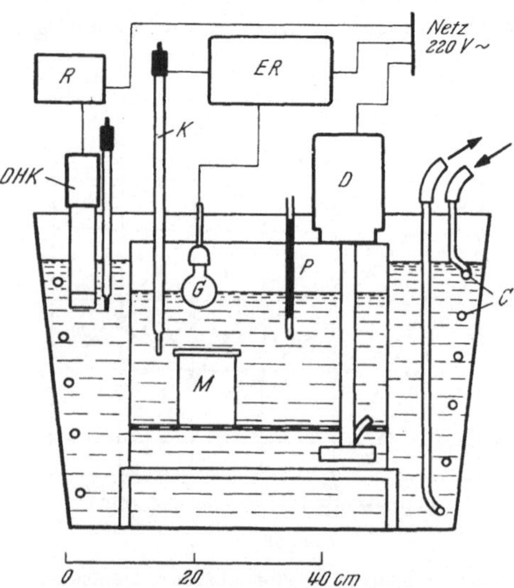

Abb. 91. Doppeltes Wasserbad für die Saugspannungsmessungen (halbschematisch). Es bedeuten: *C* Kupferne Kühlschlange, z. T. im Querschnitt gezeichnet. *D* Kreiselpumpe KP 200 (Firma Haake, Berlin). *DHK* Kreiselpumpe, kombiniert mit Heizelement und Kontaktthermometer, Type EC (Fa. Haake). *ER* Elektronisches Relais, Type R 57 (Fa. Colora. Lorch). *G* 100 Watt-Glühbirne. *K* Kontaktthermometer, 8 mm = 2° C. *M* Meßgefäß (vgl. Abb. 89). *P* NTC-Widerstandsthermometer. *R* Relais, Type EC (Fa. Haake). Nach Kreeb 1960.

γ) Dampfdruckgleichgewichtsmethoden

Eine Abwandlung des Mikroosmometers von Weatherley (1960, vgl. S. 143) für die Bestimmung der Saugspannung von Pflanzen- und Bodenproben findet sich bei Macklon und Weatherley (1965, vgl. auch Tinklin 1967). Die Meßkapillare reicht dabei in eine Meßkammer, in welcher sich ca. 30 ausgestanzte Blattringe befinden. Die Messungen erfolgen, sobald nach ca. 2 Stdn. Hydraturgleichgewicht zwischen Probe und Luftraum in der Meßkammer eingetreten ist. Festgestellt wird dabei die Evaporationsrate von Tropfen mit bekanntem potentiellem osmotischem Druck.

Ein anderer Weg zur Bestimmung der Saugspannung ist die elektrische Messung der Luftfeuchtigkeit, welche sich über dem zu untersuchenden Material einstellt. Sie kann, wie oben, dann erst erfolgen, wenn das Dampfdruckgleichgewicht zwischen Probe und Luftraum eingetreten ist. Insofern handelt es sich hierbei um echt thermodynamische Methoden. Sie wurden erstmals zur Messung der Bodensaugspannung verwendet (Spanner 1951, Richards und Ogata 1958, Monteith und Owen 1958, Klute und Richards 1961),

später aber vor allem bei Pflanzenmaterial eingesetzt. Zur Messung der Luftfeuchtigkeit über Temperaturdifferenzen zwischen einem feuchten und einem
trockenen Fühler wurden bisher zwei Wege beschritten. Im ersten Fall wird ein
Thermoelement, im zweiten ein Thermistor (NTC) verwendet.

aa) Thermoelement-Psychrometerzellen

Bisher wurden zwei verschiedene Typen verwendet, deren Genauigkeit von
BARRS (1965a, b; vgl. auch BARRS 1964) überprüft wurde. Bei der von SPANNER
1951 entworfenen Zelle (vgl. auch WAISTER 1963a; MANOHAR 1966a und b)
wird zunächst die Temperatur des trockenen Thermoelementes (meist Kupfer-
Chromel-Lötstelle; Chromel ist eine Legierung aus 80% Ni und 20% Cr) abgelesen
und dann ein Strom von 30 mA eingeschaltet. Dabei tritt der sogenannte Peltier-Effekt auf. Es ist dies ein umgekehrter thermoelektrischer Effekt, d. h.,
daß durch Strom an einer Lötstelle gekühlt wird bzw. aufgeheizt an der zweiten.
Durch die mit elektrischem Strom erreichte Abkühlung der Zellenlötstelle tritt an
dieser Befeuchtung ein, da der Taupunkt unterschritten wird. Die zweite Temperaturmessung entspricht also der Temperatur des feuchten Fühlers.

Die Temperaturdifferenz zwischen trockenem und feuchtem Fühler läßt sich
an Hand einer Eichkurve über Lösungen von bekanntem potentiellem osmotischem Druck korrelieren zu Atmosphärenwerten. Bei RICHARDS und OGATA
(1958) wird die ringförmige Thermoelementlötstelle von vornherein mit einem
Wassertropfen befeuchtet. Als Referenztemperatur dient diejenige des Wasserba-
des. Eine kleine Zelle für Pflanzenproben entwickelte auf dieser Basis EHLIG (1962).

BARRS (1965b) konnte nun zeigen, daß die Anordnung von RICHARDS und
OGATA (1958) zu hohe Saugspannungswerte bei atmenden Pflanzenproben ergibt,
und zwar deshalb, weil die Referenztemperatur (Wasserbad) nicht der durch
Atmungswärme leicht erhöhten Kammertemperatur entspricht. Die Fehlerquelle läßt sich beseitigen durch ein in die Zelle eingebautes Metallgitter, das als
Wärmeabzug dient. Dennoch ist nach BARRS (1964, 1965b) das SPANNER-Psychro-
meter für pflanzliche Proben vorzuziehen. Er konnte auch nachweisen, daß mit
dem Auftreten von anaeroben Bedingungen in der Kammer, was schon nach
wenigen Stunden der Fall sein kann, die Saugspannungswerte ansteigen, und
zwar vermutlich durch Schädigung der Plasmamembranen, was eine Änderung
der Permeabilität verursacht. In einer O_2-Atmosphäre blieben die Werte fast
konstant. Da bisher nur Mesophyten untersucht worden sind, bleibt abzuwarten,
wie sich die Methoden bei Sklerophyllen bewähren, bei welchen die Einstellung
eines Dampfdruckgleichgewichtes sehr viel länger dauert. Die Genauigkeit wird
im übrigen kleiner als 0,5 atm angegeben (WAISTER 1963a und 1965). Der von
RAWLINS (1964) gemachte Einwand, wonach der feuchte Fühler, insbesondere
beim RICHARDS- und OGATA-Zellentyp, durch Feuchtigkeitsabgabe an nicht
gesättigte Blätter den Meßwert bis zu 60% verfälschen soll, konnte von BARRS
(1965a) im wesentlichen entkräftet werden. Diese Verhältnisse würden dann
eintreten, wenn der Wassertransport vom Blattinnern an die Außenwandschichten
einen hohen Widerstand zu überwinden hätte. Auch spielt hier die Tatsache
herein, daß sich das für die Eichung verwendete feuchte Filtrierpapier anders
verhalten kann als Blattmaterial. BOYER und KNIPLING (1965) fordern rein
theoretisch über mathematische Berechnungen, daß der von RAWLINS (1964)

festgestellte Effekt vorhanden sein muß. Sie geben den diesbezüglichen Fehler mit 4,5—12% bei Richards und Ogata und 2,5—7,5% bei Spanner an.

Insbesondere die letzten Werte können jedoch bei vielen Untersuchungen noch toleriert werden. Die von Boyer und Knipling (1965, vgl. auch Boyer 1966) applizierte Methode („isopiestic technique") ist frei von Blattwiderstandseinflüssen auf die Dampfbewegung, da hierbei, in gewissem Sinne analog zur gravimetrischen Methode, mit verschiedenen Lösungen am Thermoelement gearbeitet wird. Es kann dabei diejenige gefunden werden, deren „Saugspannung" gleich

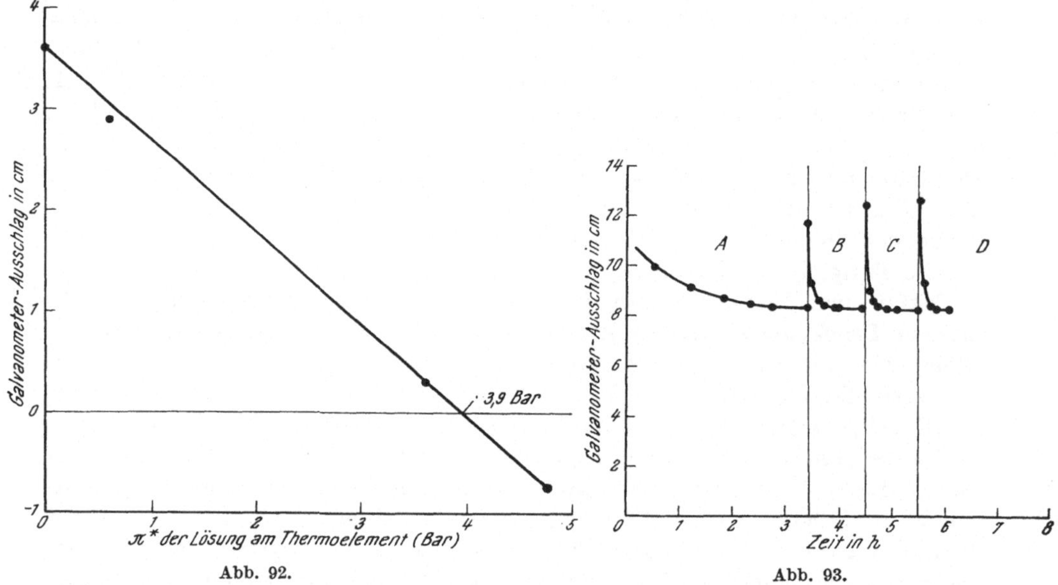

Abb. 92.   Abb. 93.

Abb. 92. Saugspannungsbestimmung an *Buxus* nach der „isopiestic"-Technik. Meßergebnisse beim Schnittpunkt der 0-Horizontalen = 3,9 Bar. Nach Boyer und Knipling 1965.
Abb. 93. Aufeinanderfolgende Messungen *A—D* bei der „isopiestic"-Technik. Bei jeder Messung wurde der Meßfühler für 15 sec. entfernt. Nach Boyer und Knipling 1965.

der der Blätter ist, da Dampfaustausch demgemäß von vornherein ausscheidet. Voraussetzung dabei ist, daß der Fühleransatz rasch und ohne die Saugspannungen der Proben in der Meßkammer zu verändern ausgewechselt werden kann; dies trifft zumindest bei Messungen an Liguster zu (Abb. 92). Die Meßpunkte von Parallelmessungen mit verschiedenen Lösungen bei ein und derselben Probe liegen auf einer geraden Linie (Abb. 93).

Der Galvanometerausschlag 0 entspricht der Saugspannung der zu messenden Probe, im Beispiel der Abb. 92 3,9 Bar. Waister (1965) kommt zu der Ansicht, daß bei *Salvia pratensis*-Blatthälften die apparativ bedingten Fehler weit innerhalb der biologisch bedingten Streuung liegen. Diese wiederum sind im Vergleich zu der interessierenden Wasserhaushaltsspanne zwischen Sättigung und Welkung klein, so daß die Methode als brauchbar angesehen werden darf. Immer wieder muß allerdings darauf hingewiesen werden, daß die Nennung von Absolutwerten selbst hier nur mit Vorbehalt gemacht werden darf. Auf technisch bedingte Fehlerquellen, etwa die Entfernung Fühler zu Probe, weist Manohar (1966 b, vgl. auch 1966 a) hin.

Von besonderem Interesse sind Erweiterungen der Methode in Richtung auf fortlaufende Messungen an intakten Pflanzen. Ein Programmiergerät steuert bei LAMBERT und SCHILFGAARDE (1965) die Meßapparatur, so daß alle 20 min ein Meßwert registriert werden kann. Die Autoren halten eine Verkürzung des automatisch ablaufenden Meßvorganges auf 5-Minuten-Perioden für möglich. Ein in Kontakt mit der Mutterpflanze verbleibendes Blatt kommt dabei in eine kleine Kammer, in welcher sich ein Gleichgewicht zwischen der Luftfeuchtigkeit und der

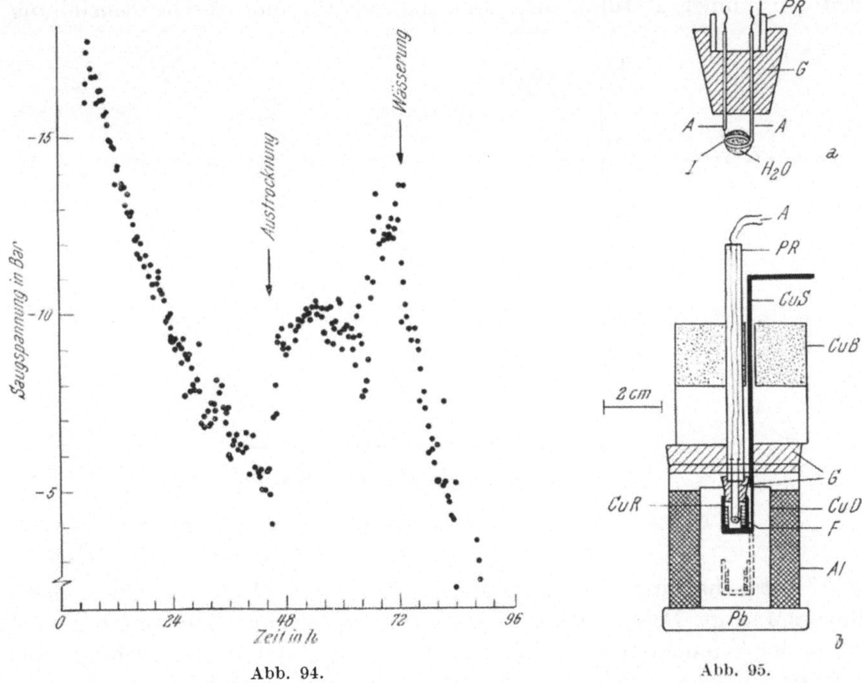

Abb. 94. Automatisierte Saugspannungsmessung bei *Phaseolus vulgaris* in Abhängigkeit von Trocknung und Wässerung. Nach LAMBERT und SCHILFGAARDE 1965.

Abb. 95. *a*) Meßfühler mit befeuchtetem NTC, welcher an einem Drahtring befestigt ist. Neuerdings verwenden wir auch in Glas eingeschmolzene Thermistoren, an denen ein Wassertropfen mit Hilfe eines aufgeklebten Plastikringleins aufgehängt werden kann. *A* Ableitungsdrähte, *G* Gummistopfen, *I* Isolationsstelle (Uhu-Plus) zwischen einem Ableitungsdraht und dem Drahtring, *PR* Plexiglasrohr. *b*) Komplette Meßkammer. *CuD* Kupferdrahtnetzzylinder, *Pb* Bleibeschwerung, *CuS* Kupferstab, *CuB* Kupferblech, *CuR* Kupferschuh, *F* feuchter Filtrierpapierring (waagerecht schraffiert), *AL* Aluminiumgefäß. Gestrichelt = Schuh in Meßstellung. Nach KREEB 1965 c.

Blatt-Saugspannung einstellt. Die Messung erfolgt, wie oben beschrieben, über Anfeuchtung durch den Peltier-Effekt. Inwieweit diese Methode eine allgemeine Anwendung erfahren kann, bleibt noch offen. Modellexperimente mit *Phaseolus vulgaris*-Topfpflanzen in einer Anzuchtkammer zeigen eine gute Beziehung zur Wasserversorgung (Abb. 94).

Ein anderes Verfahren zur Messung der Saugspannung bei intakten Blättern beschreiben LANG und BARRS (1965). Durch die recht aufwendige Thermostatisierung der Meßzelle mit Hilfe eines Flüssigkeitsmantels dürfte diese zunächst nur für Einzelmessungen eingesetzte Methode ebenfalls kaum für Messungen im Gelände in Frage kommen. Doch muß die Entwicklung von Meßmethoden, welche an der intakten Pflanze verwendbar sind, als großer Fortschritt angesehen werden.

bb) Thermistoren-Psychrometerzellen

Eine Saugspannungsmessung unter Verwendung von Thermistoren (NTC-Methode) wird von Kreeb (1965 c) beschrieben. Auch in diesem Fall wird, wie bei der Methode nach Spanner, mit demselben Fühler die Feucht- und Trockentemperatur in der Meßzelle bestimmt, wodurch Fehler, welche durch die Atmungswärme bedingt sind, entfallen.

Dies wird erreicht durch einen Kupferschuh, der zunächst über den angefeuchteten Fühler gestülpt wird und zugleich für eine rasche Einstellung und

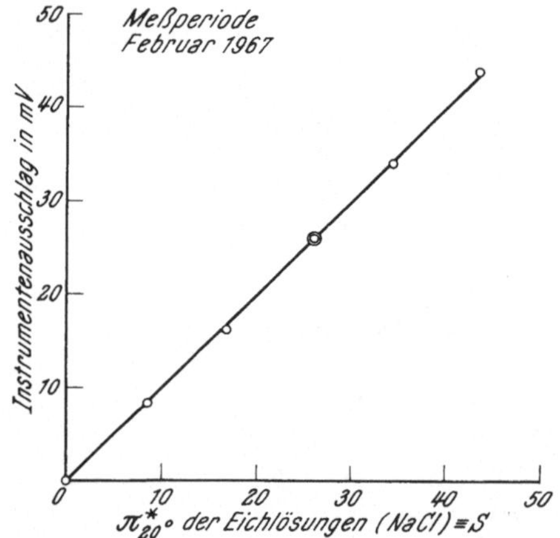

Abb. 96. Eichkurve für die NTC-Methode zur Bestimmung der Saugspannung.

gute Konstanthaltung des thermischen Gleichgewichtes zwischen Bad und Zellinnerem sorgt. Bei der Messung wird der Kupferschuh nach unten geschoben, wodurch der befeuchtete NTC frei exponiert ist (Abb. 95). Die Eichung über die Temperaturdifferenz „trocken — feucht" kann mit Lösungen wie bei den oben beschriebenen Verfahren erfolgen. Abb. 96 zeigt eine lineare Eichkurve mit NaCl-Lösungen. Das Dampfdruckgleichgewicht zwischen Probe und Zellraum stellt sich bei Lösungen relativ schnell ein, und zwar schon nach 1 Stunde. Bei xerophytischen *Eucalyptus*-Blättern können dagegen konstante Werte praktisch erst nach 24 Stdn. Expositionszeit gemessen werden, bei *Mesophyten* (Begonien) nach ca. 5 Stdn. (Abb. 97). Zur sicheren Feststellung konstanter Temperaturverhältnisse in der Meßkammer empfiehlt sich eine registrierende Anordnung (Kreeb 1965 c). Der Anpassung der NTC-Methode an das Dampfdruckosmometer von Knauer stehen vermutlich prinzipielle Schwierigkeiten entgegen. Es ist uns bisher nicht gelungen, konstante Temperaturverhältnisse hierbei zu erreichen. Dagegen kann die Knauer-Meßbrücke hervorragend zur Temperaturbestimmung in den von uns vorgeschlagenen Meßzellen eingesetzt werden (Abb. 76; vgl. Kreeb und Bogner 1967, sowie Scholander 1968).

δ) Druckkammer nach Boyer

Boyer (1967a) hat neuerdings ein Verfahren entwickelt, welches Saugspannungsmessungen in einer Druckkammer gestattet. Der Innendruck wird solange gesteigert, bis Gefäßflüssigkeit aus dem aus der Kammer herausragenden Stengel- oder Stielende austritt. Der dann herrschende Druck wird als im Gleichgewicht befindlich mit der Saugspannung des Materials angesehen. Der Vergleich mit thermoelektrischen Psychrometern ergibt keine volle Übereinstimmung, so daß für Absolutmessungen eine Eichung mit jenen erforderlich ist (BOYER 1967a). Größere Erfahrungen liegen diesbezüglich noch nicht vor (vgl. jedoch WARING und CLEARY 1967, sowie SCHOLANDER 1968, KAUFMANN 1968, Forest Sci. 14, 369—374).

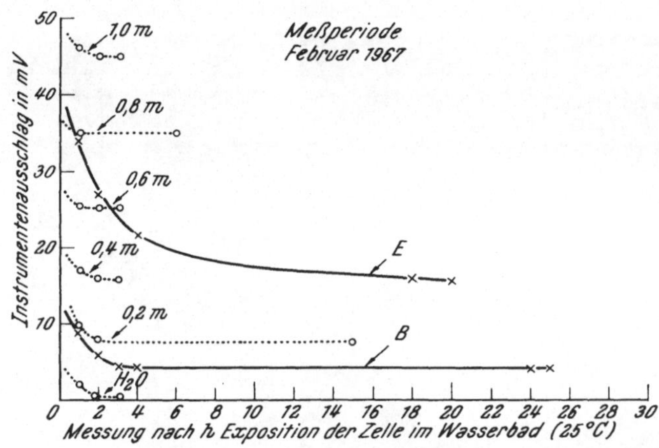

Abb. 97. Verlauf der Gleichgewichtseinstellung bei der NTC-Methode zur Bestimmung der Saugspannung bei Wasser, Lösungen (0,2—1,0 m NaCl), *Eucalyptus*-Blättern (*E*) und *Begonien*-Blättern (*B*).

e) Die elektrische Leitfähigkeit resp. der elektrische Widerstand der Blätter

Die Bestimmung der elektrischen Leitfähigkeit[60] in pflanzlichen Geweben wird seit OSTERHOUT (vgl. z. B. 1922) vor allem zur Untersuchung der Plasmapermeabilität verwendet. Eine Verbesserung des ursprünglichen Verfahrens verdanken wir PAECH (1941, vgl. auch DRACHOVSKÁ und SANDERA 1958 und GREENHAM 1966). Hier und bei späteren Anwendungen, etwa zur Abschätzung der Vitalität der Unterlagen von Apfelpflanzen (TAPER und LING 1961), zur Messung von Temperaturschädigungen (GLERUM 1962, SVEJDA 1966, HENZE 1967) und Kontrolle der Bewässerung (BOX und LEMON 1958, NAMKEN und LEMON 1960, KREEB 1963a), wurden stets Stechelektroden verwendet, welche das Gewebe verletzten und so Störungen verursachen müssen. Auch Berührungselektroden (KREEB 1963a) und feine ringförmige Nadelstechelektroden (KREEB, unveröffentlicht) besitzen diese Nachteile. Erst die Verwendung von „Argentol"[61] (Silberleitlösung) ermöglichte es, am unverletzten Blatt zu messen (KREEB 1966). Das Argentol wurde mit Hilfe einer ringförmigen Matrize aus selbstkle-

---

[60] Die Grundlagen der Konduktometrie behandelt OEHME (1961). In diesem Zusammenhang darf auch auf die Schnellfeuchtigkeitsbestimmungen bei Samen hingewiesen werden (z. B. HECHT 1964, SACHS und HECHT 1964, JOFFE 1964).

[61] Argentol wird geliefert von: Arlt-Elektronik, 7 Stuttgart, Rotebühlstr. 93; Arlt-Radio Elektronik, 1 Berlin 44, Karl-Marx-Str. 27; Eberhard Butz, 7 Stuttgart, Böblinger Str. 55; Hans Stier, 1 Berlin 1, Friedrichstr. 25. Leitlacke und Silberpulver stellt auch die Fa. Degussa her.

bender Plastikfolie als Kreisfläche mit Außenring[62] auf das Blatt aufgepinselt. Der Matrizenring, welcher den Abstand der beiden Elektroden (Abb. 98) auf 1,5 mm festlegt, mißt außen 10 mm und innen 7 mm. Da die Argentollösung[63] vermutlich wegen des giftig wirkenden organischen Lösungsmittels nach der Infiltration empfindliche mesophytische Blätter schädigt, waren wir gezwungen, nach einer ungiftigen Leitsubstanz zu suchen. Hierfür eignet sich nach unseren neuesten Erfahrungen eine Mischung aus Dispersionskleber bzw. Dispersions-farbengrundlage und aus $AgNO_3$ hergestelltem oder käuflichem Silberpulver.

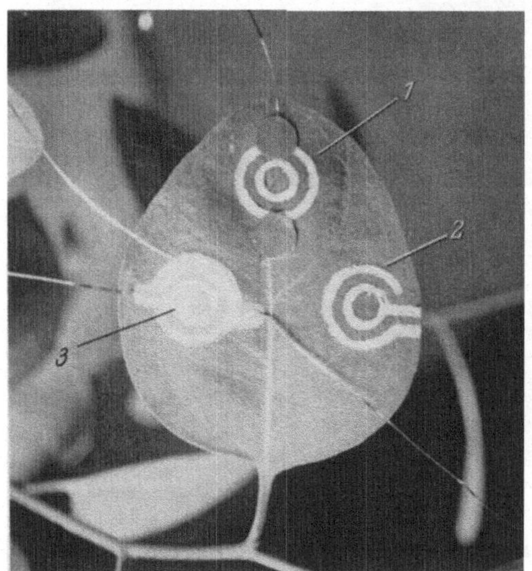

Abb. 98. Elektrodentypen. 1 Ringelektrode mit aufgedrückten Ableitungsdrähten, 2 Ausführung für anklemm-bare Ableitungen, 3 mit Hilfe von Leitsubstanz aufgeklebten Ableitungsdrähten (die hier zusätzlich erfolgte Ab-deckung mit Dispersionsfarbengrundlage ist nicht generell zu empfehlen, da diese Feuchtigkeit aufnimmt und die Leitfähigkeit sich dadurch ändert). T = NTC-Temperaturfühler.

Diese längere Zeit haltbare Masse läßt sich bei richtiger Dimensionierung der Grundsubstanzen, leicht streichen, trocknet schon nach 15—60 min auf dem Blatt an und haftet vorzüglich. Silber muß so viel beigegeben werden, daß die Leitung derjenigen von metallischem Silber nahekommt. Zuviel Ag schwächt andererseits die Klebekraft des Dispersionsklebers. Das genaue Rezept lautet:

1. Ag-Herstellung

Für 10 g darzustellendes Ag werden 15 g $AgNO_3$ in 50 cm³ H_2O gelöst, dann 120 cm³ technische HCl zugegeben und 35 g Zn (Körner). Sobald alles Ag freigesetzt ist, kann

---

[62] Andere Elektrodenformen sind unzweckmäßig, da bei vielen Pflanzen, besonders bei Gramineen die Leitfähigkeit quer und längs unterschiedlich ist. Eine Oben-Unten-Elektrode kommt deshalb nicht in Betracht, da dann für die Leitfähigkeit sich gegen-läufig auswirkende Blattdickenschwankungen hinzukommen.

[63] Ideal wäre eine selbstklebende, leitende Kunststoffmasse. Stoffe dieser Art werden z. Z. bei General Electrics (USA) entwickelt (Lupinski und Kopple 1964). Doch konnte deren Leitfähigkeit noch nicht diejenige von Metallen erreichen (bisher $1,1 \times 10^{-5}$ Ohm cm^{-1} gegen $1,10^{-17}$ Ohm cm^{-1} bei Ag), was Voraussetzung für ihre Verwendbarkeit für Blattelektroden wäre.

es nach mehrfachem Dekantieren mit dest. Wasser abzentrifugiert werden (3500 Umdrehungen pro min für 5 min, evtl. mehrmals). Das so gewonnene Ag-Pulver ist noch wasserhaltig. Trocknen bis zum wasserfreien Zustand ist nicht empfehlenswert, da dann eine Verschweißung der kleinen Körner zu größeren stattfindet, wodurch die Streichfähigkeit verschlechtert wird.

2. Herstellung der leitenden Elektrodenmasse

2 g Dispersionskleber + 6 g Ag-Pulver, wasserhaltig, werden zusammengemischt. Wasser sollte in dieser Mischung so viel vorhanden sein, daß nach dem Umrühren gute Streichfähigkeit besteht. Zum Mischen eignet sich ein kleiner, von einem 6-V-Elektromotor angetriebener Rührer besonders gut. Die so hergestellte Paste ist gebrauchsfertig. Sie muß in einem absolut dichten Gefäß aufbewahrt werden. Vor erneutem Gebrauch ist wieder umzurühren, da Wasser gelegentlich übersteht. Nach längerer Zeit kann auch eine leichte Eintrocknung vorhanden sein. In diesem Fall gibt man wieder Wasser hinzu. Tritt dann aber Schaumbildung auf, so ist die Dispersionsklebergrundlage unbrauchbar geworden; die Paste ist dann knotig geworden und nicht mehr streichfähig.

Eine gut streichfähige, hervorragend haftende Silberleitsubstanz ergibt sich aus „Mowilith DM 21" (ca. 50% Festkörpergehalt, Farbwerke Hoechst AG; ≡ Dispersionsfarbengrundlage; 2 Teile) und Silberbronce D 12 (DEGUSSA; 1 Teil).

Die Elektrode wird nun auf das Blatt mit dieser Leitmasse aufgebracht, wobei man evtl. auch mehrmals nacheinander, nach dem Abtrocknen des vorhergehenden Anstrichs, auftragen kann, damit die Leitfläche dichter wird. Schließlich empfiehlt sich eine Argentol-Abdeckung, um eine gute Zuleitung an jeder Stelle der Elektrode zu gewährleisten (siehe Abb. 98). Als Ableitungsdrähte (ca. 10 cm lang) bringt man reißfestes Lametta (sogenanntes „Engelshaar") an. Es kommt in mechanischen Kontakt zu der in Abb. 98 mit 1 bezeichneten Elektrode und wird mit Leukoplaststreifen festgehalten. Die so gefertigten Elektroden halten sich auch im Freien gegen alle Witterungseinflüsse monatelang. Bei Hartlaubpflanzen verzichten wir neuerdings auf Ableitungsdrähte und befestigen die Meßleitung an der Elektrode direkt mit einer Spezial-Doppelklammer (Abb. 98).

Die Messung des elektrischen Widerstandes hat, um einen linearen Durchgang durch 0 zu erhalten, mit einer selbstanzeigenden Differenzmeßbrücke zu erfolgen. Eine geeignete Apparatur ist in Anlehnung an OEHME (schriftliche Mitteilung) bei KREEB (1966) beschrieben, wobei Substitutions- oder Kompensationsmessung oder Registrierung möglich ist. Man kann auch direktanzeigende Meßbrücken, z. B. das 6-V-gespeiste tragbare Gerät LF 54 der Firma WTW, verwenden. Vergleiche zwischen verschiedenen Meßapparaturen zeigen, daß unterschiedliche Ohmwerte bei pflanzlichen Objekten erhalten werden. Insofern kann die Methode nur als Relativmethode angesehen werden; zumindest müssen die Meßwerte stets auf die verwendete Meßapparatur bezogen bleiben. Doch gilt dies gleichermaßen für alle Leitfähigkeitsmessungen an Objekten, z. B. auch Lösungen, deren Ersatzschaltbild eine Kombination von ohmschen Widerständen und Scheinwiderständen aufweist. Letztere, sogenannte Impedanzen, sind auch bei Blättern beteiligt. Außerdem muß stets dieselbe Meßfrequenz eingehalten werden, da kapazitive Widerstände frequenzabhängig sind. Zweckmäßig erschien uns bisher 1,5 V und 1,5 kHz. Mit den genannten Geräten können zunächst einmal Einzelmessungen durchgeführt werden. Doch ist durch

Anschluß eines Schreibers auch Registrierung möglich (KREEB 1966). Der Meß-
streifen wird dabei mit einer Widerstandsdekade, welche an Stelle der Elektrode
angeschaltet wird, geeicht. Diese Widerstandswerte müssen auf eine bestimmte
Temperatur bezogen werden, z. B. 25° C, da die Leitfähigkeit temperaturabhängig ist.

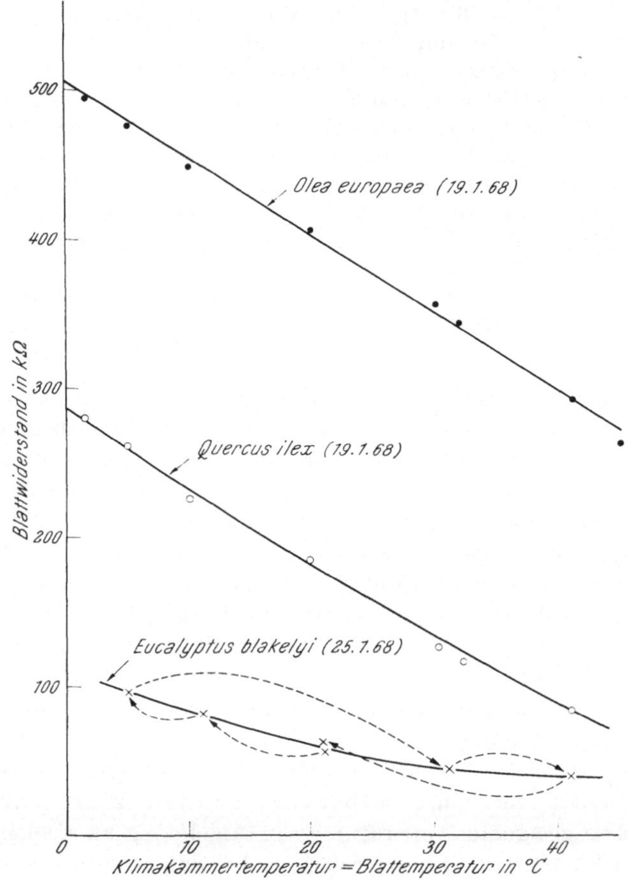

Abb. 99. Blattleitfähigkeitsänderung, angegeben als elektrischer Widerstand, in Abhängigkeit von der Temperatur.
--> Reihenfolge der Messungen bei *Eucalyptus blakelyi.*

Die Temperaturabhängigkeit läßt sich feststellen, wenn man mit
Vaseline abgedichtete Blätter in eine kleine thermostatisierte Wärmekammer
einschließt bzw. im Klimaschrank untersucht. Der Temperaturgang ist für verschiedene kΩ-Werte nicht ganz parallel (Abb. 99, vgl. auch KREEB 1966), doch kann
auf diese Weise eine empirisch gefundene Korrektur erfolgen, sofern gleichzeitig die
Blattemperatur mitgemessen wird. Dies ist z. B. mit den von KREEB (1964b)
beschriebenen kleineren NTC-Fühlern möglich, die noch 1/10° C anzeigen können.
Bei der Meßbrücke in der Abb. 100 ist gleichzeitig ein Temperaturanzeigegerät
angebaut. Am besten bestimmt man den Temperaturgang an einigen Blättern,
wie beschrieben, jeweils parallel zu Einzelmessungen. Registriervorrichtungen

Abb. 100. Leitfähigkeitsregistrierung im Freien an einem *Quercus ilex*-Blatt. *E* Blatt mit Elektrode und Temperaturfühler (NTC). *LT* Kombinierte Brücke zur Messung der Temperatur und elektrischen Leitfähigkeit, deren simultane Registrierung mit Hilfe des Verstärkers *V* (Temperatur), des Meßstellenumschalters *M* und des Multiscript (Metrawatt)-Punktdruckers (*P*) erfolgt. Alle Geräte werden mit Taschenlampenbatterien betrieben.

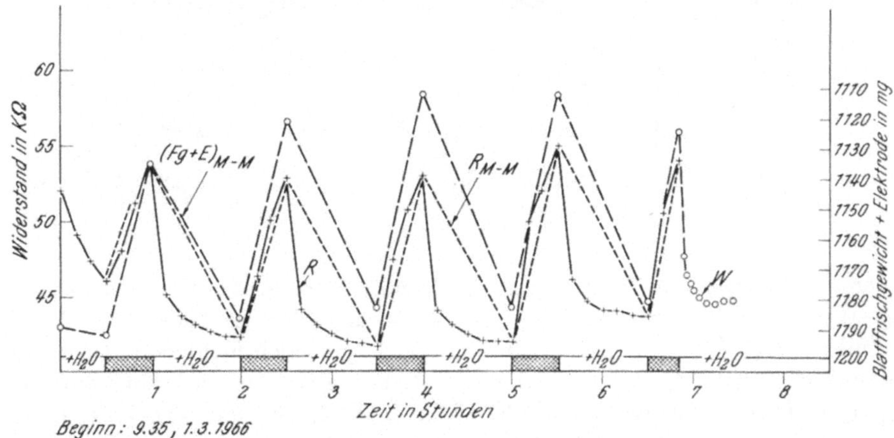

Abb. 101. Widerstandsänderung und Frischgewichtsänderung (Blatt + Elektrode) bei einem abgeschnittenen, ausdifferenzierten, diesjährigen Blatt von *Eucalyptus blakelyi*. Schwarz = Wassernachschub unterbrochen, weiß = Wiederaufsättigung. *R* registrierte Widerstandsänderung, R_{M-M} nur Minima und Maxima, $(Fg + E)_{M-M}$ Minima und Maxima des Frischgewichtes. Bei *R* beachte man den leicht konvexen Verlauf bei —H₂O (schwarz) bzw. konkaven Verlauf der Kurve bei +H₂O (weiß). Letzteres stimmt mit der am Schluß (*W*) zweiminütlich bestimmten Aufsättigungskurve vollkommen überein.

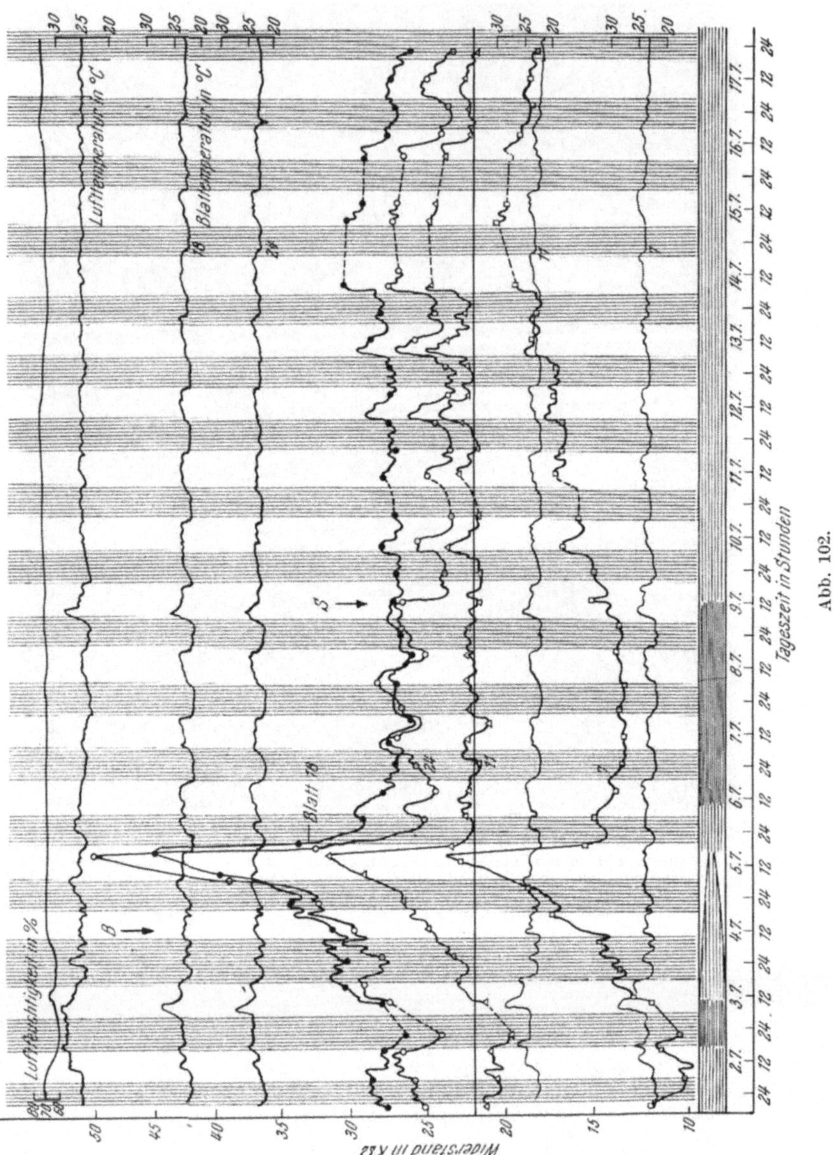

Abb. 102.

werden mit einigem Aufwand zwar auch mit Temperaturkompensation ausgestattet werden können, wie es z. B. bei der Brücke Typ LF 39 der Fall ist (Fa. WTW; Erfahrungen hierüber liegen noch nicht vor). Doch wird man die Registrierung hauptsächlich im Labor einsetzen, wo konstante Bedingungen leicht eingehalten werden können[64]. Nach den Ergebnissen von

---

[64] Die Meßbrücke in Abb. 100 stellt in Verbindung mit einem batteriebetriebenen Multiscript von Metrawatt eine netzunabhängige Leitfähigkeits-Registriervorrichtung dar.

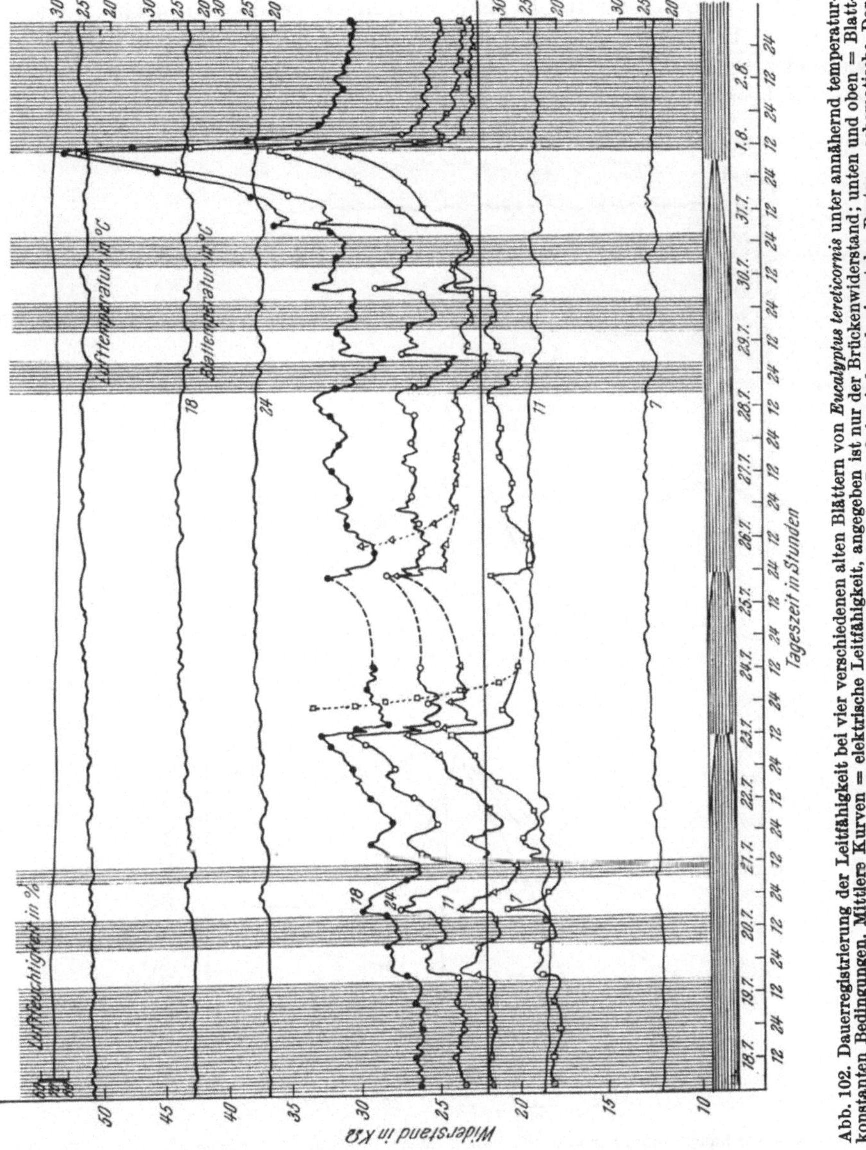

Abb. 102. Dauerregistrierung der Leitfähigkeit bei vier verschiedenen alten Blättern von *Eucalyptus tereticornis* unter annähernd temperaturkonstanten Bedingungen. Mittlere Kurven = elektrische Leitfähigkeit, angegeben ist nur der Brückenwiderstand; unten und oben = Blatttemperatur bzw. Lufttemperatur und Luftfeuchtigkeit; senkrechtes Raster = Dunkelperioden; horizontales Raster = schematische Darstellung der Bodenfeuchtigkeit im Topf (Abtrocknung = Raster auskeilend, dicht = Aufsättigung unter einer feuchten Plastikglocke). Ab *B* zeitliche Beleuchtung. *S* Elektrode (24) versehentlich benetzt. Nach KREEB 1966.

KREEB (1966) ist die Annahme berechtigt, daß die Blattleitfähigkeit hauptsächlich den Wassergehalt der Membranen erfaßt, nicht also die Wasserverschiebung in den Vacuolen. Insofern besteht eine gewisse Parallelität zu Bodenfeuchtemessungen. Der Blattwiderstand steigt mit abnehmendem Wassergehalt an. Dies läßt sich schon kurzfristig zeigen bei abgeschnittenen Blättern, deren Wassernachschub periodisch unterbrochen wird (Abb. 101). Hierbei kommt klar zum Ausdruck, daß die Kurven für Widerstandszu- bzw. -abnahme einen reproduzierbaren Verlauf aufweisen, der mit Wassergehaltsänderungen vollkommen übereinstimmt.

Der große Vorteil dieser für Registrierungen verwendbaren Methode ist, daß an **intakten Pflanzen** gearbeitet werden kann. Bei *Eucalyptus*-Topfpflanzen ließ sich so an 4 parallelen Meßstellen ein gleichsinniger Einfluß von Trockenperioden während einer vierwöchigen Versuchsdauer gut erfassen (Abb. 102).

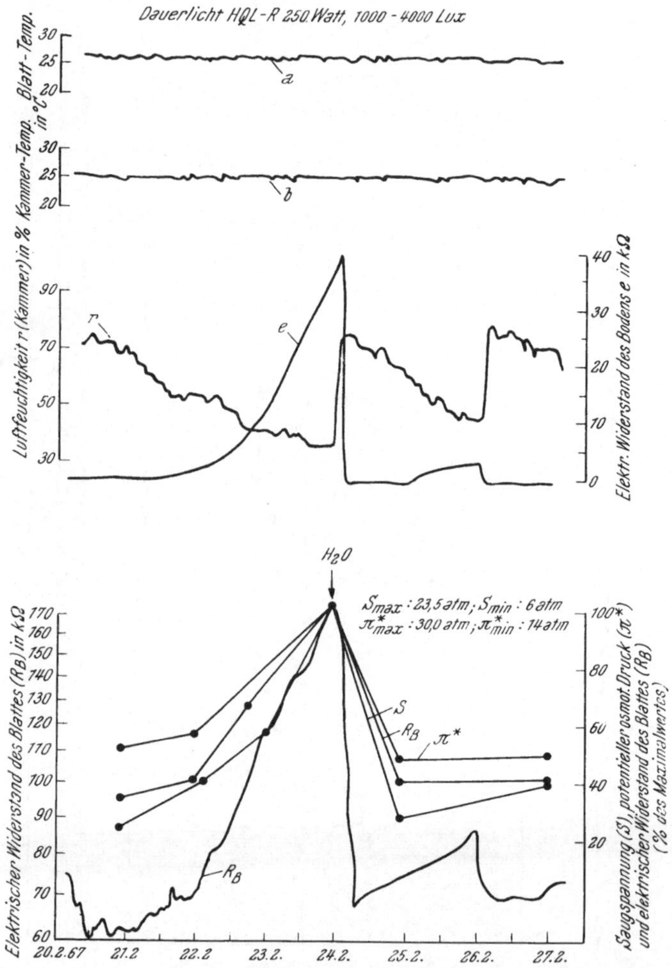

Abb. 103. Vergleich von Saugspannung, potentiellem osmotischem Druck und elektrischer Leitfähigkeit der Blätter unter kontrollierten Bedingungen (Vötsch-Klimaschrank) bei *Eucalyptus blakelyi*-Topfpflanzen in Abhängigkeit von unterschiedlicher Bodenfeuchtigkeit. *a* Blattemperatur (Mittel aus 4 Meßstellen); *b* Lufttemperatur in der Klimakammer; *r* Luftfeuchtigkeit in der Klimakammer; *e* elektrischer Widerstand des Bodens (vertikales Mittel); *S* Saugspannung der Blätter; π^* potentieller osmotischer Druck des Zellsaftes; R_B elektrischer Widerstand des Blattes. Nach Kreeb und Bogner 1967.

Obgleich die absolute Höhe der Widerstandswerte, entsprechend der Erwartung, bei den einzelnen Blättern nicht gleich ist, sind die relativen Ausschläge stets übereinstimmend. Blatt 7 zeigt, auch bei gleichbleibenden Wasserverhältnissen einen Anstieg, der auf eine Alterung des anfänglich jungen Blattes zurückgeführt werden kann. Parallelelektroden auf der gegenüberliegenden Blatthälfte (gestrichelte Linie) stellen sich nach einigen Stunden auf gleiche Werte ein.

Ob Tagesschwankungen dabei in Abhängigkeit vom Belichtungsrhythmus (dunkles Raster = Dunkelperiode) gesichert sind, läßt sich noch nicht endgültig sagen. In einem Klimakammerversuch konnte festgestellt werden, daß die relativen prozentualen Änderungen zwischen der Leitfähigkeit, π^* und S gut übereinstimmen (Abb. 103; KREEB und BOGNER 1967). Die Messung des Blattwiderstandes kann also recht gut die relativen Änderungen der Wasserverhältnisse an Pflanzen zum Ausdruck bringen.

Inwieweit gesicherte absolute Differenzen bei verschiedenen Pflanzen und ökologischen Typen bestehen, wird z. Z. untersucht. Bei Einzelmessungen sehen wir die Möglichkeit, an ein und demselben Pflanzenmaterial, über längere Zeiträume hinweg, den ökologischen Einfluß des Wasserfaktors bzw. seine Veränderung am Standort zu erfassen. Auch diesbezügliche Untersuchungen sind z. Z. im Gange.

f) Andere Methoden

Sowohl GONZALEZ und GARCIA-FERRERO (1966) als auch MILBURN und JOHNSON (1966) berichten, unabhängig voneinander, über Frequenzmessungen an Blättern, die es gestatten, deren Wasserverhältnisse zu charakterisieren. Bei ersteren Autoren werden Blattfragmente in Lösungen von bekanntem potentiellem osmotischem Druck untergetaucht und die Resonanzfrequenz gemessen. Ohne Lösungen, direkt an abgenommenen Blättern, arbeiten MILBURN und JOHNSON (1966). Die Methoden sind vermutlich nicht an intakten Pflanzen einzusetzen und dürften daher nur für spezielle Fälle in Frage kommen. Direkte Messungen des Turgordrucks waren bisher nur bei einzelnen *Nitella*-Zellen möglich (GREEN und STANTON 1967) bzw. über Resonanzmessungen bei Geweben (VIRGIN 1955).

Abschließend kann darauf hingewiesen werden, daß eine auch für Registrierungen geeignete, an intakten Pflanzen direkt Absolutwerte liefernde Meßmethode als ideal anzusehen wäre. Es gibt aber eine solche, die Plasmahydratur betreffend, nicht. Wir sind daher darauf angewiesen, je nach den herrschenden Bedingungen und dem zur Verfügung stehenden Material, das eine oder andere Verfahren zu wählen, wobei zweifellos auch die jeweilige Fragestellung zu berücksichtigen ist. Um die Übersicht über die hier besprochenen Methoden zu erleichtern, haben wir in der Tab. 17 deren wesentliche Eigenschaften im Hinblick auf ihre Anwendbarkeit zusammengestellt.

Hieraus wird deutlich, daß nur einige Methoden bisher ökologisch eingesetzt worden sind. Allein die Bestimmung des potentiellen osmotischen Druckes über die Gefrierpunktsmethode wurde bisher in fast allen Klimazonen in großem Umfang durchgeführt (vgl. die osmotischen Spektra bei WALTER 1960). Die heutige Tendenz, Methoden zu entwickeln und sie lediglich zu verbessern, darf nicht zum Grundsatz werden und zu einer Abkehr von echten ökologischen Untersuchungen führen. Für diese spielen die einfachen transportablen Apparaturen nach wie vor eine entscheidende Rolle. Es kommt dabei mehr darauf an, viele Messungen, auch wenn sie weniger genau sind, durchzuführen, als sehr genaue Einzelwerte anzustreben. Auf diese Feldmethoden wird man bei Geländearbeiten stets zurückgreifen müssen, auch wenn ihre Zuverlässigkeit nicht derjenigen physiologischer Labormethoden entspricht. Es ist allerdings stets notwendig, Fehlergröße und -tendenz zu kennen.

Tab. 17. *Übersicht über die wichtigsten indirekten Meßmethoden zur Bestimmung der Plasmahydratur und ergänzende Methoden zur Charakterisierung des Wasserhaushaltes.*

Methoden	Absolutwerte[1]	Relativwerte[2]	Korrelative Werte[3]	Labormethode	Feldmethode[4]	Messung an einzelnen Zellen	Durchschnittswerte von Geweben	Durchschnittswerte von Organen	Mikromethode	Pflanzenmaterial wird verbraucht	Bei intakten Pflanzen einsetzbar	Einzelmessungen	Registrierung möglich	Ökologisch bereits eingesetzt	Fehlertendenz[5]
Grenzplasmolytische Methode	●			●	●		●			●		●		z. T.	+
Plasmometrische Methode	●			●	●	●				●		●			
Kryoskopische Methode	●			●	●			●		●		●		●	
Mikrokryoskopische Methode nach Mosebach	●			●				●	●	●		●			
Dampfdruckmethoden	●			●				●		●		●			
Refraktometerwert		●		●	●			●		●		●			

Indirekte Methoden

Ergänzende Methoden

Ergänzende Methoden	1	2	3	4	5	6	7	8	9	10	11	12	13	14	15	[5]
Wassergehalt (gravimetrisch)			●	●	●			●		●		●	●		●	±
Wassergehalt (β-Strahler)			●	●	?			●			●	●	●	○		
Wasserdefizit			●	●	●			●		●		●	●		●	±
Relativer Wassergehalt			●	●	●			●		●		●	●		●	
Saugspannung (SCHARDAKOV-Methode)			●	●	●			●		●		●	●		●	+
Saugspannung (Refraktometermethode)			●	●	●			●		●		●	●		●	+
Saugspannung (gravimetrisch)			●	●	●			●		●		●	●		●	
Saugspannung (thermoelektrisch nach SPANNER)			●	●				●		z. T.	z. T.	●	●			
Saugspannung (thermoelektr. nach RICHARDS und OGATA)			●	●				●		●		●	●			+
Saugspannung (NTC)			●	●				●		●		●	●			
Elektrische Leitfähigkeit			●	●	●			●		●		●	●	●	●	
Frequenzmessungen			●	●				●		●			●	○		

[1] Bedeutet, daß physikalisch und biologisch eindeutige Meßwerte im Hinblick auf die Plasmahydratur gewonnen werden.

[2] Bedeutet, daß hier nur relative Änderungen zur Charakterisierung von Plasmahydraturänderungen herangezogen werden können.

[3] Hier werden auch Absolutmethoden aufgeführt (z. B. Saugspannungsmessungen), da keine echte, sondern nur sinngemäß richtige, relative Korrelation zu π^* besteht.

[4] Hierunter sind Feldmethoden im weiteren Sinne zu verstehen, also auch solche, welche ein einfaches Feldlabor voraussetzen.

[5] + = zu hohe Werte liefernd, ± = unzuverlässig.

● zutreffend.

○ möglich, aber noch nicht in dieser Weise eingesetzt.

Wenn hier auch auf ergänzende Methoden, die für die Untersuchung des Wasserhaushaltes aus verschiedenen Gründen wichtig erscheinen, eingegangen worden ist, so u. a. deshalb, weil häufig noch keine Messungen des potentiellen osmotischen Druckes vorliegen. Andererseits kann in Zukunft z. B. die Methode der Wassergehaltsbestimmung durch β-Strahlung oder die elektrische Leitfähigkeitsmessung einige Bedeutung erlangen, da beide an intakten Pflanzen eingesetzt werden können. Solche „Hilfswerte" sind jedoch nur dann zulässig, wenn eine Korrelation zum potentiellen osmotischen Druck besteht. Diese wurde in einigen Fällen untersucht, so von Kreeb und Bogner (1967, vgl. Waister 1963b) zwischen elektrischer Blattleitfähigkeit, potentiellem osmotischem Druck und Wasserpotential. Die prozentualen relativen Änderungen stimmten hierbei gut überein. Eine gute Korrelation besteht auch zwischen dem relativen Wassergehalt resp. Wasserdefizit und dem Wasserpotential (Jarvis und Jarvis 1963, 1965, Knipling 1967) sowie dem relativen Wassergehalt und der Summe aus potentiellem osmotischem Druck und matrikalem Potential (Wilson 1967a). Dabei spielt allerdings die Art des Welkevorgangs eine Rolle (Shepherd 1964). Eingehende Untersuchungen über die Beziehungen zwischen relativem Wassergehalt, potentiellem osmotischem Druck, Druckpotential und Wasserpotential führten Gardner und Ehlig (1965, vgl. auch Wilson 1967c) durch. Auch dabei ergaben sich eindeutige Beziehungen, ebenso wie zwischen dem potentiellen osmotischen Druck und dem Wassersättigungsdefizit (Slavik 1963b), dem potentiellen osmotischen Druck und dem Refraktometerwert (vgl. S. 144f. und Kozinka und Nižnansky 1963). Da sie aber durch vielerlei Faktoren bestimmt sind, müssen sie für absolute Vergleiche empirisch festgestellt werden. Relativ gesehen zeigt sich jedoch stets eine gleichsinnige Änderungstendenz. Gerade deshalb wird man damit aber nur auf relative Änderungen in der Plasmahydratur schließen können.

Zwischen S- und π^*-Änderungen bestehen deutliche Unterschiede. S, für den Wassernachschub entscheidend, kann bei Sättigung stets Werte um 0 erreichen, unabhängig vom Plasmahydraturzustand und von der Einwirkung durch Trockenperioden. Diese erhöhen jedoch in Form einer Anpassungsreaktion stets π^*, wodurch auch die Plasmahydratur verändert wird und bleibt, selbst wenn wieder optimale Wasserverhältnisse herrschen. Dies ließ sich deutlich bei Topfversuchen mit abwechselnd Feucht- und Trockenperioden erkennen (Kreeb 1964a; Abb. 88). Eine geringfügige Erhöhung von π^* liegt auch unter ständig optimalen Wasserbedingungen vor (vgl. Abb. 124). Man kann diese Verhältnisse als nicht umkehrbare Alterungserscheinung auffassen: In die Vacuole wird immer eine gewisse Menge an Ballastionen abgegeben, die mit zur Höhe von π^* beitragen und ihn ständig, wenn auch geringfügig, erhöhen.

Aus den oben genannten Topfversuchen läßt sich die Bedeutung der Plasmahydratur für die Lebenserscheinungen besonders gut demonstrieren: Nach vorangegangenen Trockenzeiten und Wiederaufsättigung nimmt S stets dieselben Werte um 0 atm ein, π^* hingegen ist erhöht. Die Wachstumsbedingungen im lebenden Protoplasma, dessen Quellungszustand bzw. Hydratur direkt von π^* abhängt, sind also verändert, was sich häufig auch rein morphologisch zu erkennen gibt. Die Untersuchung derartiger aktiver Hydraturänderungen auf physiologische Prozesse, insbesondere Atmung und Photosynthese, dürfte von großem Interesse sein.

VII. Hydraturverhältnisse innerhalb einer Pflanze

1. Unterschiede der potentiellen osmotischen Drücke (π^*) bei verschiedenen Organen

In den meisten Fällen werden nur die Blätter der Pflanzen untersucht. Um aber einen Begriff davon zu geben, wie stark sich die potentiellen osmotischen Drücke (im folgenden π^*) der einzelnen Organe unterscheiden, führen wir folgende Beispiele an (vgl. auch Tab. 11a, b).

a) Oberirdische und unterirdische Teile

Ilex aquifolium (Dixon, aus Walter 1931 a)

Blätter (verschieden alt)	12,9—15,7 atm
Wurzel (verschieden dick)	7,6—10,3 atm

Eucalyptus globulus (Dixon, aus Walter 1931 a)

Blätter (Jugendform)	11,7 atm
Wurzel (1—4 mm dick)	8,1 atm

Iris germanica (Dixon, aus Walter 1931 a)

Blätter	13,0 atm
Rhizom	10,0 atm
Wurzel	9,2 atm

Iris missouriensis (Walter 1931 a)

Blätter	11,4 atm
Rhizom	10,5 atm

Mentzelia multiflora (Walter 1931 a)

Blätter	10,9 atm
Pfahlwurzel	4,7 atm

Allium cernuum (Walter 1931 a)

Blütenstand	11,4 atm
Blätter	7,8 atm
Zwiebel	8,4 atm
Wurzel	6,7 atm

Solanum tuberosum (Walter 1931 a)

Sprosse	9,8—10,3 atm
Knollen	7,0 atm

Coralliorhiza multiflora (Walter 1931 a)

Blütenstand	5,5 atm
Wurzelnest	8,6 atm

Bei der zuckerspeichernden Rübenwurzel der Zuckerrübe kann π^* sehr hoch sein: 14,5—21,2 atm, bei *Brassica rapa* (Rübenwurzel) 13,6 atm, bei *Helianthus tuberosus* (Knollen) 13,5 atm.

b) Stengel und Blätter

Krautige (winterannuelle) Arten in Arizona (Harris und Lawrence 1916):

Art	Stengel	Blätter
Sphaerostigma chamaenerioides	11,3	11,5
Calycoseris wrightii	11,8	11,6
Streptanthus arizonicus	16,9	14,7
Eulobus californicus	18,7	10,7
Nemoseris neomexicana	15,0	14,1
	11,1	10,2

Krautige ausdauernde Arten der Sanddünen (Volk 1931):

Art	Stengel	Blätter	Infloreszenz	Ganze Pflanzen
Euphorbia seguieriana	9,9	12,2	13,7	13,2
Jurinea cyanoides	12,0	13,9	15,3	13,8
Helichrysum arenarium		13,3		13,2
Artemisia campestris		14,6		15,4

c) Verteilung innerhalb eines Blattes

Hedera helix (Walter 1931 a): Blattspreite 18,3 atm; Blattstiel 13,6 atm.

Yucca glauca (Walter 1931 a): Blattspitze 14,9 atm; Blattmitte 14,2 atm; Blattbasis 12,6 atm.

Beta vulgaris (Slavik 1959 a[65]): Blattspitze 19,8, 19,6, 19,2, 18,7, 18,6, 19,2; Blattmitte 17,6, 16,8, 16,8, 17,6; Blattbasis 15,6, 14,8, 14,6, 15,6.

d) Alter der Blätter

Bei Koniferen (Walter 1931 a):

Art	diesjährige Blätter	vorjährige Blätter
Pinus flexilis	17,7	19,6
Pinus aristata	15,0	21,7
Abies concolor	19,0	22,1

Bei *Ilex aquifolium* fand Dixon (aus Walter 1931 a) keine deutliche Abhängigkeit vom Alter.

Bei krautigen Pflanzen: Soja-Bohnen (*Glycine hispida*) nach Greathouse (1932):

Alter der Pflanzen (in Tagen):   35   45   57   69
π^* (in atm):   8,6   9,1   10,2   10,9

---

[65] Eine Bestätigung für die Zunahme von π^* gegen die Blattspitze findet sich bei Takaoki (1962), der allerdings plasmolytische π^*-Messungen durchführte.

Ganz allgemein gilt, daß junge, nicht ausgewachsene Blätter sich durch besonders niedrige Werte auszeichnen (Jugendwerte), die dann aber rasch ansteigen, bis das Blatt voll entwickelt ist. Bei tropischen Arten mit sehr großen Sproßspitzen-Meristemen läßt sich auch von diesen Preßsaft gewinnen, wobei es offengelassen werden muß, ob es sich um reinen Zellsaft handelt. Wir nennen folgende Zahlen nach WALTER (1931a):

Art	Meristem	Gewebe	darunter Blätter
Bambus vulgaris	8,5 atm	9,0 atm	18,5 atm
Polyscias polybotrya	7,2 atm	—	9,5 atm

Eine Ausnahme machen die Sukkulenten, in deren ausgewachsenen Organen Wasser gespeichert wird. Ihre Meristeme haben höhere Werte (nach WALTER 1931a):

Art	Meristem	Stammgewebe
Carnegiea gigantea	10,0 atm	5,6—6,4 atm
Ferocactus wislizeni	6,9 atm	4,2—5,3 atm

2. Die Bedeutung der Insertionshöhe der Blätter

Die Wasserversorgung wird im allgemeinen erschwert, je weiter die Blätter vom Wurzelsystem entfernt sind. Außerdem werden bei krautigen Pflanzen die höher inserierten Blätter später entwickelt, wenn die Pflanze bereits eine ansehnliche transpirierende Blattfläche ausgebildet hat und wenn die potentielle Verdunstung infolge der hoheren Sommertemperaturen größere Werte erreicht. Bei hohen Bäumen kommt noch dazu, daß eine Saugspannung notwendig ist, um die Wassersäule bis zum Baumwipfel zu halten und den Reibungswiderstand in den langen Leitungsbahnen zu überwinden. Wir müßten also annehmen, daß die potentiellen osmotischen Drücke der Blätter unter sonst vergleichbaren Bedingungen mit der Insertionshöhe ansteigen.

Als Beispiel einer krautigen Art sind die Verhältnisse bei einer Sonnenblume (*Helianthus annuus*) auf Abb. 104 dargestellt. Unsere Annahme trifft zu, wenn auch der Anstieg nicht sehr bedeutend ist. Die Hüllblätter um den Blütenstand besitzen niedrigere Werte als die Laubblätter.

Auch bei den Bäumen ist der Anstieg von π^* mit der Höhe nicht sehr groß, wenn die Blätter alle denselben Beleuchtungsintensitäten ausgesetzt sind. Als Beispiel für Laubbäume führen wir an, daß bei einer *Castanea vesca* π^* bei Blättern mit 16,4 atm in 2,5 m Höhe langsam bis auf 18,8 atm in 22 m Höhe anstieg (WALTER 1931a). Für die Nadelbäume diene als Beispiel eine Fichte (*Picea abies*): π^* der kleinen benadelten Triebe eines unteren Wirtels (des 21. von oben) betrug 18,4 atm; er erhöhte sich bei den nächsthöheren Wirteln und erreichte beim obersten Wirtel 20,7 atm. Im allgemeinen sind die durch eine verschiedene Exposition zum Licht bedingten Unterschiede bei den Blättern einer Baumkrone größer als die von der Insertionshöhe abhängigen.

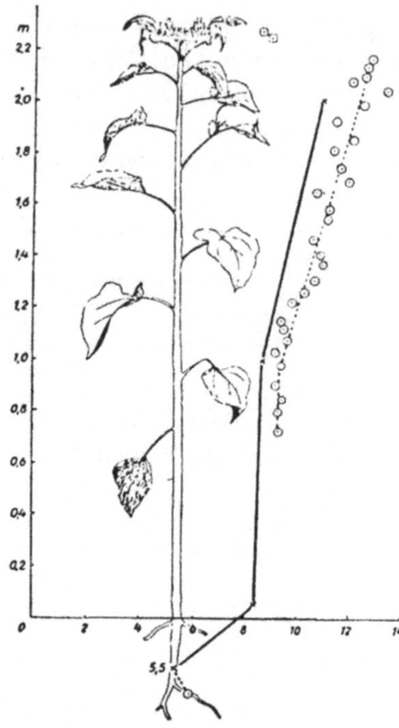

Abb. 104. Verteilung des potentiellen osmotischen Druckes bei einer Sonnenblume (gezeichnet nach Zahlenangaben von Thren). Ordinate: Höhe der Probenentnahme, Abszisse: potentieller osmotischer Druck in atm des Zellsaftes, ausgezogene Linie bei der Hauptachse, ⊙ (unten) bei Seitenwurzeln, sonst ⊙ bei dem 14. bis 45. Blatt, ⊡ bei Hüllblättern und Blüten. Aus Walter 1962.

3. Tagesschwankungen des potentiellen osmotischen Druckes (π^*)

Jede Störung der Wasserbilanz einer Pflanze muß sich auf π^* und damit auch auf die Hydratur des Plasmas auswirken. Sobald ein Blatt mehr Wasser durch Transpiration verliert, als es durch Nachleitung aus dem Gefäßsystem erhält, muß der Wassergehalt des Blattes sinken, wobei gleichzeitig die Konzentration des Zellsaftes ansteigt. Solche vorübergehende Störungen der Wasserbilanz ereignen sich an allen warmen, sonnigen Tagen, an welchen die Transpiration ein ausgeprägtes Maximum um die Mittagszeit aufweist. Deshalb zeigt π^* bei Blättern Tagesschwankungen. Sie könnten verstärkt werden, wenn im Laufe des Tages durch die Photosynthese eine Zuckeranreicherung im Zellsaft erfolgt. Tagesschwankungen des Gehalts an Mono- und Disacchariden pro g Trockensubstanz der Blätter mit einem Maximum um die Mittagszeit lassen sich durch Blattanalysen nachweisen. Aber es ist nicht gesagt, daß diese Zucker sich in der Vacuole anreichern; auch ist ihre Konzentration in atm ausgedrückt sehr gering. Zuckeränderungen beim Welken und in Abhängigkeit von der Bodentrockenheit sind ebenfalls nachgewiesen worden (Jeremias 1965, 1966). Doch ist auch hierbei nicht gesagt, ob es sich um Vacuolenbestandteile handelt.

Will man sich Klarheit darüber verschaffen, ob die Tagesschwankungen von π^* auf einer Anreicherung von osmotisch wirksamen Substanzen oder auf Wasserdefiziten beruhen, so muß man parallele Wasserbestimmungen (pro Trockensubstanz) ausführen. Bleibt das Produkt aus dem Wassergehalt und dem osmotischen Wert der einzelnen Proben im Laufe eines Tages annähernd konstant, dann hat eine Neubildung osmotisch wirksamer Stoffe nicht stattgefunden.

PISEK und CARTELLIERI (1932a) hatten diese Frage an einem sonnigen Sommertage bei Pflanzen mit starken Tagesschwankungen nachgeprüft (vgl. auch S. 150). Die Produkte waren zu den verschiedenen Tageszeiten fast konstant und betrugen bei:

Potentilla canescens	28—32	*Buphtalmum salicifolium*	48—50
Rhamnus pumila	41—42,5	*Vincetoxicum officinale*	49—52,2
Oxytropis pilosa	42—45	*Coronilla varia*	55—58
Laserpitium siler	45—49	*Leontodon incanus*	59—62

Bei vorübergehenden Störungen der Wasserbilanz ist das stets der Fall, während bei dauernder Anpassung der Wasserbilanz (z. B. bei Sonnen- und Schatten-blätter, Pflanzen trockener Standorte) oder beim Abhärtungsvorgang im Winter eine aktive Regulation von π^* stattfindet. Die Zellsaftkonzentration solcher Blätter bleibt auch bei voller Wassersättigung erhöht.

STEINER (1933) macht z. B. für *Ilex aquifolium* am 22. 12. vor einer Frost-periode und am 23. 3. nach einer solchen folgende Angaben (Tab. 18):

Tab. 18. *Änderung des potentiellen osmotischen Druckes von Ilex aquifolium beim Abhärtungs-vorgang.* Nach STEINER 1933.

	22. 12.	23. 3.
I π^* in atm	15,5	19,5
II Wassergehalt in % Trockengewicht	133	135
III Produkt I × II	2060	2630
Zuckergehalt in atm	7,5	11,6

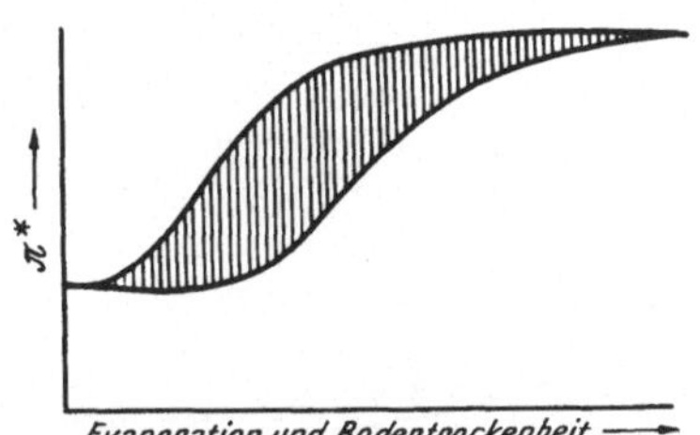

Abb. 105. Abhängigkeit der Tagesschwankungen des potentiellen osmotischen Druckes (π^*, schraffiert) von der Wasserversorgung der Pflanzen. Links bei geringer Evaporation und feuchtem Boden. Nach rechts bei zunehmen-der Evaporation und immer trockenerem Boden. Nach WALTER 1931 a.

Man erkennt daraus, daß der Zuckergehalt beim Abhärtungsvorgang um 4,1 atm anstieg. Die Erhöhung von π^* um 4,0 atm ist also ausschließlich auf die Zucker-neubildung zurückzuführen.

Die Höhe der Tagesschwankungen ist unter gleichen Bedingungen bei den einzelnen Pflanzenarten ganz verschieden. Sie hängt von der Ausbildung des Wurzelsystems und der Leitungsbahnen im Verhältnis zur gesamten Blattfläche und der Transpirationsintentsität pro Flächeneinheit ab. Von den Außenbedin-gungen sind der Wassergehalt des Bodens, die Beleuchtung der Blätter und die

13*

potentielle Evaporation von Bedeutung; dazu kommen noch die Schließbewegungen der Stomata.

Abb. 105 gibt die allgemeinen Verhältnisse schematisch wieder. Bei sehr guter Wasserversorgung und geringer Transpiration bleibt die Wasserbilanz ausgeglichen und Tagesschwankungen von π^* fehlen. Mit zunehmender Trockenheit des Bodens und stärkerer Transpirationsbeanspruchung nimmt die Größe der Tagesschwankungen ständig zu, bis sich eine Einschränkung der Transpiration durch hydroaktive Schließbewegungen der Stomata bemerkbar macht. Die Tagesschwankungen nehmen dann ab, aber die π^*-Werte steigen ständig an. Unter sehr extremen Verhältnissen schließlich bleiben die Stomata ständig geschlossen und die Tagesschwankungen hören auf.

Als Beispiel führen wir das Verhalten der π^*-Werte von *Pirus elaeagrifolia*-Blättern bei Ankara während der Sommerdürrezeit an (Tab. 19):

Tab. 19. *Änderungen der Tagesschwankungen von π^* bei Pirus elaeagrifolia.* Nach Birand 1938.

	April	Mai	Juni	Juli	August	September
π^* vormittags in atm	17,6	19,9	24,2	29,9	34,0	34,9
Tagesschwankungen in % derselben	8,4	10,0	8,1	2,7	0,1	0,0

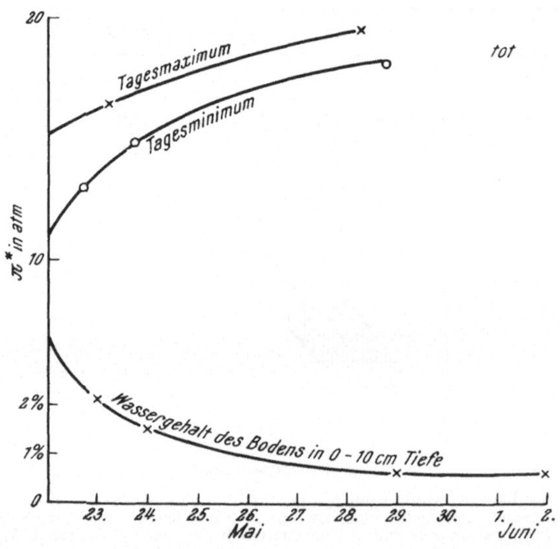

Abb. 106. Tagesschwankungen des potentiellen osmotischen Druckes (π^*) bei *Bromus tectorum* kurz vor dem Vertrocknen bei rasch abnehmendem Wassergehalt des Bodens (Sanddünen bei Heidelberg, nach Angaben von Volk). Die Tagesminima des potentiellen osmotischen Druckes steigen vor dem Absterben rascher an als die Maxima, die Tagesschwankungen werden geringer. Andere Frühlingsephemeren, wie z. B. *Veronica praecox*, verhalten sich ähnlich. Nach Walter 1931 a.

Abb. 106 zeigt die letzte Phase vor dem Vertrocknen des annuellen *Bromus tectorum*.

Wie hoch die Tagesschwankungen im Gelände unter natürlichen Bedingungen an sonnigen Tagen sind, mögen einige Beispiele zeigen. Sie werden in atm und in % des Morgenwertes angegeben.

a) Bei Schattenpflanzen fehlen Tagesschwankungen fast ganz (Wäldchen an Präriengrenze in Nebraska, nach WALTER 1931a):

Ampelopsis quinquefolia	nicht nachweisbar
Vitis vulpina	nicht nachweisbar
Galium aparine	0,1 atm = 1,2%
Smilax hispida	0,2 atm = 1,7%
Polygonatum commutatum	0,4 atm = 3,8%
Acalypha virginica	0,5 atm = 4,4%

b) Bei guter Wasserversorgung, aber starker Besonnung sind die Tagesschwankungen bei Sumpfpflanzen in Ungarn nur dann von Bedeutung, wenn sich die Pflanzen höher über die Wasseroberfläche erheben; vielleicht wirkt sich dabei auch eine geringe Leitfähigkeit der Leitungsbahnen aus (nach WALTER 1931a):

Iris pseudacorus	nicht nachweisbar
Epilobium hirsutum	0,3 atm = 3%
Lysimachia vulgaris	0,4 atm = 4%
Lythrum salicaria	0,7 atm = 6%
Scirpus lacustris	1,7 atm = 17%
Carex acutiformis	2,3 atm = 18%
Phragmites communis	2,5 atm = 17%

c) Sonnenpflanzen bei relativ guter Wasserversorgung zeigen starke Schwankungen (Prärie im Frühsommer, Nebraska, nach WALTER 1931a):

Sporobulus heterolepis	1,1 atm = 11%
Tragopogon pratensis (blühend)	1,2 atm = 12%
Amorpha fruticosa (blühend)	2,1 atm = 17%
Astragalus crassipes (fruchtend)	2,6 atm = 19%
Erigeron ramosus (blühend)	2,9 atm = 23%
Psoralea floribunda (blühend)	2,6 atm = 27%
Stipa spartea (fruchtend)	3,2 atm = 26%

(Über *Ambrosia trifida* vgl. HERRICK 1933.)

d) Sandpflanzen an sonnigen Standorten weisen ebenfalls starke Schwankungen auf; die größten Tagesschwankungen bei Heidelberg betrugen nach VOLK (1931):

Jurinea cyanoides	1,7 atm = 16%
Artemisia campestris	2,1 atm = 16%
Koeleria glauca	2,4 atm = 16%
Helichrysum arenarium	2,0 atm = 18%
Euphorbia seguieriana	3,6 atm = 32%
Euphorbia lutea	5,7 atm = 36%

e) Bei Holzpflanzen, die ihre Wasserbilanz meist sehr genau regulieren, sind die Tagesschwankungen selbst bei hoher potentieller Evaporation im allgemeinen gering (nach WALTER 1931a):

Pinus nigra (Ungarn), schattig	0,3 atm = 2%
Pinus nigra (Ungarn), sonnig	1,1 atm = 7%

Robinia pseudacacia (Ungarn), schattig .... 0,4 atm = 3,4%
Robinia pseudacacia, sonnig .... 0,8 atm = 4,6%
Quercus ilex (Südfrankreich) .... 2,3 atm = 12,0%
Pistacia lentiscus .... 2,7 atm = 11,0%

f) Bei Sukkulenten lassen sich Tagesschwankungen nicht nachweisen.

Weitere Beispiele findet man bei Walter (1931a).

4. Periodische Änderungen des potentiellen osmotischen Druckes (π^*) während eines Jahres

Die gesetzmäßigen Jahresschwankungen von π^* werden dort am besten zu erkennen sein, wo starke klimatische Änderungen auftreten, welche den Wasserhaushalt der Pflanzen beeinflussen, d. h. wo Regenzeiten und Dürrezeiten vorkommen. In den stets feuchten Tropen ist das nicht der Fall. In den ariden Zonen steigt π^* während der Dürrezeit ständig an, um dann während der kurzen Regenzeit scharf zu sinken. Bewässert man die Pflanzen während der Dürrezeit, so bleibt der Anstieg und dementsprechend auch der Abfall aus (Abb. 107). Meist gut getrennt sind beim mediterranen Klima die winterliche Regenzeit und die sommerliche Dürrezeit. Dementsprechend steigt auch die Jahreskurve von π^* im Sommer deutlich an, aber bei verschiedenen ökologischen Typen in unterschiedlichem Ausmaß. Sehr scharf reagieren die Pflanzen mit weichen oft stark behaarten Blättern und das Gras *Brachypodium ramosum*. Dagegen zeigen die tiefwurzelnden sklerophyllen Holzpflanzen nur eine geringe Reaktion, die *Euphorbia*-Arten und die sukkulenten *Sedum*-Arten praktisch überhaupt keine. Bei vielen krautigen Arten sterben die Blätter nach einem kurzen Anstieg ab oder überdauern den Sommer nur ausnahmsweise in Jahren mit geringer Trockenheit (Abb. 108, 109). Ähnlich sind die Verhältnisse in Kapland (Walter und van Staden 1965). Hier zeigte sich, daß hydrostabile Arten (Walter 1931a), z. B. *Leucospermum hypophyllum* (Abb. 110), vorkommen und mehr oder weniger hydrolabile. Als Beispiel für letztere nennen wir *Elegia stipularis* (Abb. 111). Bei dieser Pflanze verlaufen die Kurven von π^* und Wassergehalt annähernd spiegelbildlich. *Protea*-Arten (z. B. *P. arborea*, Abb. 112) nehmen eine Zwischenstellung ein.

In Mitteleuropa wechselt die Witterung im Sommer ständig. Nur in wenigen Jahren können einige Wochen ohne Regen auftreten. Dann zeigen krautige Pflanzen an trockenen Standorten deutlich Anstiege der Zellsaftkonzentration (Abb. 113). Im allgemeinen ist der Verlauf der Kurve von π^* unregelmäßig mit wenigen Zacken, die nur dann stärker hervortreten, wenn der Boden, wie bei Sandpflanzen, rasch austrocknet (Abb. 114).

Eine Trockenzeit bedeutet für die immergrünen Pflanzen der gemäßigten Zone der Winter, sofern sie keinen Schneeschutz haben. Bei Temperaturen unter $0°$ C verlieren die immergrünen Blätter der frostresistenten Arten noch etwas Wasser durch Transpiration, das bei gefrorenen Böden und Leitbahnen nicht ersetzt werden kann. Infolgedessen läßt sich ein ständiger Anstieg von π^* während einer längeren Frostperiode beobachten, und es kann eine Schädigung durch

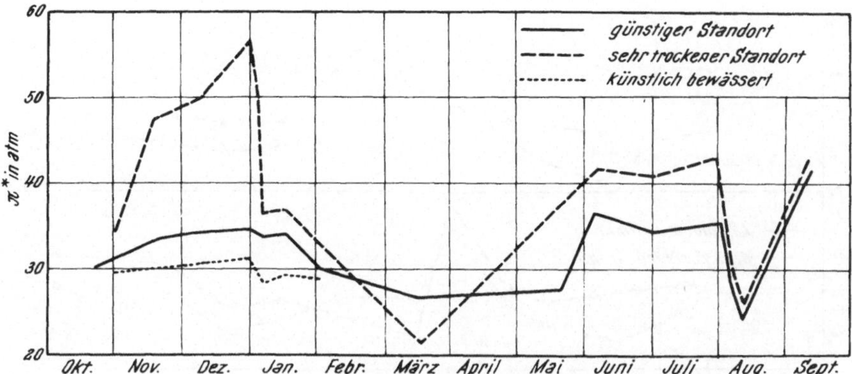

Abb. 107. Jahreskurven des potentiellen osmotischen Druckes beim Kreosotbusch (*Covillea glutinosa* = *Larrea divaricata*) an drei verschiedenen Standorten. Aus WALTER 1960.

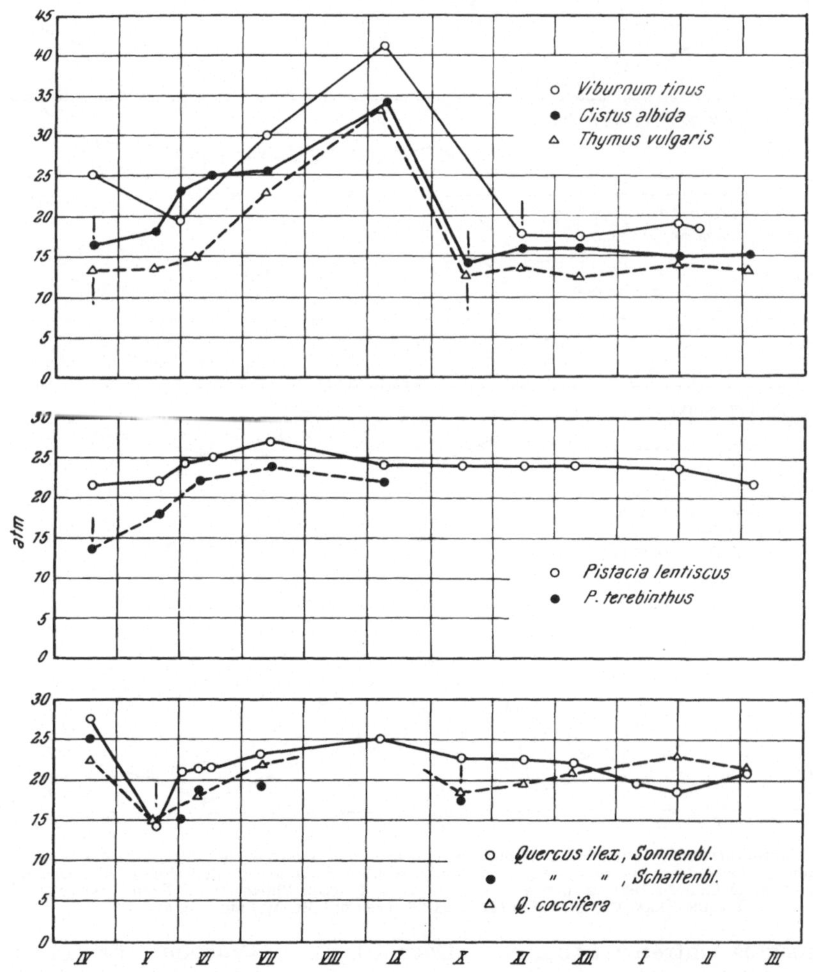

Abb. 108. Jahreskurven des potentiellen osmotischen Druckes bei sklerophyllen und malakophyllen Arten. Abszisse: Monate von April bis März! = Zeit des Austreibens. Nach BRAUN-BLANQUET und WALTER 1931, aus WALTER 1968.

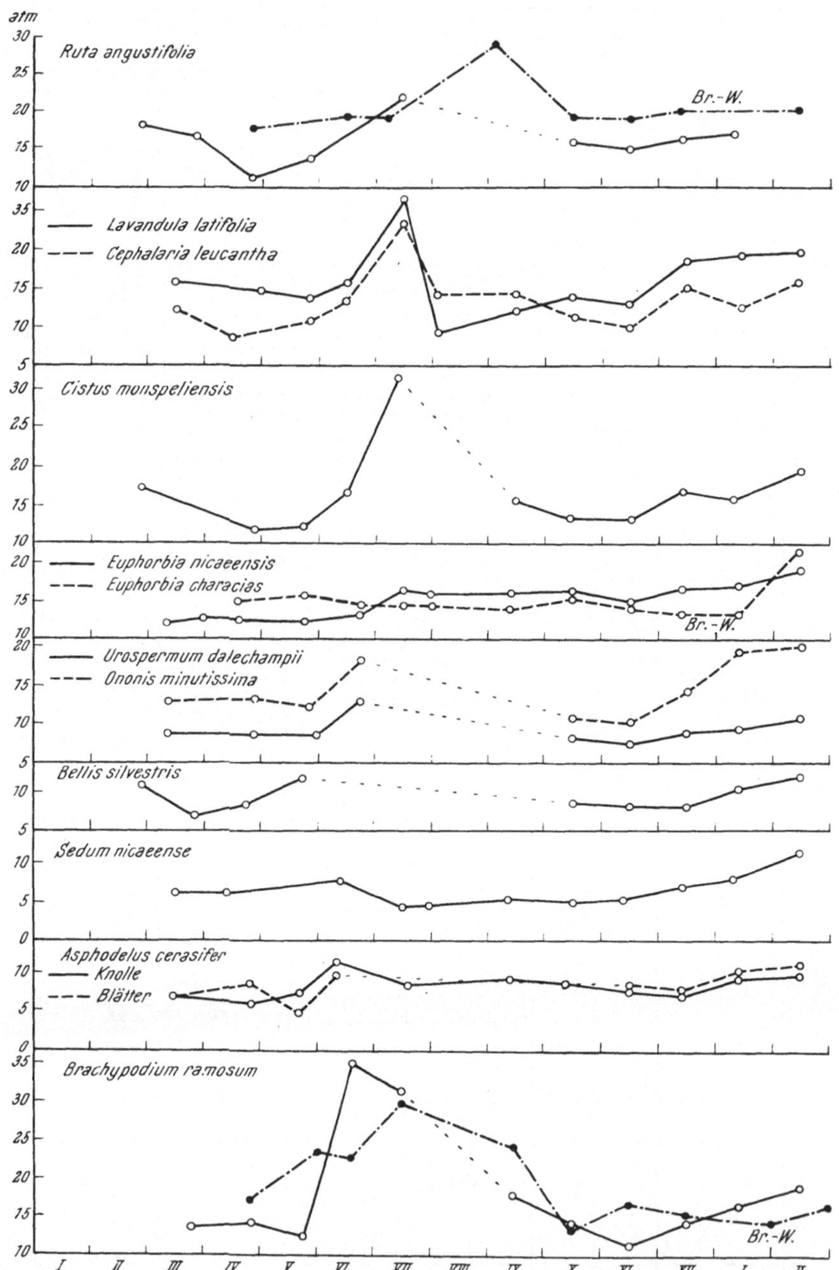

Abb. 109. Jahreskurven des potentiellen osmotischen Druckes bei verschiedenen krautigen Arten: stenohydren Xerophyten (*Euphorbia*-Arten), Sukkulenten (*Sedum*), Geophyten (*Asphodelus*), Gräsern (*Brachypodium*) u. a. Punktiert: Monate im Jahr 1931, in denen Bharucha keine frischen Blätter fand. Nach Bharucha 1933 und Braun-Blanquet und Walter 1931 (Kurven mit Br.-W.) aus Walter 1968.

Frosttrocknis eintreten (Abb. 115). Doch ist dieses Problem sehr kompliziert, weil die Pflanzen sich im Winter in einem abgehärteten und resistenteren Zustand befinden (vgl. S. 118, 129).

5. Das osmotische Beharrungsvermögen der Pflanzen

Die Fähigkeit der homoiohydren Arten, unter wechselnden Außenbedingungen die Konzentration des Zellsaftes und damit die Hydratur des Plasmas möglichst konstant zu halten, bezeichnen wir als ihr osmotisches Beharrungsver-

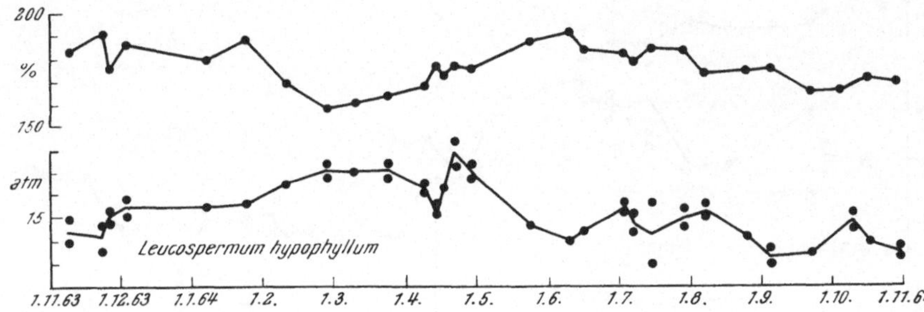

Abb. 110. Wassergehalt (oben) und potentieller osmotischer Druck (unten) von *Leucospermum hypophyllum* (Cape Flats, vgl. Abb. 112). Nach WALTER und VAN STADEN 1965.

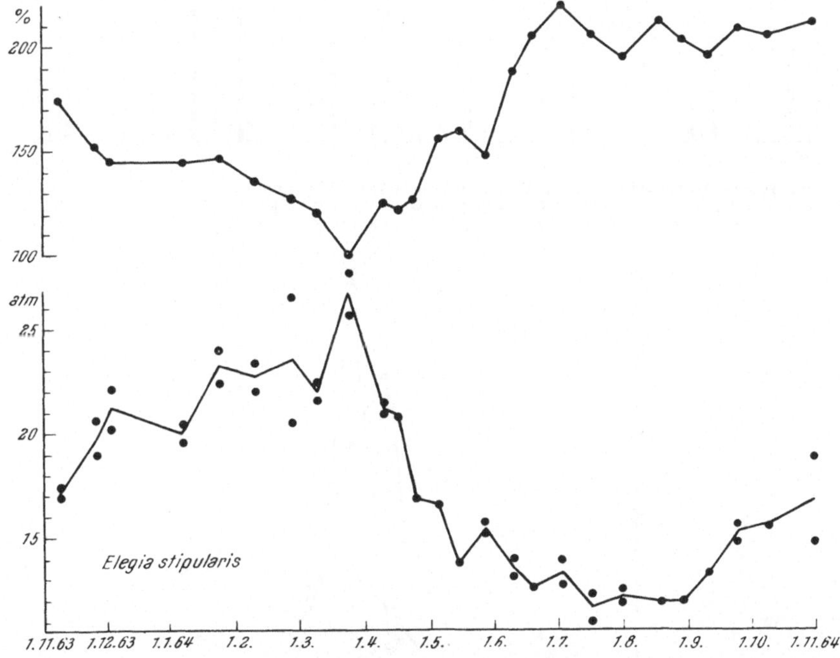

Abb. 111. Wassergehalt (oben) und potentieller osmotischer Druck (unten) von *Elegia stipularis* (vgl. Abb. 112). Nach WALTER und VAN STADEN 1965.

mögen. Es ist bei den verschiedenen Arten und ökologischen Typen in sehr verschiedenem Ausmaße ausgebildet. Bei einem geringen Beharrungsvermögen sprechen wir von hydrolabilen Arten, bei sehr ausgeprägtem Beharrungsvermögen von hydrostabilen (WALTER 1931a).

Aber auch der Bereich, innerhalb dessen π^*-Werte schwanken können, ohne daß Schäden an den Organen sichtbar werden, ist verschieden (vgl. dazu die osmotischen Spektra bei WALTER 1960). Sehr niedrig sind die Werte der noch

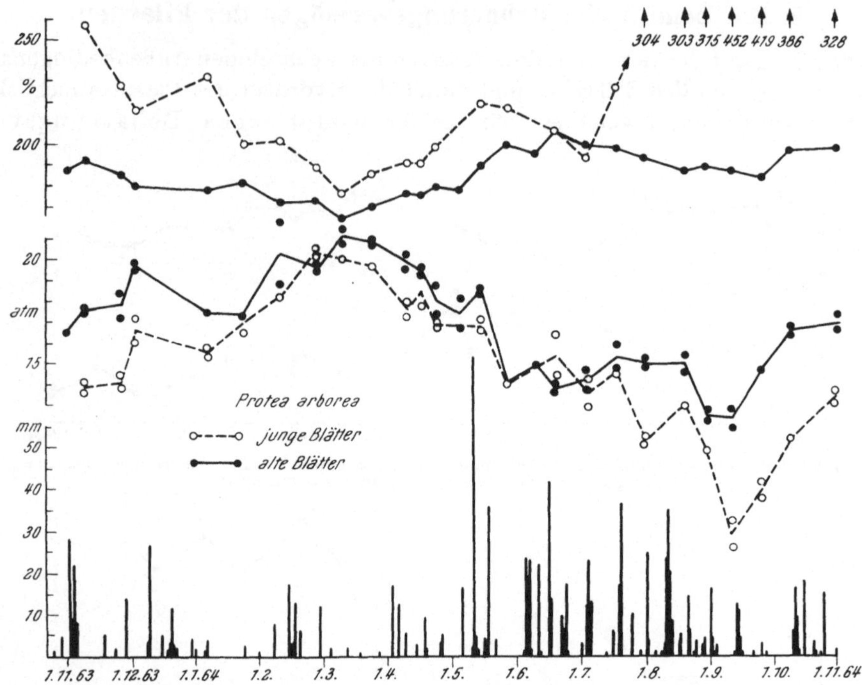

Abb. 112. Kurven des Wassergehaltes in % des Trockengewichtes (oben) und der potentiellen osmotischen Drücke (unten) von jungen und alten Blättern der *Protea arborea*. Ganz unten die Niederschläge in Somerset West während der Untersuchungszeit. Nach WALTER und VAN STADEN 1965.

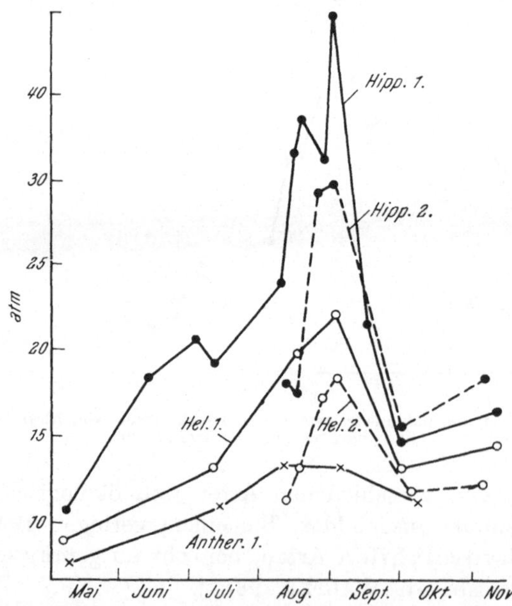

Abb. 113. Jahreskurven des potentiellen osmotischen Druckes von 2 Standorten (1 trockener Wellenkalk, 2 Lößhang) aus dem Kraichgau (nach MÜLLER-STOLL 1935). Hipp. = *Hippocrepis comosa*, Hel. = *Helianthemum chamaecistus*, Anther. = *Anthericum ramosum*. Die Werte von Standort 1 liegen über denen von Standort 2. Aus WALTER 1960.

wachsenden Organe, also der noch nicht entwickelten Blätter. Wir sprechen von Jugendwerten, die eine nur vorübergehende Erscheinung sind. Unter optimalen Bedingungen haben die Blätter bestimmte optimale potentielle osmoti-

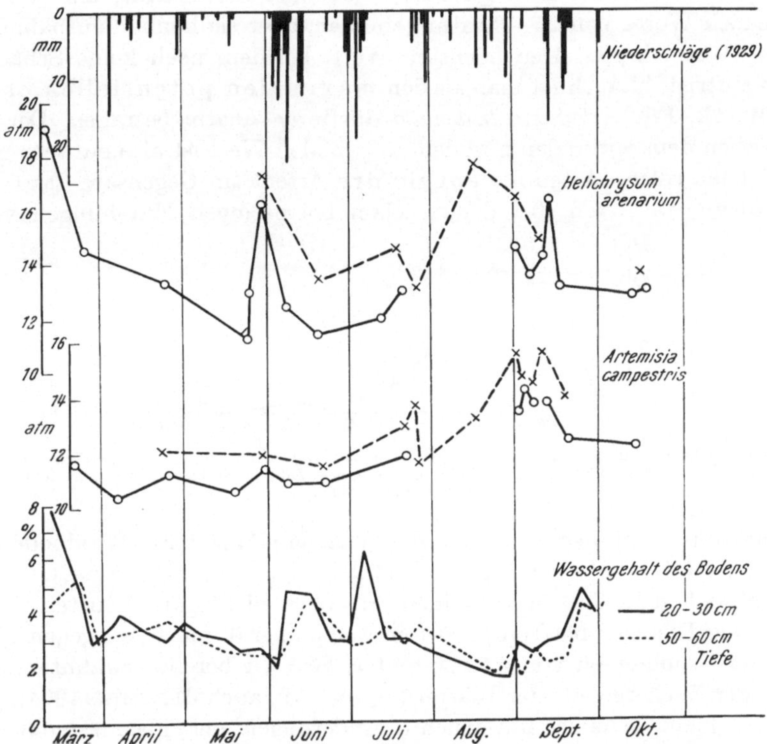

Abb. 114. Jahreskurve des potentiellen osmotischen Druckes zweier Arten aus dem Sanddünengebiet der Oberrheinischen Tiefebene nach Bestimmungen von VOLK 1931. Aus WALTER 1960.

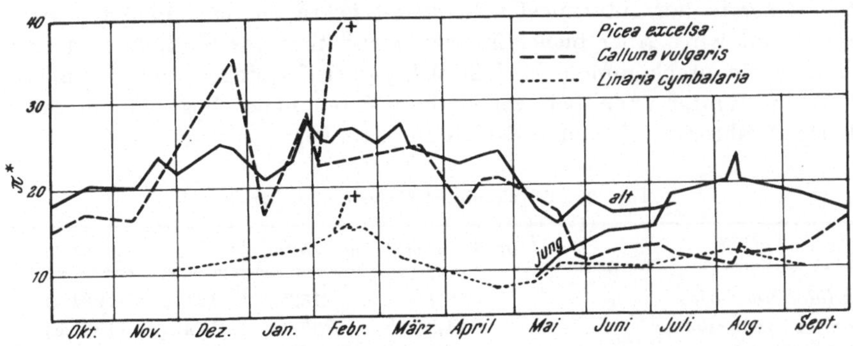

Abb. 115. Jahreskurve des potentiellen osmotischen Druckes (π^* in atm) verschiedener mitteleuropäischer Arten. + = Pflanzen sterben ab. Nach THREN 1933/34, aus WALTER 1960.

sche Drücke, die für die einzelnen Arten spezifisch sind. Meist sind die Wachstumsbedingungen nicht in allen Beziehungen optimal; deshalb liegen die normalerweise gefundenen π^*-Werte mehr oder weniger über dem optimalen Wert. HARRIS (1934) hat von *Artemisia tridentata*, dem „sage brush" der Amerikaner, einer Art, die in den trockenen Beckenlandschaften Nordamerikas zwischen den Rocky Mountains und den Gebirgen an der kalifornischen Grenze weit verbreitet ist, bei 208 Proben die π^*-Werte bestimmt. Sie ergeben die auf Abb. 116 dargestellte Variationskurve. Der optimale Wert liegt bei 15 atm; am häufigsten wurden jedoch Werte von 25—30 atm gefunden, aber sie können ausnahmsweise auch über 70 atm liegen. Den höchsten Wert, bei dem noch keine Schädigung der Zellen auftritt, bezeichnet man als den maximalen potentiellen osmotischen Druck. Für *Artemisia tridentata* dürfte er 70 atm betragen. Der Spielraum zwischen dem optimalen und dem maximalen Wert ist also ein sehr großer. Wir bezeichnen solche Arten als euryhydre Arten. Im Gegensatz dazu stehen die stenohydren Arten, bei denen schon bei geringen Erhöhungen von π^*

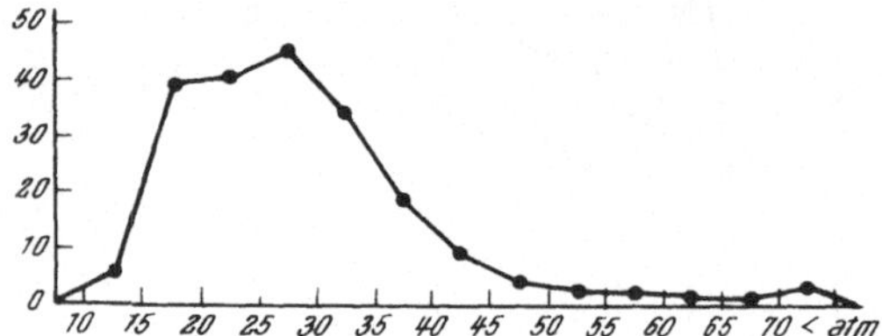

Abb. 116. Variationskurve der von HARRIS 1934 für *Artemisia tridentata* ermittelten potentiellen osmotischen Drücke. Abszisse: Klassengrenzen (Unterschied je 5 atm), Ordinate: Zahl der Werte in der entsprechenden Klasse. Aus WALTER 1960.

Schäden auftreten. Zu diesen gehören die Schattenpflanzen am Waldboden, aber auch die meisten Sukkulenten (vgl. S. 221 ff.).

Es zeigt sich nun, daß der maximale π^*-Wert nicht ganz konstant ist. Die Abhärtung der Pflanzen bei Temperaturen wenig über 0° macht sie gegen Wasserverluste und Erhöhungen von π^* resistenter. Wie wir bereits erwähnten, erhöht sich dabei der Zuckergehalt der Blätter (vgl. S. 179, auch JEREMIAS 1964), und es treten noch nicht genauer untersuchte Änderungen der Plasmastruktur auf. TUMANOV (1967) nimmt an, daß die vorher im Solzustand befindlichen Proteinkolloide der Plasmagrundmasse in den Gelzustand übergehen und der angereicherte Zucker in der Intermicellarflüssigkeit gelöst ist, so daß deren Konzentration erhöht wird. Aber bisher ist man nicht über das Stadium von Arbeitshypothesen hinausgekommen. Es läßt sich jedoch feststellen, daß der maximale π^*-Wert im Winter auch bei stenohydren Arten höher liegt als im Sommer. Als Beispiel führen wir folgende Zahlen an (Tab. 20):

Tab. 20. *Maximale π^*-Werte einiger Arten.*

Art	im Sommer	im Winter	Autor
Chelidonium majus	> 12,4	15,7	WALTER (1931 a)
Parietaria ramiflora	14,8	20,9	WALTER (1931 a)
Hedera helix	14,7	25,0	WALTER (1931 a)
Saxifraga caesia	15,8	20,7	PISEK und CARTELLIERI (1934)
Carex firma	22,9	33,5	PISEK und CARTELLIERI (1934)
Picea engelmannii	> 23,6	> 49,4	GOLDSMITH und SMITH (1926)

Beim Anstieg von π^* bei zunehmender Verschlechterung der Wasserversorgung bis zur Erreichung des maximalen Wertes lassen sich mehrere Phasen unterscheiden, die BAUMAN (1957) bei Luzerne studiert hat (Abb. 117):

Phase A — optimale Werte, günstigste Wasserversorgung;

Phase B — geringer Anstieg von π^*, Hemmung des Wachstums noch unerheblich;

Phase C — Erhöhung geht rascher vor sich, nur noch geringer Stoffgewinn;

Phase D — rapider Anstieg, kritischer Punkt wird erreicht, kein Stoffgewinn;

Phase E — Endstadium vor dem Absterben, es treten Stoffverluste ein.

Bei diesem Versuch im Präriengebiet Kanadas hatte es seit dem 24. Mai praktisch nicht mehr geregnet, und die Wasservorräte im Boden nahmen rasch ab. Die genaueren Daten für den Luzernebestand sind folgende (Tab. 21):

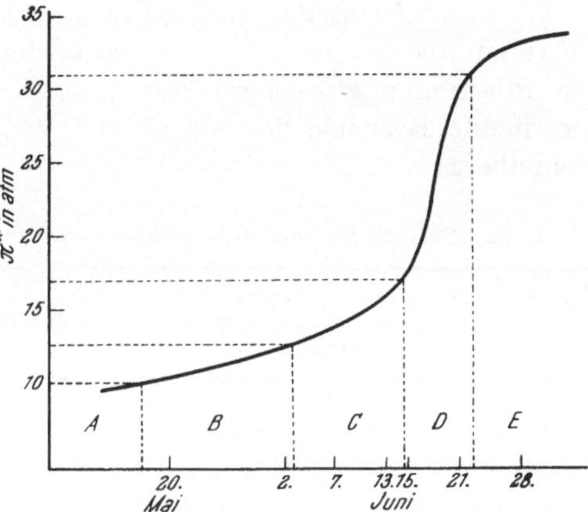

Abb. 117. Anstieg des potentiellen osmotischen Druckes (π^*) bei Luzerne während einer Dürreperiode. Nach BAUMAN 1957 aus WALTER 1962.

Tab. 21. *Verhalten der Luzerne während einer Dürreperiode.* Nach BAUMAN 1957.

Vergleichbare Proben vom	7. Juni	15. Juni	21. Juni	28. Juni
π^* (atm)	13,6	17,0	29,8	33,0
Frischgewicht (g)	504	442	321	212
Trockengewicht (g)	84,6	87,5	87,5	81,8
Gehalt an Trockensubstanz (%)	16,8	19,8	27,2	38,6

Bei künstlicher Bewässerung sollte die Phase B aus wirtschaftlichen Gründen nicht überschritten werden. Ohne Bewässerung wäre der richtige Zeitpunkt zum Schneiden der Luzerne der 15. Juni, da keine weitere Trockengewichtszunahme stattfindet und die Wasservorräte im Boden unnütz verbraucht werden.

VIII. Öko-physiologische Untersuchungen

1. Abhängigkeit des potentiellen osmotischen Druckes (π^*) von den Standortsbedingungen

Schon die Tatsache, daß π^* bei ein und derselben Pflanze Tages- und Jahresschwankungen aufweist, zeigt, daß auch die homoiohydre Pflanze die Hydratur in den Zellen unter wechselnden Außenbedingungen nicht ganz konstant halten kann. Die Außenbedingungen üben also doch auf das Plasma eine Wirkung aus, wenn auch in stark gedämpfter Form. Die Untersuchung von π^* erlaubt uns zu erkennen, wie stark diese Einwirkung auf die Pflanze ist. Die Messung der Außenbedingungen sagt darüber noch nichts aus. Je nach dem ökologischen Typus, zu dem die Pflanze gehört, und je nach dem spezifischen Bau der für den Wasserhaushalt wichtigen Organe ist das Ausmaß der Dämpfung sehr verschieden.

Wenn wir feststellen, daß dieselben Arten an einem Standort höhere π^*-Werte aufweisen als an einem anderen, so dürfen wir daraus schließen, daß der erstere den Pflanzen ungünstigere Bedingungen darbietet. Wir entnehmen einige entsprechende Beispiele der Arbeit von Volk (1931) über die Sandvegetation bei Heidelberg:

Tab. 22. *Potentielle osmotische Drücke von Sanddünenpflanzen in atm. Nach* Volk *(1931).*

Art	*Alyssum arenarium*		*Koeleria glauca*	
Wuchsort	I	II	I	II
Am Fuß der Düne	13,0	13,1	14,0	14,5
Auf dem Kamm der Düne	13,8	13,8	16,6	16,4

Der Standort auf dem Kamm der Düne ist für die Pflanzen trockener. Oft kann man Unterschiede selbst dort nachweisen, wo der Augenschein nicht genügt, z. B. auf einer unbeackerten und einer beackerten Fläche in diesem Sandgebiet. Von *Veronica hederifolia* und *Holosteum umbellatum* wurde die erste Probe am 4., die zweite am 6. Mai entnommen und der Wassergehalt des Bodens am 6. Mai bestimmt:

Tab. 23. *Potentielle osmotische Drücke in atm und Wassergehalt des Bodens in % des Trockengewichtes bei je 2 Parallelproben (I, II). Nach* Volk *1931.*

Art	*Veronica*		*Holosteum*		Bodenwasser-gehalt
Wuchsort	I	II	I	II	
Sandflächen	13,1	14,2	10,6	10,2	5,2%
Acker	11,3	11,3	9,7	8,0	6,4%

In diesem Fall handelt es sich um hydrolabile Arten, die sehr fein reagieren. Häufig kommen die Wasserverhältnisse schon in der Wuchsform der Pflanzen zum Ausdruck, wenn z. B. Zwergformen gebildet werden. Es zeigt sich, daß bei diesen die Hydratur des Plasmas stets erniedrigt ist, d. h. π^*-Werte sind höher:

Tab. 24. *Potentielle osmotische Drücke von Zwergformen im Vergleich zu normalen Pflanzen derselben Art. Nach* Volk *1931.*

Art	*Cerastium semide-candrum*	*Saxifraga tri-dactylites*	*Helichrysum arenarium*	*Alyssum arenarium*	*Koeleria glauca*
Normale Pflanzen	11,1	5,7	10,8	13,5	14,0
Zwergformen	13,0	6,9	11,5	14,3	17,0

Die Differenz ist nicht groß, nur etwa 1—3 atm, aber bei stenohydren homoiohydren Arten sind auch kleine Differenzen von Bedeutung. Auf jeden Fall ist es wahrscheinlich, daß diese Änderung der Hydratur des Plasmas die morphologische Abweichung bedingt.

Ähnliche Verhältnisse findet man, wenn die Wasserzufuhr gleich ist, aber die Wasserabgabe durch erhöhte Transpiration zu einer Verschlechterung der Wasserbilanz führt. Das ist der Fall bei den Sonnen- und Schattenblättern eines Baumes. Stets haben die Sonnenblätter höhere π^*-Werte, auch bei voller Wassersättigung. Eine Reihe von Beispielen enthält die folgende Tab. 25.

Tab. 25. *Potentielle osmotische Drücke in atm von Sonnen- und Schattenblättern.*

	Sonnen-blätter	Schatten-blätter	Kümmer-blätter
a) Sommergrüne Laubholzarten:			
Fagus silvatica	16,3	14,1	
Robinia pseudacacia	20,5	14,0	
Robinia pseudacacia	21,7	14,5	
Acer negundo	12,9	10,9	10,1
Ulmus americana	14,1	11,3	10,6
Quercus macrocarpa	25,7	16,6	
Vitis vulpina	9,9	6,8	
b) Immergrüne Laubholzarten:			
Quercus ilex	26,8	24,6	
Quercus ilex	20,9	18,2	
Pistacia lentiscus	28,2	22,7	
Viburnum tinus	25,3	20,2	
c) Nadelholzarten:			
Picea abies	18,8—20,4	18,1—18,7	
Pinus nigra	16,2—17,3	15,9—16,2	

2. Potentieller osmotischer Druck (π^*) und Wachstum bzw. Stoffproduktion der Pflanzen

Wir hatten bereits erwähnt, daß Unterschiede von π^* sich meist auch in der Wuchsform und Größe auswirken. Man muß jedoch bei seiner Erhöhung zwei Fälle unterscheiden:

a) Die Erhöhung erfolgt rein passiv bei einer vorübergehenden Störung der Wasserbilanz und dabei auftretenden Wasserdefiziten in den Blättern. Diese Erhöhung hat eine reversible Hydraturabnahme des Plasmas zur Folge.

b) Bei länger andauernden passiven Erhöhungen von π^* treten aktive Regulationsvorgänge ein, die wahrscheinlich vom Plasma ausgehen und zu einer irreversiblen Änderung desselben und zu einer Zunahme der osmotisch wirksamen Substanzen im Zellsaft führen. π^* bleibt dann bei völliger Wassersättigung der Zellen erhöht. Diese Erscheinung wird sowohl durch eine Störung des Wasserhaushalts als auch bei der Kälteabhärtung durch tiefe Tempera-

turen ausgelöst, wie wir bereits erwähnten. Die plasmatischen Veränderungen
sind noch unbekannt. Auf die vielen geäußerten Hypothesen wollen wir nicht
eingehen. Die physikalisch-chemischen Änderungen scheinen in beiden Fällen
ähnlicher, aber nicht identischer Natur zu sein. Die Wirkung der tiefen Temperaturen ist mit dem Übergang in einen Ruhezustand verbunden.

Die passive Erhöhung von π^*, d. h. die reversible Hydraturabnahme
des Plasmas, scheint sich meist nur in einer quantitativen Hemmung der
Lebensfunktionen und des Wachstums zu äußern. Die aktive Erhöhung, wahrscheinlich die Folge einer irreversiblen Änderung in der kolloidalen Plasmastruktur, zieht dagegen eine qualitative Änderung der Wachstumsvorgänge
nach sich und führt zur Ausbildung besonderer xeromorpher Strukturen,
die von größter Bedeutung für den Wasserhaushalt der Pflanze sind. Sie stellen
Anpassungen an die veränderte Umwelt dar (vgl. Stocker 1956c).

Wir wollen zunächst die quantitativen Auswirkungen behandeln. Auch
hierbei beschränken wir uns auf einige wenige Beispiele. Daß die Pflanzen bei
guter Wasserversorgung größer werden als bei Wassermangel, kann man überall
beobachten. Nur in wenigen Fällen wurde diese Erscheinung in Korrelation zu π^*
gebracht.

In Arizona bleibt nach einem Regen das Wasser auf den ebenen Flußterrassen
in kleinen wenig auffallenden Senken längere Zeit stehen. Während der ebene
Boden nach einem Regen rasch wieder austrocknet, wird er in der Senke besser
durchfeuchtet, und zwar um so stärker, je mehr wir uns dem tiefsten Teil der
Senke nähern, wo das Wasser am längsten steht. Die gute Durchfeuchtung des
Bodens wird dadurch angezeigt, daß an solchen Stellen *Prosopis*-Bäume wachsen.
Nach dem Regen keimen die Sommerephemeren aus. *Amaranthus palmeri* kann
sich nur in der Mitte der Senke entwickeln, dagegen wächst *Solanum elaeagnifolium*
bis zum oberen Rande der Senke, wo der Boden nur wenig Feuchtigkeit enthält.
Während jedoch die Pflanzen in der Mitte bis über 60 cm hoch werden, nimmt
ihre Höhe gegen den Rand hin immer mehr ab, so daß die letzten Pflänzchen
nur 1 cm hoch werden. Bestimmt man ihre π^*-Werte, so besitzen die großen
Pflanzen einen solchen von wenig über 15 atm, die zwergigen dagegen einen von
fast 30 atm. Die Kurven für die Höhe der Pflanzen und die der π^*-Werte sind
gegenläufig (Abb. 118).

Wir können dieses Beispiel einer kybernetischen Betrachtung unter-
ziehen. Es handelt sich um eine Steuerung der Entwicklung unter verschiedenen
Bedingungen der Wasserversorgung, mit dem Ziele, der Pflanze die Ausbildung von
Fortpflanzungsorganen zu sichern. Während die großen, gut entwickelten Pflanzen
reichlich blühen und fruchten, bilden die Zwergexemplare oft nur eine Blüte aus.

Nach unseren heutigen Kenntnissen haben wir es wahrscheinlich mit folgen-
dem Steuerungsmechanismus zu tun. Bei dem Keimling wird bei erschwerter
Wasserversorgung etwas mehr Wasser abgegeben als aufgenommen, wodurch
ein Sättigungsdefizit entsteht, die Konzentration des Zellsaftes, also auch π^*,
zunimmt und die Hydratur des Plasmas etwas sinkt. Wenn der Zustand längere
Zeit anhält, tritt eine durch das Plasma bedingte aktive osmotische Regulierung
des Zellsaftes ein, wodurch π^* auch bei völliger Sättigung erhöht bleibt. Der
Anstieg des potentiellen osmotischen Druckes hat eine Zunahme der Saugspannung der Zellen und der Kohäsionsspannung im Leitungssystem zur Folge,

wodurch die Wasserbilanz aufrechterhalten werden kann. Zugleich wird durch die Kohäsionsspannung die Auswirkung der ungünstigen Wasserversorgung auf die Meristeme am Sproß und am Wurzelscheitel übertragen. Die Hydratur des Plasmas in den Meristemzellen nimmt ebenfalls ab (vgl. S. 63). Wenn wir die Ergebnisse des weiter unten beschriebenen Versuchs mit Erbsenkeimlingen verallgemeinern dürfen, so hat die Hydraturabnahme bei dem Sproß- und Wurzelscheitel eine etwas verschiedene Wirkung. Der Sproß und die neugebildeten

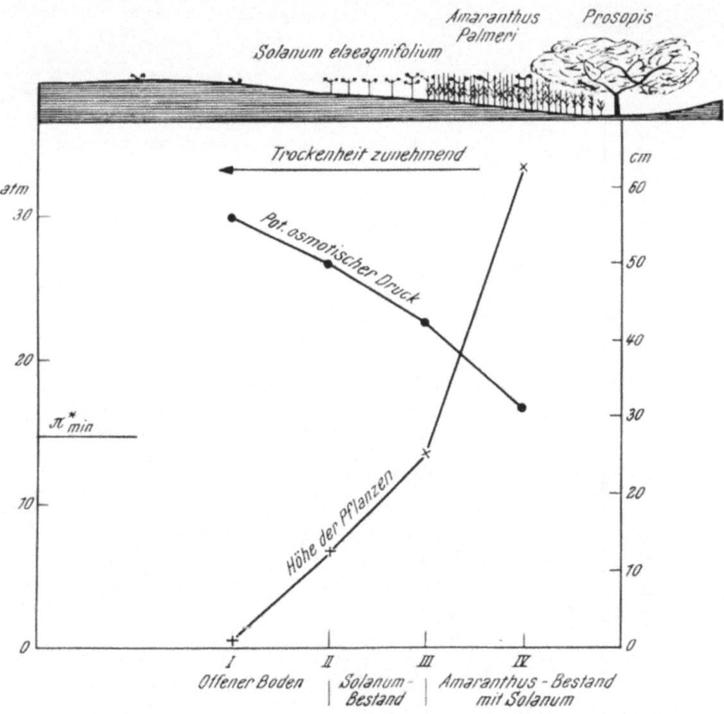

Abb. 118. Beziehungen zwischen potentiellem osmotischem Druck und Wachstum bei *Solanum elaeagnifolium*. Nach WALTER 1931 a.

Blätter werden im Wachstum stark gehemmt, die Hauptwurzel dagegen zunächst im Wachstum gefördert, während die Ausbildung der Seitenwurzeln fast ganz unterbleibt. Die Folge davon ist, daß das Verhältnis Sproß/Wurzel viel niedriger sein wird als bei Pflanzen mit guter Wasserversorgung, was für die Aufrechterhaltung der Wasserbilanz bei erschwerter Wasseraufnahme günstig ist. Zugleich dringt die Wurzel durch das beschleunigte Längenwachstum in die tieferen Bodenschichten ein, bevor die obersten ganz austrocknen. Bei gut durchnäßtem Boden ist das nicht notwendig; durch die Bildung vieler Seitenwurzeln kann das Bodenwasser besser ausgenutzt werden.

Es bilden sich somit bei erschwerter Wasserversorgung xeromorphe Pflänzchen mit stark reduziertem Sproßteil, mit kleineren xeromorphen Blättern und mit einem relativ tiefgehenden Wurzelsystem aus.

Eine weitere Wirkung der Hydraturabnahme des Plasmas der Meristemzellen ist der frühzeitige Abschluß des vegetativen Wachstums und die Ausbildung von generativen Organen. Es ist bis heute noch nicht bekannt, was für ein Mechanismus dabei eine Rolle spielt, ob z. B. bestimmte Wirkstoffe eingreifen. Doch ist eine immer wieder beobachtete Tatsache, daß erschwerte Wasserversorgung, die stets mit einer Hydraturabnahme des Plasmas verbunden ist, den frühzeitigen Übergang zum generativen Wachstum begünstigt.

Zusammenfassend können wir somit sagen, daß die annuellen Pflanzen einen Steuerungsmechanismus besitzen, der die Entwicklung bei Wassermangel so

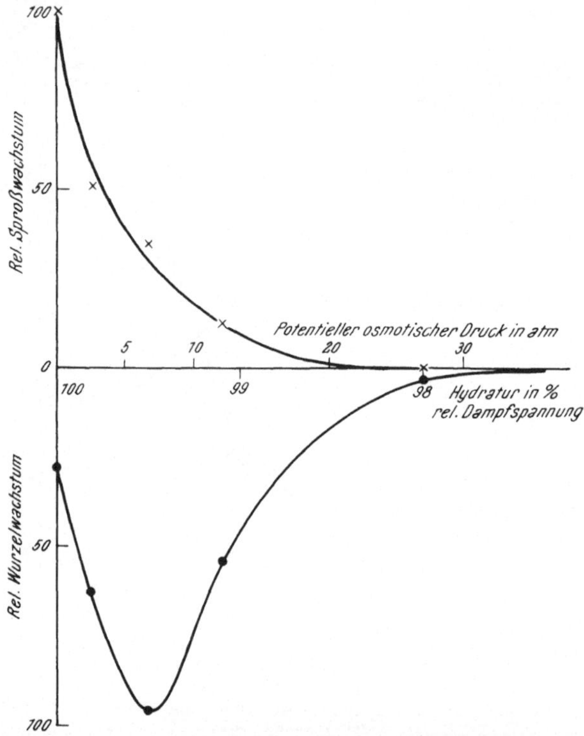

Abb. 119. Wachstum von Erbsenkeimlingen bei verschieden hoher, jedoch konstanter Hydratur. Nach Walter 1962.

modifiziert, daß sie nicht nur am Leben bleiben, sondern auch zur Fortpflanzung gelangen. Wir sprechen von Steuerung und nicht von Regelung, weil das Wesentliche im Erreichen eines bestimmten Zieles liegt.

Dieses Beispiel ist kein Ausnahmefall, sondern gilt mehr oder weniger für alle Pflanzen, wenn sie unter verschiedenen Wasserverhältnissen aufwachsen, insbesondere für die Ephemeren der Wüste.

Dasselbe ließ sich z. B. in Südfrankreich beobachten. In einem ausgetrockneten Tümpel wuchs *Potentilla reptans*. Mehr zur Mitte des Tümpels waren die Pflanzen groß und hatten einen π^* von 18,8 atm, am Rande dagegen war die Blattfläche 4mal kleiner und ihr π^* 20,7 atm.

Wir wollen nun anschließend den Versuch beschreiben, auf den wir oben hinwiesen (Abb. 119):

Erbsenkeimlinge wurden mit den Wurzeln in verschieden konzentrierte Zucker-lösungen getaucht. Die ganzen Pflanzen kamen jeweils in geschlossene Gefäße, so daß sich der Sproß über der Lösung bei einer Luftfeuchtigkeit befand, welche der relativen Dampfspannung der Lösung entsprach. Die Hydraturverhältnisse der Meristeme waren bei Wurzel und Sproß somit gleich.

Wir sehen, daß das Höhenwachstum des Sprosses bei einer Herabsetzung der Hydratur sofort stark gehemmt wird und bei 98,5% hy bereits aufhört. Die Wurzel dagegen zeigt zunächst ein beschleunigtes Längenwachstum mit

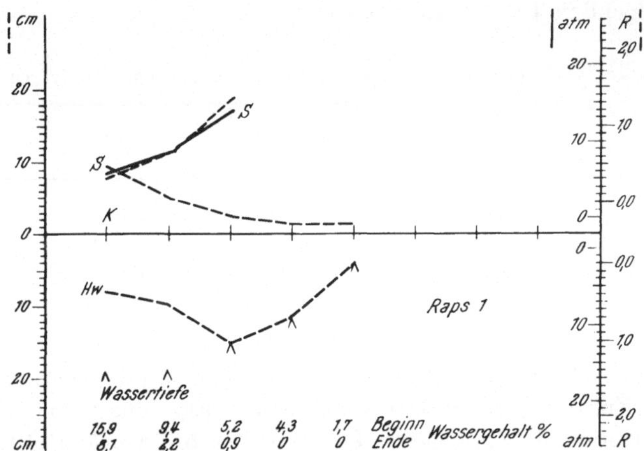

Abb. 120. Sandversuche mit Raps bei verschieden tief reichender Durchfeuchtung des Sandes ($\wedge$). Wassergehalt zu Beginn und am Ende des Versuches siehe unten. *K* Kontrolle (gut durchfeuchtet). *Hw* Länge der Hauptwurzel in cm. *S* (abfallend gestrichelte Kurve) Länge des Sprosses in cm. *S* (aufsteigende Kurve) potentieller osmotischer Druck (————), - - - - - - Refraktometerwerte des Preßsaftes. Bestimmungen bei den Wurzeln nicht durchgeführt. Nach KICKSEE 1964.

einem Optimum bei 99,5% hy, um erst dann einen Abfall der Wachstumskurve aufzuweisen. Der Nullwert wird erst bei 97,5% hy erreicht.

Um die Verhältnisse in der Wüste genauer nachzuahmen, hat KICKSEE (1964, unveröffentlicht) Versuche in Sandboden mit Rapssamen durchgeführt, und zwar so, daß auf den Boden in Mitscherlichgefäßen verschiedene Mengen von Wasser aufgesprüht wurden. Die Wassermenge, auf den gesamten Boden be-rechnet, ergab in 5 Stufen einen Wassergehalt von 15,9, 9,4, 5,2, 4,3 und 1,7%. Aber der Boden war nicht gleichmäßig durchfeuchtet, sondern das Wasser drang in Stufe 1 bis 5 unterschiedlich tief ein, und zwar bis zu einer Tiefe von 19, 18, 15, 12 und 4 cm. Die auf die Bodenoberfläche ausgelegten Rapssamen keimten aus. Das Ergebnis des Versuches nach 11 Tagen zeigt Abb. 120. Die Hypokotyl-länge wird von Stufe 1 bis 5 ständig geringer, die Länge der Hauptwurzel nimmt bis Stufe 3 zu und erst dann, begrenzt durch die Tiefe des eingedrungenen Wassers, ab. Preßsaft konnte nur aus den oberirdischen Teilen der ersten 3 Stufen gewonnen werden. π^* stieg von Stufe 1 bis 3 von 7,5 atm auf 11 atm an.

Bei einem anderen Versuch wurde der gesamte Boden gleichmäßig auf einen bestimmten Wassergehalt von 15,5, 6,7, 4,3, 2,5 und 1,3% gebracht und dann die vorgequollenen Rapskörner ausgesät. Nach 5 Tagen zeigt es sich, daß die Höhe der oberirdischen Teile von 19 mm bis auf 7 mm (von Stufe I zu V) abnahm, dagegen die Länge der Hauptwurzel von 21 mm bis auf 38 mm zunahm. Allerdings nimmt nur die Länge der Wurzel mit abnehmendem Wassergehalt des Bodens zu; die Wurzel wird zugleich immer dünner und bleibt unverzweigt. Bei höherem Wassergehalt des Bodens ist die Hauptwurzel kürzer, sie bildet aber viele Seitenwurzeln aus. Dies wird bestätigt durch ABD EL RAHMAN u. a. (1966b, vgl. auch 1966a). Es handelt sich dabei um Feldversuche mit Gerste, wobei die Kontrolle ohne Bewässerung insgesamt 157 mm Wasser erhielt, die Versuchsreihen 257 mm, 307 mm und 357 mm. Die Zahl der Seitenwurzeln nahm bei besserer Wasserversorgung zu. π^*, NaCl-Anteil (NaCl), Wurzeltiefe (W) und Höhe der Pflanze (H) sind in der folgenden Tab. 26 aufgeführt:

Tab. 26. *Wachstum und Wasserversorgung bei Gerste.* Nach ABD EL RAHMAN u. a. 1966b.

Wassergabe	π^* gegen Ende der Vegetationszeit	NaCl	W	H
157 mm	30 atm	8,1 atm	35 cm	20 cm
257 mm	29,1 atm	7,3 atm	33 cm	27 cm
307 mm	26,5 atm	7,1 atm	30 cm	29 cm
357 mm	25,7 atm	6,7 atm	25 cm	34 cm

Auch hier zeigt sich die Bedeutung von π^* als öko-physiologischer Indikator.

In diesem Zusammenhang darf auch auf die Ergebnisse von SIMONIS (1948) hingewiesen werden. Er kultivierte Inkarnat-Klee trocken (40% der vollen Bodenkapazität) und feucht (80%). Die Gesamttrockensubstanzbildung war nach 35 Tagen bei den Trockenreihen um ca. 40% (Trockensubstanz der feuchten Reihen = 100%) niedriger. Relativ gesehen blieb der Sproßanteil unverändert, das Blattwachstum war hingegen gehemmt, das Wurzelwachstum gefördert. Diese Verhältnisse dürfen als funktionelle Anpassung an Trockenheit gedeutet werden.

Eine enge Korrelation besteht auch zwischen π^* und dem Ertrag[66]. Hierauf weisen u. a. zahlreiche Untersuchungen, bei welchen zur Charakterisierung von Trockenbedingungen die Bodenfeuchtigkeit verwendet wurde. SIMONIS (1936) konnte nämlich zeigen, daß zwischen Bodenfeuchtigkeit und π^* eindeutige Beziehungen bestehen (Abb. 121, vgl. auch KNODEL 1939 und TAYLOR 1962). Es ist deshalb zu bedauern, daß sehr oft bei Wasserhaushalts-Ertragsbestimmungen keine physiologisch so wichtigen π^*-Werte mitgemessen wurden (z. B. HADDOCK 1953, STAPLE und LEHANE 1962, JARVIS und JARVIS 1963, BENETT u. a. 1964, ETHERINGTON und RUTTER 1964, ASPINALL u. a. 1964, FISCHER und HAGAN 1965, ASPINALL 1965, MACK 1965, BLEASDALE 1966, FUEHRING u. a. 1966, SLAVIK 1966, RUTTER 1963). In einigen Arbeiten konnte gezeigt werden, daß Trockenheit ganz verschieden wirkt, je nachdem in welchem Entwicklungsstadium sie auf die Pflanzen einwirkt (LAHIRI und KHARABANDA 1965, SINGH und ALDERFER 1966, LAHIRI und KUMAR 1966). Letztere fanden bei *Pennisetum typhoides* var. RSK keinen Effekt, wenn Trockenbedingungen in der 3. Woche

---

[66] Über Klima (u. a. Niederschlag) und Ertrag in Mitteleuropa berichtet FILZER 1951, vgl. auch 1957.

nach der Keimung auftraten. Wassermangel in der 4., 5. und 6. Woche verringerte den Zuwachs und die Zahl der entwickelten Blätter beträchtlich. Ebenso verlangsamte sich dann die Gesamtentwicklung, und die Ähren waren verkürzt. Der Kornertrag pro Ähre wurde bei Trockenheit in der 4., 5. bzw. 6. Woche zunehmend kleiner, war aber bei Trockenheit in der 3. Woche 50% erhöht. Dies zeigt, daß diesbezüglich mit komplizierten Reaktionen gerechnet werden muß. Auch bei diesen Versuchen hätten π^*-Messungen wahrscheinlich klärend gewirkt.

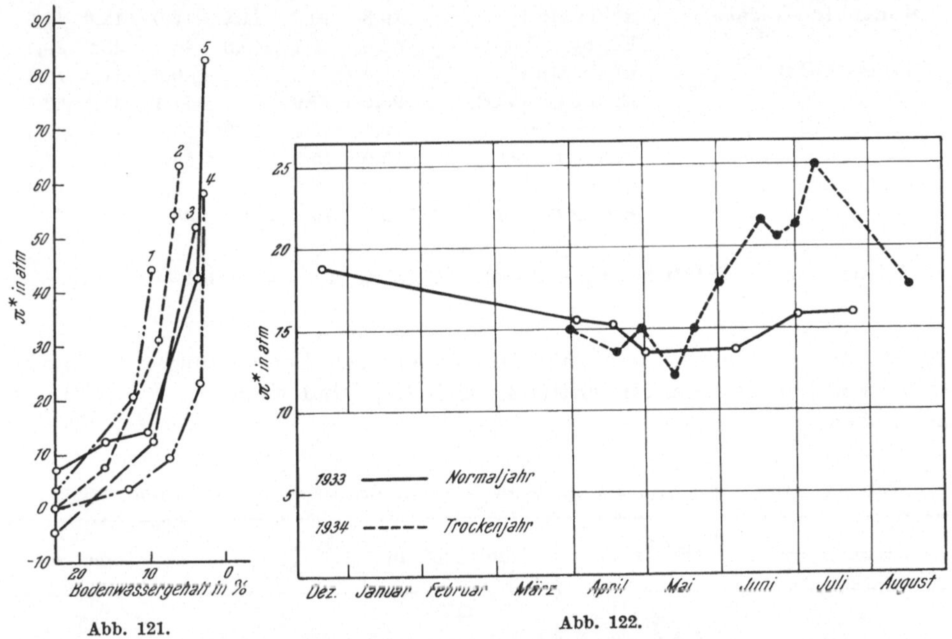

Abb. 121.   Abb. 122.

Abb. 121. Prozentualer Anstieg des grenzplasmolytisch bestimmten potentiellen osmotischen Druckes (π^*) von Xerophyten in Abhängigkeit vom Bodenwassergehalt. 1. *Buphthalmum salicifolium* (2. bis 11. Juni 1934); 2. *Stachys recta* (14. bis 23. Juni 1934); 3. *Helianthemum appeninum* (23. Juni bis 3. Juli 1934); 4. *Silene otites* (28. Juni bis 7. Juli 1934); 5. *Potentilla collina* (6. bis 17. Sept. 1934). Nach SIMONIS 1936.
Abb. 122. Kurve des potentiellen osmotischen Druckes (π^*) von Winterweizen (Parzelle mit Volldüngung) in den Jahren 1933 und 1934 bei Aalen/Württ. Nach STIEGLITZ 1936, aus WALTER 1962.

Die ersten Ertragsuntersuchungen, bei welchen π^*-Werte bestimmt wurden, stammen von STIEGLITZ 1936 (Abb. 122). 1934, mit einer Trockenzeit im Sommer, lag die Jahreskurve der π^*-Werte in der Hauptwachstumszeit (Mitte Mai—Juli) wesentlich höher als 1933, einem Jahr mit normalem Witterungsverlauf. 1934 betrug der Kornertrag nur 56% desjenigen von 1933, und der Strohertrag war noch wesentlich geringer.

BAUMAN (1957) hat bei seinen Bewässerungsversuchen im Präriegebiet von Kanada festgestellt, daß der Ertrag stets desto niedriger war, je höher der mittlere π^*-Wert während der Vegetationszeit lag (Tab. 27).

Noch deutlicher gehen diese Beziehungen aus den Feldversuchen von LOBOV (1951) im Dongebiet hervor. Bei den Gemüsekulturen erhielt ein Teil der Parzellen Wasser, sobald π^* 8 atm erreichte, die anderen erst, wenn π^* auf 10 atm bzw.

Tab. 27. *Potentielle osmotische Drücke (π*) und Ertragshöhe[1] in Kanada.* Nach Bauman 1957.

Luzerne (1. Schnitt)	π* (in atm)	10,6	11,5	11,9	14,7	17,2	19,8
	Grünmasse (t/acr)	10,9	8,6	9,7	7,4	5,2	3,6
Luzerne (2. Schnitt)	π* (in atm)	10,3	10,4	10,9	13,1	14,1	30,3
	Grünmasse (t/acr)	9,7	9,2	7,6	6,2	5,7	0,34
Thatcher-Weizen	π* (in atm)	10,5	10,7	11,7	11,9	12,3	12,8
	Ertrag (bsh/acr)	37,0	36,2	35,0	31,3	27,9	27,2
Lemhi-Weizen	π* (in atm)	10,4	11,0	11,1	11,3	11,4	21,2
	Ertrag (bsh/acr)	47,7	45,5	33,4	31,2	35,9	31,2
Montcalm-Gerste	π* (in atm)	10,3	10,7	11,8	12,0	12,6	14,6
	Ertrag (bsh/acr)	48,3	46,2	40,2	40,7	35,9	30,7
Eagle-Hafer	π* (in atm)	9,4	10,1	10,4	10,6	11,0	14,4
	Ertrag (bsh/acr)	95,2	77,9	67,7	71,1	66,5	62,8
Zuckerrüben	π* (in atm)	12,1	12,6	13,2	13,6	13,6	22,4
	Ertrag (t/acr)	15,9	15,0	12,7	13,4	12,8	5,3
Kartoffeln	π* (in atm)	8,6	8,7	9,4	9,4	9,4	10,5
	Ertrag (bsh/acr)	363	276	294	238	202	70

[1] 1 acr = acre = 0,4046 ha; 1 t = US ton = 907,2 kg; 1 bsh = bushel = 36,34 Liter.

12 atm angestiegen war. Die Zahl der notwendigen Bewässerungen betrug im ersten Fall 5, im zweiten 3, im dritten 1. Die Erträge sind aus der folgenden Tab. 28 zu ersehen:

Tab. 28. *Erträge von Gemüsekulturen in dz/ha bei Bewässerung.* Nach Lobov 1951.

Maximaler π*	Frühkohl	Frühkartoffeln	Mittelfrüher Kohl	Tomaten
8 atm	463	217	500	530
10 atm	418	183	400	540
12 atm	217	152	263	420

Mit Ausnahme der Tomaten trat eine Ertragsminderung schon bei einem Anstieg von π* von 8 auf 10 atm ein. Bei Erhöhung auf 12 atm waren die Ertragsverluste bei Kohl 50%, bei Kartoffeln 30%, bei Tomaten 20%.

Der Zuwachs der Pflanzen ist oft in der Nacht größer als am Tage. Man führt das meistens auf die hemmende Wirkung des Lichtes zurück. Aber diese Erscheinung zeigt sich nur, wenn am Tage die Wasserbilanz gestört wird. Lobov (1951) stellte bei Tomaten fest, daß π* mittags auf 10,2 atm anstieg, wobei der Zuwachs 0,45 cm betrug. In der Nacht fiel π* von 7,3 auf 6,7 atm und der Zuwachs erreichte 1,84 cm. Ob für diese Unterschiede im Längenwachstum die Hydratur des Plasmas verantwortlich zu machen ist oder der Turgordruck, wissen wir nicht. Wachstum setzt Neubildung von Zellwandsubstanz voraus, und diese wird vom Plasma gebildet. Die Frage, ob eine elastische Dehnung der Wand das Wachstum fördert, ist nicht eindeutig entschieden.

Ähnliche Ergebnisse erhielt auch Kreeb (1957, 1961 a) bei Feldberegnungsversuchen in Bagdad (Irak). In diesem Fall wurde im Anschluß an Lobov (1951) bewässert, sobald π^* den optimalen bzw. einen bestimmten Wert oberhalb des optimalen überschritten hatte, und zwar bei „Optimum", „Optimum" $+ 2$ atm, $+ 4$ atm und $+ 6$ atm. Der Ertrag wurde in Beziehung zum mittleren π^*-Wert, gültig für die gesamte Wachstumsperiode, gesetzt. Es zeigte sich dabei die in Abb. 123 wiedergegebene Beziehung. Die π^*-Werte der betreffenden Parzellen sind in Abb. 124 aufgeführt. Man erkennt daraus, daß zwischen S 1 (Optimum) und S 4 (Optimum $+ 6$) klare Differenzen vorhanden sind. Unter Verwendung von Refraktometerwerten kann die Plasmahydratur sehr viel öfter bestimmt werden. Dies ist bei Luzerne, ebenfalls in Bagdad, schon während sehr arider Bedingungen zwischen Mai und Juni, geschehen (Kreeb 1958, 1961 a; Abb. 79). Auch hierbei treten deutliche Differenzen, und zwar in Abhängigkeit von den Wassergaben, auf. In diesem Fall wurden die Refraktometerwerte in % Zuckerskala angegeben. Der Ertrag in Abhängigkeit zu mittleren Refraktometerwerten zeigt wiederum eine gute Korrelation (Abb. 125). Es scheint dabei, wie auch bei den Versuchen von Bauman (1957), eine stärkere relative Ertragsdepression bei erstem Absinken der Plasmahydratur als später vorzuliegen. Die Kurve (Abb. 125) verläuft demzufolge zuerst steil, dann flacher (vgl. Kreeb 1963 b).

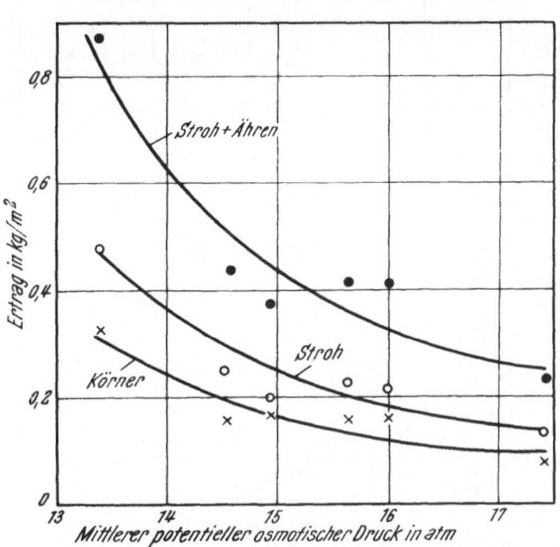

Abb. 123. Ertrag von Gerste (TRABOT) bei beregneten Parzellen in Abu Ghraib, Irak, in Abhängigkeit vom mittleren potentiellen osmotischen Druck (Mittel aller Messungen im Winter 1955/56). Nach Kreeb 1957.

Da, wie wir oben gesehen haben, das Wachstum und die Substanzproduktion der Pflanze nur bei optimaler Plasmahydratur optimal sind, erhebt sich die Frage, ob diesbezüglich die Photosynthese bzw. Atmung oder andere lebenswichtige Vorgänge beeinflußt werden. Es gibt hierüber kaum Untersuchungen, bei welchen die π^*-Werte direkt mitgemessen wurden. Doch kann man auch bei Berücksichtigung von Hilfswerten, z. B. Wassergehalt oder Wasserdefizitangaben (vgl. z. B. die zusammenfassende Darstellung von Stålfelt 1960, Kozlowski 1964, Slavik 1966), gewisse Schlüsse ziehen.

Zu unterscheiden ist bei der Photosynthese zweifellos eine primäre Beeinflussung, d. h. der biochemischen, im Protoplasma (Chloroplasten) ablaufenden Grundvorgänge, und eine sekundäre Beeinflussung in Abhängigkeit von der Spaltöffnungsregulation, welche ja als hydroaktive Bewegung der Schließzellen direkt von deren Wasserhaushalt abhängt (vgl. Walter 1929).

Die sekundäre Beeinflussung der Photosynthese ist oft nachgewiesen worden, z. B. auch als mittägliche Depression in Trockenzeiten oder -gebieten (z. B. Stocker 1954, 1960, 1967, Bethke u. a. 1965). Stocker (1954, 1960) schloß allerdings aus der Tatsache eines Photosynthesezusammenbruches bei weitergehender Transpiration, daß nicht die Spaltöffnungsweite hierbei ausschlaggebend sei, sondern die Veränderung der Saugspannung[67]. Demgegenüber stehen die Ergebnisse von Pisek und Winkler (1955), wonach die Photosynthese durch Wasserverluste praktisch nicht gelitten hatte (vgl. auch Pallas u. a. 1967; schnelle Photosyntheseregeneration bei Bewässerung von Baumwolle nach vorhergehender Trockenheit), vielmehr lediglich eine indirekte Einschränkung durch den weit empfindlicher auf Wasserverluste reagierenden Spaltöffnungsapparat verursacht wurde (vgl. Hodges 1967). Hierfür sprechen auch Ergebnisse von Eckardt (1953). Die auf die Flächeneinheit bezogene CO_2-Assimilation ist

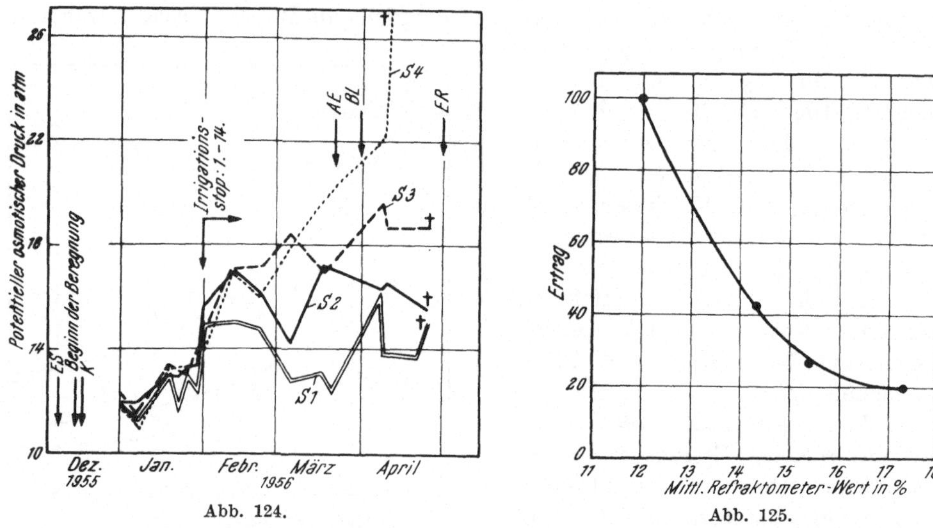

Abb. 124.

Abb. 125.

Abb. 124. Jahreskurven des potentiellen osmotischen Druckes von ausgepreßtem Zellsaft bei Gerste (TRABOT, Abu Ghraib, Irak) in Abhängigkeit von unterschiedlich starken Beregnungsgaben. *ES* Einsaat, *K* Keimung, *AE* Ährenschieben, *BL* Blüte, *ER* Ernte, † Blätter tot. Nach Kreeb 1957.
Abb. 125. Ertrag von Luzerne in Prozent des Optimum-Ertrages bei beregneten Parzellen in Abu Ghraib, Irak, in Abhängigkeit vom mittleren Refraktometerwert (Frühjahr 1958). Nach Kreeb 1961 a.

unter optimalen Verhältnissen bei trocken gezogenen Pflanzen sogar erhöht, was als **xeromorphe Anpassung** gewertet werden kann (Simonis 1948, 1952). Eine Änderung der Plasmastrukturen wird in diesem Fall angenommen werden dürfen. Der Chlorophyllgehalt ist bei trocken aufgezogenen Kulturen erhöht (Takaoki 1962).

Kurzfristige Änderungen in der Luftfeuchtigkeit führten bei **Lärchen, Fichte und Zirben** (Tranquillini 1963) zu einer starken Einschränkung der Photosynthese. Die Rückführung der Pflanzen in die Anfangsbedingungen bewirkte dabei keine volle Regeneration der Photosynthese. Solche Nachwirkungen deuten auf eine primäre Beeinflussung des Photosyntheseapparates. Eine volle Klärung dieser Fragen ist noch nicht möglich. Auch die deutlichen Zusammenhänge zwischen Transpiration und Photosynthese, welche in vielen Arbeiten untersucht worden sind, helfen uns kaum weiter, da es sich bei der Transpiration nur um einen Teilprozeß bezüglich des Wasserhaushaltes handelt. Wir ver-

---

[67] Vermutlich spielt jedoch die Überhitzung der Blätter in der Küvette hierbei eine Rolle.

weisen u. a. auf: POLSTER u. a. (1960), SLATYER und BIERHUIZEN (1964), WEISE
und BÖRTITZ (1964), KOLLER und SAMISH (1964), LARCHER (1965), POLSTER (1965),
MOONEY u. a. (1966), KLUGE und FISCHER (1967, vgl. S. 225f.). Einige Autoren
untersuchten auch die Korrelation Wasserdefizit—Photosynthese (u. a.): RÜSCH
(1959), WEISE und FUCHS (1964), ČATSKÝ (1965 b), WARDLAW (1967). Bei ČATSKÝ
(1965 b) findet sich ein Korrelationsdiagramm, welches die Verhältnisse von

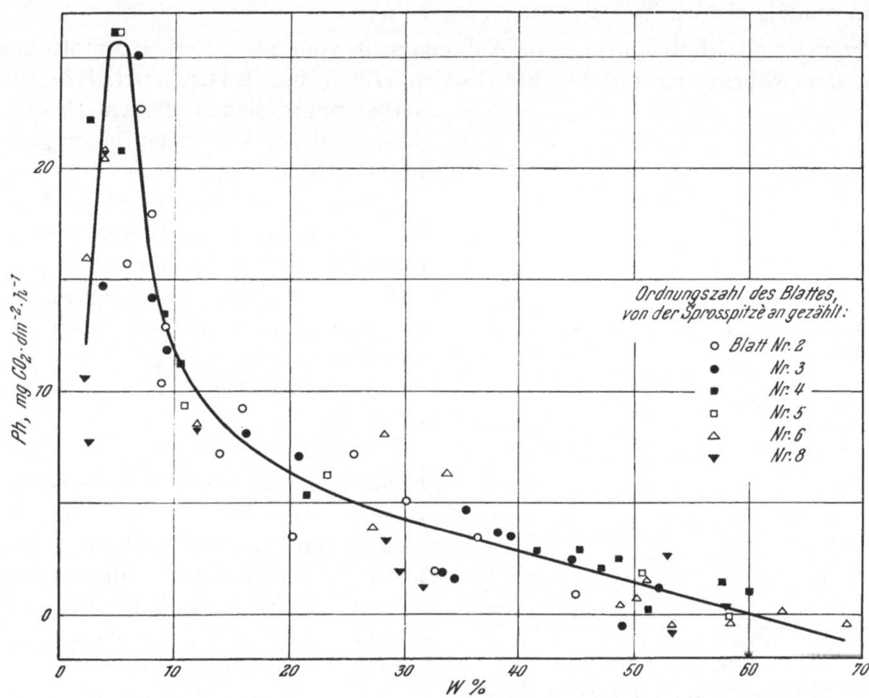

Abb. 126. Abhängigkeit der Photosynthese (*Ph*) vom Wassersättigungsdefizit (W %) der Blätter bei Futterrüben.
Nach ČATSKÝ 1965 b.

zahlreichen Messungen wiedergibt (Abb. 126). Man erkennt hier eine gewisse
Parallele zu den Ertragskurven (Abb. 123, 125): Die Photosynthese nimmt mit
zunehmenden Wasserdefiziten zuerst rasch, dann langsam ab. Ob der Abfall in
Richtung auf volle Sättigung (Wasserdefizit = 0) gesichert ist, muß bezweifelt
werden. Dagegen scheint kein Unterschied zwischen verschieden alten Blättern
zu bestehen. Die Photosynthese-Intensität pro Flächeneinheit scheint sich überhaupt in relativ geringen Bereichen zu ändern, selbst zwischen verschiedenen
Arten, wie LARCHER (1963) zeigen konnte. Ökologisch, und zwar für die Gesamt-
stoffproduktion pro Pflanze oder Fläche, ist die Blattflächensumme viel
entscheidender.

BRIX (1962) untersuchte die Photosynthese in Abhängigkeit vom Wasserpotential (Saugspannung) der Blätter. Auch hier ist der Effekt deutlich und
wahrscheinlich direkt abhängig vom Stomataschluß (Abb. 127). Diese Ansicht
vertritt auch HODGES (1967), obgleich er einräumt, daß bei Coniferen zusätzlich
der Widerstand gegen CO_2-Diffusion im Mesophyll von Bedeutung sein könnte.

Bei Brix (1962) wurde auch die Atmung untersucht (Abb. 127). Sie nahm bei Föhrenkeimlingen zunächst bei höheren Wasserdefiziten zu, dann ab; bei Tomate hingegen verringerte sie sich schon ab S-Werten von 8 atm. Man wird also in jedem Fall mit einer Vielfalt von Reaktionen rechnen müssen. Takaoki (1962) fand bei *Brassica rapa* eine übereinstimmende Zunahme von Atmungswerten und π^* in Abhängigkeit von zunehmender Bodentrockenheit. π^*-Werte wurden dabei allerdings plasmolytisch bestimmt, sie erscheinen jedoch größenordnungsmäßig richtig (8—12 atm).

Atmung und Photosynthese in Abhängigkeit vom potentiellen osmotischen Druck der Nährlösung untersuchte Boyer (1965) bei Baumwollpflanzen. Hierbei zeigte sich, daß kein Spaltenschluß auftrat. Die Beeinflussung der Photosynthese, und zwar eine Abnahme mit zunehmendem π^* der Nährlösung, war daher in diesem Fall als primär anzusehen. Da jedoch als Osmotikum NaCl verwendet wurde, sind spezifisch toxische Effekte nicht auszuschließen, eher sogar als wahrscheinlich anzusehen. Die Atmungsabnahme war gering.

Vieweg (1960) stellte fest, daß bei gleichzeitiger Messung der Saugspannung und der Photosynthese in austrocknenden Blättern letztere beim Einsetzen eines Wasserdefizits zunächst nur langsam abnimmt, dann aber plötzlich zusammenbricht. Erholungen sind deshalb nur anfangs möglich.

Einen tieferen Einblick in die Beeinflussung der Photosynthese und ihrer Teilprozesse bei vorhandenen Wasserdefiziten verdanken wir Santarius (1966, 1967, Santarius und Ernst 1967, Santarius und Heber 1967). Zunächst konnte festgestellt werden, daß die CO_2-Aufnahme bei Blättern bzw. Blattfragmenten von Futterrüben auch bei hohen Wasserverlusten bis zu 80% des Gesamtwassers noch in der Größenordnung der Atmung liegt, der Kompensationspunkt also noch nicht unterschritten ist. Erst oberhalb von 80% Wasserverlust tritt eine weitgehende Hemmung der Photosynthese ein, während die Atmung erst bei noch höheren Wasserverlusten herabgesetzt wird. π^*-Werte der Blätter und Wasserverluste zeigten übrigens eine klare Korrelation (Abb. 128): π^* steigt mit zunehmenden Wasserverlusten kontinuierlich an. Der Zellsaft verhält sich dabei wie eine NaCl-Lösung gleicher osmotischer Konzentration, welcher mehr und mehr Wasser entzogen wird. Die Wasserdefizite können somit auch auf π^*-Werte umgerechnet werden.

Auch bei diesen Untersuchungen konnte festgestellt werden, daß vorangegangene Entquellungen der Plasmastrukturen auch unter anschließend optimalen

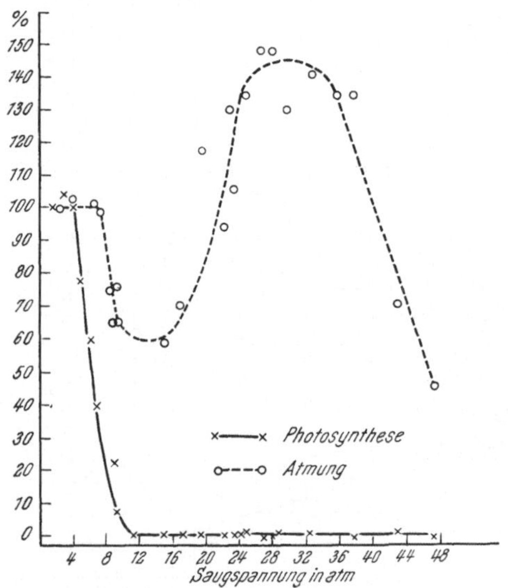

Abb. 127. Die Beeinflussung von Atmung und Photosynthese durch Wasserstreß, gemessen als Saugspannung. Photosynthese und Atmung angegeben in Prozent derjenigen bei Feldkapazität (Ordinate). Nach Brix 1962.

Wasserverhältnissen Nachwirkungen auf die Photosynthese-Intensität zeigen.
Die Untersuchung der Teilprozesse an intakten Blättern bzw. Blatt-
teilen ergab insgesamt gesehen jedoch ebenfalls eine hohe Resistenz gegen-

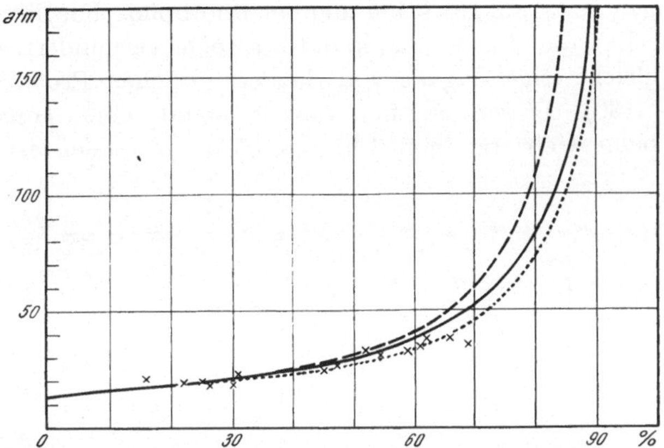

Abb. 128. Potentieller osmotischer Druck von Zuckerrübenblättern in Abhängigkeit vom Wasserverlust der
Zellen. Zum Vergleich wurde der π^* einer 15,6 Gew.-% Saccharose-Lösung, einer 8,85 Gew.-% Glucose-Lösung und
einer 1,88 Gew.-% NaCl-Lösung in Abhängigkeit vom Wasserverlust dieser Lösungen wiedergegeben. Abszisse:
Wasserverlust in Prozent des Gesamtwassers (Gesamtwasser = 100%). Ordinate: π^* bei 20° C in atm. × Zellsaft,
———— Saccharose, ——— Glucose, ... NaCl. Nach SANTARIUS und ERNST 1967.

über Hydraturabnahme: Sowohl die NADP- (Triphosphopyridinnucleotid) als
auch die PGS-Reduktion (Phosphoglycerinsäure) sowie die ATP-Synthese (Adeno-
sintriphosphat) können im Licht selbst bei 85% Wasserverlust (immer auf das Ge-

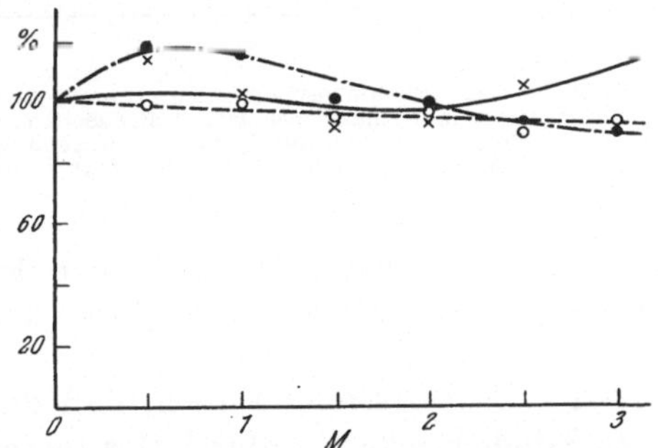

Abb. 129. HILL-Reaktion isolierter Spinatchloroplasten nach bzw. während der Entwässerung durch Glucose-
Lösungen unterschiedlicher Konzentration. Abszisse: M Glucose. Ordinate: Ferricyanid-Reduktion in Prozent der
nicht mit Glucose behandelten Kontrollen. Serie a (-- O --), b (——×——) und c (—·●—·): a Wasserentzug vor
Beginn des Versuches, b während und c vor und während. Nach SANTARIUS und ERNST 1967.

samtwasser bezogen) noch ablaufen. Dieses Ergebnis stimmt mit den Befunden,
welche an isolierten Chloroplasten erhalten wurden, gut überein. Dabei wurde
das Wasser einmal mit konzentrierten Lösungen entzogen, zum anderen über $CaCl_2$.
Im ersten Fall wird die HILL-Reaktion weder durch Glucose (Abb. 129) noch durch
Saccharose (bis 3 molare Lösungen) wesentlich beeinflußt, bzw. es ist eine volle
Regeneration möglich. Dasselbe gilt für Lutrol und Sorbit; lediglich NaCl ergibt eine

starke Beeinflussung, worauf wir später einzugehen haben. Bei $CaCl_2$-Anwendung konnte die kritische Grenze der Entwässerung bei 10—15% des Gesamtwassers, gültig für Rüben- und Spinatchloroplasten, gefunden werden. Nach 3 Stdn. Trocknung sind bereits 98—99% des Gesamtwassers entzogen und dann irreversible Schädigungen der Hill-Reaktion und der Photophosphorylierung (zyklische und nichtzyklische) die Folge. Sie konnte jedoch vermindert oder beseitigt werden durch gleichzeitige Zugabe von Zucker, löslichen Proteiden und Polypeptiden (Abb. 130). Diesen Stoffen kommt somit eine Schutzfunktion zu, die auch beim Gefrieren von Chloroplasten vorhanden ist. Hieraus er-

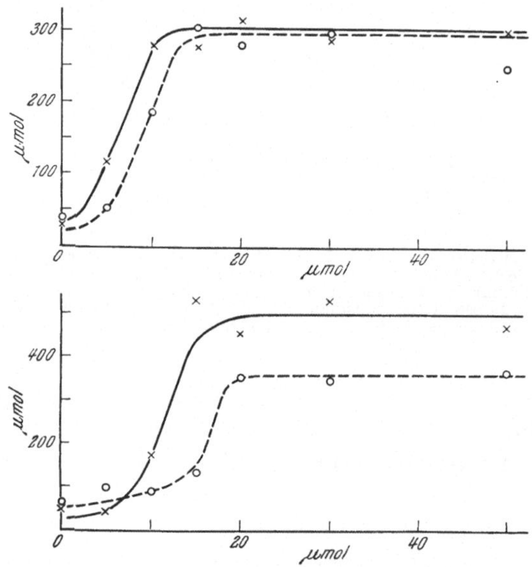

Abb. 130. Hill-Reaktion (oben) und cyclische Photophosphorylierung (unten) nach Trocknung von isolierten Spinatchloroplasten über $CaCl_2$, in Gegenwart unterschiedlicher Mengen an Saccharose — × — bzw. Glucose -- O --. Abszisse: Zuckermenge in μmol. Obere Ordinate: Ferricyanid-Reduktion in μmol/mg Chlorophyll × Std. Untere Ordinate: P_a-Bindung in μmol/mg Chlorophyll × Std. Nach Santarius und Heber 1967.

klären sich zumindest z. T. viele Parallelen zwischen Frost- und Trockenresistenz. Die SH-Gruppen-Hypothese von Levitt (1962) konnte nicht bestätigt werden.

Zusammenfassend darf hier festgestellt werden, daß die Photosynthese bei geringen Wasserverlusten lediglich sekundär durch Spaltenschluß beeinfluß wird. Die an bestimmte Plasmastrukturen gebundenen Teilprozesse zeigen nämlich eine erstaunliche Resistenz gegen Austrocknung, und sie sind weitgehend erholungsfähig, sobald die Hydratur wieder optimale Werte erreicht. Erst bei hohen Wasserverlusten kommt es zu irreversiblen Schädigungen, welche dann sicher mit Plasmastrukturänderungen einhergehen.

Zum Schluß dieses Abschnittes darf noch auf eine detaillierte Studie Slaviks (1963 a) hingewiesen werden. Dabei zeigten sich auffallende, miteinander übereinstimmende Unterschiede im π^*, in der Photosynthese und anderen charakteristischen Eigenschaften zwischen Blattspitze und Blattbasis bei *Nicotiana sanderae* (Tab. 29).

Tab. 29. *Relative Unterschiede morphologischer, anatomischer und physiologischer Eigenschaften bei Nicotiana sanderae. Basiswerte = 100%. Nach* SLAVIK *1963 a.*

	π^*	Transpiration bei Sättigung	Spaltöffnungsdichte	Blattdicke	Photosynthese pro Blattfläche	Atmung pro Trockengewicht
Blattbasis	100	100	100	100	100	100
Blattspitze	140	42—56	64	122	83	87

In diesem Fall dürfte allerdings die erniedrigte Photosynthese in erster Linie von der niedrigeren Spaltenzahl abhängen.

Alle diese Beispiele betrafen quantitative Änderungen. Wir wollen anschließend qualitative Änderungen des Wachstums besprechen. Solche machten sich schon bei den Zwergpflanzen bemerkbar, bei denen nicht nur das Wachstum gehemmt, sondern zugleich die Entwicklung der Pflanze beschleunigt wurde.

3. Potentieller osmotischer Druck (π^*) und anatomisch-morphologische Struktur der Pflanzen

Sehr deutlich treten die Beziehungen zwischen π^* und der anatomisch-morphologischen Struktur bei Sonnen- und Schattenblättern hervor. Als Beispiel

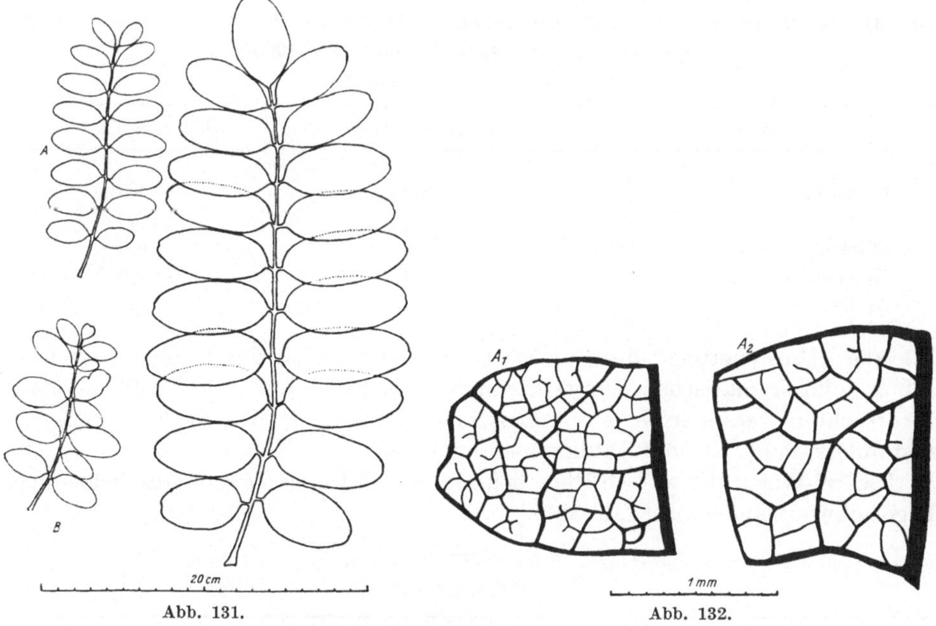

Abb. 131. Abb. 132.

Abb 131. Blätter von *Robinia pseudacacia.* Rechts: Schattenblatt, links: zwei Sonnenblätter (*A* und *B*). Nach WALTER 1931 a.
Abb. 132. Blattnervatur bei *Robinia pseudacacia*: A_1 Sonnenblatt, A_2 Schattenblatt (vgl. Abb. 131). Nach WALTER 1931 a.

wählen wir die *Robinia pseudacacia,* die bei Tihany am Balatonsee untersucht wurde (WALTER und WALTER 1929). Die Sonnenblätter unterscheiden sich sehr stark von den Schattenblättern, wie aus Abb. 131 und 132 sowie Tab. 30 hervorgeht.

Tab. 30. *Sonnen- und Schattenblätter von Robinia pseudacacia. Nach WALTER 1931a.*

Blatt-typ	Blatt-fläche in cm²	Blatt-dicke in μ	Aderung in mm/cm²	Spalten-zahl in mm²	Länge der Schließ-zellen in μ	Größe der oberen Epider-miszellen	Zahl der Haare	
							Oberseite pro mm²	Unterseite pro mm²
Sonnen-blatt	40,8	154	1420	495	17	315 qμ	74	119
Schatten-blatt	351,8	126	1000	352	22	626 qμ	49	63

Außerdem ist bei den Sonnenblättern das Sklerenchymgewebe stärker ausgebildet, die Behaarung dichter, die Palisadenschicht höher (100 μ gegenüber 40 μ
beim Schattenblatt), die Interzellularen sind reduziert, die Epidermisaußenwand
ist dicker, die Epidermis der stomataführenden Blattunterseite papillös, so daß die
Stomata leicht eingesenkt erscheinen. Alles das sind Merkmale einer **xeromorphen Struktur.**

Daß auch Unterschiede in der chemischen Zusammensetzung zwischen Sonnen-
und Schattenblättern bestehen, konnten KAUSCH und HAAS (1965) zeigen. Sie
fanden in ersteren Rohlipide, Cutin, Stärke, Holocellulose und Aschengehalt
erhöht (Tab. 31, vgl. HAAS 1967).

Tab. 31. *Gehalt verschiedener Stoffe bei Sonnen- und Schattenblättern von Fagus silvatica
(Blutbuche). Nach KAUSCH und HAAS 1965.*
1000 Blätter liefern in g

Substanz	Sonnenblätter	Schattenblätter
Rohlipide	33,4	14,8
Cutin	2,3	0,9
Stärke	7,9	9,9
Holocellulose	50,8	42,0
Asche	11,3	6,0

Wie die „Umsteuerung" des Stoffwechsels, welche wohl durch die unterschiedlichen mikroklimatischen Umweltbedingungen bzw. durch den infolge davon
verursachten veränderten physiologischen Zustand in den Zellen (z. B. π^*)
zustande kommt, ist noch vollkommen ungeklärt.

Die π^*-Werte der verschieden beleuchteten Blätter weisen unterschiedliche
Tagesschwankungen auf (Tab. 32):

Tab. 32. *Tagesschwankungen in den π^*-Werten bei Sonnen- und Schattenblättern.*
Nach WALTER 1931 a.

Robinia pseudacacia	Sonnenblätter	Schattenblätter
morgens	17,3 atm	12,2 atm
mittags	18,1 atm	12,6 atm
nachmittags	17,6 atm	12,5 atm

Stets ist jedoch π^* bei den Sonnenblättern höher als bei den Schattenblättern.

Zwei Parallelproben, die an einem anderen Standort um 14.50 Uhr am 24. August ebenfalls von *Robinia* entnommen wurden, ergaben etwas höhere Werte:

Sonnenblätter   20,5 atm bzw. 21,7 atm,
Schattenblätter 14,0 atm bzw. 14,5 atm.

Zweige von *Robinia* wurden 24 Stunden ins Wasser gestellt und in einer feuchten Kammer zur Aufsättigung gebracht. Die danach bestimmten π^*-Werte von 2 Parallelproben betrugen:

Sonnenblätter   19,6 atm bzw. 19,7 atm,
Schattenblätter 13,4 atm bzw. 13,5 atm.

Es handelt sich also bei den Sonnenblättern um eine aktive Erhöhung von π^*, wobei wir annehmen dürfen, daß sie mit einer gewissen Änderung der kolloidalen Struktur des Plasmas im Zusammenhang steht, wodurch auch die andersartige Ausbildung der Sonnenblätter bedingt wird. Allerdings kann man sich auch fragen, ob es sich nicht um eine direkte Beeinflussung der Wachstumsvorgänge durch die stärkere Bestrahlung der Sonnenblätter handelt. Dazu wäre zu bemerken, daß NORDHAUSEN bereits 1912 nachgewiesen hat, daß der anatomisch-morphologische Bau der Sonnen- und Schattenblätter schon bei der Ausbildung der Knospen im Jahre vorher festgelegt wird. Die Meristemzellen in den Knospen der Sonnenzweige werden aber nicht direkt vom Licht getroffen, so daß dieses keinen unmittelbaren Einfluß ausüben kann. Dagegen hängt die Hydratur des Plasmas in den Meristemzellen von der mittleren Kohäsionsspannung in den zu den Knospen führenden Gefäßenden ab (vgl. S. 63). Diese wird bei den der Sonne ausgesetzten Zweigen infolge der stärkeren Transpiration der Sonnenblätter höher sein als bei den im Schatten wachsenden Zweigen. Es dürfte somit der Hydraturzustand des Plasmas einen stärkeren Einfluß ausüben als das Licht.

Zugunsten des Hydraturfaktors sprechen auch die Versuche von SCHRÖDER (1938). Er konnte bei der Buche (*Fagus silvatica*) und anderen Baumarten bei Zweigen in tiefem Schatten Blätter mit Sonnenblattcharakter erzeugen, indem er im Jahre vorher die Wasserversorgung ihrer Knospen durch Einschnitte in das Holz der Zweige erschwerte. Die experimentell auf diese Weise im Schatten gebildeten Sonnenblätter zeigten eine Verdoppelung der Palisadenschicht, Zunahme der Blattdicke von 20%, Verkleinerungen der Epidermiszellen, Zunahme der Stomatazellen pro mm² um 26,5% und Verdichtung der Nervatur sowie Abnahme des Interzellularvolumens um 30%. Weniger eindeutig waren seine Versuche an Sonnenzweigen, Schattenblätter durch Verbesserung der Wasserversorgung zu erzeugen. Es sei aber daran erinnert, daß die Blätter an Stockausschlägen, die besonders gut mit Wasser versorgt werden, selbst in direktem Sonnenlicht sich schon durch ihre Größe auszeichnen und Schattenblattcharakter aufweisen.

Vom Standpunkt der Kybernetik aus kann man sagen, daß die Blattanlagen in den Knospen von dem Meristem eine Information erhalten, die sie speichern und die im nächsten Jahr beim Austreiben zur Bildung von xeromorphen Sonnenblättern bzw. von hygromorphen Schattenblättern führt.

In diesem Zusammenhang ist auch folgendes interessant: Karzel (1926) untersuchte die schädliche Wirkung der Plasmolyse auf die Zellen höherer Pflanzen. Bei *Elodea* fand er, daß nur junge vacuolenfreie Zellen, die nicht plasmolysierbar sind, am Leben bleiben. Auch bei *Lemna trisulca* überlebt nur der Vegetationspunkt; er wächst weiter, aber die neugebildeten Sproßabschnitte haben nur zwei Drittel der Länge von normalen, und die Verbindungsstücke

Abb. 133. *Encelia farinosa* in Arizona. Ganze Pflanzen mit xeromorphen Blättern. Nach Walter 1931 a.

Abb. 134. Verschieden gestaltete Blätter von *Encelia farinosa*: Oben wenig behaarte hygromorphe Blätter, unten rechts mesomorphe, unten links xeromorphe, in der Mitte Zweige mit Endknospen (Blätter alle abgefallen). Nach Walter 1931 a.

sind kürzer, d. h. das Plasma hat eine Änderung erfahren, ähnlich wie wir es bei Wassermangel beobachten — die Neubildungen sind xeromorpher.

Besonders deutliche Beziehungen zwischen Hydratur und Blattstruktur konnten bei einem charakteristischen Halbstrauch in der Arizona-Wüste nachgewiesen werden (Walter 1931a). Es handelt sich um die Composite *Encelia farinosa* mit weichen, behaarten Blättern (Abb. 133), die aber sehr verschieden gestaltet sein können (Abb. 134). Zwischen Blattgestalt und π^* bestehen bei dieser Art so enge Beziehungen, daß man an den kausalen Zusammenhängen kaum zweifeln kann.

Nach der Regenzeit besitzt der Strauch nur große, grünliche, hygromorphe Blätter, die wenig behaart sind. Ihr π^* beträgt 22—23 atm. Wenn im Laufe der

Trockenzeit die Wasserversorgung schlechter wird, steigt er auf 28 atm an. Zugleich werden alle neugebildeten Blätter kleiner und stärker behaart; man kann sie als mesomorph bezeichnen. Bei einer Erhöhung auf 32 atm werden nur noch ganz kleine, dickliche, sehr dicht behaarte, weiß erscheinende xeromorphe Blätter gebildet; bei 36 atm schließlich vertrocknen die hygromorphen Blätter

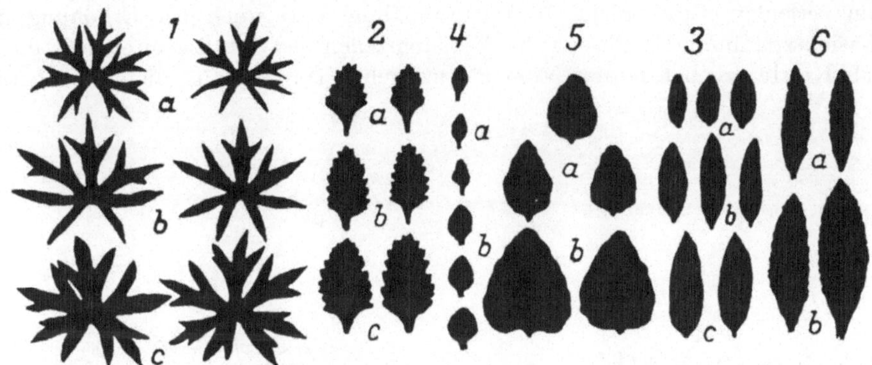

Abb. 135. Blattform und -größe bei Pflanzen von verschiedenen Standorten aus dem Kraichgau (nach MÜLLER-STOLL, 1935): 1 *Geranium sanguineum* (*a* Trockenrasen, *b* lichter Kiefernwald, *c* Ligustergebüsch), 2 *Teucrium chamaedrys* und 3 *Helianthemum chamaecistus* (*a* steiniger Boden, *b* Trockenrasen [Wellenkalk], *c* auf Löß), 4 *Thymus serpyllum*, 5 *Origanum vulgare* und 6 *Stachys recta* (*a* auf Wellenkalk, *b* auf Löß), ½ nat. Größe. Aus WALTER 1960.

Abb. 136. Asymmetrisches Wachstum von *Echinocactus wislizeni*. Nähere Erläuterungen im Text. Nach WALTER 1931 a.

und fallen ab, ihnen folgen etwas später die mesomorphen. Bei einem Wert von 40 atm werden auch die xeromorphen Blätter abgeworfen; es verbleiben dann nur noch die Knospen an den Zweigenden mit den dicht behaarten Blattanlagen, die selbst bei einem Wert von 49 atm nicht geschädigt werden. Nach Eintritt der Regenzeit bildet die Pflanze wieder große hygromorphe, grünliche Blätter aus. Es handelt sich somit, wie man in der Kybernetik sagt, um einen Regelmechanismus oder Regelkreis. Die Regelgröße (besser „geregelte Größe") ist die Wasserbilanz, die nicht auf die Dauer negativ sein kann, da die Pflanze sonst vertrocknet. Die Störgröße ist die Trockenheit, die zu erhöhten Wasserverlusten der Blätter führt. Der Sollwert ist eine Wasserbilanz, bei der das Verhältnis Transpiration/Wasseraufnahme gleich 1 ist, wobei die Kohäsionsspannung im Leitungssystem möglichst niedrig sein soll. Als Fühler müssen wir das Protoplasma der Blattzellen betrachten, das bei Nichteinhaltung des Sollwerts zugleich mit der Erhöhung des potentiellen osmotischen Druckes π^* eine Hydraturabnahme erleidet. Eine solche Hydraturabnahme tritt auch bei Erhöhung der Kohäsionsspannung im Plasma der Meristemzellen des Sproßscheitels ein; dieses ist als Regler zu betrachten. Vom Plasma gehen Impulse aus, die eine negative

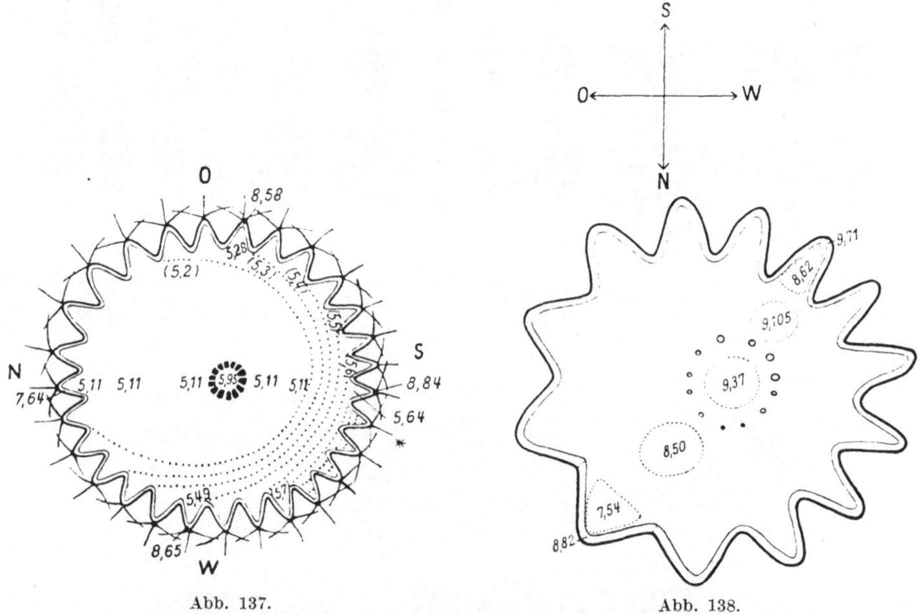

Abb. 137.   Abb. 138.

Abb. 137. Querschnitt von *Echinocactus wislizeni*: Morphologische Asymmetrie, der eine ebensolche physiologische entspricht (mit Angaben der Himmelsrichtung). Zahlen sind potentielle osmotische Drücke in atm (Werte über 7 atm beziehen sich auf Assimilationsgewebe), die punktierten Linien sind Isosmosen, den eingeklammerten Zahlen entsprechend. Bei * die engsten Rippen und höchsten π^*-Werte. Nach Walter 1931 a.
Abb. 138. Normale Verteilung des potentiellen osmotischen Druckes (π^*) auf einem Querschnitt von *Carnegiea gigantea* 25 cm unterhalb des Vegetationspunktes. Der Querschnitt ist nach einem Abdruck naturgetreu gezeichnet (⅓ nat. Größe). Man beachte die starken Unterschiede der Rippenbreite und der Gefäßbündel auf der SW- und NO-Seite. Die Stacheln sind auf der Zeichnung weggelassen. Der π^* ist sowohl beim Chlorophyll- wie beim Rippenparenchym auf der SW-Seite um etwa 1 atm höher als auf der NO-Seite. Versuch vom 18. März 1930 (Tucson, Arizona). Nach Walter 1931 a.

Rückwirkung haben, d. h. die Wasserbilanz wiederherstellen sollen. Die Stellgröße wird auf das Stellglied, die sich entwickelnden jungen Blätter, übertragen, die beim Wachstum eine xeromorphe Struktur und eine kleinere Fläche erhalten. Dadurch wird die Wasserabgabe gedrosselt, so daß wieder eine ausgeglichene Wasserbilanz möglich ist.

Die Vorgänge im Plasma der Meristemzellen sind uns im einzelnen nicht bekannt. Das gilt jedoch gleichermaßen hinsichtlich der Vorgänge im Zentralnervensystem bei den sehr viel anschaulicheren Beispielen von zoologischer Seite.

Wächst eine *Encelia*-Pflanze zwischen Felsen an einem Nordhang, wo die Wasserversorgung auch während der Trockenzeit günstig ist, so findet ein Anstieg des π^* nicht statt, und die Pflanze bildet nur hygromorphe Blätter aus. Sie blüht aber dann nur spärlich.

Diese bei *Encelia* so auffallende ökologische Heterophyllie ist eine allgemein verbreitete Erscheinung. Auch bei uns bilden die Pflanzen an sonnigen Steppenheidestandorten im Sommer, also an trockenen Standorten, immer xeromorphere Blätter aus. Als Beispiel nennen wir die Verhältnisse bei verschiedenen Pflanzen aus dem Kraichgau (Abb. 135). Es unterliegt keinem Zweifel, daß auch hier ein Zusammenhang mit der Höhe der π^*-Werte besteht.

ORSHAN (1954) erwähnt für *Poterium spinosum*, *Artemisia monosperma*, *Helianthemum ellipticum* und *Ononis natrix*, daß in Palästina die Sonnenblätter

Abb. 139. Blick vom Desert Laboratory (Tucson, Arizona) nach Westen auf die Tucson Mountains. Im Vordergrunde typische *Carnegiea gigantea* mit kandelaberartiger Verzweigung. Etwas weiter hinten oberer Teil eines jüngeren noch unverzweigten Exemplares. Daneben *Parkinsonia microphylla*-Sträucher. Nach WALTER 1931 a.

dieser Arten 3—6mal kleiner sind als die im feuchten Winter gebildeten Blätter bei fast gleicher Flächentranspiration, so daß eine wesentliche Einschränkung der Wasserverluste im Sommer möglich ist. Die Ursache für diese Verkleinerung der Fläche wird wiederum der Anstieg von π^* sein, doch wurde er nicht bestimmt.

Als drittes Beispiel bringen wir die Beobachtungen an Stammsukkulenten, und zwar an *Ferocactus* (*Echinocactus*) *wislizeni* in Arizona (WALTER 1931a). Bei dieser Art ist das ungleiche Höhenwachstum sehr auffallend. Es zeigt Beziehungen zur Himmelsrichtung. Auf der SW-Seite ist das Wachstum am stärksten gehemmt, denn sie erhitzt sich besonders stark, weil sie von der Sonne am Nachmittag getroffen wird, wenn die Lufttemperatur am höchsten ist. Deshalb neigt sich der Wipfel der Kaktee mit zunehmendem Alter immer mehr nach Südwesten (Abb. 136). Aber auch der Querschnitt ist nicht radiärsymmetrisch (Abb. 137), denn die Rippen stehen auf der Südwestseite am nächsten und auf der Nordostseite am weitesten voneinander entfernt. Beim zentral gelegenen Holzteil sind die Gefäß- und Sklerenchymelemente auf der Seite nach Südwesten am stärksten entwickelt, auf der entgegengesetzten am schwächsten. Der Säulenkaktus ist somit nicht, wie zu erwarten, radiärsymmetrisch gebaut, sondern hat nur eine Symmetrieebene, die von Nordost nach Südwest verläuft.

Entnimmt man auf dem Querschnitt verschiedene Proben aus gleichem Gewebe, so zeigt sich, daß den morphologischen Symmetrieverhältnissen genau dieselben osmotischen entsprechen, die durch die Isosmosen angezeigt werden. Die höchsten π^*-Werte findet man auf der südwestlichen Seite, die tiefsten auf der nordöstlichen.

Diese Verhältnisse werden durch den Wasserhaushalt bestimmt. Die Anspannung der Wasserbilanz wird auf der Südwestseite am stärksten sein, π^*-Werte müssen deshalb am höchsten sein, und die Hydraturabnahme des Plasmas in den Meristemzellen bedingt die unterschiedlichen Wachstumsvorgänge.

Ganz ähnliche Symmetrieverhältnisse zeigen die Querschnitte aller hohen Säulenkakteen, z. B. die bei der *Carnegiea gigantea* (Abb. 138), nur der Unterschied im Höhenwachstum fehlt bei diesen; die Stämme sind kerzengerade (Abb. 139)[68]. Auch hier läßt sich dasselbe Verhalten der π^*-Werte nachweisen. Verfolgt man jedoch die Kurve von π^* über eine Trockenzeit und Regenzeit hinweg, so bemerkt man, daß vorübergehend die π^*-Werte der Nordseite höher liegen können als die der Südseite (Abb. 140). Um das zu verstehen, muß man den Blasebalgmechanismus kennen, der mit der Wasserspeicherung bei diesen Stammsukkulenten verknüpft ist. Im Laufe der Trockenzeit nimmt die Entfernung zwischen allen Rippen ab, der Stamm schrumpft zusammen, die

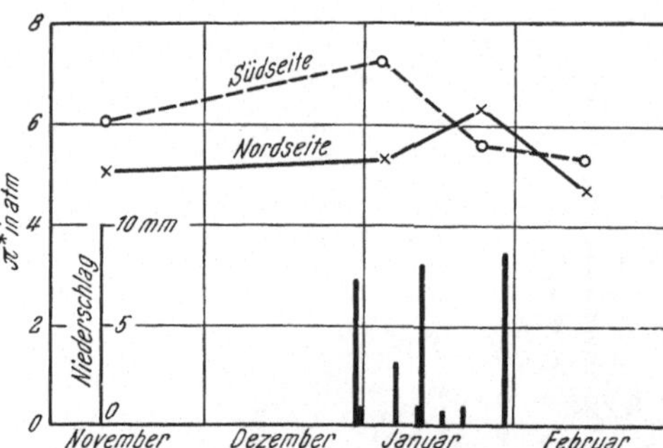

Abb. 140. Die Höhe des potentiellen osmotischen Druckes (π^*) auf der Süd- und Nordseite (Rippenparenchym) bei *Carnegiea gigantea* vor und nach der Winterregenperiode. Die Proben sind verschiedenen Pflanzen entnommen worden. Nur die gleichtägigen Proben sind streng genommen vergleichbar. Während normalerweise die Werte auf der Südseite immer höher liegen, kann nach stärkeren Niederschlägen vorübergehend eine Umkehr eintreten (Ende Januar). Nach Walter 1931 a.

Querschnittsfläche und damit das Gesamtvolumen werden kleiner, weil die wasserspeichernden Zellen Wasser verlieren. Nach einem Regen füllen sich die Wasserspeicher wieder auf; es setzt ein rasches Anschwellen des Stammes ein, die Querschnittfläche vergrößert sich und die Rippen gehen auseinander, sie werden flacher. Es zeigt sich dabei jedoch, daß die Wasseraufnahme auf der Südseite sehr rasch und intensiv einsetzt, wahrscheinlich weil die Saugspannung hier höher ist und weil das Leitgewebe auf der Südseite besser ausgebildet ist. Das Anschwellen auf der Nordseite beginnt erst nach einer Reihe von Tagen und schreitet dann viel langsamer fort, hält aber dafür länger an, selbst wenn auf der Südseite mit Beginn der Trockenzeit bereits wieder eine Schrumpfung anfängt (Abb. 141). Die Aufsättigung der Zellen des Wassergewebes hat eine Erniedrigung von π^*-Werten zur Folge, die somit vorübergehend auf der Südseite unter die der Nordseite sinken können.

Das Gesagte gilt für das wasserspeichernde Rindenparenchym. Ob bei den chlorophyllführenden Geweben eine solche vorübergehende Umkehr der Höhe von π^* ebenfalls eintritt, ist nicht bekannt.

---

[68] Am Äquator fehlt die einseitige Wirkung der Strahlung, entsprechend auch die Asymmetrie der Stammsukkulenten.

Nachdem in Tucson (Arizona) vom 16.—18. März 56 mm Regen gefallen waren, wurden am 19. März Proben auf der Süd- und Nordseite entnommen. Sie ergaben:

	Südseite	Nordseite
Chlorophyllgewebe	8,1 atm	7,7 atm
Rippenparenchym	5,2 atm	5,8 atm

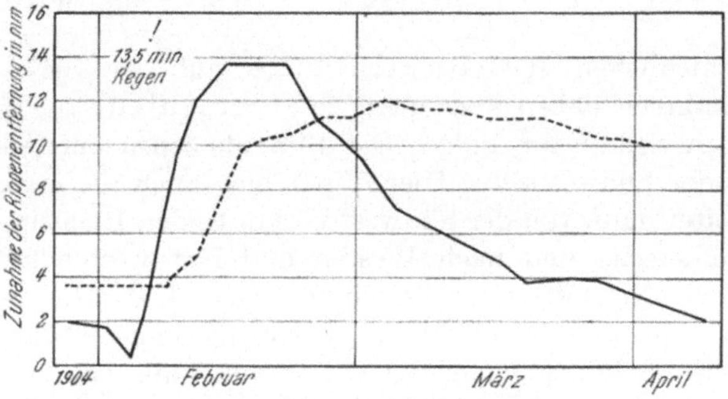

Abb. 141. Veränderung des Rippenabstandes auf der Südseite (ausgezogene Kurve) und der Nordseite (gestrichelte Kurve) eines *Carnegiea*-Stammes (nach Angaben von E. SPALDING). Am 6. Februar fielen 13,5 mm Niederschläge. Die Ausdehnung setzt auf der Südseite sofort ein, auf der Nordseite dagegen erst nach einigen Tagen. Nach WALTER 1931 a.

Abb. 142. Einzelne Stämme des *Pachycereus pringlei*. Die einseitige Stellung der Blütenknospen ist deutlich zu sehen. Die Knospen auf der SW-Seite sind am weitesten entwickelt, und eine Blüte hat sich hier bereits geöffnet. Aufnahme E. WALTER. Nach WALTER 1931 a.

Während somit beim Rippenparenchym durch die Wasseraufnahme bereits eine Umkehr eingetreten war, ist der potentielle osmotische Druck des Chlorophyllgewebes auf der Südseite immer noch höher.

Daß dieses Verhalten der Isosmosen nur durch die ungleichen Außenbedingungen verursacht wird, läßt sich leicht beweisen. Die aufrecht wachsenden Seitenäste von *Carnegiea* verhalten sich ebenso wie der Hauptstamm, wenn sie nach SW frei exponiert sind. Wachsen sie jedoch so, daß sie von Süden durch andere Seitenäste oder den Hauptstamm beschattet werden, dann stehen die Rippen auf der Südseite nicht enger als auf der Nordseite, und die π^*-Werte sind nicht höher.

Die unterschiedlichen Hydraturverhältnisse auf der SW- und NE-Seite bei den Säulenkakteen haben aber auch eine verschiedene Blühfähigkeit der verschiedenen Seiten zur Folge. Die Blütenknospen entwickeln sich zuerst an den Rippen der Südwestseite. Hier öffnen sich auch die ersten Blüten. Das Aufblühen schreitet dann von der Südwestseite in beiden Richtungen nach Süden und Südosten einerseits und nach Westen und Nordwesten andererseits fort, während auf der Nordostseite überhaupt keine Knospen gebildet werden (Abb. 142). Es wurde immer wieder die Beobachtung gemacht, daß eine Hydraturabnahme die Blütenbildung begünstigt. In diesem Falle bei den Säulenkakteen entspricht die Reihenfolge der Blütenanlage genau den abnehmenden π^*-Werten.

Auch das frühzeitige Blühen der Zwergformen fällt mit einer Erhöhung von π^* zusammen. Das entspricht der allgemein in der Gärtnerei gemachten Erfahrung, daß bei ständig guter Wasserversorgung die Pflanzen sehr üppig vegetativ wachsen und schwach blühen, dagegen bei schlechter Wasserversorgung das vegetative Wachstum gehemmt und die Blütenbildung gefördert wird. Es wäre somit möglich, daß eine gewisse Hydraturabnahme des Plasmas für die Blühfähigkeit bzw. für die Beeinflussung des entsprechenden Hormonsystems von Bedeutung ist, doch fehlen noch genauere Untersuchungen in dieser Richtung.

4. Allgemeines über die ökologischen Typen der Pflanzen arider Gebiete

Je feuchter ein Klima ist, desto mehr tritt die Bedeutung der Hydratur des Plasmas gegenüber den anderen das Wachstum und die Entwicklung der Pflanzen bestimmenden Faktoren zurück. Es ist deshalb wohl kein Zufall, daß die Beobachtungen, die zum Hydraturbegriff geführt haben, in den Trockengebieten Amerikas gewonnen wurden (Walter 1931a). Es ist auch nicht leicht, die Bedeutung der Hydratur zu erkennen, wenn man nicht über einige Erfahrungen in Trockengebieten verfügt oder den Wasserhaushalt nur bei Kulturpflanzen oder im Laboratorium studiert hat.

Eine Einteilung in ökologische Typen, die auf den Hydraturverhältnissen beruht, spielt deshalb in erster Linie für die Pflanzen trockener Gebiete eine Rolle. Man hat früher, als die Kenntnis dieser Pflanzen noch ungenügend war, alle Pflanzen, die in Trockengebieten wachsen, als Xerophyten bezeichnet[69]. Man übersah dabei, daß „die Trockengebiete" sehr heterogen sind, schon in klimati-

---

[69] Der Begriff „Xerophyten" geht wohl auf Schouw (1822) zurück, womit Pflanzen, welche an trockenen Standorten vorkommen, ursprünglich bezeichnet werden sollten. Später wurde der Begriff erweitert auf alle Pflanzen der Trockengebiete, was nicht richtig ist.

scher Hinsicht. Es gibt Trockengebiete mit einer mehr oder weniger langen
Regenzeit, wobei der Regen entweder während der kühlen oder während der
heißen Jahreszeit fällt. Es gibt aber auch Trockengebiete mit 2 Regenzeiten oder
solche, in denen der Regen ganz unregelmäßig zu einer beliebigen Jahreszeit fällt.
Viel seltener sind Trockengebiete mit nur episodischen Regen, wobei viele Jahre
ohne Regen vorkommen. Zu diesen gehört eigentlich nur die zentrale Sahara mit
der südlichen libyschen Wüste. Sehr trocken sind auch Teile der arabischen Wüste,
des Tarim-Beckens (Takla-Makan) oder der Nebelwüste Namib sowie der nord-
chilenisch-südperuanischen Wüste.

Wenn man als Trockengebiete die Landschaftszonen bezeichnet, in denen bei
hoher potentieller Evaporation von über 1000 mm pro Jahr nur Niederschläge
von unter 250—200 mm fallen, so überwiegen die Trockengebiete mit bestimmten
Regenzeiten flächenmäßig stark.

Es gibt somit in diesen Trockengebieten stets eine kürzere oder längere
Jahreszeit mit relativ günstigen Wasserverhältnissen. Pflanzen, welche ihren
Entwicklungszyklus auf diese Jahreszeit beschränken, als Xerophyten zu bezeichnen, ist wenig sinnvoll. Solche Pflanzen sind die Winter- oder Sommerephemeren, d. h. entweder kurzlebige annuelle Arten oder aber Geophyten,
die die Trockenzeit unter der Erde im Ruhezustand überdauern. Zu den Winter-
ephemeren gehören oft auch adventive, mitteleuropäische Unkräuter, wie z. B.
Erodium cicutarium, eine Art, die niemand als Xerophyten bezeichnen wird,
deren π^*-Werte in Arizona zwischen 8,8 bis 14,7 atm schwanken. Die Hydraturverhältnisse der Winterannuellen entsprechen durchaus denen der Pflanzen
Mitteleuropas.

Wir führen folgende Beispiele von π^* aus Arizona an (vgl. auch HARRIS und
LAWRENCE 1916): *Parietaria obtusa* zwischen 9,5—14 atm, *Delphinium scaposum*
10,5 atm, *Galium asperrimum* 9,6 atm und *Daucus pusillus* 18,3 atm. Diese Pflanzen
wachsen an ziemlich schattigen Stellen. Aber auch an lichteren Plätzen bleiben die
π^*-Werte niedrig: *Lepidium medium* 13,5—14,6 atm, *Sophia pinnata* 17,7 atm.

In allen Trockengebieten kommen natürlich auch feuchte Standorte vor.
Es können oberflächlich trocken aussehende Standorte sein, die den Pflanzen
das ganze Jahr hindurch eine gute Wasserversorgung bieten, wie felsige Nord-
hänge mit zerklüftetem Gestein, Standorte am Fuße von Schutthalden, Flächen
mit relativ hohem nicht salzigem Grundwasserstand. Pflanzen, welche an solchen
Standorten wachsen, sind oft Arten, deren Hauptverbreitung in den feuchten
Sommerregengebieten der Tropen zu suchen ist, z. B. verschiedene *Acacia*-Arten
und andere Baum- und Straucharten, *Citrullus*-Arten usw. Sie als Xerophyten
zu bezeichnen, ist ebenfalls nicht richtig.

Es verbleiben somit als eigentliche Xerophyten die Arten, die mit dem
Wasser auskommen müssen, das als Regen auf die von ihnen besiedelte Bodenoberfläche fällt und deren oberirdischen Organe das ganze Jahr hindurch, also
auch während der Trockenzeit, am Leben bleiben. Unter diesen ist es zweckmäßig,
noch diejenigen Pflanzen auszuscheiden, die während der Regenzeit große Mengen
an Wasser speichern, also die Blatt- und Stammsukkulenten sowie die
wenigen bekannten Wurzelsukkulenten, die imstande sind, ohne Wasseraufnahme aus dem Boden eine oder mehrere Trockenzeiten zu überdauern.

Alle übrigen Arten mit Ausnahme der Halophyten, die auf Salzböden wachsen, können wir als eigentliche Xerophyten zusammenfassen, wobei wir unter diesen auf Grund ihrer Hydraturverhältnisse nochmals mehrere verschiedene Untergruppen unterscheiden müssen.

5. Hydraturverhältnisse der echten Xerophyten

Wir hatten als Xerophyten die Arten der Trockengebiete bezeichnet, die ihre oberirdischen Organe das ganze Jahr hindurch, also auch während der Trockenzeit lebend erhalten und in ihrer Wasserversorgung nur auf die Atmosphärilien angewiesen sind. Bei diesen unterscheiden wir 4 Untertypen:

a) Die poikilohydren Xerophyten
b) die malakophyllen Xerophyten
c) die sklerophyllen oder aphyllen Xerophyten
d) die stenohydren Xerophyten.

Übergänge zwischen ihnen, die sich vor allen Dingen durch ihr osmotisches Beharrungsvermögen unterscheiden, sind vorhanden.

a) Poikilohydre Xerophyten

Die poikilohydren Xerophyten hatten wir bereits im Abschnitt V besprochen. Sie schließen sich an die Ephemeren an. Ihre Vegetationszeit ist die Regenzeit. Während dieser sind ihre π^*-Werte niedrig. Es wurden in Arizona während der Winterregenzeit im Januar und Februar folgende Werte gemessen:

Notholaena hookeri	14,6—15,8 atm
Notholaena sinuata	15,4 atm
Notholaena aschenborniana	13,4—16,1 atm
Pellaea mucronata	14,1—14,6 atm (Harris und Lawrence 1916, 15,4 atm)
Gymnopteris hispida	13,4 atm
Cheilanthes wrightii	15,9—16,0 atm
Cheilanthes fendleri	17,7—18,3 atm
Cheilanthes lindheimeri	24,1 atm (trocken stehend)
Selaginella arizonica	14,8—15,6 atm (trockener 16,7 atm).

Die Werte sind etwas höher als bei den Winterannuellen; aber das ist allgemein für Pteridophyten mit einem wenig leistungsfähigen Leitungssystem charakteristisch.

Sobald die Trockenzeit beginnt und der Boden austrocknet, rollen sich bei den meisten Arten die Blätter zusammen und trocknen aus. Der Übergang vom frischen Zustand in den trockenen vollzieht sich ziemlich rasch. Nur selten findet man halbausgetrocknete, wenig gerollte Blätter. Im Gegensatz zu den Ephemeren behalten jedoch die Blätter im trockenen Zustand ihre Lebensfähigkeit und werden nach einem Regen in etwa 15—30 Minuten wieder ganz frisch (vgl. S. 95 ff.).

b) Malakophylle Xerophyten

Die Arten, die zu dieser Gruppe gehören, sind besonders charakteristisch für die Steppen- und Präriengebiete mit nicht zu langen Dürreperioden und relativ langen Zeiten im Frühling und Frühsommer mit günstigen Wasserverhältnissen. Sie wurden von MAXIMOV (1923) näher untersucht, der seine an dieser Untergruppe gewonnenen Ergebnisse auf alle Xerophyten ausdehnen wollte, was nicht angängig ist. Diese Arten zeichnen sich dadurch aus, daß sie zu Beginn der Trockenzeit die Transpiration nur wenig einschränken, wodurch ihre Blätter hohe Wasserdefizite aufweisen, die sie bis zu einem gewissen Grade ertragen. Die π^*-Werte steigen rasch an, die Arten sind also hydrolabil; zwischen dem Optimal- und Maximalwert ist eine große Spanne. Es sind demnach euryhydre Typen. Diese Gruppe ist im Mittelmeergebiet durch Arten der Gattungen *Cistus*, *Phlomis*, *Lavandula*, *Thymus*, *Rosmarinus* u. a. vertreten. In Arizona gehören hierher die bereits besprochenen *Encelia farinosa* und *Artemisia tridentata*, aber auch die Composite *Gaertneria* (*Franseria*) *deltoidea*, deren Optimalwert wenig über 20 atm während der maximale über 52,5 atm liegt. Unter den *Labiaten, Compositen* und *Cistaceen* der Trockengebiete findet man besonders viele Vertreter dieser Untergruppe.

Das Verhalten während einer langen Dürrezeit hatten wir für *Encelia farinosa* geschildert. Ähnlich verhalten sich alle anderen typischen Vertreter dieser Untergruppe. Im Mittelmeergebiet verlieren sie während der Sommerdürre ähnlich wie *Encelia* fast alle ihre Blätter, so daß nur die kleinen Endknospen mit den noch nicht entwickelten Blättchen am Leben bleiben. Die Transpiration dieser Knospen ist sehr gering, so daß eine minimale Wasseraufnahme aus dem Boden genügt, um die Wasserbilanz an der Existenzgrenze im Gleichgewicht zu halten. In den Steppengebieten bleiben die Blätter meist in stark gewelktem Zustande erhalten und erholen sich nach einem Regen wieder. Die Fähigkeit hohe Wasserdefizite zu ertragen, sollte ja nach MAXIMOV (1923) die bezeichnende Eigenschaft der Xerophyten sein. Für diese Untergruppe trifft diese Ansicht zu. Für die anderen nicht.

c) Sklerophylle und aphylle Xerophyten und die Frage des negativen Turgors

Diese Untergruppe wird durch die Hartlaubgewächse aller Gebiete mit einem mediterranen Klima vertreten. Wir finden sie somit im Mittelmeergebiet, in Südkalifornien und in Mittelchile, aber auch im Kapland sowie in Südwest- und Süd-Australien, wo vor allen Dingen die *Proteaceen* zu ihnen gehören. Die *Eucalyptus*-Arten wird man wohl auch zu dieser Untergruppe rechnen können, obgleich ihre Blätter mehr ledrig und nicht durch Sklerenchym ausgesteift sind. Zu den aphyllen Arten gehört *Spartium junceum* und viele Ginsterarten des Mittelmeergebietes, überhaupt die Rutensträucher mit oft bis auf kleine Schuppen reduzierten Blättern oder Formen mit dornigen Flachsprossen, wie z. B. die *Colletia*-Arten in Argentinien. Auffallend viele Rutensträucher, die zu den verschiedensten Familien gehören, findet man in Nord-Patagonien. Am besten ökologisch untersucht sind von den Sklerophyllen die immergrünen Eichen des mediterranen Gebietes, insbesondere *Quercus ilex* (vgl. WALTER 1968, BRECKLE 1966). Im Gegensatz zu den malakophyllen Xerophyten können die sklerophyllen durch Einschränkung der Transpiration in Zeiten der Not, also in der Dürrezeit, wie es Schimper (1898) betonte, ihre Wasserbilanz im Gleichgewicht halten. Ihre π*-Werte zeigen, wie wir sahen (S. 182), während der Sommerdürrezeit kaum einen Anstieg. Ob sie dabei in einen Zustand der Halbruhe verfallen oder ihren Gaswechsel und damit die Photosynthese während des Sommers wenigstens in beschränktem Maße aufrechterhalten, hängt ganz von den Standortbedingungen ab. Dem tief in den Boden eindringenden Wurzelsystem dieser Arten steht meistens das ganze Jahr hindurch eine gewisse Wassermenge zur Verfügung. An Standorten, an denen aus Wassermangel die Stomata im Sommer geschlossen werden, machen die Pflanzen einen stark reduzierten Eindruck. Normalerweise bleiben die kleinen, harten immergrünen Blätter, bzw. die Rutenzweige den

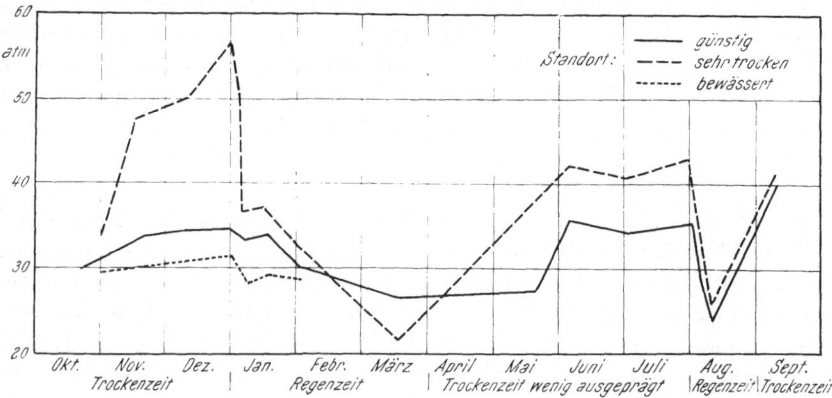

Abb. 143. Jahresschwankungen des potentiellen osmotischen Druckes von *Larrea tridentata* beim Desert Laboratory, Tucson, Arizona. Günstiger Standort = *Carnegiea-Encelia*-Gesellschaft. Nach Walter 1964.

ganzen Sommer oder mehrere Jahre erhalten, d. h. die transpirierende Fläche wird nicht reduziert. Die Arten dieser Untergruppe sind hydrostabil. Sie nehmen zugleich eine Zwischenstellung zwischen den stenohydren und euryhydren Arten ein. Über die maximalen π*-Werte sind wir wenig unterrichtet, weil man selten Gelegenheit hat, dürregeschädigte Pflanzen im Gelände zu sehen.

In Arizona gehört zu dieser Untergruppe, und zwar mehr zu den aphyllen Arten, der interessante 5—6 m (bis 8—10 m) hohe Baum *Cercidium microphyllum*, der Palo verde, so genannt, weil die Rinde des Baumes bis ins hohe Alter grün bleibt. Der Stamm mit den Zweigen ist das eigentliche Assimilationsorgan, denn die 3- bis 5paarigen Fiederblättchen mit kaum 1 mm großen Fiedern sind kurzlebige Gebilde. Sie erscheinen nur nach guten Winter- oder Sommerregen und bleiben selten länger als 6—10 Wochen erhalten. Zuerst werden die Fiederchen abgeworfen, etwas später auch die Rhachis. Selbst im vollbelaubten Zustand ist die gesamte Blattfläche kleiner als die der Achsenorgane.

Die π*-Werte der Blätter sind ziemlich konstant: 26,6—31,5 atm, an trockenen Standorten 34,7—36,8 atm. Junge Pflanzen haben Blätter mit einer 4mal größeren Fläche.

Eine zwischen malakophyllen und sklerophyllen vermittelnde Stellung nimmt der Kreosotbusch (*Larrea tridentata* = *L. divaricata*) ein, der in Arizona eine

Charakterart der trockensten Gebiete ist und insbesondere in Argentinien eine 2000 km lange Wüstenzone am Ostfuß der Anden besiedelt.

Die Blätter dieser Art sind klein, mit einem Harzüberzug versehen, hart, aber ohne Sklerenchymaussteifung und sehr dürreresistent. Sie sind jedoch, wie Abb. 143 zeigt, wenig hydrostabil, bleiben aber während der Dürrezeit zum größten Teil erhalten. Vertreter dieser Untergruppe gehen auch in die extremen Wüsten hinein, ziehen sich jedoch in diesen mit zunehmender Trockenheit immer mehr in die Erosionsrinnen und Trockentäler zurück (kontrahierte Vegetation), also an Standorte, die auch während der langen Dürrezeiten eine gewisse Wasseraufnahme aus dem Boden ermöglichen. Es braucht kein Grundwasser in den Tälern vorhanden zu sein, aber doch eine gewisse Grundfeuchtigkeit.

Bei eigentlichen Sklerophyllen kann in Welkeversuchen im Laboratorium leicht gezeigt werden, daß bei noch erholungsfähigen Proben (Kontrolle durch Kompensationspunkt) die Saugspannung den potentiellen osmotischen Druck u. U. erheblich übersteigen kann (KREEB 1960a, 1961b, ÖNAL 1962). Man darf hierin eine direkte Wirkung des xeromorphen Blattbaues sehen. Die verdickten und relativ starren Wände ergeben, da Plasmolyse in der Natur nicht auftritt, eine negative Wandspannung, also negativen Turgor, sobald höhere Wasserdefizite auftreten. Bei *Buxus sempervirens* betrug er z. B. am 14. 11. 1960 ca. — 60 atm bei einem Saugspannungs-Wert von 110 atm (Abb. 144). Die betreffenden Proben zeigten nach Wiederaufsättigung einen Lichtkompensationspunkt von einigen 100 Lux, ein Zeichen dafür, daß noch keine permanente Schädigung eingetreten war. Im Gegensatz hierzu tritt bei mesophytischen Pflanzen kein negativer Turgor auf (KREEB 1960a), wie insbesondere ÖNAL (1962) nachweisen konnte.

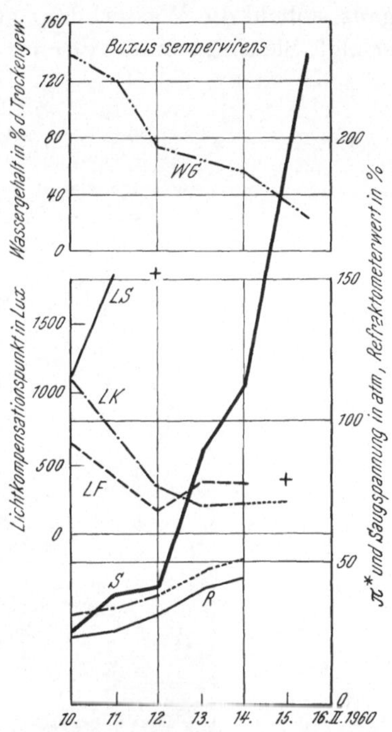

Abb. 144. Bestimmung der Saugspannung (*S*) bei welkenden Blättern von *Buxus sempervirens*. Es bedeutet: —·—·—, untere Kurve = π^*. *R* Refraktometerwert des Zellsaftes. *LK* Lichtkompensationspunkt der Kontrollpflanzen. *LS* Lichtkompensationspunkt von den gewelkten Proben. *LF* Lichtkompensationspunkt der gewelkten Proben nach 24stündigem Aufenthalt in einer feuchten Kammer. *WG* Wassergehalt in Prozent des Trockengewichtes. Nach KREEB 1960a.

Fraglich war lange Zeit die öko-physiologische Bedeutung des negativen Turgors. Wären doch dadurch besonders in Trockenperioden beträchtliche Saugspannungs-Werte zu erreichen, was sich auf den Wassernachschub vorteilhaft auswirken könnte. Diesbezügliche Angaben bei URSPRUNG und BLUM (1928), BUHMANN (1935), CHIEN-REN CHU (1935/36), URSPRUNG und BLUM (1947) und TYURINA (1957) konnten von KREEB (1961b, 1963a) nicht bestätigt werden. Er fand unter natürlichen, trockenen Bedingungen in Spanien und Ägypten in keinem Fall höhere negative Turgorwerte als 5—10 atm. Blätter, welche entsprechenden Wasserdefiziten ausgesetzt sind, dürften überdies früher oder später abgestoßen werden. Eine öko-physiologische Bedeutung kommt demnach dem negativen Turgor nicht zu, obgleich diese Erscheinung im physiologischen Experiment nachweisbar ist (vgl. auch Grieve 1961).

d) Stenohydre Xerophyten

Vertreter dieser noch wenig untersuchten Untergruppe schließen ihre Spalten ganz, sobald die Wasserbilanz etwas gestört ist, so daß kaum ein Anstieg von π^* erfolgt. Sie sind somit hydrostabil und zugleich stenohydre Arten. Die Folge

Abb. 145. *Fouquieria splendens* (Mitte), *Larrea tridentata* (ganz links), *Opuntia arborescens* (dazwischen), *Carnegiea gigantea* (links hinten). Schuttkegelabhang bei Tucson, Arizona (Photo J. C. Th. Uphof). Nach Walter 1964.

des Stomataverschlusses ist das Aufhören des Gaswechsels, wodurch die Photosynthese zum Stillstand kommt. Es tritt also ein Hungerzustand ein; die Zucker im Zellsaft werden veratmet, so daß keine Erhöhung, sondern eher eine Erniedrigung von π^* eintritt. Die Blätter vertrocknen nicht, sondern sie vergilben und werden mit der Zeit abgeworfen. Zu dieser Gruppe gehört im Mediterrangebiet *Euphorbia characias* sowie die Knollen- und Zwiebelgewächse, die bis in die Dürrezeit ihre Blätter behalten. Sie scheinen in tropischen laubabwerfenden Wäldern sehr verbreitet zu sein.

In Arizona ergab *Euphorbia heterophylla* bei frischen Blättern einen π^*-Wert von 16,9 atm, der langsam auf 16,1 atm und bei deutlich vergilbenden Blättern auf 15,8 atm während der Dürrezeit sank. Ähnlich verhielt sich der *Euphorbiaceen*-Strauch mit birkenartigen Blättern *Jatropha cardiophylla.* π^* von frischen Blättern betrug 17,6 atm, von während der Dürrezeit vergilbenden Blättern 12,6 bis 11,8 atm.

Ein besonders interessanter Vertreter dieser Gruppe ist in Arizona der regengrüne Strauch *Fouquieria splendens* (*Fouquieriaceae*). Er besteht aus dünnen 3—4 m (bis 10 m) langen unverzweigten Zweigen, die, bis zu 25 an der Zahl, vom Wurzelhals unter einem Winkel von 30° nach allen Richtungen abgehen und zusammen einen großen Kelch bilden (Abb. 145). Die Langtriebe tragen zarte Blätter, deren Spreiten bald absterben, während die Blattstiele zu Dornen werden. Aus den Achseln dieser Dornen entwickeln sich Kurztriebe mit rosettenartig angeordneten 1,5—4 cm langen und 0,5—1,5 cm breiten hygromorphen Blättern (ähnliche Anordnung wie bei *Berberis vulgaris*). Die Blätter erscheinen zu jeder Jahreszeit nach einem kräftigen Regen, vergilben aber sobald der Boden wieder austrocknet und fallen dann ab. Es kann deshalb vorkommen, daß ein Strauch 5—6mal im Jahr neue Blätter bildet. Nach einem Regen sind am nächsten Tag die Knospen deutlich vergrößert, nach 2 Tagen haben sich 7—8 mm lange Blätter gebildet, nach 3 Tagen sind sie schon 1,5 cm lang. Auch während einer Dürrezeit kann man durch Bewässern der Pflanzen die Blattbildung hervorrufen: nach 5 Tagen ist der Strauch grün.

Junge, noch nicht voll ausgebildete Blätter hatten einen π^*-Wert von 10,4 atm, er steigt bald auf 14,4 atm und kann bei ausgewachsenen Blättern, die stark transpirieren, 17,2—19,6 atm erreichen. Bei Wassermangel erhöhte sich π^* vorübergehend auf 21,4 atm, um jedoch bald auf 16 atm und beim Vergilben auf 11,7 atm abzusinken. Aus den vergilbenden Blättern können alle für die Pflanze wichtigen Nährstoffe abtransportiert werden, was bei dem häufigen Blattfall von Bedeutung sein dürfte.

In ihrem osmotischen Beharrungsvermögen erinnern die stenohydren Xerophyten, bei denen man von einem maximalen π^* nicht sprechen kann, an die Sukkulenten. Nur besitzen sie keine Wasserspeicher, und das Vergilben der Assimilationsorgane vollzieht sich bei ihnen in relativ kurzer Zeit. Bei den Sukkulenten dagegen beginnt es im extremen Falle erst nach Monaten oder sogar erst nach mehr als einem Jahr.

6. Die Hydraturverhältnisse der Sukkulenten

Dieser wasserspeichernde ökologische Typus unterscheidet sich so stark von den bereits beschriebenen Typen, daß es uns berechtigt erscheint, ihn von den Xerophyten ganz abzutrennen. Man könnte natürlich auch von einer fünften Untergruppe der „sukkulenten Xerophyten" sprechen.

Für diese Pflanzen ist die S p e i c h e r u n g v o n W a s s e r charakteristisch, was sie von der Wasseraufnahme aus dem Boden für kürzere oder längere Zeit unabhängig macht. Das findet man sonst bei keiner anderen Pflanzengruppe mit Ausnahme der poikilohydren Arten, die dann jedoch in einen latenten Lebenszustand übergehen.

Die Wasserspeicher werden während einer Regenzeit aufgefüllt, sobald die oberen Bodenschichten feucht sind. Deswegen brauchen die Sukkulenten kein tiefgehendes Wurzelsystem. Tatsächlich ist es außerordentlich flach (Abb. 146). Während der Trockenzeit, wenn die oberen Bodenschichten völlig austrocknen, sterben die zarten Saugwurzeln der Sukkulenten ab; sie werden aber sobald der Boden wieder durch Regen befeuchtet wird, sehr rasch neugebildet. Bei

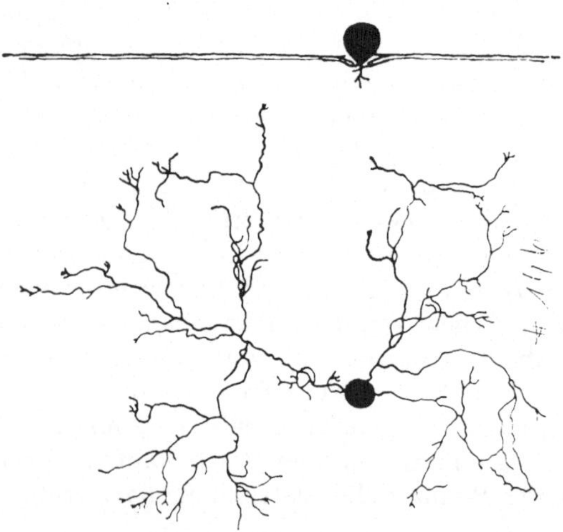

Abb. 146. Wurzelsystem von *Ferocactus wislizeni* bei Tucson, Arizona (nach Cannon 1911, verändert). Oben Vertikalprofil (horizontal streichende Wurzeln in nur 2 cm Tiefe), unten Grundriß von derselben Pflanze. Nach Walter 1960.

Opuntien ließ sich das bei Laboratoriumsversuchen nach einer 6monatlichen Trockenzeit schon nach 8 Stunden erkennen, bei 50% der Kakteen nach 24 Stunden und bei 80% nach 72 Stunden (Kausch 1959).

Die Fähigkeit der Sukkulenten, längere Zeit ohne Wasseraufnahme aus dem Boden auszukommen, gibt ihnen die Möglichkeit, in humiden Gebieten ganz flachgründige Standorte zu besiedeln, auf denen anspruchsvollere Arten aus Wassermangel nicht zu wachsen vermögen, z. B. auf fast kahlen Felsflächen oder als Epiphyten auf Bäumen. An anderen Standorten der feuchten Gebiete sind die Sukkulenten nicht konkurrenzfähig, da ihre Stoffproduktion gering ist und infolgedessen auch das Wachstum langsam.

Das gespeicherte Wasser wird sparsam verbraucht, d. h. die Transpirationsintensität ist bei allen Sukkulenten relativ niedrig (insbesondere bei Berechnung auf das Frischgewicht), der Gasaustausch mit der Atmosphäre also auch nur schwach und somit die Photosynthese wenig intensiv. Vor allen Dingen ist wegen der Oberflächenreduktion die gesamte dem Licht ausgesetzte assimilierende Oberfläche bei Sukkulenten klein, was wiederum ungünstig für die Stoffproduktion ist. Für den Aufbau der Organe bei Sukkulenten wird nur wenig organische Substanz benötigt, weil ihr Wassergehalt oft über 90% beträgt.

Die Sukkulenten gedeihen am besten in Klimazonen, in denen es so trocken ist, daß sie vor der Konkurrenz schnellwachsender Arten geschützt sind, wo aber zugleich die spärlichen Regen in zwei verschiedenen Jahreszeiten fallen, so daß die Wasservorräte der Sukkulenten zweimal im Jahr aufgefüllt werden können. Die Gebiete mit 2 Regenzeiten liegen zwischen den Winterregengebieten mediterranen Charakters und den Sommerregengebieten. Das trifft für die Karroo in Südafrika und für Arizona mit der Sonora-Wüste Nord-Mexikos zu, aber auch für äquatornahe Trockengebiete. In Australien, wo ähnliche Klimate vorkommen, fehlen Sukkulenten in der Flora ganz. Alle Arten mit fleischigen Blättern sind dort Halophyten (*Chenopodiaceen*), die wir nicht zu den Sukkulenten rechnen.

Als Wasserspeicher dienen den Sukkulenten die Blätter, die Achsenorgane oder die unterirdischen Teile, die morphologisch nicht immer Wurzeln zu sein brauchen. Diese „Wurzelsukkulenten" haben wir jedoch am häufigsten nicht in Wüsten, sondern in der Kalahari, die ja keine Wüste ist, angetroffen. Als Beispiel aus der Karroo ist uns *Pachypodium succulentum* bekannt. MARLOTH (1908) erwähnt, daß bei einem alten Exemplar dieser Art das Gewicht der unterirdischen Knolle 7 kg betrug, das der blattlosen Sprosse nur 68 g. Wir fanden, daß der Wassergehalt der Knolle 950% des Trockengewichts, also 91% des Frischgewichtes betrug und π^* einen sehr niedrigen Wert von nur 4,2 atm aufwies.

Als Besonderheit einiger Sukkulenten sei erwähnt, daß der gesamte Körper in den Boden versenkt ist und nur die flachen Blattspitzen mit der Bodenoberfläche abschließen (Abb. 147). Am besten bekannt sind die Mesembryathemen-

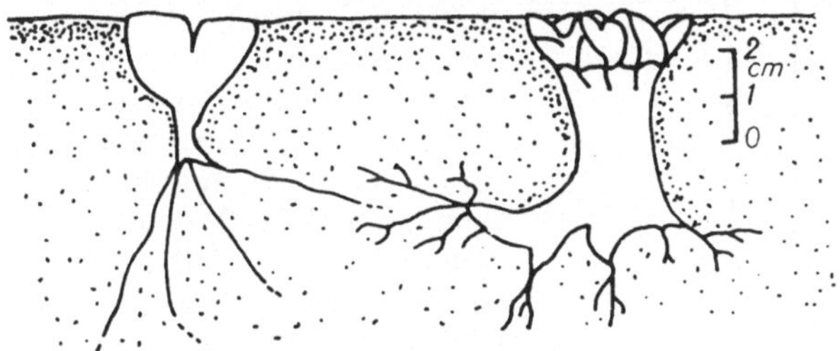

Abb. 147. *Lithops* (links) und *Nananthus* (rechts) mit Wurzelsystemen im Boden eingesenkt. Nach WALTER 1964.

Gattungen *Lithops* und *Conophytum*. Aber in der nordchilenischen Wüste gibt es ähnliche „Erdkakteen" (WEISSER 1967), die nur der Kenner auffinden kann.

Im allgemeinen dürften die dürreresistentesten Formen die Stammsukkulenten sein. Doch geht die Blattsukkulente *Aloë dichotoma*, bei der allerdings auch der Stamm einen mächtigen Durchmesser erlangen kann, weit in die extreme Wüste hinein.

Die π^*-Werte der Blattsukkulenten sind niedrig (4—10 atm); eine Ausnahme machen nur die Mesembryanthemen, bei denen die π^*-Werte, selbst wenn die Arten mit den anderen Sukkulenten am selben Standort wachsen, über 16 atm betragen. Die Untersuchung des Zellsaftes ergab, daß die Mesembryanthemen stets viel Chloride im Zellsaft enthalten. Auf diese entfällt nicht unter 40% der osmotisch wirksamen Substanzen. Sie leiten also schon zu den Halophyten über und kommen auch auf Salzböden vor, wobei dann π^* auf über 50 atm ansteigt und der Chloridanteil bis zu 80% betragen kann.

Die eigentlichen Sukkulenten sind gegen Salz sehr empfindlich. Am besten ökologisch untersucht sind die Stammsukkulenten und unter ihnen die Kakteen. Die meisten Arbeiten wurden am Desert Institute in Tucson (Arizona) in der sogenannten Kakteenwüste durchgeführt.

Die Formenmannigfaltigkeit der Kakteen ist sehr groß: Neben den flachen und zylindrischen *Opuntien* findet man kugelförmige und säulenförmige Kakteen. Zu letzteren gehört die *Carnegiea gigantea*, die sich kandelaberartig verzweigt und eine Höhe von 10—12 m oder mehr erreicht. Das Wachstum in dem Jugendstadium ist sehr langsam. Obgleich ein Riesenkaktus bis zu 200 Früchte tragen kann, von denen jede etwa 1000 Samen enthält, gelingt es doch nur ganz wenigen Keimlingen Fuß zu fassen. Nach 2—3 Jahren sind sie nur wenige Millimeter hoch, nach 10 Jahren 1,5—2,0 cm. Das Alter einer 1 m hohen Pflanze ist 30—50 Jahre. Erst wenn die Pflanzen 2—3 m erreicht haben, ist der Höhenzuwachs pro Jahr etwa 10 cm. Die ältesten Individuen dürften 150—200 Jahre alt sein. In Kultur bei dauernd günstigen Wasserverhältnissen wachsen die Kakteen natürlich rascher.

Eine alte Pflanze, die 2—4 t wiegt (maximal bis 6—7 t), kann mehrere 1000 l Wasser speichern, denn der durchschnittliche Wassergehalt beträgt 85—90 %. Dieser Wasservorrat reicht für über ein Jahr aus. Ein abgesägtes Stammstück, das im Laboratorium aufbewahrt wurde, fing noch nach einem Jahr an zu blühen. Die durch Wasserverlust bedingte Volumänderung wird durch den bereits besprochenen blasebalgartigen Mechanismus (S. 212) ermöglicht, ohne daß die mechanischen Gewebe der äußeren Rindenschicht eine Veränderung erfahren. Die Dickenänderungen des Stammes wurden von MacDougal und Spalding (1910) während eines Jahres registriert. Während der Dürrezeiten im Vorsommer und Nachsommer treten Minima auf. Jeder Regen wird durch eine Dickenzunahme genau angezeigt, solange das maximale Volumen noch nicht erreicht ist. Die einzelnen Pflanzen reagieren aber individuell verschieden, was Größe und Geschwindigkeit der Ausschläge anbelangt. Die Wurzeln der *Carnegiea* erstrecken sich seitlich ganz flach bis zu 30 m. In die Tiefe reichen nur einzelne Wurzeln kaum über 1 m.

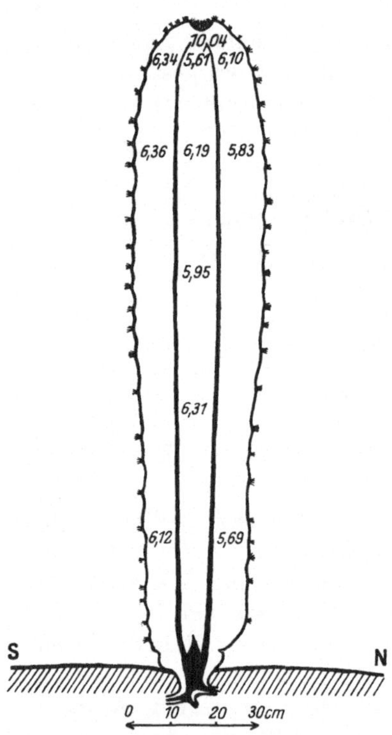

Abb. 148. Verteilung des potentiellen osmotischen Druckes auf dem medianen Längsschnitt bei *Carnegiea gigantea*. Man beachte den besonders hohen Wert des Meristemgewebes am Vegetationspunkt (schwarze Teile verholzt). Nach Walter 1931 a.

Über die π*-Werte des wasserspeichernden Parenchyms von dem Säulenkaktus *Carnegiea* orientiert die Abb. 148. Die Werte für das chlorophyllführende Gewebe liegen um 2 bis 3 atm höher als bei dem Rindenparenchym.

Man sollte annehmen, daß bei den starken Wasserverlusten in den Dürrezeiten π* entsprechend ansteigt. Das ist jedoch nicht der Fall. Ob er überhaupt ansteigt oder im Gegenteil sogar abfällt, hängt ganz von der Intensität der Transpiration ab. Diese sinkt mit zunehmender Abnahme des Frischgewichts.

Für *Ferocactus* werden folgende Angaben gemacht (MacDougal 1912): Das Versuchs-Exemplar wog zu Beginn des Versuches 49,39 kg und enthielt etwa 45 kg Wasser. Die Oberfläche betrug 156 dm². Die Transpiration dieses wassergesättigten Exemplars war am Standort anfangs noch relativ hoch, etwa 1/300 des Gewichts pro Tag, fiel aber rasch ab, und zwar war nach einer Gewichtsabnahme von 3,5% der Transpirationsabfall 23%, entsprechend nach 4,7% 30%, nach 7,0% 50% und nach 28,6% 93% (vgl. Shreve 1916).

Ungeachtet der großen Gewichtsabnahme der Sukkulenten bei Trockenheit ändert sich der Wassergehalt oft nicht wesentlich. *Opuntia phaeacantha* verlor

z. B. in 189 Tagen 60% ihres Anfangsgewichtes, aber der Wassergehalt nahm nur von 84,75% auf 72,68% ab. Es geht bei der Gewichtsabnahme nicht nur Wasser durch Transpiration verloren, sondern es wird auch Trockensubstanz veratmet, wobei noch Wasser gebildet wird. Wenn beide Vorgänge sich die Waage halten, dann bleibt der Wassergehalt unverändert. Es hängt deshalb von der Intensität der Transpiration ab, ob sich π^* beim Austrocknen erhöht oder absinkt. Im Dunklen überwiegt die Veratmung, in der Sonne die Transpiration (Tab. 33).

Tab. 33. *Änderung des potentiellen osmotischen Druckes von Opuntia phaeacantha beim Austrocknen.* Nach WALTER 1931 a.

π^* Versuchsbeginn	nach 1 Monat unbewurzelt am Standort	trocken im Dunkeln
7,6 atm	11,3 atm	7,2 atm

Eine Besonderheit vieler Sukkulenten ist der „DE SAUSSURE-Effekt", d. h. die CO_2-Bindung während der Nacht verbunden mit einem Öffnen der Stomata nachts und deren Verschluß am Tage.

LIVINGSTON hatte bereits 1907 darauf hingewiesen, daß die relative Transpiration der Kakteen nachts ein Maximum und am Tage ein Minimum aufweist. SHREVE (1915) stellte dann bei *Cylindroopuntien* periodische Bewegungen der Sproßglieder fest: Während der Trockenzeit senken sich die Glieder von *Opuntia versicolor* und richten sich nach Regen wieder auf. Daneben treten aber auch kleinere Tagesschwankungen auf, ein Senken nachts und ein Heben am Tage. Diese Bewegungen beruhen auf Turgeszenzänderungen, und eine Nachprüfung der Wasserbilanz zeigte, daß nachts die Wasserabgabe überwiegt, am Tage dagegen die Wasseraufnahme. Diese Erscheinung wiederum beruht auf einem Öffnen der Stomata nachts und einem Schließen derselben am Tage. Infolgedessen kann auch die CO_2-Aufnahme nur während der Nacht erfolgen. CO_2 wird dabei gebunden, als organische Säure gespeichert und erst am Tage bei Licht assimiliert. Der Säuregehalt des Zellsaftes ist deshalb bei *Opuntia versicolor* bei Sonnenaufgang am größten und um 17^h am geringsten (SPOEHR 1919). Diese Art des Gaswechsels erlaubt eine besondere sparsame Verwertung des gespeicherten Wassers (vgl. auch STOEHR 1913).

Genauer hat sich mit dieser Art der CO_2-Bindung NUERNBERGK (1961) befaßt. Besonders interessant ist es, daß der „DE SAUSSURE-Effekt" auch bei einigen *Epiphyten* des tropischen Regenwaldes nachgewiesen wurde (COUTINHO 1964, 1965).

Einen genaueren Einblick in diese Vorgänge des „diurnalen Säurerhythmus" (den man nicht allzu einschränkend als „Crassulaceen Acid Metabolism" [CAM] bezeichnen sollte, weil er nicht nur bei den *Crassulaceen* vorkommt) gewähren uns die neuesten Versuche von KLUGE und FISCHER (1967). Gleichzeitig mit dem CO_2-Austausch wurde auch die Transpiration bei *Bryophyllum* in Klimakammern mit 12stündigem Dunkel-Licht-(7000 Lux)-Wechsel gemessen. Es zeigt sich, daß beide Vorgänge völlig parallel verlaufen und durch entsprechende Stomata-Bewegungen begleitet werden (Abb. 149). Zu Beginn der Lichtperiode öffnen sich die Stomata, die Transpiration erhöht sich und die CO_2-Aufnahme weist eine Steigerung auf. Aber bereits nach 1 Stunde schließen sich die Stomata, die Transpiration fällt steil ab und die CO_2-Aufnahme wird leicht negativ. Ob diese schockartige Reaktion auf die plötzliche starke Belichtung zurückzuführen ist, die nicht den Verhältnissen in der Natur entspricht, wurde nicht geprüft. Gegen Ende der Lichtperiode macht sich wieder ein leichter Anstieg der Transpiration und der CO_2-Aufnahme bemerkbar, der mit dem Beginn der Verdunkelung wieder durch einen schockartigen Abfall abgelöst wird. Sehr bald setzt jedoch im Dunkeln ein Öffnen der Spalten, ein Transpirationsanstieg und die nächtliche CO_2-Aufnahme ein.

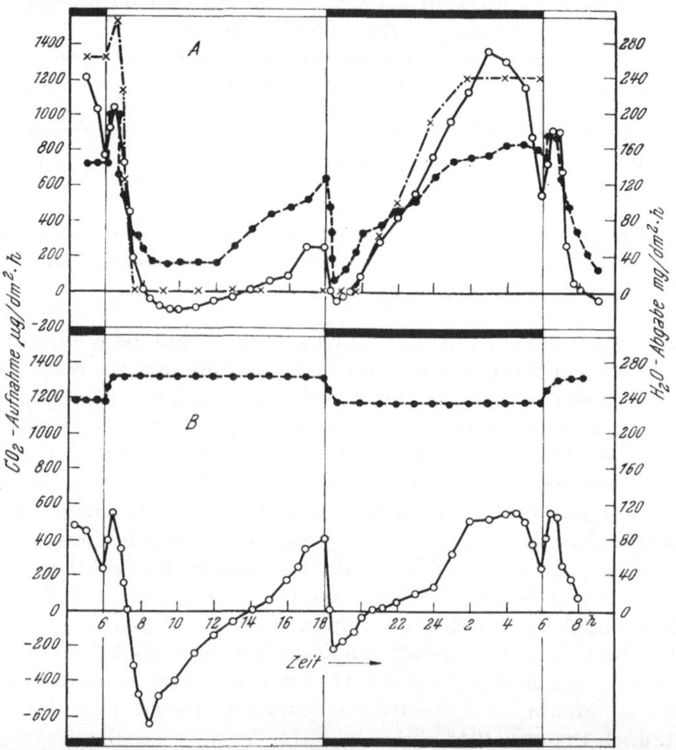

Abb. 149. Der zeitliche Verlauf des CO_2-Austausches und der Transpiration bei einer Pflanze mit intakter Epidermis (*A*) und bei der gleichen Pflanze nach Abziehen der Epidermis (*B*). Stadium 16 Stdn. nach dem Eingriff. o—o CO_2-Kurve, ●---● Transpirationskurve, ×—·—× Verlauf der von Nishida für *Bryophyllum daigremontianum* gefundenen Porometerwerte (übertragen aus Nishida, 1963, Seite 287, Fig. 2). Nach Kluge und Fischer 1967.

Ergänzende Versuche mit Blättern ohne Epidermis, die sich bei *Bryophyllum* leicht abziehen läßt, erbrachten den Nachweis, daß nicht die Stomatabewegungen die CO_2-Aufnahme regulieren, sondern diese unabhängig von dem Stomatazustand rhythmisch verläuft, wobei die CO_2-Konzentration in den Interzellularen die Stomatabewegung regelt. Die Transpiration dagegen hängt von der letzteren ab; sie verliert bei Blättern ohne Epidermis den Rhythmus ganz und wird zu einem einfachen Verdunstungsvorgang.

Der hier beschriebene Verlauf der rhythmischen CO_2-Aufnahme gilt für gut mit Wasser versorgte Pflanzen. Läßt man die eingetopften Pflanzen dagegen langsam austrocknen, so beobachtet man, daß zunächst die CO_2-Aufnahme zu Beginn und am Schluß der Lichtperiode allmählich ganz verschwindet und nur die nächtliche CO_2-Aufnahme, allerdings auch in zunehmend eingeschränktem Ausmaße, verbleibt. Wiederum gehen CO_2-Aufnahme und Transpiration völlig parallel, so daß man entsprechende Stomata-Bewegungen annehmen muß. Bei starker Austrocknung macht sich, wie es scheint, eine teilweise hydroaktive Schließbewegung der Stomata nachts bemerkbar. Nach Bewässerung der Töpfe stellt sich sofort wieder der normale Rhythmus ein.

Es handelt sich hier somit um ein schönes Beispiel eines gesteuerten biologischen Vorganges, wobei eine CO_2-Aufnahme unter möglichster Aufrechterhaltung der Hydratur des Plasmas, d. h. sparsamster Wasserabgabe, ermöglicht wird. Die Angabe von KAUSCH (1965), daß die CO_2-Aufnahme im Dunkeln bei *Opuntia* durch Wassermangel unterbunden wird, steht sowohl zu den Beobachtungen von SHREVE (1915) als auch zu diesen Befunden bei *Bryophyllum* im Widerspruch und bedarf einer genauen Nachprüfung.

7. Die Hydraturverhältnisse der Sumpfpflanzen

Die Standortsbedingungen der Wasserpflanzen und Sumpfpflanzen sind denen der Pflanzen arider Gebiete genau entgegengesetzt. Sie leiden im allgemeinen nie unter Wassermangel. Ihre π^*-Werte sind niedrig und zeigen nur geringe Schwankungen im Zusammenhang mit den Stoffwechselvorgängen. Nur ausnahmsweise, wenn die Wasserbecken, in denen sie wachsen, austrocknen, können auch die Wasserpflanzen einem Wassermangel ausgesetzt sein. Meistens gehen sie dabei rasch zugrunde. Wenn aber das Austrocknen der Wasserbecken sehr langsam vor sich geht, so bilden einige Arten Landformen oder Sumpfpflanzen, die vorher mit dem unteren Teil im Wasser standen, können auf noch nassem Boden zu stehen kommen. Man sollte annehmen, daß bei allen diesen Arten π^* sehr scharf auf kleinste Abnahmen des Vernässungsgrades mit einem Anstieg reagiert. Aber das Gegenteil ist der Fall. Bei der Untersuchung der alpinen Pflanzen in den Rocky Mountains (WALTER 1931a) war es zum ersten Male aufgefallen, daß Pflanzen von *Caltha leptosepala* und *Polygonum bistortoides*, die im Wasser standen, höhere π^*-Werte aufwiesen als die Kümmerpflanzen, welche etwas höher zwischen Geröll wuchsen (Tab. 34).

Tab. 34. *Potentielle osmotische Drücke (π^*) und Blattgröße von Sumpfpflanzen.* Nach WALTER 1931 a.

Art	Im Wasser		Zwischen Geröll	
	π^*	Länge der Blätter	π^*	Länge der Blätter
Caltha leptosepala	13,7 atm	6 cm	11,7 atm	3 − 4 cm
	12,6 atm	6 cm	12,4 atm	3 cm
Polygonum bistortoides	11,4 atm	15 cm	9,9 atm	6 cm
	9,0 atm	15 cm	7,7 atm	10 cm

Diese zunächst merkwürdige Feststellung wurde von MÜLLER-STOLL (1938) bestätigt und genauer analysiert. Er konnte zeigen, daß bei einer nur sehr geringen Zunahme der Trockenheit des Standortes π^* bei Sumpfpflanzen, wie zu erwarten war, ansteigt, bei größerer Trockenheit dagegen abfällt, wobei zugleich die Pflanzen Kümmerwuchs aufweisen (Tab. 35).

Tab. 35. *Potentielle osmotische Drücke von Sumpfpflanzen bei zunehmender Trockenheit der Standorte. Nach* Müller–Stoll 1938.

Art	1. im Wasser	2. am Wasser-rand	3. trockener
Polygonum amphibium	9,5 atm	13,5 atm	7,1 atm
Alisma plantago	11,2 atm	12,0 atm	9,6 atm
Iris pseudacorus	13,5 atm	14,2 atm	12,7 atm
Phragmites communis	19,6 atm	21,9 atm	17,8 atm

Dieses Verhalten erinnert ganz an dasjenige der stenohydren Xerophyten. Solange die Sumpfpflanzen an den nur wenig trockeneren Standorten die Spalten offenhalten, so daß eine Photosynthese möglich ist, treten gewisse Wasserdefizite auf, und der potentielle osmotische Druck zeigt eine leichte Erhöhung; die Pflanzen entwickeln sich dabei fast normal.

Sobald jedoch der Standort so trocken wird, daß die Wasserbilanz ernstlich gefährdet ist, werden die Stomata geschlossen. Dadurch kann zwar die Hydratur des Plasmas aufrechterhalten werden, aber es tritt ein Hungerzustand ein, bei dem osmotisch wirksame Bestandteile des Zellsaftes verbraucht werden, so daß π^* etwas absinkt. Bei einigen daraufhin untersuchten Arten gelang es nachzuweisen, daß der Zuckergehalt des Zellsaftes an trockenen Standorten sinkt. Ganz ähnlich verhalten sich die Landformen der Wasserpflanzen. In einzelnen Fällen wurde festgestellt, daß ihre π^*-Werte gegenüber den Wasserformen höher lagen, in anderen, wahrscheinlich auf trockeneren Standorten, daß sie niedriger sind.

8. Die Frosttrocknis und das Problem der Baumgrenze

Frost kann auf zweierlei Weise die Pflanzen schädigen: Entweder ist die tiefe Temperatur, die eine Eisbildung in den lebenden Geweben bedingt, maßgebend, oder aber die über dem Schnee herausragenden Teile trocknen langsam aus, weil ein Nachschub des Wassers aus dem gefrorenen Boden nicht möglich ist. Im ersten Falle spricht man vom Erfrieren der Pflanzen, im zweiten von Schäden durch Frosttrocknis.

Bei geringem Frost tritt meistens keine Eisbildung in den Pflanzen ein, sondern eine Unterkühlung ohne Gefrieren[70]. Erst bei tieferen Temperaturen bildet sich Eis, und zwar in den Interzellularen. Je tiefer die Temperatur sinkt, desto mehr Eis entsteht, indem den Zellen Wasser entzogen wird. Dieses Wasser stammt aus dem Zellsaft der Vacuole, ist aber auch Quellungswasser aus dem Plasma, z. T. auch aus den Zellwänden. Die Eisbildung und Konzentrierung des Zellsaftes schreitet so lange fort, bis der Gefrierpunkt des Zellsaftes der Tempera-

---

[70] Während der Gefrierpunkt der Immergrünen *Aspidistra elatior, Viburnum odoratissimum* und *Fatsia japonica* bei —1 bis —2° C liegt, lassen sich die Blätter dieser Pflanzen bis zu —9 bis —14° C unterkühlen (Kaku 1963).

tur des Eises entspricht. Zwischen π^* der Lösungen beim Gefrierpunkt und der Gefrierpunktserniedrigung (Δ) besteht genau (118) die Beziehung $\pi^* =$ $= 12{,}06\ \Delta - 0{,}021\ \Delta^2$. Bei einer Temperatur von -5° C wird somit die Eisbildung so lange fortschreiten, bis π^* rund 60 atm beträgt. Beim Plasma tritt eine entsprechende Entquellung bis zu einer Hydratur von fast 95,5% ein.

Bei den kälteresistenten Pflanzen ist das Plasma im Winter in einem abgehärteten Zustand und hält eine starke Entwässerung bei tiefen Temperaturen aus. Wenn die Temperatur ansteigt und das Eis schmilzt, wird das Wasser vom Plasma und Zellsaft wieder aufgenommen.

Im Sommer ist das Plasma enthärtet und wird dann durch plötzliche Kälteeinwirkungen mit Eisbildung in den Geweben geschädigt. Deshalb sind Spät- und Frühfröste so gefährlich. Werden in einer Frostnacht im Frühjahr die Pflanzen mit Wasser besprüht (Frostschutzmittel), so bewirkt die ständige Eisbildung auf den Pflanzen, daß diese sich nicht unter 0° C abkühlen. Eine Eisbildung in den Geweben und Kälteschäden werden dadurch vermieden.

Wir wollen aber nicht im einzelnen auf die direkten Frostschäden eingehen, sondern nur die Frosttrocknis genauer besprechen. Eine Verdunstung von Eis findet auch bei Temperaturen unter 0° C statt. Deswegen werden gefrorene Pflanzen im Winter eine gewisse, jedoch nur schwache Transpiration aufweisen. Diese wird bedeutend höher sein, wenn bei starker Einstrahlung im Winter die Pflanzenteile Übertemperaturen aufweisen. Die winterliche, absolut geringe Transpiration ist besonders gefährlich, weil die Wasserverluste bei gefrorenen Leitbahnen oder gefrorenem Boden nicht ersetzt werden können. Hält die Kälteperiode mit sonnigem Wetter lange an, so nimmt der Wassergehalt der Pflanzen ständig ab. Tritt Tauwetter ein, so kann das Plasma nicht wieder den Quellungsgrad vor der Kälteperiode erreichen, denn π^* ist bedeutend höher als vorher. Zwar ist das zunächst noch abgehärtete Plasma resistenter, aber zu große Wasserverluste können doch Schäden hervorrufen.

Solche Schäden durch Frosttrocknis treten nicht im Hochwinter während der tiefsten Kältegrade auf, sondern erst am Ende der Kältezeit, oft also erst dann, wenn Tauwetter eingetreten ist und die potentielle Evaporation schon ansteigt, aber der noch tief gefrorene Boden eine Wasseraufnahme durch die Wurzeln unterbindet. Sonnenexponierte Wuchsorte begünstigen die Frosttrocknis. Die geringste Schneebedeckung (die noch keinen Kälteschutz bietet), verhindert sie dagegen, weil keine Wasserverluste eintreten.

Die fortschreitenden Wasserverluste während der Kälteperiode kann man nachweisen, wenn man fortlaufend Proben entnimmt und diese nach dem Auftauen auspreßt. Die bestimmten π^*-Werte des Preßsaftes werden einen deutlichen, oft sogar sehr starken Anstieg zeigen. Wird der winterliche Maximalwert überschritten, dann sind die entsprechenden Pflanzenteile nach Eintritt von Tauwetter stark geschädigt oder tot.

Es ist interessant, daß viele nordische oder subalpine Arten, wie z. B. die Heidelbeere (*Vaccinium myrtillus*) in Mitteleuropa im Winter viel leichter Frostschäden aufweisen als im Norden oder im Gebirge, weil sie dort durch eine Schneedecke vor Frosttrocknis geschützt sind, während in Mitteleuropa oft Frostperioden ohne Schnee vorkommen. THREN (1933/34) hat diese Verhältnisse bei Heidelberg genauer untersucht (vgl. Abb. 115).

In diesem Zusammenhang ist das Problem der Baumgrenze im Hochgebirge besonders interessant. Wir betrachten den Fall, wenn diese durch die Fichte (*Picea*) gebildet wird. Die immergrünen Nadelbäume sind im Gebirge mit zunehmender Höhe einer immer längeren Kälteperiode ausgesetzt, ohne daß die Baumkronen einen sicheren Schneeschutz haben. Durch die häufige Temperaturinversion in hohen Lagen sind die Nadeln am Tage oft einer starken Einstrahlung ausgesetzt, was die Gefahr der Frosttrocknis erhöht. Wie sich π^* mit zunehmender Höhe im Winter verhält, wurde zuerst von Goldsmith und

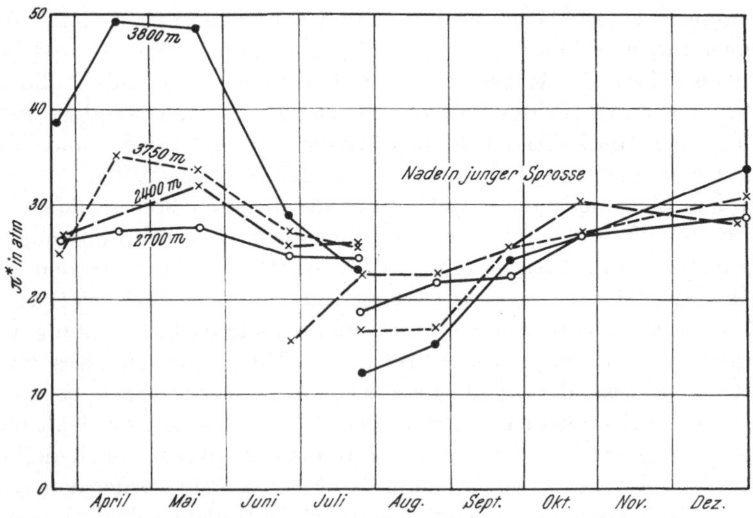

Abb. 150. Jahresgang des potentiellen osmotischen Druckes (π^*) von Fichtennadeln (*Picea engelmannii*) in verschiedenen Höhenlagen am Pikes Peak (Colorado), nach Werten von Goldsmith und Smith 1926 gezeichnet. Die starke Erhöhung der Zellsaftkonzentration bei den Krüppelfichten in 3800 m Höhe ist auf Wasserdefizit zurückzuführen. Nach Walter 1960.

Smith (1926) an *Picea engelmannii* in den Rocky Mountains (USA) untersucht, ohne daß ihnen die Bedeutung der Befunde bewußt wurde. Wir haben ihre Werte verwendet, um Jahreskurven des osmotischen Wertes in den verschiedenen Höhenstufen 2400, 2700, 3750 und 3800 m NN zu zeichnen (Abb. 150).

Betrachtet man diese Kurven, so erkennt man, daß am ausgeglichensten die Kurve gültig für 2700 m Höhe ist, wo die Fichte ihr Wachstumsoptimum besitzt. Bei der Kurve aus 2400 m Höhe von der unteren Grenze der Fichtenverbreitung sind die Ausschläge schon größer. Aber die Maxima liegen nicht im Winter, sondern gegen Ende Mai, wenn es in dieser Höhe schon sehr warm und trocken ist. Auch alle Sommerwerte sind relativ hoch. Bedeutend auffallender ist das Maximum der Kurve aus 3750 m Höhe an der oberen Grenze der wohlausgebildeten Stämme. Dieses Maximum tritt jedoch nicht im Hochwinter auf, sondern Mitte April, wenn in dieser Höhe die Schneeschmelze beginnt, aber der Boden noch tief gefroren ist. Die Sommerwerte bis Ende Oktober sind relativ niedrig, da die Niederschläge im Gebirge mit der Höhe zunehmen. Besonders bemerkenswert ist jedoch, daß nur 50 m höher an der Fichtenkrüppelgrenze in 3800 m NN π^* auf fast 50 atm ansteigt, also 15 atm höher als in 3750 m. Dieser plötzliche Zusammenbruch der Vitalität der Fichte, der im Krüppelwuchs und in dem Anstieg von π^*

zum Ausdruck kommt, kann nicht durch die Witterungsfaktoren allein erklärt werden, denn sowohl die Temperatur als auch die Dauer der Aperzeit zeigen eine gleichmäßige Abnahme mit der Höhe ohne irgendwelche sprunghafte Veränderung zwischen 3750 und 3800 m.

Es war lange Zeit strittig, ob die arktische Baumgrenze oder diejenige im Gebirge durch die Kürze der warmen Jahreszeit oder durch die Länge der kalten Jahreszeit mit tiefen Temperaturen bedingt wird. Man wies dabei darauf hin, daß die Baumgrenze in Nordeuropa ziemlich genau mit der Juli-Isotherme von $+ 10° C$ zusammenfällt, was für die Bedeutung der Sommerwärme als begrenzender Faktor spricht. Aber in den Alpen läßt sich diese Koinzidenz nicht beobachten.

Eine wesentliche Klärung des Problems brachten die ökologischen Studien von MICHAELIS (1932—1934) in den Alpen. Er zeigte, daß die Fichtennadeln an der Baumgrenze im Gebirge bei starker Sonnenstrahlung selbst bei Temperaturen unter 0° C starke Wasserverluste erleiden, namentlich in der Krüppelzone, wo Werte bis 65,7 atm gemessen wurden. Für diese plötzliche Verschlechterung der Wasserbilanz dort, wo diese Krüppelzone anfängt, die eine sprunghafte Abnahme der Widerstandskraft der Nadeln gegen die Frosttrocknis anzeigt, müssen innere Ursachen verantwortlich sein. MICHAELIS sieht die Ursache in einem schlechteren Transpirationsschutz der Nadeln von Krüppelexemplaren, der eine Folge der durch die zu kurze Vegetationszeit in dieser Höhe bedingten mangelhaften Reife der einjährigen Nadeln ist. LANGE und SCHULZE (1966) stellten fest, daß bei den Fichtennadeln die endgültige Dicke der Cuticula erst 3 Monate nach dem Austreiben der Knospen erreicht wird. Ist die Vegetationszeit kürzer, dann reift die Cuticula nicht aus, die im Winter allein maßgebende cuticuläre Transpiration ist bedeutend intensiver, und die Wasserverluste sind größer. Das Zusammenwirken der beiden Faktoren, einmal der kurzen Vegetationszeit, die ein Ausreifen der Nadeln verhindert und ein anderes Mal der langen Kälteperiode, die die Frosttrocknis fördert, d. h. die Summation dieser beiden ungünstigen Umstände und ihre verstärkte Wirkung mit zunehmender Höhe, sind die Ursache dafür, daß in einer ganz bestimmten Höhe plötzlich die Widerstandskraft der Baumart zusammenbricht. Wenn die Fichte als Krüppelform dennoch höher heraufgeht, so ist das auf den Schneeschutz zurückzuführen, den die niederliegenden Krüppel genießen, und der die Frosttrocknis verhütet. Bestätigt wird diese Erklärung durch die Befunde von STEINER (1935) in den Ostalpen. Er fand in Übereinstimmung mit dem Gesagten, daß merkliche Wasserdefizite im Winter nur dann in der Krüppelzone auftreten, wenn die benadelten Sprosse aus dem Schnee herausragen.

Dieselbe Erscheinung zeigten die Latschen (*Pinus montana*) einige hundert Meter über der oberen Fichtengrenze. Diese Art benötigt eine kürzere Vegetationszeit zur Ausreifung ihrer Nadeln. Deswegen können die Latschen in der für sie normalen Wuchsform höher im Gebirge hinaufgehen; aber auch sie erreichen die obere Grenze dort, wo die Nadeln nicht mehr ausreifen und nur niedrige Krüppel unter Schnee überdauern (STEINER 1935). Ähnlich haben wir uns die Verhältnisse an der arktischen Baumgrenze vorzustellen. Zwar fällt dort die Einstrahlung während der kalten Winterzeit fort, aber an ihrer Stelle wird die Frosttrocknis durch die heftigen Winterstürme begünstigt. Die äußersten Vorposten der Baumvegetation findet man in der Arktis in den geschützten Tälern, während in den Alpen die Bäume auf den Bergrücken höher hinaufgehen, wahrscheinlich weil in den Tälern die Kaltluft von den größeren Höhen abfließt. Auch sind sie in den Felswänden besser vor dem Menschen geschützt, der Brennholz für die Almen braucht; außerdem ist dort die Aperzeit länger.

Eine vergleichende Untersuchung der Baumgrenze in Neuseeland, Mexiko, den Rocky Mountains und den pazifischen Gebirgen hat WARDLE (1965) durchgeführt. In Neuseeland gibt es zwei verschiedene Baumgrenzentypen. Dort, wo die immergrünen antarktischen *Nothofagus menziesii* oder *N. solandri var. cliffortioides* die Baumgrenze bilden, ist sie gegenüber dem alpinen Tussock-Grasland sehr scharf. Wo dagegen aus historischen Gründen *Nothofagus* ganz fehlt, und die Wälder durch immergrüne subtropische Holzarten gebildet werden, gibt es keine eigentliche Baumgrenze: Die Baumarten werden immer niedriger, strauchartig und allmählich durch Sträucher ersetzt (*Olearia*, *Senecio*, *Hebe*), die wiederum niedriger werden und keine auffallende Höhengrenze gegen das Grasland aufweisen, sondern eine durch den Wettbewerb bedingte mosaikartige Übergangszone bilden (WALTER 1968). *Nothofagus*-Wälder fehlen den Tallagen mit Spätfrösten, die den Austrieb im Frühjahr abtöten. Die subtropischen Arten treiben langsam im Frühjahr aus, vielleicht auch später, und gehen in die Täler herunter.

Nothofagus kann Krummholz bilden, allerdings nicht durch Absterben der aufragenden Teile, sondern mehr durch gedrungenen Wuchs. In Südamerika, wo die laubabwerfenden Arten *Nothofagus pumilis* und *N. antarctica* die Baumgrenze bilden, sind Krummholzbestände sehr ausgedehnt.

Die für *Picea* gegebene Erklärung des Zustandekommens der Baumgrenze dürfte auch für *Nothofagus* gelten. Nur glaubt WARDLE (1965), daß dem Aufkommen der Keimlinge, für die das erste Jahr besonders kritisch ist, eine größere Rolle zukommt. Die Keimlinge brauchen eine Beschattung, und das ist vielleicht mit ein Grund für die Schärfe der Baumgrenze.

In Mexiko wird die alpine Baumgrenze ohne Schneedecke durch *Pinus hartwegii* gebildet. Die Wälder sind licht und haben einen Unterwuchs von niedrigem Tussock-Grasland (*Deyauxia tolucensis*, *Festuca tolucensis*). Die Bäume bleiben aufrecht bis zur oberen Grenze. Dasselbe gilt auch für *Pinus flexilis* und *Pinus aristata* an der Baumgrenze der Rocky Mountains oder *Pinus cembra* in den Alpen. Die *Pinus*-Arten vertragen besser die Trockenheit, aber schlechter die Schneebedeckung als die *Picea*- und *Abies*-Arten.

IX. Die Salzwirkung bei Pflanzen und das Halophytenproblem

1. Allgemeines über die Salzwirkung auf Pflanzen

Die bisherigen Ausführungen über die ökologischen Typen bezogen sich nur auf solche, die auf nicht salzhaltigen Böden wachsen oder nur ausnahmsweise auf schwach salzigem Boden zu finden sind. Unter Halophyten verstehen wir dagegen die Arten, welche nicht nur gegen leicht lösliche Salze im Boden widerstandsfähig, also salztolerant oder salzresistent sind, sondern durch nicht zu hohe Salzkonzentrationen im Boden in ihrem Wachstum sogar etwas gefördert werden.

In ariden Gebieten sind Salzböden sehr verbreitet. Ohne eingehende Untersuchungen sind Xerophyten und Sukkulenten von den Halophyten, die oft sukkulent sind, nicht ohne weiteres zu unterscheiden. Deswegen werden diese meistens zusammen mit den Xerophyten behandelt (z. B. bei KILLIAN und LEMÈE 1956). Das ist sowohl vom physiologischen als auch vom ökologischen Standpunkt aus nicht richtig. Denn die Salze üben auf die Pflanze eine spezifische und nicht nur eine osmotische Wirkung aus (vgl. EATON 1941, STOCKER 1928).

Daß man in der ökologischen Literatur so häufig nicht zwischen Xerophyten und Halophyten unterschied, ist auf die SCHIMPERsche Theorie der physiologischen Trockenheit von Salzböden zurückzuführen. Man nahm an, daß die osmotische Wirkung der Bodensalze die Wasseraufnahme in ähnlicher Weise erschwert wie physikalische Bodentrockenheit. Das wäre jedoch nur dann der Fall, wenn die Pflanze die Salze nicht aufnehmen würde. Wir wissen aber, daß alle Halophyten Salze aufnehmen (STEINER 1934, WALTER und STEINER 1936), und dasselbe gilt auch für Nichthalophyten auf Salzböden (EATON 1942, 1955, BIHLER 1963). Die rein osmotische Wirkung macht sich nur kurzfristig bemerkbar, wenn man im Laboratoriumsversuch eine Pflanze plötzlich aus einer normalen Nährlösung in eine salzhaltige überträgt (zum Wasserhaushalt siehe SCHRATZ 1935, 1937).

Sehr deutlich geht das aus einer Untersuchung von SLATYER (1961) hervor: in einem Versuch wurden Tomatenpflanzen in einer normalen Nährlösung ($\pi^* = 0{,}7$ atm) kultiviert und dann in NaCl-Lösungen (mit ^{36}Cl markiert) und Mannit-Lösungen (mit ^{14}C markiert), deren π^*-Wert gleich 10 atm war, übertragen. Sie welkten stark, aber nach 28 Stunden waren die Pflanzen in der NaCl-Lösung wieder turgeszent, nicht aber diejenigen in Mannitlösung. Die Erholung in NaCl-Lösung war auf eine Salzaufnahme in einer der Substratkonzentration entsprechenden Menge zurückzuführen. Der π^*-Wert der Pflanzen stieg dabei auf 21,6 atm an, gegenüber 10,9 atm bei der Kontrolle in normaler Nährlösung; die Photosynthese war nicht beeinträchtigt.

Mannit wurde dagegen von den Pflanzen nur in sehr geringer Menge aufgenommen und sie welkten. Zwar betrug π^* bei diesen Pflanzen auch 21,0 atm, aber die Erhöhung kam durch eine starke Abnahme des Wassergehalts zustande; eine Trockengewichtszunahme durch Photosynthese fand in diesem Falle so gut wie nicht statt. Ähnlich wie in NaCl-Lösungen verhielten sich die Pflanzen in KNO_3-Lösungen, die sogar nährstofferhöhend wirkten, so daß die Trockengewichtszunahme nach der Erholung größer war als bei den Kontrollen. In Saccharose-Lösungen erfolgte die Aufnahme langsamer als bei den Elektrolyten.

LAPINA (1967) konnte bei Versuchen mit *Vicia faba* ebenfalls zeigen, daß bei einer plötzlichen Steigerung die Konzentration der Knopschen Nährlösung um 7,5 atm durch Hinzufügen von Dextran oder NaCl die Anpassung an die höhere Konzentration bei Salzzusatz zweimal rascher vor sich geht als bei Dextran. Aber bei Rückübertragung in die normale Nährlösung zeigen sich beim Dextranversuch keine Schädigungen, während die Pflanzen des NaCl-Versuchs durch die aufgenommenen Ionen und deren Einwirkung auf das Plasma deutlich geschädigt erschienen, wobei es zu Störungen der Proteinsynthese kam.

Wir sehen somit, daß die anfängliche Erschwerung der Wasserversorgung durch die osmotische Wirkung der Salze sehr rasch durch die Aufnahme einer entsprechenden Salzmenge in die Pflanze kompensiert wird. Zu demselben Ergebnis kam auch BERNSTEIN (1963).

Das gleiche gilt für die Keimung der Samen in Salzlösungen. Man bezeichnet bei einem Boden das Gesamtwasserpotential („total soil moisture stress") als Summe von matrikalem Potential (im Boden die Erniedrigung des Wasserpotentials durch physikalische Kräfte wie Kapillarität, Quellungskräfte, Hygroskopizität usw.) und dem osmotischen Potential, bedingt durch die in der Bodenlösung enthaltenen Salze. Man kann jedoch zeigen, daß für die Keimung von Samen nur die physikalischen Kräfte maßgebend sind, die osmotischen dagegen durch Salzaufnahme kompensiert werden. COLLIS-GEORGE und SANDS (1962) ließen Samen von Luzerne und Caryopsen von Hafer und *Lolium* auf porösen Sinterplatten auskeimen. Durch Senken des Wasserniveaus konnte man die Wirkung des matrikalen Potentials erhöhen, was die Keimung stark hemmte. Benutzte man statt reinem Wasser eine NaCl-Lösung, deren potentieller osmotischer Druck bis zu 100 atm betragen konnte, so wurde dieses durch Salzaufnahme von den Samen kompensiert. Eine Summierung von matrikalem und osmotischem Potential fand im Hinblick auf die Keimung nicht statt.

Weil die aufgenommenen Salze eine spezifische Wirkung auf das Plasma ausüben und bei nicht salzresistenten Pflanzen eine Schädigung verursachen, ist das Problem der Halophyten deshalb nicht der Wasserhaushalt, sondern der Salzhaushalt. Aus diesem Grunde gilt für die Halophyten dasselbe, was wir im Hinblick auf Fragen der Hydratur betonten: Wir müssen nicht nur die Bedingungen außerhalb der Pflanze kennen, sondern es ist notwendig zu wissen, inwieweit diese selbst von ihnen betroffen wird. D. h. es genügt nicht, die Salzkonzentration im Boden oder in der Nährlösung anzugeben, es sollte stets auch die Konzentration der Salze im Zellsaft bestimmt werden, denn die Salze gelangen durch das Plasma in die Vacuole, was nicht ohne Wirkung bleiben kann. Wir lassen dabei außer Betracht, daß die leicht löslichen Salze die Bodenstruktur verändern, was zu einer starken Verdichtung des Bodens und zur Zerstörung der Krümelstruktur führt, wodurch der Wasserhaushalt der Pflanze sehr ungünstig beeinflußt wird. Das sind indirekte Wirkungen der Bodenversalzung, die in der landwirtschaftlichen Praxis zwar eine große Rolle spielen, aber hier nicht zur Diskussion stehen.

2. Die Ionenwirkung auf das Plasma

Unter natürlichen Verhältnissen spielt der Salzfaktor nur bei Salzböden in ariden Gebieten oder an den Meeresküsten eine Rolle. Bei Kulturen von Nutzpflanzen muß man jedoch mit ihm rechnen, sobald Salze als Düngemittel verwendet werden (vgl. KREEB 1960b). Auch im Laboratorium benutzt man oft Nährsalzlösungen mit abgestuften Konzentrationen. Durch die Aufnahme der Salze und ihre Anreicherung im Vacuom der transpirierenden Organe tritt eine Erhöhung von π^* ein. Aber diese Erhöhung hat eine ganz andere Wirkung auf die Plasmaquellung als die Erhöhung durch Störung der Wasserbilanz, die zu einer der Hydraturabnahme im Zellsaft entsprechenden Entquellung führt. Die Elektrolyte gelangen in die Vacuole durch das Plasma. Sowohl die äußere Plasmahaut

(Plasmalemma) wie auch die innere (Tonoplast) sind für Elektrolyte mehr oder weniger durchlässig. Wir wissen im einzelnen nicht, wie sich im Gleichgewichtszustand die Ionen der Salze auf das Plasma und den Zellsaft verteilen. Wir dürfen aber annehmen, daß eine Art Gleichgewicht zustande kommt. Ionen, welche die Quellung der Proteine und Proteide im Plasma fördern, werden sich im Plasma in einer höheren Konzentration anreichern (positive Adsorption), während diejenigen, die sie herabsetzen, negativ adsorbiert werden. Wir haben es hierbei nicht mit einer gewöhnlichen Quellung, sondern mit der Elektrolytquellung zu tun, für welche die lyotrope Ionenreihe eine Rolle spielt (vgl. hierzu S. 26ff., auch BRIGGS u. a. 1961).

Wir müssen dabei zwischen der Kationen- und Anionenwirkung unterscheiden. Einwertige Ionen, wie K^+, Na^+, Cl^-, NO_3^- usw., erhöhen im allgemeinen die Quellung, zweiwertige, wie Ca^{++}, SO_4^{--} usw., erniedrigen sie. Die Wirkung der Ionen auf das Plasma kann man unter dem Mikroskop bei Plasmolyse-Versuchen unter Verwendung von Salzlösungen direkt beobachten, und zwar als Konvex- bzw. Konkavplasmolyse, Kappenplasmolyse, Tonoplastenplasmolyse usw.

Es ist auch bekannt, daß reine Salzlösungen auf das Plasma stark giftig wirken, während bei Lösungen von verschiedenen Salzen in bestimmtem Verhältnis zueinander die Giftwirkung aufgehoben wird. Eine solche äquilibrierte Lösung hat z. B. folgende Zusammensetzung (KARZEL 1926):

$$100 \text{ g } H_2O, \ 1{,}82 \text{ g NaCl, } 0{,}06 \text{ g KCl, } 0{,}47 \text{ g } MgCl_2 \cdot 6\ H_2O,$$
$$0{,}28 \text{ g } MgSO_4 \cdot 7\ H_2O, \ 1{,}6 \text{ g } CaCl_2 \cdot 6\ H_2O.$$

An den natürlichen Standorten ist, von den Salzböden abgesehen, die Salzkonzentration der Bodenlösungen immer sehr gering. Mit auffallenden Salzwirkungen hat man deshalb nicht zu rechnen. Die Bedeutung des Wasserhaushalts und die Hydraturverhältnisse des Plasmas überwiegen. Eine Ausnahme macht nur das Ca-Ion, das auf Kalkböden den pH-Wert der Böden beeinflußt, aber auch in größerer Menge von den Pflanzen aufgenommen, zum größten Teil jedoch als unlösliches Ca-Oxalat wieder aus dem Stoffwechsel ausgeschieden wird.

Sobald wir jedoch die Kulturböden, die mit mineralischem Dünger gedüngt werden, mit in unsere Betrachtungen einbeziehen, müssen wir mit gewissen Ioneneinwirkungen auf das Plasma rechnen. Wir haben dabei zwischen Ionen zu unterscheiden, die als Nährstoffe zum Aufbau der hochmolekularen Stoffwechselverbindungen benötigt werden (Nitrat- oder Ammoniumion, Sulfat- und Phosphation sowie das Magnesiumion) und solchen, die zwar lebensnotwendig sind, aber keine direkten Bauelemente darstellen (Kalium- und Calciumion), oder anderen, die zwar nicht benötigt, aber trotzdem aufgenommen werden (Natrium- und Chlorion u. a.). Die letzteren reichern sich in den transpirierenden Organen an, und zwar in der Vacuole, aber auch in Zellwänden und Chloroplasten und dem Nucleus (vgl. ZIEGLER und LÜTTGE 1967). Nur wenige Arten besitzen Salzdrüsen, durch welche sie sich von den nicht benötigten Salzen entledigen können. Die Spurenelemente lassen wir außer Betracht. Wie stark durch eine Kalidüngung der π^*-Wert der Pflanzen erhöht wird, möge folgende Tab. 36 zeigen:

Tab. 36. *Erhöhung des potentiellen osmotischen Druckes (π^*) im Zellsaft durch Kalidüngung. Gefäßversuche mit Hafer, Düngung je Gefäß 1 g N und 1 g P_2O_5, Kalidüngung gestaffelt.* Nach KNODEL 1939.

Versuchsreihe	Kaligabe je Gefäß	π^*	K_2O-Gehalt der Blatttrockensubstanz
Reihe I	0,75 g	6,90 atm	2,28%
mit 70% der Wasserkapazität	2,25 g	8,71 atm	4,77%
	3,00 g	8,81 atm	5,70%
Reihe II	0,75 g	9,57 atm	2,82%
mit 30% der Wasserkapazität	2,25 g	11,23 atm	5,97%
	3,00 g	11,22 atm	6,43%

Wir erkennen aus dieser Tabelle, daß bei gleicher Wasserversorgung, aber verschiedenen Düngergaben Differenzen in der Höhe von π^* auftreten, die auf einer Salzaufnahme beruhen. Wir müssen in solchen Fällen mit Erscheinungen der Elektrolytquellung rechnen.

Kalium ist ein lebensnotwendiges Element, wenn auch seine Bedeutung im Leben der Pflanze bis heute noch nicht einwandfrei geklärt ist. Dasselbe gilt für das Calcium. Die Ionen, die als Nährstoffe dienen, werden z. T. in den Stoffwechsel einbezogen und reichern sich meist nicht an. Sie spielen für die Elektrolytquellung keine oder nur eine geringe Rolle.

Anders verhalten sich die Ionen, die von der Pflanze nicht benötigt werden, aber so verbreitet sind, daß man sie im Zellsaft stets nachweisen kann. Zu diesen gehört insbesondere das Chlorion und das Natriumion. Die Kalidünger enthalten das Kalium als Chlorid. NaCl ist in größeren Mengen in den Abwässern unserer Städte enthalten und wird durch die Kläranlagen nicht abgeschieden, so daß es in die Flüsse gelangt.

Als Beispiel führen wir den Rhein an, in den auch die NaCl-haltigen Abwässer der Kaligruben gelangen (Tab. 37):

Tab. 37. *Jahresmittelwerte des Chloridgehaltes im Rheinwasser in mg/l.* Nach BIHLER 1963.

	Stein am Rhein	Seltz	Braubach/Kaub	Emmerich/Lobith
1953/54	2,9	87,3	82,7	162,7
1954/55	2,7	71,8	66,6	108,0
1955/56	2,8	90,2	94,5	138,1
1956/57	2,5	92,5	84,5	115,0
1957/58	2,6	108,0	96,1	125,4

Der Salzgehalt des Rheines hat im Laufe der Jahre ständig zugenommen und ist besonders hoch bei geringer Wasserführung. Der bisher gemessene Maximalwert betrug während der Trockenperiode 1953/54 an der holländischen Grenze 275 mg/l. Nach Ansicht der Holländer, die auf das Rheinwasser zur Bewässerung ihrer Gewächshauspflanzungen angewiesen sind, könnte dadurch eine Ertragsdepression von 10% bedingt werden. Allerdings beruhen die Berechnungen auf den in Kalifornien, also in einem ariden Klima, gesammelten Erfahrungen, in dem die Transpiration der Pflanzen viel größer ist als im humiden mitteleuropäischen Klima (vgl. BIHLER 1963).

Dasjenige Salz, das sowohl in den Salzböden der ariden Gebiete als auch an den Meeresküsten die Hauptrolle spielt, ist das Natriumchlorid (NaCl). Auch Sulfate und Magnesiumsalze können unter Umständen eine Bedeutung erlangen. Bei NaCl fragt es sich, ob die Ionenwirkung hauptsächlich vom Na-Ion oder vom Cl-Ion ausgeht.

Durch eine starke Aufnahme von NaCl kann das Kationengleichgewicht gestört werden. Die Pflanzen zeichnen sich gegenüber den Tieren dadurch aus, daß für sie das Kalium lebensnotwendig ist, während man keine Lebensfunktion oder enzymatische Reaktion kennt, für die Natrium benötigt wird. Wir hatten einleitend darauf hingewiesen, daß diese Tatsache dafür spricht, daß alle Landpflanzen von pflanzlichen Organismen des Süßwassers abstammen.

Bei den höheren tierischen Organismen dagegen kommt dem Kalium nur eine geringe, dem Natrium eine sehr große Bedeutung zu. Die phylogenetisch jungen Wirbeltiere dürften in Übereinstimmung damit ihren Ursprung im Salzmeer gehabt haben, wie es ja allgemein angenommen wird.

Es zeigt sich, daß die Pflanzen aus NaCl-haltigen Böden das Natrium und das Chlor nicht in äquivalenter Menge aufnehmen, sondern meistens das Natrium zum Teil durch Kalium ersetzen. Immerhin ist bei Halophyten die Na-Konzentration im Zellsaft der Blätter ungewöhnlich hoch (vgl. z. B. die Analysen von Salzmarschpflanzen bei STEINER 1934). Doch kann dieser Überschuß durch andere Kationen (K^+, Ca^{++}, Mg^{++}) entgiftet werden. Wir sahen, daß in der äquilibrierten Lösung („balanced ionic environment"), die keine Giftwirkung ausüben soll, Natrium stark überwiegt. Es genügen somit relativ geringe Mengen der anderen Kationen, um die Giftwirkung des Natriums aufzuheben.

Die Wirkung des Chlorions kann dagegen höchstens nur durch Sulfationen kompensiert werden, da die Sulfationen sehr stark entquellend auf Proteine wirken und die Permeabilität stark herabsetzen (WALTER 1936b, 1960, STROGO-NOV 1964). Aber gerade die Sulfationen werden von den Pflanzen nur in sehr geringen Mengen aufgenommen und dienen für den Aufbau schwefelhaltiger Aminosäuren. Sulfo- und Sulfhydril-Gruppen bilden auch einen Bestandteil bestimmter Enzyme. Im Gegensatz zu HEIMANN 1967, nach dessen Ansicht das Salzproblem nur ein Natrium-Problem ist, können wir dem Natrium als „Störion" keine so ausschlaggebende Bedeutung im pflanzlichen Organismus beimessen. Diese Feststellung gilt nicht für den Boden (vgl. S. 234), dessen Durchlässigkeit und Durchlüftung bei Na-Anreicherung stark herabgesetzt wird, was die Kulturpflanzen durch Hemmung des Wurzelwachstums und Störung der Wasserversorgung schädigt.

Von einer stark toxischen Wirkung des Chlorions kann man auch nicht sprechen, denn es ist bei allen Pflanzen nachgewiesen und kann sich selbst bei nicht salzresistenten Pflanzen in erheblichen Mengen im Zellsaft der Blätter anreichern, aber es übt andererseits auf das Plasma doch eine spezifische (nicht nur osmotische) Wirkung aus, die nur bis zu einem gewissen Grade ertragen wird. Ein sichtbares Zeichen dieser Wirkung ist die Zunahme der Sukkulenz der Blätter. Daß diese Wirkung durch das Cl^- und nicht durch das Na^+ hervorgerufen wird, geht aus Gefäßversuchen hervor, bei denen Na^+ durch K^+, Ca^{++} oder Mg^{++} ersetzt wurde. In allen Fällen trat in gleicher Weise eine Zunahme der Sukkulenz ein, nicht dagegen, wenn man Na_2SO_4 oder $NaNO_3$ verwendete (Tab. 38).

Tab. 38. *Sukkulenzgrad (Wassergehalt/Oberfläche) bei Salicornia in Abhängigkeit von der Salzkonzentration.* Nach van Eijk (1939).

Konz. in Mol	NaCl	KCl	Na_2SO_4	$NaNO_3$	$MgCl_3$	$CaCl_2$
0	33 ± 1	33 ± 1	33 ± 1	33 ± 1	33 ± 1	33 ± 1
1/12	$36 \pm 1,5$	$39 \pm 1,2$	$36 \pm 0,9$	$36 \pm 1,8$	$41 \pm 1,4$	40 ± 1
2/12	$39 \pm 2,1$	$39 \pm 1,2$	—	$37 \pm 1,7$	$42 \pm 1,4$	47 ± 3
4/12	$45 \pm 1,2$	42 ± 1	$36 \pm 0,3$	$34 \pm 1,2$	45 ± 2	—
6/12	$43 \pm 1,5$	$43 \pm 1,1$	—	—	—	—
8/12	51 ± 4	42 ± 1	—	—	—	—

Die Wirkung des Chlorions auf das Plasma kann sich nur in der Pflanze vollziehen, dort wo das Chlorion in größeren Mengen gespeichert wird. Nach der Aufnahme durch die Wurzeln wird es mit dem Transpirationsstrom in die Blätter transportiert, wo es sich in größerer Menge anreichert (vgl. Ziegler und Lüttge 1967). Es sind also die Blattorgane, die man untersuchen muß. Angaben über den Chloridgehalt der Böden besagen wenig, da die einzelnen Arten nicht in gleichem Ausmaße die Salze aufnehmen. Wie wenig im allgemeinen die Forderung, die Verhältnisse in der Pflanze zu untersuchen und nicht nur im Wurzelsubstrat, bei diesbezüglichen Untersuchungen beachtet wird, zeigt der Einwand von van Eijk (1939). Er bestreitet, daß das Cl^- sukkulenzfördernd wirke, und begründet dies damit, daß seine Kulturen in $NaNO_3$-Lösungen keine Sukkulenz aufwiesen, obgleich das NO_3^- stärker quellend wirkt als das Cl^-. Wie hoch die NO_3^--Konzentration in den Blattzellen war, wurde dabei nicht untersucht. Da Nitrate im allgemeinen rasch für die Synthese der Aminosäuren verbraucht werden, ist eine Anreicherung und eine spezifisch quellende Wirkung auf das Plasma wenig wahrscheinlich.

Den Chloridgehalt nur in der Asche von Blättern zu bestimmen ist wenig zweckmäßig, weil wir auf diese Weise nichts über die Chloridkonzentration erfahren, die innerhalb der Blattzellen vorhanden ist. Deshalb sollte man den Preßsaft aus Blättern analysieren, da anzunehmen ist, daß zwischen der Cl^--Konzentration im Zellsaft[71] und derjenigen im Plasma enge Beziehungen bestehen, die wir jedoch im einzelnen noch nicht kennen. Wir wissen z. B., daß die Zusammensetzung des Meerwassers und die des Zellsaftes von einzelligen Algen, die vom Meerwasser umspült werden, gewisse Unterschiede aufweist (Tab. 39):

Tab. 39. *Ionengehalt des Meerwassers und des Zellsaftes von Valonia-Zellen in g pro Liter.*

Ionenart	Na^+	K^+	Ca^{++}	Mg^{++}	Cl^-	SO_4^{--}
Meerwasser	10,9	0,5	0,5	13,0	19,6	3,3
Valonia-Zellsaft	2,1	20,1	0,7	Spur	21,2	0,005

[71] Zu beachten ist dabei allerdings, ob der Chloridgehalt im abgepreßten Zellsaft tatsächlich demjenigen der Vacuole entspricht. Nach Ziegler und Lüttge (1967) ist Chlorid auch in Zellwänden, Chloroplasten und Zellkernen enthalten, aber voraussichtlich in ähnlichen Konzentrationen wie im Zellsaft (vgl. *Valonia*).

Betrachtet man diese Zahlen, so erkennt man, daß die Zellen die Fähigkeit haben, von den Kationen bevorzugt K^+ aufzunehmen, Na^+ und Mg^{++} aber weitgehend auszuschließen; von den Anionen sind im Zellsaft die Cl^- ganz leicht angereichert, dagegen ist fast gar kein SO_4^{--} nachzuweisen. Ca^{++} sind außen und innen in mehr oder weniger gleicher Konzentration vertreten.

Dieses Wahlvermögen des Plasmas wird bei den einzelnen Arten verschieden sein, aber eine gewisse Bevorzugung des Kaliums gegenüber dem Natrium und eine Erschwerung der Sulfataufnahme scheint für alle Pflanzen zu gelten, ebenso wie die relativ starke Permeabilität für Chlorionen. Es ist deshalb mit einer spezifischen Wirkung der Chlorionen auf das Plasma zu rechnen, und das ist der Grund, weshalb man von ökologischer Seite bei der Untersuchung der Salzwirkung auf die Pflanzen auf die Bestimmung der im Zellsaft angereicherten Chloride besonderen Wert legen muß. Die in dem salzarmen Süßwasser wachsenden *Nitella*-Zellen reichern in erster Linie besonders stark Kaliumionen an, obgleich diese im Süßwasser nur in Spuren vorhanden sind; die Zahl der Natriumionen, die man im Süßwasser nachweisen kann, entspricht im Zellsaft nur 10% der von Kaliumionen.

Calciumionen werden im Zellsaft bis zu etwa der 15fachen Konzentration angereichert, Magnesiumionen bis zur 10fachen. Von den Anionen ist die Chlorionen-Konzentration im Zellsaft etwa 100mal höher als außen, die für Sulfationen nur etwa 26mal höher. Es zeigt sich somit dieselbe Tendenz wie bei den Meeresalgen.

Die Aufnahme der Salze aus dem Boden durch die Wurzeln ist sehr viel komplizierter. Es werden, wie man annimmt, die Ionen nicht nur aus der Bodenlösung aufgenommen, sondern zum Teil auch die an die Bodenkolloide adsorbierten Ionen. Soweit die Ionen von den Wurzelzellen an das Gefäßwasser abgegeben werden, erfolgt ein Transport mit dem Transpirationsstrom in die Blätter, wo als Folge der Transpiration eine ständige Anreicherung der Ionen stattfindet. Das Plasma beeinflußt also mehrmals das Ionenverhältnis: in den Wurzeln bei der Aufnahme und bei der Abgabe an das Gefäßwasser, insbesondere beim Passieren der Endodermis, in den Blättern bei der Aufnahme aus dem Transpirationsstrom und bei der Abgabe an die Vacuolenflüssigkeit. Dabei werden einzelne Ionen mehr oder weniger in den Stoffwechsel einbezogen und assimiliert (NO_3^-, SO_4^{--}, PO_4^{---}, Mg^{++}) oder ausgefällt (Ca^{++} als Oxalat). Die Kaliumionen werden sicher zu einem großen Teil adsorbiert, während die Na- und Cl-Ionen für die keine Verwendung vorhanden ist, in der Vacuole angereichert werden. Nur wenige Pflanzenarten besitzen Salzdrüsen und scheiden überschüssige Salze ganz aus (vgl. z. B. RUHLAND 1915, ARISZ u. a. 1955, ZIEGLER und LÜTTGE 1966).

3. Die Chloridspeicherung bei Nichthalophyten

Daß die Chloride hauptsächlich im Zellsaft der Vacuole gespeichert werden, zeigen Plasmolyserversuche, aus denen hervorgeht, daß die Konzentration des Zellsaftes bei Halophyten sehr hoch ist. Zugleich geht aus den Analysen des Preßsaftes hervor, daß der größte Teil der osmotisch wirksamen Substanzen auf Chloride entfällt. Über den Mechanismus der Chloridspeicherung in der Vacuole sind wir nicht endgültig orientiert. Der Tonoplast ist im Gegensatz zum Plasmalemma für NaCl praktisch nicht permeabel. Benützt man NaCl als Plasmolytikum, so ist ein Rückgang der Tonoplastenplasmolyse selbst nach Tagen nicht feststellbar (REPP 1958). Da das NaCl mit dem Transpirationsstrom von den Wurzeln zu den Blättern wandert, würde man rein physikalisch erwarten, daß die Chloride sich an den an die Atemhöhle grenzenden Zellwänden, d. h. dort, wo das Wasser bei der Transpiration in die Dampfform übergeführt wird, anreichern müßten. Das ist nicht der Fall. Durch das Plasma werden offenbar schon vorher die Chloride in die Vacuole aktiv ausgeschieden.

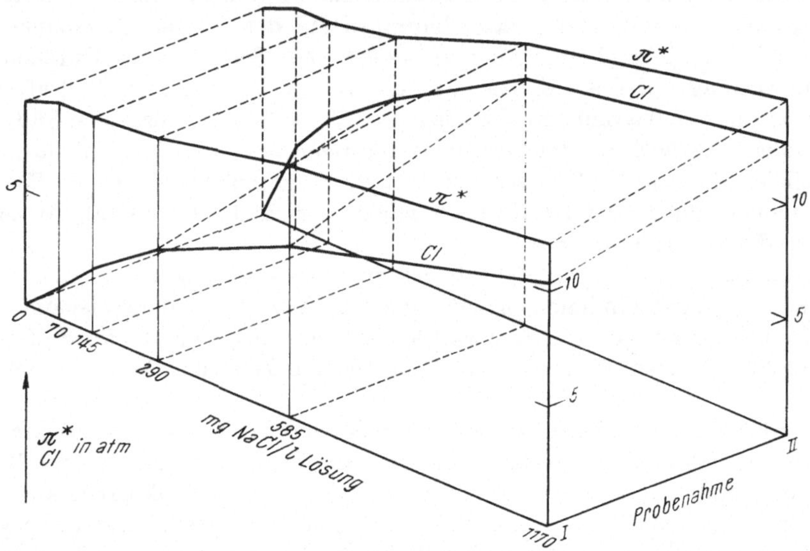

Abb. 151. Potentieller osmotischer Druck (π*) und Chloridanteil (*Cl*) der Bohnenblätter in Abhängigkeit von der Gießwasserkonzentration. Nach BIHLER 1963.

Es kann nicht unsere Aufgabe sein, hier eine Zusammenfassung aller hauptsächlich von landwirtschaftlicher Seite ausgeführten Versuche über die Salzschäden in ariden Gebieten an Kulturpflanzen und ihre Ursache zu geben (vgl. KREEB 1960b, 1964a, 1965e, BIHLER 1963). Zum Teil widersprechen sie sich, denn es wurden fast immer nur die Bedingungen außerhalb der Pflanze berücksichtigt. Uns interessiert hier vielmehr die Frage, welcher Art sind die Einwirkungen der Salze auf das Plasma.

Wie sich die NaCl-Anreicherung in den Blättern von Nicht-Halophyten bei verschiedener NaCl-Konzentration im Boden vollzieht, geht aus einer Arbeit von BIHLER (1963) hervor. Er untersuchte verschiedene Pflanzentypen, u. a. die zu den salzempfindlichsten Pflanzen gehörenden Bohnen (*Phaseolus vulgaris*, vgl. MAGISTAD u. a. [1943], BERNSTEIN und AYERS [1951], HAYWARD und BERNSTEIN [1958], WADLEIGH und GAUCH [1942], GAUCH und WADLEIGH [1942]), und zwar Buschbohnen (*Saxa*, fadenlos). Die Aussaat in MITSCHERLICH-Gefäße erfolgte am 26. 5.; am 14. 6. wurde erstmals mit Salzwasser gegossen (5 Konzentrationsstufen), am 5. 7. begann die Blüte. Erst nach diesem Termin zeigten die Pflanzen der obersten Salzstufen eine Wuchshemmung, und die Blätter wurden chlorotisch; 8 Tage später konnte man dasselbe bei der vorletzten Stufe beobachten. Geerntet wurden nur die Hülsen: Die drei ersten Stufen zeigten keinen Ertragsunterschied gegenüber der Kontrolle, in der vierten Stufe betrug der Ertrag 84% der Kontrolle, in der höchsten nur 36%. Die Entwicklungsdauer verkürzte sich von 110 Tagen bis auf 80 Tage bei der höchsten Salzkonzentration. Die Probenentnahme zur Bestimmung von π^* und der Chloridmenge im Preßsaft erfolgte am 11. 7. und am 1. 8. zu Beginn der Ernte. Das Ergebnis zeigt Abb. 151. Die Chloridanreicherung im Zellsaft ist eine sehr erhebliche und relativ am stärksten bei den geringsten Konzentrationen des Gießwassers.

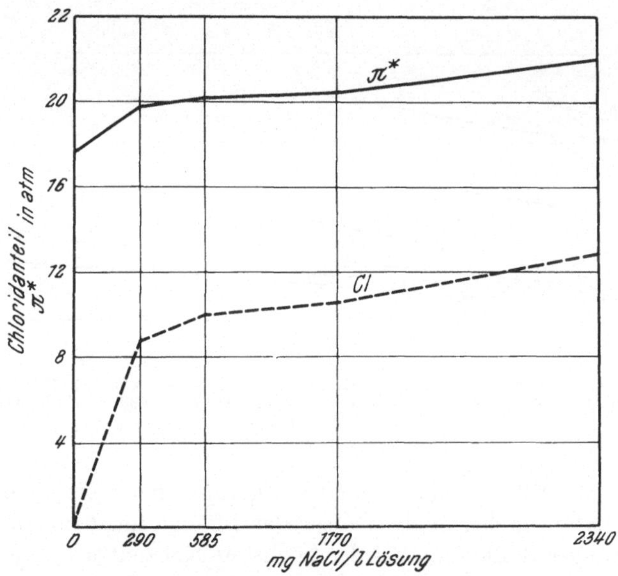

Abb. 152. Potentieller osmotischer Druck (π^*) und Chloridanteil (Cl) bei Gerste in Abhängigkeit von der Gießwasserkonzentration. Nach BIHLER 1963.

Obgleich immer auf Durchfluß gegossen wurde, besaß das Sickerwasser eine höhere Konzentration als das Gießwasser. Es fand somit eine gewisse Salzanreicherung im Boden statt, und zwar eine um so größere, je besser die Pflanzen sich entwickelten und je mehr Wasser sie durch die Transpiration abgaben.

Wie man aus den Kurven ersieht, nimmt π^* mit steigender Salzkonzentration des Gießwassers viel weniger zu als der Chloridgehalt des Preßsaftes, d. h. der Anteil der Nichtchloride (Zucker, organische Säuren) im Zellsaft wird immer geringer. Sobald der Chloridanteil 50% der osmotisch wirksamen Substanzen im Preßsaft übersteigt, tritt eine Schädigung der Pflanzen ein.

Ähnlich wie Buschbohnen verhielten sich *Anemone coronaria* und *Lathyrus odoratus*. Diese salzempfindlichen Arten können sich gegen die Aufnahme der Salze nicht wehren, so daß das Plasma der Blattzellen einer starken toxischen Wirkung ausgesetzt ist. Die schwach transpirierenden Hülsen zeigten im Preßsaft selbst kurz vor der Ernte einen Chloridanteil der osmotisch wirksamen Substanzen von höchstens 14%. Wie sehr die Chloridanreicherung von der Transpirationsintensität abhängt, ergibt sich beim Kopfsalat, bei welchem die Chloridkonzentration in den äußeren Blättern erheblich ist, bei den inneren dagegen äußerst gering. In den Knollen der Radieschen gleicht sich der Chloridgehalt etwa der Außenkonzentration an, während in den transpirierenden Blättern eine erhebliche Anreicherung stattfindet.

Als wenig salzempfindlich gilt die Gerste (Eaton 1942, van den Berg und Westerhof 1954, Hayward und Bernstein 1958), wenn auch die einzelnen Sorten Unterschiede aufweisen. Bihler (1963) verwendete Peragis-Sommergerste, Hochzucht. Die Probenentnahme erfolgte in der Mitte der Wachstumsperiode und am Versuchsende (Abb. 152). Ähnlich wie bei den Bohnen war die Chloridanreicherung bei den niedrigen Salzgaben sehr stark, nahm jedoch bei den höheren

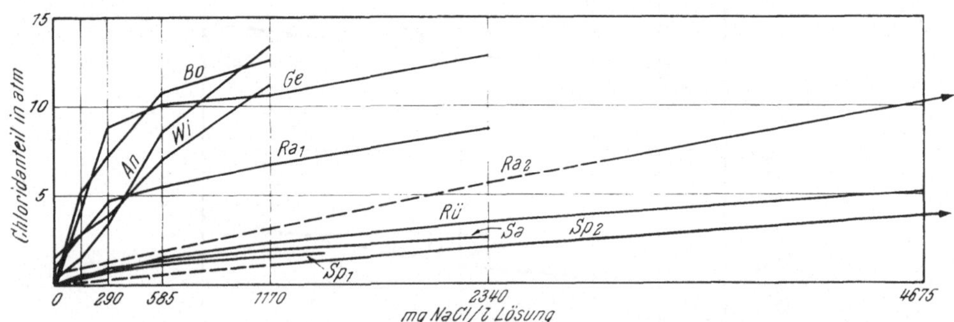

Abb. 153. Chloridaufnahme bei einigen Kulturpflanzen in Abhängigkeit von der Gießwasserkonzentration. *Bo* Bohnen, *An* Anemonen, *Wi* Wicken, *Sa* Kopfsalat, *Ra* Radieschen, *Ge* Gerste, *Sp* Spinat, *Rü* Zuckerrüben. Nach Bihler 1963.

nur sehr wenig zu. Ebenso bleibt der Chloridanteil bei hohen Konzentrationen fast gleich; er nahm auch mit dem Alter der Pflanze nicht zu und betrug etwa 60%. Eine Ertragseinbuße trat bei der höchsten Konzentration des Gießwassers von 2,34 g/l nicht ein, der Strohertrag war sogar größer. Dieses Verhalten erinnert schon sehr an dasjenige von Halophyten, nur ist die Salzresistenz der Gerste doch bedeutend geringer. Bei gewissen Sorten soll 1% Salz im Bewässerungswasser den Ertrag nur um 4% erniedrigen.

Auch Spinat gilt als sehr salztolerante Kulturpflanze (Hayward und Bernstein 1958, van Dam 1955). Niedrige Salzkonzentration wirkt sogar fördernd auf das Wachstum (Nieman 1962). Dies überrascht nicht, da Spinat zu den Chenopodiaceen gehört, d. h. zu einer Familie mit den meisten extremen Halophytenvertretern. Nach Repp (1951) soll die Salztoleranz von Spinat auf einer sehr geringen Permeabilität für NaCl beruhen, ebenso wie auf einer Sukkulenzzunahme, wodurch die Konzentration der Salze in den Blättern herabgesetzt wird. Diese Ansicht wurde durch Bihler (1963) bestätigt. Die Chloridaufnahme ist selbst bei 8,75 g/l Salz im Gießwasser noch sehr gering. π^* nimmt stets um den Betrag des Chloridgehalts zu. Ertragsminderungen an Blattmasse treten erst bei Konzentrationen von über 2,5 g/l im Gießwasser ein. Ähnlich verhalten sich auch die Zuckerrüben. Zusammenfassend können wir sagen, daß man aus der Salzkonzentration in der Bodenlösung noch nicht auf die Salzeinwirkung, der das Plasma in den Blattzellen ausgesetzt ist, schließen kann.

Es lassen sich nach den vorgenannten Versuchen zunächst 3 Typen von Nichthalophyten unterscheiden (Abb. 153):

1. Arten, die sich gegen die Aufnahme der Salze nicht wehren können, bei denen eine mit der Konzentration im Boden ständig zunehmende Anreicherung der Salze im Preßsaft der Blätter stattfindet. Es sind das salzempfindliche, halophobe Arten.

2. Arten, die nur bis zu einem gewissen Grade Salz aufnehmen, relativ viel bei niedrigen Konzentrationen im Boden, bei höheren dagegen nicht wesentlich mehr. Das sind salztolerante Arten.

3. Arten, die eine stärkere Salzaufnahme selbst bei hohen Salzkonzentrationen der Bodenlösung vermeiden. Das sind salzresistente Arten.

Diese verschiedene Reaktionsweise muß auf den Permeabilitätseigenschaften der Wurzelzellen beruhen. Das ist die eine, noch fast unerforschte Seite des Salzproblems. Die andere betrifft die Salzresistenz des Plasmas in den Blattzellen, in deren Vacuolen die Salze gespeichert werden. Auch dabei muß man mit großen Unterschieden rechnen, doch liegen in dieser Hinsicht für die Kulturpflanzen keine eingehenden Untersuchungen vor.

REPP (1958, vgl. auch REPP u. a. 1959) hat die Salzresistenz des Plasmas bei Marschpflanzen der Nordseeküste geprüft, indem sie Blattschnitte in konzentrierte Salzlösungen (1,0, 1,5 und 2,0 molar) legte und die Zeitdauer bis zum Absterben beobachtete. Es zeigte sich dabei, daß die Permeabilität für NaCl sehr gering war, die Intrabilität größer. Es ließ sich auch ein Aufquellen der Zellkerne beobachten.

Diese Versuche entsprechen nicht den natürlichen Bedingungen, da die Zellen niemals so plötzlich mit hohen Salzkonzentrationen in Berührung kommen. Deshalb wurde die Methode verbessert (MONK und WIEBE 1961), indem man weniger hohe Konzentrationen verwendete (0,025—1,5 molar), wobei der Lebenszustand der Zellen mit 2,3,5-Triphenyl-tetrazoliumchlorid-Lösung (0,1 und 0,05%) geprüft wurde.

Bei holzigen und krautigen Zierpflanzen zeigte sich eine gute Übereinstimmung im Salztoleranzgrad zwischen den Verhältnissen im Felde und dem Tetrazolium- bzw. Plasmolysetest nach 24 Stdn. Aufenthalt von Blattschnitten in den NaCl-Lösungen. Wir nennen folgende Beispiele (Tab. 40):

Tab. 40. *Salztoleranz im Felde (angegeben ist die Konzentration von* NaCl *und* CaCl$_2$ *im Gießwasser in Millival/l, bei welcher die Pflanzen überlebten) im Vergleich mit der Gewebeschnittmethode (angegeben ist die Konzentration in Millival/l, bei welcher Gewebeschnitte noch Plasmolyse bzw. Rotfärbung in Tetrazoliumchloridlösung zeigten).* Nach MONK und WIEBE 1961.

Art	Feldbeobachtung	Gewebeschnittmethode	
		Plasmolyse	Tetrazolium
Juglans nigra	0	0	500
Tilia cordata	0	0	750
Alyssum saxatile	0	250	250
Pinus ponderosa	108	500	500
Kochia scoparia	180	500	1000
Portulaca grandiflora	180	750	1000
Robinia pseudacacia	180	1000	1500
Tamarix gallica	180	1000	1500

Auf diese Weise läßt sich ein Salztoleranztest bereits im Labor kurzfristig durchführen.

4. Die Chloridspeicherung bei Halophyten und die Beeinflussung des Sukkulenzgrades

Im Gegensatz zu den Nichthalophyten wachsen die echten Halophyten auf Salzböden besser als auf salzfreien. In letzterem Fall nehmen sie die Chloridspuren, die sich in jedem Boden befinden, bevorzugt auf, so daß selbst auf fast

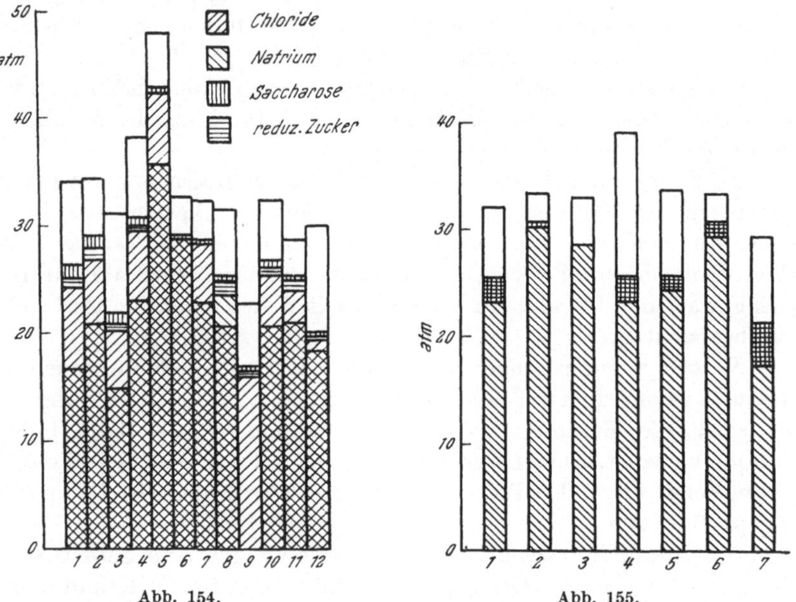

Abb. 154.   Abb. 155.

Abb. 154. Potentielle osmotische Drücke (Gesamtsäulchen) und Zellsaftbestandteile nordamerikanischer Salzmarschpflanzen (nach STEINER 1934): 1 *Spartina glabra*, 2 *Sp. patens*, 3 *Distichlis spicata*, 4 *Juncus gerardi*, 5 *Salicornia mucronata*, 6 *S. europaea*, 7 *Plantago decipiens*, 8 *Atriplex hastata*, 9 *Aster subulatus* (Na nicht bestimmt), 10 *Limonium carolinianum*, 11 *Suaeda linearis*, 12 *Iva ovaria*. Aus WALTER 1960.
Abb. 155. Potentielle osmotische Drücke (Gesamtsäulchen), Chloridgehalt (Schrägschraffur) und Gesamtzucker (Kreuzschraffur) bei ostafrikanischen Mangroven (nach WALTER und STEINER 1936): 1 *Sonneratia alba*, 2 *Rhizophora mucronata*, 3 *Ceriops candolliana*, 4 *Avicennia marina*, 5 *Bruguiera gymnorrhiza*, 6 *Lumnitzera racemosa*, 7 *Xylocarpus obovatus*. Nach WALTER 1960.

salzfreien Böden der Chloridgehalt im Preßsaft ihrer Blätter relativ sehr hoch ist. Diese Eigenschaft kommt schon der Zuckerrübe zu, die von der halophilen *Beta maritima* der Meeresküste abstammt: Rübenblätter enthalten in der Blattasche 15,5% Cl$^-$ (Klee nur 3,8%) und 18,8% Na$_2$O (Klee nur 2%). Aber bei zunehmender Salzkonzentration im Boden wird im allgemeinen nur so viel Salz aufgenommen, daß die osmotische Wirkung der Bodenlösung kompensiert wird. Wie diese Regulierung zustande kommt, ist nicht bekannt.

Auch bei den Halophyten hat man sich meistens damit begnügt, die Salzkonzentration im Boden zu bestimmen, was wenig besagt. Nur in wenigen Fällen wurde der Salzgehalt im Blattpreßsaft festgestellt. Die erste diesbezügliche Arbeit auf breiter Grundlage war diejenige von STEINER (1934). Untersucht wurden dabei die Marschpflanzen an der atlantischen Küste Nordamerikas. Abb. 154

gibt den Anteil der Chloride, des Natriums und der Zucker am gesamten π^*-Wert im Preßsaft der Marschpflanzen wieder. Fast alle π^*-Werte liegen um 30—35 atm. Wesentlich höher ist der Wert von *Salicornia mucronata*, die auf kleinen Salzpfannen wächst mit zeitweise sehr hoher Salzkonzentration im Boden; tiefere Werte hat *Aster subulatus* an salzärmeren Standorten. Der Chloridanteil in atm liegt im Mittel nur um 7 atm unter π^*; auf Chloride entfallen etwa 75—80% der osmotisch wirksamen Substanzen. Dabei zeigt es sich, daß das Natrium gegenüber dem Chlor mit einer Ausnahme von *Atriplex hastata* stets in einer etwas geringeren Äquivalentmenge vorhanden ist. Ein Teil der Chlorionen muß somit wahrscheinlich durch Kaliumionen neutralisiert werden. Bei *Atriplex* entsprechen den etwas im Überschuß vorhandenen Natriumionen entweder Sulfationen oder organische Anionen. Ganz ähnlich liegen die Verhältnisse bei der ostafrikanischen Küstenmangrove (WALTER und STEINER 1936). Bei einem hauptsächlich durch NaCl bedingten π^* des Meerwassers von 25,5 atm liegen die π^* der Mangroven alle bei etwa 33 atm (Abb. 155), wobei auf die Chloride im Zellsaft im Mittel 25 atm entfallen. Steigt landeinwärts der Chloridgehalt der Bodenlösung an, so erhöht sich auch nahezu entsprechend der auf die Chloride entfallende Teil der osmotisch wirksamen Substanzen im Zellsaft (vgl. auch BIEBL und KINZEL 1965).

Durch SCHRATZ (1936) und POMPE (1941) werden diese Befunde für die Salzpflanzen an der Nordsee- und Ostseeküste bestätigt, wenn auch die Übereinstimmung der Chloridkonzentration in der Bodenlösung und im Zellsaft nicht in allen Fällen eine so gute ist. SCHRATZ (1936) hat bei Kulturversuchen in Nährlösungen ($\pi^* = 4$ atm) mit Zusatz von steigenden Mengen an NaCl gleichzeitig auch den NaCl-Gehalt in den *Salicornia*-Pflanzen, bezogen auf den Wassergehalt, bestimmt (Tab. 41):

Tab. 41. *Beziehungen zwischen dem Kochsalzgehalt der Nährlösung und dem* NaCl-*Gehalt von Salicornia, in % bezogen auf den Wassergehalt.* Nach SCHRATZ 1936.

NaCl in Nährlösung	Spuren	0,23	0,47	0,70	0,94
NaCl in *Salicornia*	0,33!	1,41!	1,74	1,63	2,30

Man erkennt, daß *Salicornia* aus der Nährlösung, die Spuren von NaCl enthält oder einen nur geringen NaCl-Zusatz, unverhältnismäßig große NaCl-Mengen im Zellsaft speichert (!), während bei weiter steigendem Zusatz nur eine ihm etwa entsprechende Menge zusätzlich aufgenommen wird.

Ganz ähnlich verhalten sich andere Halophyten bei Kultur im Boden mit NaCl-Zusatz, wobei die Konzentration im Boden nie genau feststellbar ist (Tab. 42):

Tab. 42. NaCl-*Gehalt von Plantago maritima (in % bezogen auf Wassergehalt) und* NaCl *der Bodenlösung bei Wassersättigung (Gefäßkulturen).* Nach SCHRATZ 1936.

NaCl in Bodenlösung	Spuren	0,9	1,6
NaCl in Pflanzen	1,33	1,69	1,96

In der Tab. 43 ist das Verhalten von Halophyten aufgezeigt, welche keine höheren Salzkonzentrationen im Boden vertragen, und bei denen der NaCl-Gehalt im Zellsaft der Blätter zunächst die NaCl-Konzentration im Boden übertrifft, bei weiterer Steigerung jedoch geringer ist. Im Gegensatz zu den Halophyten läßt sich bei *Lepidium sativum* feststellen, daß die Pflanzen bei geringer Salzkonzentration im Boden kein Chlorid aufnehmen. Erst bei höheren Konzentrationen kann sich, wie es scheint, die Pflanze gegen die Aufnahme nicht wehren. Doch gilt dieses Verhalten nicht für alle Nichthalophyten (vgl. S. 242f.).

Tab. 43. NaCl-*Gehalt verschiedener Pflanzen (in % bezogen auf Wassergehalt) und NaCl der Bodenlösung bei durchschnittlichem Wassergehalt (Gefäßkulturen)*. Nach SCHRATZ 1936.

Pflanzen	NaCl im Boden	NaCl in Pflanzen
Puccinellia maritima	0,32	0,79
	1,06	1,15
	1,45	1,46
	1,75	1,52
Aster tripolium	0,07	0,45
	0,60	1,19
	2,18	1,38
	2,48	1,89
Malcolmia maritima	0,20	0,37
	0,67	0,63
	1,61	0,76
	2,65	1,26
Lepidium sativum	0,07	Spuren
	1,20	0,90
	1,47	1,02
	2,85	1,65

Daß mit zunehmender Salzkonzentration in den Blättern der Pflanzen auch eine Erhöhung des Sukkulenzgrades eintritt, zeigt Tab. 44 (vgl. auch LESAGE 1889, 1890, 1921 sowie BOODLE 1904). Die Probenentnahme bei *Alyssum maritimum* erfolgte: I. zur Hauptblütezeit und II. nach Abschluß derselben 4 Wochen später, als eine Verteilung der Salze auf neugebildete Organe nicht mehr möglich war und die Salzkonzentration nur durch Zunahme des Wassergehaltes reguliert werden konnte. Unter der Einwirkung der Salze wurden die Blätter nicht nur kleiner und dicker, sondern der Habitus der Pflanzen veränderte sich; die Seiten-

Tab. 44. *Probenentnahme von Alyssum maritimum zu zwei verschiedenen Zeiten (I. und II.)*. Nach SCHRATZ 1936.

Zugabe von NaCl zum Boden (cm³*)	0	100	250	300
I. Sukkulenzgrad der Pflanzen	1,6	1,7	2,8	3,2
Wassergehalt der Pflanzen (% Tr.-Gew.)	856	913	966	1022
Salzgehalt der Pflanzen (% Wassergeh.)	0,37	2,00	2,01	3,00
II. Sukkulenzgrad der Pflanzen	2,7	2,8	4,1	4,9
Wassergehalt der Pflanzen (%)	1360	1100	1515	1508
Salzgehalt der Pflanzen (%)	0,31	1,86	2,18	2,50

* SCHRATZ gibt leider keine Konzentration an; es gilt somit nur die relative Abstufung.

zweige, die unter rechtem Winkel von der Hauptachse abgingen, waren niederliegend und mehr dem Boden angepreßt.

Auch bei *Plantago coronopus* werden Salze in den Blättern gespeichert, wobei der Salzgehalt der älteren Blätter höher ist als der der jüngeren. Sehr ausgeprägt sind die Beziehungen zwischen Sukkulenzgrad und Chloridanteil am π^*-Wert im Blattpreßsaft bei Mangroven (WALTER und STEINER 1936; Tab. 45).

Tab. 45. *Blattdicke (Sukkulenz) bei Mangroven.* Nach WALTER und STEINER 1936.

	Potentieller osmotischer Druck in atm	Chloridanteil		Blattdicken in mm
		atm	%	
Sonneratia alba	32,6	23,0	70	0,44
	33,6	29,8	89	1,10
	35,1	33,8	96	2,46
Rhizophora mucronata	32,8	22,4	68	normal
	33,9	31,3	92	abnorm dick

Auffallend ist, daß die Samen vieler, aber nicht aller Halophyten, z. B. von *Salicornia*, salzfrei sind, während bei Nichthalophyten wie *Lepidium* bei Kultur auf NaCl-haltigem Boden in den Samen stets NaCl nachweisbar ist (SCHRATZ 1936, vgl. aber dazu auch POMPE 1941); über die besonderen Verhältnisse der Salzspeicherung im Keimling von *Rhizophora* während der Entwicklung auf der Mutterpflanze berichten LÖTSCHERT und LIEMANN (1967).

Eine genaue Untersuchung der Ionen-Aufnahme und -Verschiebungen innerhalb der Pflanzen bei salzempfindlichen und -toleranten Arten verdanken wir GREENWAY u. a. (1966). Es ergab sich prinzipiell kein Unterschied zwischen Halo- und Glykyphyten: Früher aufgenommene Salze scheinen ziemlich fest zu liegen. Nur bei Pflanzen mit geringem Cl⁻-Gehalt wurde Cl⁻ aus älteren Blättern abgezogen. *Atriplex* als halophytische Pflanze zeigte gegenüber *Phaseolus vulgaris* ein besseres Regulationsvermögen, vor allem in älteren Blättern. Dabei spielt allerdings weniger eine Salzabgabe, als vielmehr Wachstum und Sukkulenzzunahme eine Rolle.

5. Verschiedene Halophytentypen

Die bei Kulturversuchen gefundenen Beziehungen zwischen der Salzkonzentration im Boden und im Preßsaft der Blätter sowie deren Sukkulenzgrad werden durch die Untersuchungen der Halophyten am natürlichen Standort bestätigt (POMPE 1941, ÖNAL 1966, vgl. auch 1964, 1965). Es ist allerdings unbedingt notwendig, die Salzkonzentration der Bodenlösung in der Rhizosphäre der Wurzeln zu bestimmen, weil der Salzgehalt des Bodens mit der Tiefe stark schwankt. Eine Salzanreicherung findet meistens an der Bodenoberfläche statt, wenn diese feucht ist, so daß eine ständige Verdunstung und kapillare Nachsaugung von einer Salzlösung aus der Tiefe möglich ist. Nach einer Regenperiode wird das Salz aus den oberen Bodenschichten in die unteren gespült, so daß die tieferen Bodenschichten eine höhere Salzkonzentration aufweisen können als die oberen. Auch Überflutungen der Marschen mit Meerwasser ändern die Salzverhältnisse im Boden in der einen oder anderen Richtung.

Handelt es sich um sehr sandige Böden mit geringer Wasserkapazität, so trocknen die oberen Schichten rasch aus und die Salzkonzentration steigt stark an. Das kann für sehr flach wurzelnde Arten wie *Salicornia* (Wurzeltiefe 4—6 cm) zu kritischen Situationen führen. Das ist wahrscheinlich der Grund, weshalb solche Arten Sandböden meiden oder sich auf ihnen sehr kümmerlich entwickeln und Schlickböden bevorzugen. Die Pflanzen der Sandböden wurzeln immer tief.

Alle bisher besprochenen Halophyten wachsen stets auf dauernd mehr oder weniger nassen Salzböden mit sehr hohem Grundwasserstand. Wir können sie deshalb als Hygrohalophyten bezeichnen. Sie kommen auch in ariden Gebieten, in abflußlosen Senken, auf Salzpfannen und um Salzseen herum vor, die ebenfalls dauernd naß sind, selbst wenn die Bodenoberfläche oft mit einer Salzkruste bedeckt erscheint. Es handelt sich um schwere undurchlässige tonige Böden.

Steigt die Salzkonzentration der Bodenlösung sehr hoch an, so wird selbst bei den extremsten Halophyten eine obere Grenze der Salzspeicherung im Zellsaft erreicht, bei deren Überschreitung die Pflanzen absterben. Noch bevor diese Grenze erreicht ist, zeigen die Pflanzen Kümmerwuchs und färben sich sehr auffallend rot, d. h. es kommt zu einer starken Anthocyanbildung. Diese Erscheinung läßt sich bei den meisten Halophyten beobachten. Erklären können wir sie bisher nicht.

Eine weitere, häufig beobachtete Erscheinung bei Pflanzen auf Salzböden ist die Chlorose, d. h. ein gelbliches Aussehen. Dabei zeigt es sich, daß der Lichtkompensationspunkt nicht erhöht wird, d. h. die CO_2-Assimilation wird nicht beeinflußt.

Eine in Bombay ausgeführte Untersuchung von Mishra (1967) ergab für den Strauch *Clerodendron inerme*, der auf Salzböden am Rande der Mangroven wächst, aber auch auf salzfreiem Boden in Gärten kultiviert wird, daß die sukkulenten und chlorotisch aussehenden Blätter der Pflanzen vom natürlichen Standort auf Salzböden eine höhere $^{14}CO_2$-Aufnahme am Licht aufwiesen, obgleich ihr Chlorophyllgehalt geringer war. Die Bestimmung der Assimilate ergab einen geringeren Gehalt an Zuckern im Vergleich zu den Gartenpflanzen, dagegen war der Anteil der gebildeten Aminosäuren höher, der von organischen Säuren aber geringer. Die Stimulation der Aminosäurebildung auf Kosten der organischen Säuren macht sich im Dunkeln ebenfalls bemerkbar. Es ist also notwendig, den Kohlenhydratstoffwechsel bei Halophyten genauer zu untersuchen. Er könnte sich vom normalen stark unterscheiden und physiologisch interessante Befunde ergeben (β-Carboxylierung bei *Atriplex* nachgewiesen).

Den Hygrohalophyten stehen in ariden Gebieten auf den erhöhten nicht dauernd nassen Böden die Xerohalophyten gegenüber. Bestimmt man den Salzgehalt solcher Böden unter Bezug auf das Trockengewicht, so kann er äußerst gering sein, oft nur 0,1% oder weniger. Es wurde deshalb sogar die Frage aufgeworfen, ob die auf diesen Böden wachsenden Pflanzen Halophyten sind. Aber der Wassergehalt dieser Böden ist oft ebenfalls sehr gering (wenige Prozent), so daß die Salzkonzentration der Bodenlösung sehr hoch sein kann. Untersucht man die Pflanzen, z. B. die *Atriplex*-Arten im australischen „saltbush"-Gebiet, so findet man hohe π^*-Werte und einen hohen Chloridanteil im Preßsaft (WALTER 1964, S. 462). Wie alle echten Halophyten entwickeln sich *Atriplex nummularia* und *A. vesicaria* in Nährlösungen mit NaCl-Zusatz besser als ohne. Für die letztere Art wurde auch der Nachweis erbracht, daß Natrium ein lebensnotwendiges Element ist (BROWNELL und WOOD 1957, vgl. auch BAUMEISTER 1960).

Zu diesen Xerohalophyten gehören auch die *Atriplex*-Arten der westlichen nordamerikanischen Trockengebiete ebenso wie die verschiedenen *Chenopodiaceen*-, Halb- und Zwergsträucher der mittelasiatischen und zentralasiatischen Wüsten, aber auch die dort und in den nord- und südafrikanischen Wüsten vorkommenden *Zygophyllum*-Arten sowie die meisten *Mesembryanthemen* u. a. m.

Diese Xerohalophyten sind noch relativ wenig untersucht. Die Bestimmungen ergaben bei *Atriplex* oft π^*-Werte über 100 atm (bis 200 atm vgl. WALTER 1964, S. 465). Aber diese Werte sind nicht einwandfrei. Die *Atriplex*-Arten bilden auf den Blättern sehr dicht stehende Blasenhaare, deren Zellsaft viel Chloride enthält. Die Haare sterben frühzeitig ab und werden durch neue ersetzt

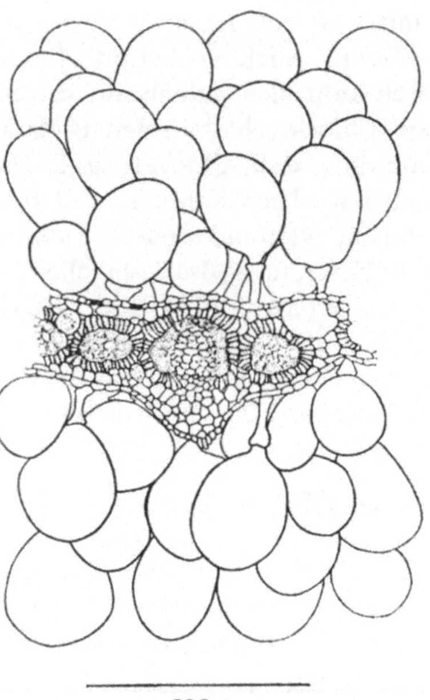

Abb. 156. Blattquerschnitt von *Atriplex mollis* mit Blasenhaaren. Nach BERGER-LANDEFELDT 1959, aus WALTER 1964.

(Abb. 156). Die Salze der toten trockenen Haare bleiben in den regenarmen Gebieten außen an den Blättern haften und geraten in den Preßsaft, so daß die Zellsaftwerte viel zu hoch erscheinen. Unter diesen Xerohalophyten gibt es auch solche, die wenig sukkulent sind. Es ist auffallend, daß in deren Preßsaft neben Chloriden meist noch Sulfate angereichert sind (Tab. 46):

Tab. 46. *Chlorid- und Sulfat-Anteil bei einigen Xerohalophyten.* Nach WALTER 1939.

Arten	π^*-Wert in atm	Chlorid-Anteil	Sulfat-Anteil
Salsola-Arten aus der Karroo	51—65	23%	17%
Atriplex nummularia Karroo	52—57	29%	16%

Auf die Tatsache, daß Halophyten mit einem Sulfatgehalt im Zellsaft deutlich weniger oder sogar überhaupt nicht sukkulent sind, wurde bei den ökologischen Untersuchungen in der Namib-Wüste (Südwestafrika) hingewiesen (WALTER 1936b). Stark sukkulente Halophyten enthielten im Zellsaft neben großen Chloridmengen nur etwa 0,3% der Salze als Sulfate, bei weniger sukkulenten Arten stieg der Sulfatanteil auf 3—9%, und bei nichtsukkulenten Halophyten konnte der Sulfatanteil sogar 15—62% betragen. Wir müssen also zwischen Chloridhalophyten und Sulfathalophyten unterscheiden.

Auf die Bedeutung nicht nur der Salzkonzentration in den Böden, sondern auch der Zusammensetzung der Salze auf das Wachstum und die anatomisch-morphologische Struktur hat neuerdings wieder Strogonov (1964) hingewiesen. Auch er betont die unterschiedliche Wirkung von SO_4^{--} und Cl^-, beschränkt sich jedoch auf die Salze im Boden und bestimmt nicht den Sulfatbzw. Chloridgehalt in den Blättern der Pflanzen. Wir hatten in der Namibwüste gefunden, daß Chlorid- und Sulfathalophyten nebeneinander auf demselben Boden wachsen können, weil bestimmte Arten fast ausschließlich Chloride aufnehmen, während andere außer diesen noch mehr oder weniger große Mengen an Sulfaten im Zellsaft speichern. Erstere sind sukkulent, letztere eher xeromorph.

Strogonov (1964) hat Gefäßversuche mit Kulturpflanzen und Halophyten durchgeführt, wobei er dem Boden entweder Sulfate oder Chloride zusetzte und die physiologisch-anatomischen Unterschiede bei den auf verschiedenem Substrat wachsenden Pflanzen feststellte (Tab. 47).

Tab. 47. *Entwicklung und Transpiration von Baumwollpflanzen in Abhängigkeit von der Bodenversalzung.* Wassergehalt des Bodens = 70% der Kapazität; Salzgehalt = 1% des Bodentrockengewichts. (Nach Strogonov 1964.)

Untersuchte Größe	Kontrolle	Sulfatversalzung	Chloridversalzung
Wassergehalt (% des Frischgew.)	78,16%	76,48%	83,34%
Gewicht von 100 cm² Blattfläche	2,08 g	2,53 g	4,00 g
Wasser in 100 cm² Blattfläche	1,60 g	1,98 g	3,40 g
Trockensubstanz in 100 cm² Blattfläche	0,48 g	0,55 g	0,60 g
Transpiration (g/m² · h)	188,4 g	243,6 g	109,8 g
Transpiration in % Wassergehalt	120,6%	135,0%	35,4%
Blattfläche einer Pflanze	3628 cm²	2505 cm²	685 cm²
Wurzeltrockengewicht einer Pflanze	4,34 g	3,22 g	1,46 g

Die Zunahme des Trockengewichts von 100 cm² Blattfläche bei der Bodenversalzung ist zum größten Teil wahrscheinlich auf die Salzspeicherung in den Blättern zurückzuführen. Bei einer Chloridverbrackung wird der Wasserumsatz der Pflanzen viel stärker herabgesetzt als bei einer Sulfatverbrackung, zugleich nimmt der Sukkulenzgrad zu. Der Wassergehalt von der Blattflächeneinheit ist dann mehr als doppelt so hoch wie bei der Kontrolle, bei der Sulfatverbrackung dagegen nur um 24% höher. Außerdem zeigte es sich, daß bei Salzgemischen, wie sie in der Natur vorkommen, der π*-Wert in der Pflanze sich bei einer vorwiegenden Sulfatverbrackung nicht von dem der Kontrolle unterschied (= 9,6 atm), während er bei einer vorwiegenden Chloridverbrackung bedeutend höher war (= 13,4 atm). Gleichzeitig betrug der Viskositätsgrad des Plasmas unter der Einwirkung der Chloridverbrackung das Neunfache von dem der Kontrolle und das 2½fache von dem bei Sulfatverbrackung — ein deutliches Zeichen für die Veränderung der Plasmaeigenschaften durch Cl^-. Die Hydratation des Plasmas

nimmt dabei zu. Die Chloridverbrackung führt zur Halo-Sukkulenz, die
Sulfatverbrackung dagegen zur Halo-Xeromorphie.

Während die Kulturpflanzen durch die Bodenverbrackung in ihrem Wachstum
stark gehemmt werden, und zwar bei einer Chloridverbrackung in viel höherem
Maße als bei einer Sulfatverbrackung, wird *Salicornia herbacea* im Gegensatz dazu
durch eine Chloridverbrackung im Wachstum sehr gefördert (Tab. 48):

Tab. 48. *Wachstum von Salicornia auf salzhaltigem Boden (jeweils 1% Salz vom Boden-Trockengewicht)*. Nach STROGONOV 1964.

Untersuchte Größe	Kontrolle	Sulfatver-brackung	Chloridver-brackung
Zahl der Sproßglieder	18,7	17,0	21,8
Frischgewicht einer Pflanze	1,33 g	3,19 g	6,36 g
Trockengewicht einer Pflanze [1]	0,33 g	0,60 g	0,82 g

[1] Wohl einschließlich der Salze.

Anders wie *Salicornia* verhält sich *Suaeda glauca*, die durch eine Sulfatverbrackung stärker gefördert wird, während eine Chloridverbrackung eher eine
gewisse Hemmung bewirkt (Tab. 49).

Tab. 49. *Wachstum bei Suaeda glauca auf salzhaltigem Boden*. Nach STROGONOV 1964.

	Kontrolle	Sulfatver-brackung	Chloridver-brackung
Höhe der Pflanzen	39,8 cm	51,2 cm	30,6 cm
Zahl der Seitenzweige	20,6	33,3	15,6
Frischgewicht einer Pflanze	8,5 g	22,0 g	10,7 g

Auf die Veränderung der anatomischen Struktur, vor allen Dingen auf die
Zunahme der Sukkulenz auf Cl^--haltigen Böden haben, seit BATALIN (1876) und
LESAGE (1890) sehr viele Autoren hingewiesen. Die Reaktion der verschiedenen
Arten ist jedoch nicht immer die gleiche. Bei Gräsern z. B. ist keine Zunahme
des Sukkulenzgrades festzustellen, auch die Zahl der Stomata pro mm^2 nimmt
entweder zu oder ab. Aber die spezifisch verschiedene Wirkung von SO_4^{--} und
Cl^- wurde in den älteren Arbeiten kaum beachtet.

Nach STROGONOV (1964) erhöht sich bei Baumwolle die Blattfläche bei einer
Sulfatverbrackung (SO_4^{--}), dagegen nimmt die Blattdicke insbesondere bei einer
Chloridverbrackung (Cl^-) zu:

$$\text{Kontrolle } 189 \ \mu m, \ SO_4^{--} = 251 \ \mu m, \ Cl^- = 506 \ \mu m.$$

Gerstenblätter verändern sich bei einer SO_4^{--}-Verbrackung gegenüber
den Kontrollen kaum, während sie unter Einwirkung einer Cl^--Verbrackung
sowohl schmäler als auch dünner werden.

Ähnlich wie Baumwolle verhielten sich Tomate, Sonnenblume und
Vicia faba. Stets begünstigten die Cl^--Ionen die Sukkulenz der Blätter und eine

schwächere Ausbildung der Holzteile, während die SO_4^{--}-Ionen zu einer xeromorphen Struktur führten.

Für die Sulfatbestimmung haben wir noch keine einfache Mikro-Bestimmungsmethode, welche es erlauben würde, in kurzer Zeit viele Preßsaftproben

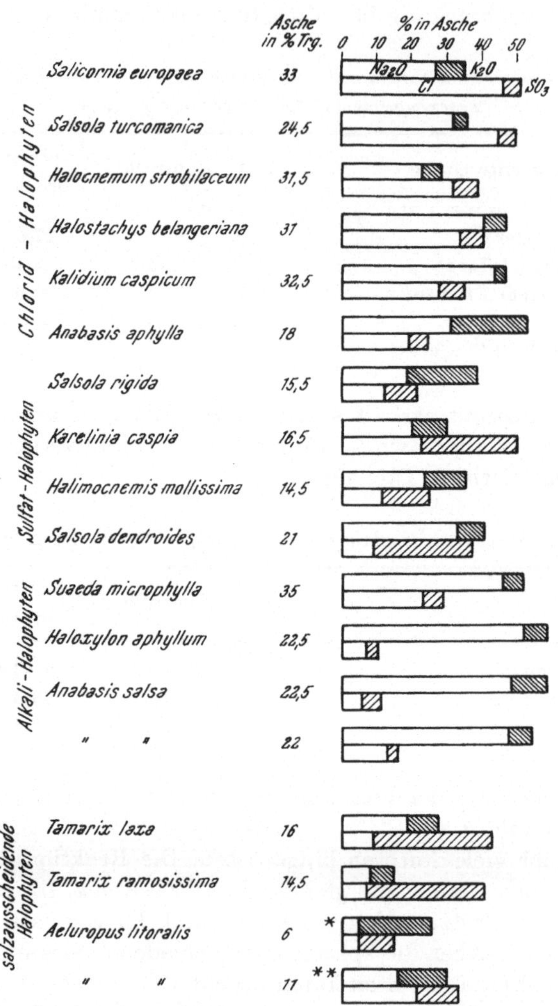

Abb. 157. Aschenanalysen von Halophyten in graphischer Darstellung nach Angaben von Rodin 1962. * berechnet auf SiO₂-freie Asche, in Asche 65% SiO₂; ** desgl., aber in Asche 36% SiO₂. (Erklärung bei *Salicornia*.) Weitere Erläuterungen im Text. Aus Walter 1968.

zu untersuchen. Deshalb liegen nur wenige Messungen von einer kleinen Zahl von Pflanzenarten vor, so daß man noch keine sicheren Feststellungen machen kann. Auf die stark entquellende, zu den Chloriden antagonistische Wirkung der Sulfate hatten wir bereits hingewiesen.

Strogonovs (1964) Ergebnisse bestätigen die Angaben von van Eijk (1939), der bei Kultur von *Salicornia* in verschiedenen Salzlösungen die in Tab. 38

genannten Sukkulenzgrade (Wassergehalt/Oberfläche) angibt, aber den Preßsaft nicht untersuchte.

Einige Analysen von Marsch- und Dünenpflanzen in der Nähe von Neapel (Italien) führt Önal (1965) in ihrer Arbeit an. Der Sulfatgehalt ist gering; fast alle Pflanzen sind sukkulent. Dasselbe gilt für die Mangrovenart *Laguncularia racemosa* (Biebl und Kinzel 1965).

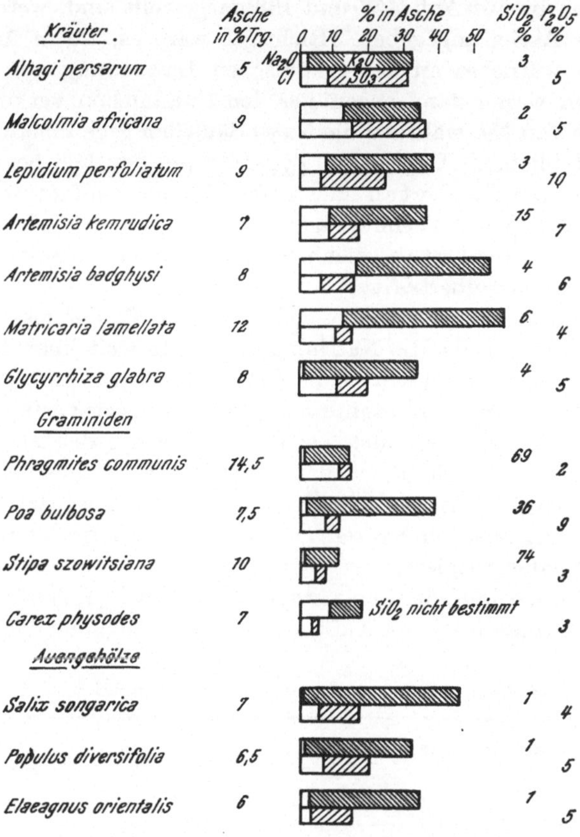

Abb. 158. Aschenanalysen von Nicht-Halophyten nach Angaben von Rodin 1962 (Erklärung bei *Alhagi*). Weitere Erläuterungen im Text. Aus Walter 1968.

Zur Unterscheidung der Chlorid- und Sulfathalophyten können wir die Aschenanalysen heranziehen, die Rodin (1962) bei Arten der mittelasiatischen Wüste durchführte (vgl. Walter 1968; Abb. 157, 158). Zunächst zeigt es sich, daß der Aschengehalt der Halophyten außerordentlich hoch ist (15—35% der Trockensubstanz), wobei die meisten Salze der Asche in der Pflanze in gelöster Form enthalten sind. Führt man bei den Halophyten Berechnungen aus unter Verwendung des Trockengewichts als Bezugseinheit (z. B. bei Wassergehalts-angaben), so darf man nur die Trockensubstanz unter Abzug der löslichen Salze oder praktisch die aschenfreie Trockensubstanz berücksichtigen, sonst kann man zu ganz falschen Ergebnissen gelangen. Nehmen wir an, daß dieselbe Art auf

salzarmem Boden und salzreichem Boden den gleichen Wassergehalt von 400%
(auf das Gesamt-Trockengewicht berechnet) besitzt, aber im ersten Fall 5% und
im zweiten Fall 30% des Trockengewichts auf leicht lösliche Salze entfallen.
Dann wäre im ersten Falle der eigentliche Wassergehalt 420% und im zweiten
Fall 570%, was eine starke Zunahme der Sukkulenz auf dem salzreichen Standort
anzeigen würde; bei der Berechnung auf das gesamte Trockengewicht wäre dies
jedoch nicht zu erkennen.

Die Analysen, die auf Abb. 157 und 158 dargestellt sind, werden von Rodin
(1962) in % der Asche angegeben. (Richtiger wäre es, sie in Äquivalenten zu
berechnen, doch würde es an der graphischen Darstellung nur wenig ändern:
Die SO_3-Säulchen wären dann gegenüber den Cl-Säulchen verkürzt, ebenso die
von K gegenüber von Na, während die Na_2O-Säulchen gegenüber den Cl-Säulchen
fast unverändert blieben.) Die beiden Typen treten deutlich hervor:

1. Die Chlorid-Halophyten haben einen kleinen Sulfatanteil in der Asche,
der z. T. aus organischen S-Verbindungen stammt;

2. die Sulfat-Halophyten zeichnen sich durch einen Sulfatgehalt aus, der
den Chloridgehalt meist übertrifft.

Daneben können wir aber noch einen dritten Typus feststellen. Es sind
Halophyten, in deren Asche die Natriumäquivalente weit über denen von Chlor
und Sulfat liegen. Wir bezeichnen sie als Alkali-Halophyten. *Anabasis aphylla*
unter den Chlorid-Halophyten könnte man auch zu dieser Gruppe stellen.

Bei der Veraschung, aber auch bei der Verwesung der Alkali-Halophyten,
wird das Natrium zu Natriumkarbonat (Na_2CO_3), d. h. diese Arten leiten eine
Sodaverbrackung der Böden ein. In den Pflanzen sind die Na-Ionen durch
die Anionen der organischen Säuren neutralisiert, und da letztere überwiegen,
wird der Zellsaft sauer reagieren.

Die letzte Gruppe umfaßt die salzausscheidenden Halophyten. Dabei
handelt es sich hauptsächlich um NaCl, wie aus der folgenden Tab. 50 hervorgeht:

Tab. 50. *Analysen der Salzausscheidungen von Tamarix und Avicennia.*

Tamarix articulata (nach Walter 1936 b)	π^*	12,8 atm
	Cl⁻	10,1 atm
	Zucker	1,2 atm
Avicennia marina (nach Scholander u. a. 1962)		
NaCl-Konzentration der ausgeschiedenen Salzlösung	bis	4,1%
NaCl ⎫ in der Lösung		87,0%
KCl ⎭		5,8%
NaCl-Konzentration im Xylem-Saft		0,2—0,5%

Als Folge davon ist bei ihnen (siehe Übersicht) der Na_2O- und Cl-Gehalt stark
erniedrigt. Die salzausscheidenden Halophyten sind auch meist wenig sukkulent.
Für *Avicennia* gilt das nur im Vergleich zu den anderen Mangroven, denn der
Chloridanteil am π^*-Wert liegt noch über 50%.

Zum Vergleich sind auf Abb. 158 die Aschenanalysen von Nichthalophyten
Mittelasiens nach Rodin (1962) dargestellt. Man erkennt sofort die geringen
absoluten Aschengehalte von unter 10%, wenn man bei den Gräsern den Kiesel-

säuregehalt nicht berücksichtigt, den hohen Kaliumgehalt und den geringen Gehalt an Na_2O und Cl.

Nach STEINER (1939) kann man verschiedene Salzregulierungstypen unterscheiden. *Juncus gerardi* z. B. gehört zum Kumulationstypus, wobei der Cl^--Gehalt im Zellsaft, und entsprechend π^*, im Laufe der Vegetationszeit ständig zunehmen. Beim Regulationstyp bleibt ein solcher Anstieg aus, ungeachtet der fehlenden Absalzung. In diesem Fall handelt es sich um sukkulente Formen, bei welchen durch die Wassergehaltszunahme mehr Salz gespeichert werden kann. Diese dauernde Volumvergrößerung tritt bei Mangrovenpflanzen allerdings nicht ein. Bei ihnen ist eine Regulation nicht bekannt, es sei denn auf dem Wege über ein Abbremsen der Salzaufnahme durch die Wurzeln.

Zusammenfassend und schematisch läßt sich die Beziehung zwischen NaCl in der Bodenlösung und den Halophyten an Hand der Abb. 159 aufzeigen (WALTER 1960). Mit zunehmendem NaCl-Gehalt im Boden nimmt der Cl^--Gehalt im Zellsaft zu und demzufolge auch π^*, der jedoch als Folge einer „Überkompensierung" stets beträchtlich höher liegt als π^* der Bodenlösung. Die Folge ist eine günstigere Wasserversorgung und ein stärkeres Wachstum. Bei höheren Konzentrationen geht die Salzspeicherung langsamer vor sich, bis schließlich der Cl-Anteil im Boden und in der Pflanze gleich wird (K). Da π^* im Zellsaft

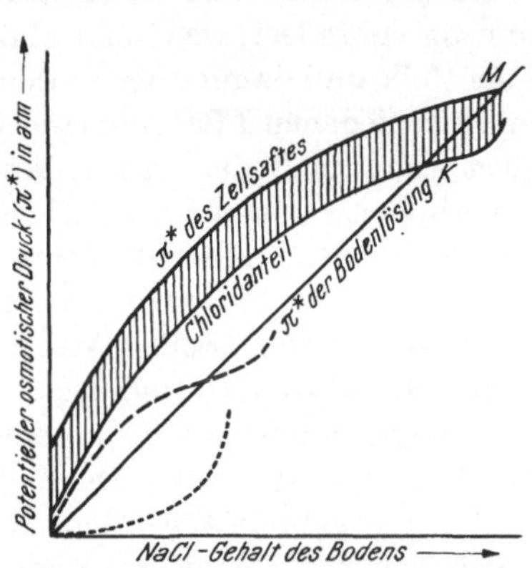

Abb. 159. Beziehungen zwischen NaCl der Bodenlösung und der Zusammensetzung des Zellsaftes bei Halophyten (schematisch). Schraffiert = Anteil der Nichtchloride im Zellsaft; punktiert = Chloridanteil im Zellsaft von Nichthalophyten; gestrichelt = dasselbe bei fakultativen Halophyten. K und M siehe Text. Nach WALTER 1960.

um den Betrag des chloridfreien Restes noch höher liegt, ist eine Wasseraufnahme noch möglich. Von jetzt an aber geschieht eine Erhöhung von π^* (Zellsaft) nur auf Grund von Wasserverlusten (passiv) oder durch Erhöhung des Cl^--freien Anteils (aktiv). In beiden Fällen wird durch diese Hydraturänderung wie bei nichthalophilen Arten eine Hemmung der Entwicklung verursacht. M entspricht dem maximalen π^* des Zellsaftes. Da nun kein Saugspannungsgefälle mehr besteht zwischen Boden und Pflanzen, ist eine weitere Wasseraufnahme unmöglich geworden; die Pflanzen gehen ein. Bei nur salztoleranten oder halophoben Arten ist der Verlauf der Salzspeicherungskurve wahrscheinlich anders, aber durchaus nicht immer so, wie es die punktierte oder gestrichelte Linie in Abb. 159 zeigt. Wir hatten ja gesehen, daß z. B. Gerste, Spinat und Bohne bei steigender Salzkonzentration im Boden die Salze in ganz verschiedenem Grade aufnehmen (S. 240ff.).

6. Die öko-physiologische Wirkung der Salze, insbesondere Chloride
a) Allgemeines

Die von den Pflanzen aufgenommenen Cl-Ionen werden am zweckmäßigsten in dem aus abgetöteten Pflanzenteilen abgepreßten Saft bestimmt, um die Salzkonzentration in der Pflanze zu erfassen. Der größte Teil der Chloride ist sicher in gelöster Form im Zellsaft der Vacuolen enthalten. Ein Teil wird aber auch von den Plasma- und Zellwandkolloiden adsorbiert. Wir sind noch nicht in der Lage, genaue Aussagen über die Verteilung der Salze in den einzelnen Zellbestandteilen und den verschiedenen Organellen des Plasmas zu machen. Für Proteide können wir hinsichtlich der Cl-Ionen eine positive Adsorption, für die Polysaccharide eine negative annehmen. Es dürften deshalb zwischen der Salzkonzentration im Zellsaft und der in anderen Zellbestandteilen komplizierte Korrelationen bestehen, bei denen die als Donnan-Gleichgewicht bekannten Gesetzmäßigkeiten anzunehmen sind.

Auf jeden Fall wird der Hydratationsgrad der Plasmaorganellen durch die Salzwirkung verändert, was nicht ohne Einfluß auf den Ablauf von Lebensfunktionen in der Zelle und damit auch in der ganzen Pflanze bleiben kann. Aber die Reaktion der verschiedenen Pflanzenarten wird im einzelnen sich sehr stark unterscheiden, selbst wenn im Boden oder in der Nährlösung dieselben Salze und in gleichen Konzentrationen vorhanden sind. Denn sowohl der Grad der Salzspeicherung ist bei Nichthalophyten und Halophyten spezifisch verschieden als auch die Art der Salzspeicherung (Regulations- oder Akkumulationstypus, Chlorid- oder Sulfat-Halophyten). Selbst Arten einer Familie können sich verschieden verhalten.

Bei Sojabohnen und Luzerne fanden Bernstein und Ogata (1966), daß eine Ertragsminderung durch den starken Effekt der Salzwirkung auf die Knöllchen hervorgerufen wird. Durch Stickstoffdüngung konnte die Schädigung durch NaCl etwas gebremst werden. Bei Luzerne nahm zwar der Ertrag ebenfalls ab, jedoch war die Reduktion der Knöllchen geringer, und Unterschiede zwischen nitratgedüngten und ungedüngten Pflanzen bestanden nicht.

Die morphologischen Änderungen, die wir bereits in Abschnitt IX, 4 besprachen, sind ebenfalls bei verschiedenen Arten nicht immer die gleichen. Selbst die als typisch angesehene Zunahme des Sukkulenzgrades (vgl. z. B. Lesage 1890, Repp 1958, 1961, Önal 1966) durch die Einwirkung von Cl-Ionen tritt bei Gramineen nicht ein (S. 251, vgl. auch Harter 1908). Das gilt auch für die Strukturänderungen der Achsenorgane. Bei Tomatenpflanzen stellten z. B. Hayward und Long (1941) eine Reduktion des Leitungsgewebes, stärkere Wandverdickungen bei Holz- sowie Bastfasern und geringere Kambiumaktivität fest. Bei anderen Arten kann der Salzeffekt in einer anderen Richtung liegen.

Wir finden in der Literatur über die Salzeffekte auf die verschiedensten Lebensfunktionen sehr zahlreiche Einzeluntersuchungen, die sich oft widersprechen, weil als Untersuchungsobjekt ganz verschiedene Pflanzenarten dienten, sowohl Halophyten als auch Nichthalophyten. Dabei wird meist nur die Salzkonzentration außerhalb der Pflanze bestimmt, so daß man über die Salzkonzentration, die auf das Plasma einwirkt, keine Angaben findet.

Wir können deshalb kein klares zusammenfassendes Bild von den bisherigen Ergebnissen geben, sondern wollen nur der Vollständigkeit halber kurz die einzelnen Arbeiten besprechen (vgl. Kreeb 1965e, auch 1960b).

b) Beeinflussung biochemischer Vorgänge, der Photosynthese und der Atmung

Äußerlich erkennt man bei Nichthalophyten die Salzwirkungen an Chlorose, Fleckenbildung, Welken. Hierbei liegen bereits toxische Effekte vor. Verschiedentlich wird eine biochemische Analyse, die allerdings noch ganz in den

Anfängen steckt, versucht. GARNER u. a. berichteten bereits 1930 über indirekte Störungen des pH-Wertes, wodurch z. B. die Fermentaktivität beeinflußt wird (BASLAVSKAJA 1943, BUTLER 1953, MILLER und EVANS 1956). PORATH und POLJAKOFF-MAYBER (1964) stellten bei *Pisum sativum*-Wurzelspitzen fest, daß zunehmende NaCl-Konzentration (bei Na_2SO_4 ist der Effekt geringer) im Substrat die Aktivität von Glucose-6-phosphat-Dehydrogenase erhöht, diejenigen von Milchsäure-Dehydrogenase jedoch erniedrigt (Tab. 51).

Tab. 51. *Spezifische Aktivität (Änderung in Einheiten optischer Dichte bei 340 mµ pro mg Protein und min) von Glucose-6-phosphat-Dehydrogenase (G) und Milchsäure-Dehydrogenase (M) bei Pisum-Wurzelspitzen.* Nach PORATH und POLJAKOFF-MAYBER 1964.

Salzart	Enzym	Osmotische Konzentration des Wachstumsmediums in atm				
		0	1	3	5	7
NaCl	G	0,28 ± 0,02	0,30 ± 0,01	0,65 ± 0,002	0,86 ± 0,04	1,05 ± 0,05
	M	11,3 ± 0,2	8,4 ± 0,2	7,1 ± 0,1	7,0 ± 0,05	6,6 ± 0,01
Na_2SO_4	G	0,28 ± 0,02	0,35 ± 0,02	0,36 ± 0,01	0,36 ± 0,01	0,36 ± 0,03
	M	11,3 ± 0,2	9,7	8,9	8,7	8,0

Dies bedeutet zunehmende Aktivierung der Pentophosphat-Bildung. Dadurch könnte wiederum die Aktivität des energetisch wichtigen Tricarbonsäurezyklus eingeschränkt werden, was Wachstumshemmungen zur Folge haben muß. Nach Ansicht der Autoren liegt hier vor allem eine osmotische Wirkung vor, obgleich sie einräumen, daß auch andere Faktoren beteiligt sein müssen. Das gleichzeitig bestimmte C_6/C_1-Verhältnis nahm sowohl bei NaCl als auch Na_2SO_4 ab. Es muß sich hierbei um eine Langzeitwirkung während des Wachstums handeln und nicht bloß um eine direkte Wirkung der in den Geweben vorhandenen Salze.

In Übereinstimmung mit der C_6/C_1-Abnahme stehen Atmungsmessungen: Die Atmung wird durch Salz verringert. Insofern steht dieses Ergebnis im Gegensatz zu den Untersuchungen von NIEMAN (1962, vgl. VAN EIJK 1939), der eine Atmungssteigerung durch Salze bei 12 Kulturpflanzenarten fand. Auch BAUMEISTER und SCHMIDT (1962, Abb. 160) fanden eine leichte Atmungssteigerung bei *Phaseolus vulgaris* und bei *Salicornia herbacea*. Ob man hier stets mit gleichen Reaktionen rechnen kann, ist sehr fraglich.

Die Atmungs-Verhältnisse bei verschiedenen salztoleranten bzw. -empfindlichen Pflanzen untersuchte TAKAOKI (1957). Er kommt dabei zu 3 Typen:

1. Pflanzen, welche NaCl tolerieren (Halophyten wie *Plantago coronopus*), aber auch sogenannte Osmophyten, die nichtdissoziierende Osmotika tolerieren, wie Zucker (z. B. *Phragmites longivalvis*). Bei ihnen erhöht sich π^* im Zellsaft und Atmung gleichermaßen.

2. Pflanzen, welche nur geringe NaCl-Konzentrationen tolerieren (*Plantago major, Brassica campestris*). Bei ihnen nimmt die Atmung mit steigendem π^* zunächst zu, dann ab.

3. Pflanzen, welche nicht NaCl-tolerant sind (*Phragmites longivalvis*). Hierbei nimmt die Atmung mit steigendem π^* sofort ab.

Eine Beeinflussung des Proteinstoffwechsels bei Tabak-Blattscheiben geht aus den Arbeiten BEN ZIONIS u. a. (1967) hervor. Pflanzengewebe unter NaCl-

oder Mannitstreß zeigte verminderten L-Leucin-^{14}C-Einbau in Protein (Abb. 161). Geringere L-Leucin-^{14}C-Aufnahme konnte ausgeschaltet werden, so daß eine direkte Wirkung auf den Synthesevorgang angenommen werden muß. Da der Effekt sowohl bei NaCl als auch Mannit gleich war, scheint ein Konzentrations-

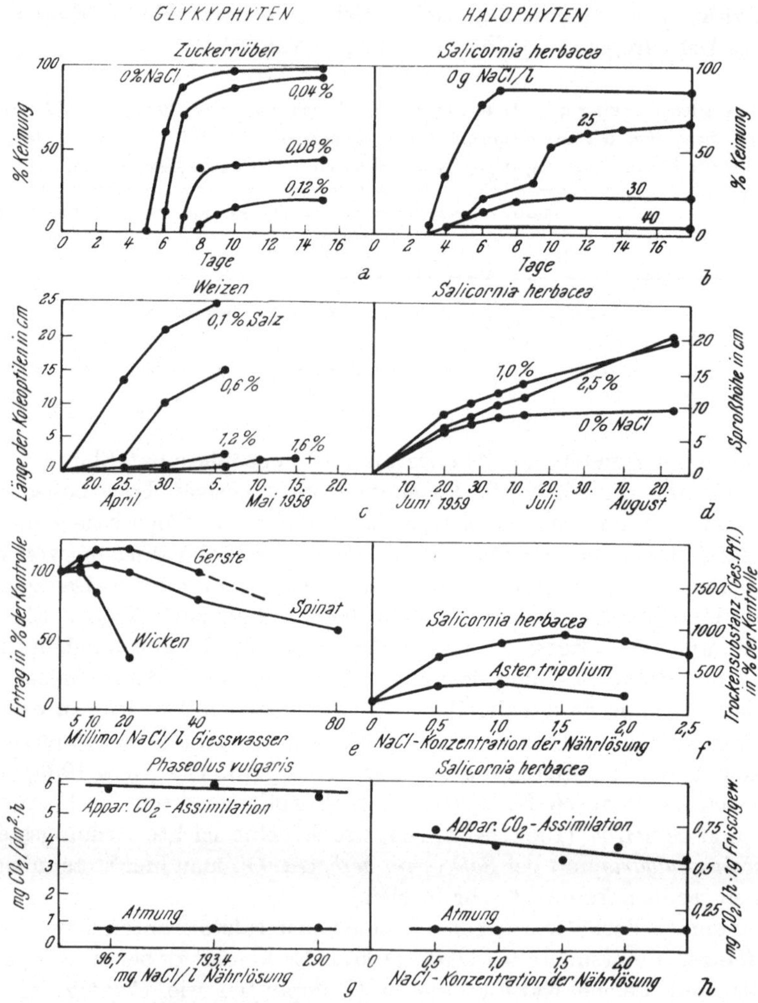

Abb. 160. Abhängigkeit der Keimung (*a*, *b*), des Wachstums (*c*, *d*), der Produktion (*e*, *f*) und der Photosynthese und Atmung (*g*, *h*) vom Salzgehalt im Substrat, gezeigt an typischen Beispielen. *a* nach Ayers (1952), *b* nach Feekes (1936), *c* nach Kreeb (1959), *d* nach Baumeister und Schmidt (1962), *e* nach Bihler (1963), *f*, *g* und *h* nach Baumeister und Schmidt (1962). Aus Kreeb 1965 e.

effekt vorzuliegen. Eine Regeneration war nach frühestens 72 Stdn. möglich. Kinetin-(Wuchsstoff-)Vorbehandlung zeigte bei Streßeinwirkung eine gewisse Kompensation, woraus geschlossen wird, daß der normale Nachschub von Wurzelcytokininen für den Sproßstoffwechsel bedeutend ist. Aus diesen Ergebnissen erkennt man, wie kompliziert die betreffenden Kausalketten zwischen Salz und Wirkung in der Pflanze sein müssen.

Eine ausführliche Besprechung des N-Stoffwechsels in Abhängigkeit von Salzen auf Grund einer Fülle von russischen Arbeiten finden wir bei STROGONOV (1964). Seiner Zusammenfassung entnehmen wir folgende wichtigen Schlußfolgerungen: Salze, vor allem NaCl, verursachen eine Störung des Proteinabbaues und -aufbaues. Demzufolge sammeln sich in der Pflanze zahlreiche Zwischenprodukte an, was insbesondere auch durch das Studium freier Aminosäuren charakterisiert werden kann. Als Ursache kommen vermutlich Milieustörungen in Frage, welche die Aktivität von Enzymen verändern, aber auch die direkte Beeinflussung der Enzymwirkung durch Ionen. Wichtig erscheint, daß auch Amine und Diamine, gewöhnlich Putrescin, manchmal auch Cada-

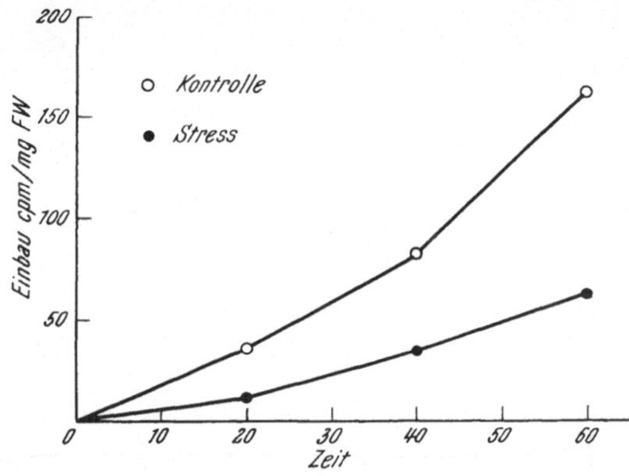

Abb. 161. Einbau von L-Leucin ^{14}C in Tabak-Blattscheiben in Abhängigkeit von der Zeit. cpm/mg FW = Impulse pro min pro mg Frischgewicht. Nach BEN-ZIONI u. a. 1967.

verin angehäuft werden. Sie verursachen Blattnekrosen, die an NaCl-verursachte Nekrosen erinnern. Hierbei könnte also der Schlüssel für eine der stofflichen Ursachen der Salzschäden gesucht werden, die schließlich zum Absterben der Pflanzen führen. Solche toxischen Substanzen treten hauptsächlich in den Wurzeln auf. Fraglich ist hierbei noch, ob es sich dabei um Entgiftungszentren innerhalb der Pflanze handelt für Stoffe, die hauptsächlich in der Wurzel entstehen, oder ob diese Gifte vom Sproß in die Wurzel transportiert werden. Eines steht jedenfalls fest: die toxischen Schädigungen gehen von einem veränderten Stoffwechsel aus. Vor diesbezüglichen Verallgemeinerungen muß freilich gewarnt werden, da eine Vielfalt von Variationen möglich erscheint.

Von besonderem Interesse ist die Frage der Beeinflussung der Photosynthese und des Wachstums. Auch diesbezüglich läßt sich noch keine einheitliche Stellungnahme abgeben. Bereits MONTFORT (1926) fand eine Schädigung von Chloroplasten bei Nichthalophyten, was auf eine Photosynthesebeeinflussung hindeuten würde. Dagegen fanden BAUMEISTER und SCHMIDT (1962) und in Übereinstimmung damit NIEMAN (1962), daß NaCl bei Nichthalophyten und Halophyten die Photosyntheseintensität nicht wesentlich beeinflußt (Abb. 160). Auf die leichte Stimulation der Atmung haben wir bereits hingewiesen. BAUMEISTER und SCHMIDT (1962) kommen zu der Ansicht, daß das verringerte Wachstum auf Salzböden demnach nicht auf eine Photosynthesebeeinflussung zurückzuführen ist, sondern auf eine geringere vegetative Ausbildung der photo-

18*

synthetisch aktiven Organe (Blätter). Dadurch kommt eine geringere photosynthetische Gesamtleistung pro Pflanze zustande, auch wenn die Intensität der CO_2-Assimilation pro Flächen- bzw. Frischgewichtseinheit kaum beeinflußt wird.

Für eine Photosynthesebeeinflussung sprechen die Untersuchungen von Baslavskaja (1936). Sie fand bei Kartoffelpflanzen, obgleich das Stärke/Zucker-Verhältnis erhöht ist, eine Verringerung des Gesamtkohlenhydratgehaltes bei Cl⁻-Anreicherung in den Blättern (vgl. Mishra 1967, cit. S. 248). Auch Boyer (1965) kommt zu diesem Ergebnis bei relativ resistenten Baumwollpflanzen. Der Gaswechsel wurde hierbei mit URAS-Geräten untersucht. Da in allen Versuchsreihen die Transpiration gleich war, konnte Stomataschluß ausgeschaltet werden. Die Photosyntheseabnahme und Atmungsverringerung (gering)

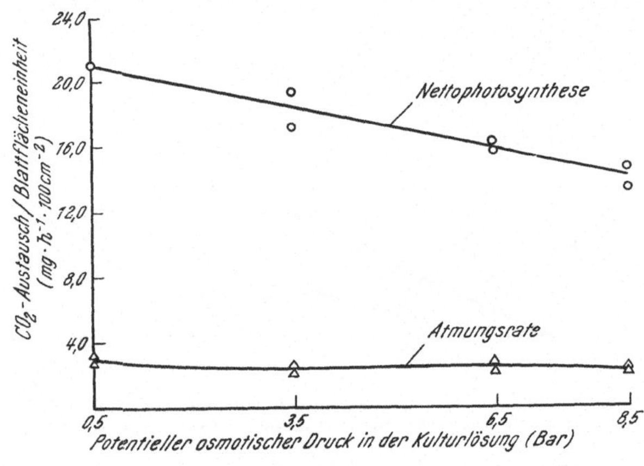

Abb. 162. Atmung und Photosynthese bei Baumwolle bei verschiedenen potentiellen osmotischen Drücken der Kulturlösung. Angabe pro Blattfläche. Nach Boyer 1965.

können also in diesem Fall als Primärbeeinflussung gedeutet werden (Abb. 162). Da Vergleiche mit Mannit fehlen, kann allerdings nicht mit Sicherheit gesagt werden, ob ein Konzentrationseffekt aufgrund der Zunahme von π^* im Substrat dafür ausschlaggebend ist oder eine spezifische Salzwirkung. Die von den Blättern aufgenommenen Cl-Mengen sind außerdem nicht bestimmt worden, was als Nachteil angesehen werden muß.

In diesem Zusammenhang darf auf die sehr interessanten Ergebnisse von Santarius (1966, vgl. Santarius und Ernst 1967) hingewiesen werden. Er untersuchte die Beeinflussung der Hill-Reaktion und der Photophosphorylierung an isolierten Chloroplasten, denen u. a. Wasser in Lösungen mit verschiedenen Osmotika entzogen wurde. Früher (S. 202f.) hatten wir gesehen, daß Glucose, Sorbit, Saccharose und Lutrol, also nichtdissoziierende Osmotika, bei 2—3 molaren Lösungen praktisch keinen Effekt zeigten. Anders ist das bei Verwendung von NaCl-Lösungen. Hier tritt eine starke Verringerung in allen Fällen auf, wobei sogar irreversible Effekte entstehen, vor allem bei höheren Konzentrationen (Abb. 163). Hierbei kann es sich nur um spezifisch toxische Wirkungen handeln, wobei natürlich beachtet werden muß, daß die Versuche nicht unter natürlichen Bedingungen durchgeführt worden sind. Denn normalerweise kommen die Chloroplasten nicht mit so stark konzentrierten NaCl-Lösungen

in Berührung. Allerdings muß gleichzeitig nochmals an die Ergebnisse von
ZIEGLER und LÜTTGE (1967) erinnert werden, die Cl⁻ bei *Limonium* auch in
Chloroplasten eingelagert fanden.

Die Photosynthese von Meerespflanzen untersuchte neuerdings GESSNER
und HAMMER (1960) und NELLEN (1966). Einige Arten (*Posidonia oceanica*,
Potamogetonacee und *Uva lactuca*) reagieren bei Verdünnungsstufen sofort mit
einer Abnahme bis 0 (Abb. 164). Rückübertragung in Seewasser bewirkt Regeneration, so daß eine primäre Beeinflussung wohl nicht vorhanden ist, eher eine

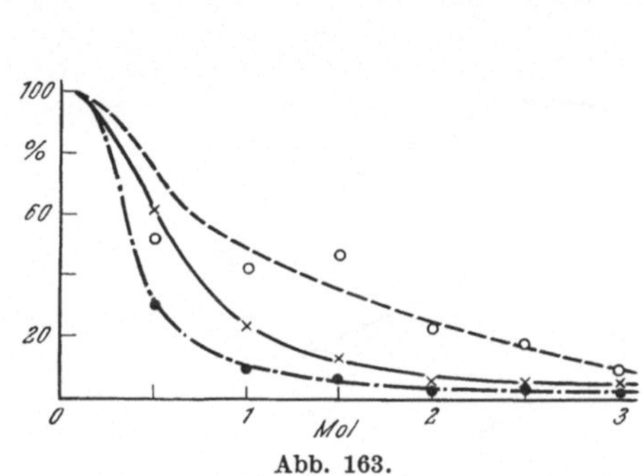
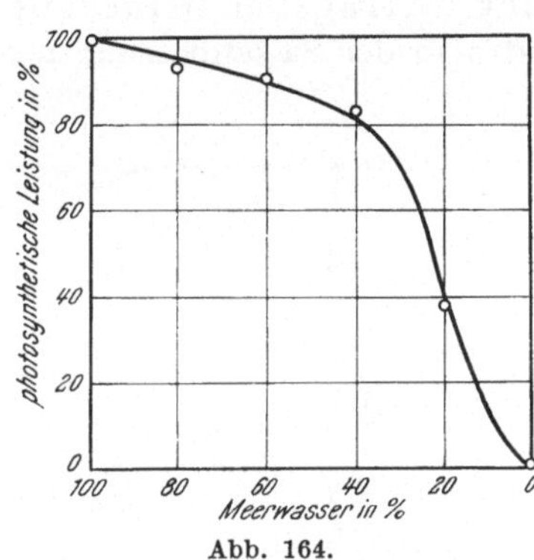

Abb. 163.   Abb. 164.

Abb. 163. HILL-Reaktion isolierter Futterrübenchloroplasten nach bzw. während der Entwässerung durch
NaCl-Lösungen unterschiedlicher Konzentration. Abszisse = Mol NaCl, Ordinate und Zeichenerklärung wie
Abb. 129. Nach SANTARIUS und ERNST 1967.
Abb. 164. Photosynthetische Leistung von *Posidonia oceanica* in verschiedenen Verdünnungsstufen des Meer-
wassers (100% in der Abszisse bedeutet hier unverdünntes Meerwasser). Die Leistung im Meerwasser wurde gleich
100 gesetzt (Ordinate). Nach GESSNER und HAMMER 1960.

Membranveränderung. *Fucus serratus* gehört dem resistenten Typus an. Diese
wenigen Angaben zeigen, daß bei submersen Halophyten andere Beziehungen
zu erwarten sind. Bezüglich der Na-Wirkung bei niederen Pflanzen sei auf BAU-
MEISTER u. a. (1966) verwiesen.

c) Keimung, Wachstum und Ertrag

Für praktische und angewandte Belange spielt weniger die Untersuchung der
physiologischen Produktionsvorgänge in der Zelle eine Rolle als vielmehr die
Untersuchung von Keimung, Wachstum und Ertrag. Diesbezüglich gibt es
eine Fülle von Arbeiten (vgl. KREEB 1960b, 1965e). Wir können hier nur auf
generelle Ergebnisse hinweisen (Abb. 160). Es ergibt sich dabei, daß die Keimung[72] nicht nur bei Nichthalophyten, sondern auch bei Halophyten, also
ganz allgemein durch Salze stark verringert wird. Salzfreies Keimbett ist also
für die Keimung von entscheidender Bedeutung (SCHRATZ 1934, UNGAR 1962).
Untersucht man das Wachstum (MONTFORT und BRANDRUP 1927, 1928; insbesondere STROGONOV 1964) und speziell das Längenwachstum bei Sprossen, so zeigt
sich eine deutliche Abhängigkeit zum Toleranzcharakter. Wenig tolerante Arten

---

[72] Zahlreiche diesbezügliche Untersuchungen verdanken wir BINET (1961, 1962,
1964, 1965a, b, c).

schränken das Wachstum schnell ein[73], während bei Halophyten (z. B. *Salicornia*) eine deutliche Optimumkurve vorhanden ist. Daß letztere eine gewisse Salzmenge (NaCl) geradezu benötigen, kommt hierbei deutlich zum Ausdruck, und als Folge davon auch bei der Substanzproduktion. Gerste, die als salztolerante Kulturpflanze gilt, zeigt nach Bihler (1963) bereits eine angedeutete Optimumkurve. Aber schon Spinat und vor allem salzempfindliche Pflanzen, reagieren mit einer Ertragsabnahme bei zunehmenden NaCl-Mengen im Wachstumssubstrat. Diesbezüglich scheint nach Kreeb (1965e) kein genereller Unterschied zwischen echten Halophyten und Glycyphyten vorzuliegen; da es zwischen beiden Übergänge in der Ertragsbeeinflussung gibt, kann man von rein graduellen Unterschieden in der Salzanpassung ausgehen (Abb. 160, 165).

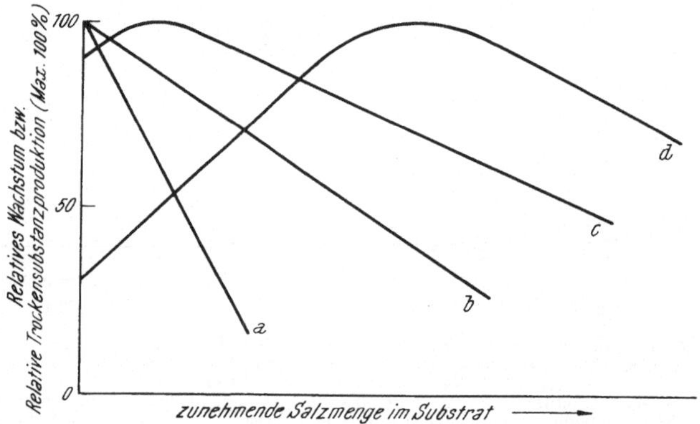

Abb. 165. Schematische Darstellung der Abhängigkeit des Wachstums bzw. der Trockensubstanzproduktion vom Salzgehalt im Substrat. *a* nicht salztolerante Glycyphyten. *b* schwach salztolerante Glycyphyten. *c* salztolerante Glycyphyten. *d* Halophyten. Nach Kreeb 1965e.

Prinzipiell müssen bei salzresistenten Arten in Anlehnung an Hayward und Wadleigh (1949) 2 Bedingungen erfüllt sein:

1. Salzspeicherung in den Pflanzen zur Aufrechterhaltung des osmotischen Gefälles zwischen Pflanze und Boden.

2. Resistenz des Plasmas gegen die aufgenommenen Salze, wobei hierunter, nach dem vorher Gesagten, neben einer Strukturresistenz bzw. in Verbindung mit ihr die Resistenz einer Fülle biochemischer Prozesse bei der Dissimilation und Assimilation zu verstehen ist.

Inwieweit durch besondere Maßnahmen eine direkte Bewässerung von Kulturpflanzen mit stark salzhaltigem Wasser bzw. Meereswasser möglich ist, wie dies neuerdings z. B. von Boyko (1966) und Boyko und Boyko (1964) angegeben wird, muß stark bezweifelt werden. Auch die Lösung des Salzproblems über balanciertes Ionenmilieu (Heimann 1962, 1966) bedarf noch experimenteller Erhärtung (vgl. auch Heimann und Ratner 1961).

---

[73] Dies läßt sich besonders deutlich auch bei Einzelpflanzen gut nachweisen, wenn man die Wurzelsystem-Hälften verschiedenen Wachstumsmilieus (NaCl-Zusatz und Kontrolle) aussetzt (Leo 1964). Vgl. auch Arbeiten von Binet (1960, 1965d, Binet u. a. 1963, Binet und Boucaud 1964).

Aussichtsreicher erscheinen Maßnahmen zur Resistenzerhöhung (DJENDOV 1966), z. B. auch über Züchtung (HUNT 1965). Nach STROGONOV (1964, hier zusammenfassende Darstellung) kommen hierfür auch Behandlungen von Samen in Salzlösungen vor der Aussaat in Frage (Tab. 52).

Tab. 52. *Ertrag bei Hirse in Abhängigkeit von der Samenbehandlung auf Salzböden.* Nach HENCKEL 1954 und TSVETKOVA 1953, aus STROGONOV 1964.

Versalzungsgrad	Vorbehandlung	Ertrag	
		dz/ha	%
mittel	unbehandelt	7,0	100
mittel	3% NaCl	10,2	147
mittel	6% NaCl	9,5	135
stark	unbehandelt	6,0	100
stark	3% NaCl	7,8	130
stark	6% NaCl	8,7	145

Diese Beispiele zeigen, daß aus der Beeinflussung der Plasmahydratation durch Salze, welche am Beginn der Kausalkette Salz—Pflanzenreaktionen steht, verschiedenartigste Wirkungen folgen. Wir stehen hier vor einer Problemserie, deren Aufklärung allergrößte Bedeutung für jeglichen Pflanzenanbau auf den weit verbreiteten Salzböden arider Gebiete haben wird.

Bei der erheblichen Transpiration der Halophyten müssen diese mit ihren Wurzeln der salzhaltigen Bodenlösung fast reines Wasser entnehmen, weil sonst die Salzanreicherung in den Blättern zu hohe Werte erreichen würde. Diese Wasseraufnahme ist nur möglich, wenn die Saugspannung der Blätter größer ist als der potentielle osmotische Druck (π^*) der Bodenlösung. Die Saugspannung der Blätter wird auf die Wurzeln übertragen. Die Folge davon ist, daß das Wasser in den Gefäßen unter Kohäsionsspannung stehen muß, die selbst bei kleinen Halophyten höher sein wird als π^* der Bodenlösung (vgl. die Ausführungen bei WALTER und STEINER 1936). Den Beweis für die Richtigkeit dieser Annahme hat SCHOLANDER in den letzten Jahren erbracht (SCHOLANDER u. a. 1965, SCHOLANDER 1968). Er konnte zeigen, daß die Wurzeln der Mangroven wie ein Ultrafilter wirken, d. h. nur Wasser, aber keine Salze durchlassen, daß der Salzgehalt des Gefäßwassers äußerst gering ist, und daß die Kohäsionsspannung tatsächlich die geforderte Höhe erreicht. Damit ist jedoch das Problem der Salzregulierung (vgl. S. 244 f.) noch nicht gelöst.

Zum Schluß darf noch auf folgende neuere Werke hingewiesen werden, die bei der Abfassung des Textes nicht mehr berücksichtigt werden konnten: LEBEDEV, G. V., 1969: Stoßweise Beregnung und Wasserhaushalt der Pflanzen. Moskau. [Russ.]. PETINOV, N. S., 1968: Der Wasserhaushalt der Pflanzen und ihre Produktivität. Moskau. [Russ.]. KOZLOWSKI, T. T., 1968: Water deficits and plant growth. Band I und II. New York und London. SLAVIK, B., 1968: Water deficit in plants as a physiological factor. Den Haag. SUTCLIFFE, J., 1968: Plants and water. London.

X. Verwendete Symbole und Tabellenanhang

1. Mathematische Symbole von allgemeiner Bedeutung und Buchstabensymbole

$=$	gleich
$\neq$	nicht gleich
$\equiv$	identisch gleich
$\approx$	angenähert gleich
$\hat{=}$	entspricht und numerisch gleich
$>$	größer als
$<$	kleiner als
$+$	plus
$-$	minus
$\exp x$	Exponentialfunktion von x
$\ln x$	natürlicher Logarithmus von x
$\log x$	Zehnerlogarithmus von x
$\sum$	Summe
$f(x)$	Funktion der Veränderlichen x
$d x$	vollständiges (totales) Differential
∂x	partielles Differential
$\int$	Integral
Δx	endlicher Zuwachs von x

2. Allgemeine Formelzeichen

a	Fläche
a_w	relative Aktivität des Wassers
C	Wärmekapazität
c	Konzentration, Konstante
Δ	Gefrierpunktserniedrigung
φ	Fugazitätskoeffizient
h	Höhe
hy	Hydratur
M	Molekulargewicht
m	molar, Wassermenge
N	Menge der hydrophilen Kolloidmoleküle
n	normal, Molzahl, Brechungsindex
π	osmotischer Druck
π^*	potentieller osmotischer Druck
P	Druck
p	Dampfdruck (Wasser)
p_0	Sättigungsdampfdruck (Wasser)
Q	Wassergehalt
ρ	Dichte
V, v	Volumen
V_Q	Quellungsgeschwindigkeit
T	absolute Temperatur
$t\,°C$	Temperatur in °C
t	Zeit
x	Molenbruch
x_i^*	Konzentrationsmaß in vernetzten Systemen (Gelen)

3. Thermodynamische Formelzeichen

A	Arbeit
$\Delta \mu$	Differenz des chemischen Potentials einer Substanz in der Mischphase zu dem der reinen Phase

F	freie Energie nach HELMHOLTZ (freie Energie)
G	freie Energie nach GIBBS (freie Enthalpie)
$\overline{G}$	chemisches Potential ($\triangleq \mu$)
H	Enthalpie
Q	Wärmemenge
Q_p	Reaktionswärme
Q_v	Reaktionsenergie
S	Entropie
U	innere Energie
$\overline{V}$	partielles Molvolumen
V_i	partielles Molvolumen der Substanz i
V	Volumen der Mischphase
μ	chemisches Potential (partielle molare freie Enthalpie)

4. Physiologische Formelzeichen

A	Wasseraufnahme
D	effektive Blattdicke
F	Frischgewicht
f	Gefrierfläche
i	Quellungsgrad
K	Unterkühlungskorrektur
P	Plasmavolumen, Turgordruck
π	tatsächlicher osmotischer Druck
π^*	potentieller osmotischer Druck des Zellsaftes
Ψ_w	Wasserpotential (Gesamtwasserpotential)
Ψ_π	osmotisches Potential
Ψ_p	Druckpotential
Ψ_τ	matrikales Potential
Ψ_g	Gravitationspotential
RWg	relativer Wassergehalt
S	Saugspannung, Sättigungsgewicht
T	Trockengewicht, Transpiration
τ	matrikaler Druck
τ^*	potentieller matrikaler Druck
$Wg \% T$	Wassergehalt in % des Trockengewichts

5. Konstanten

M_{H_2O}	Molekulargewicht von H_2O, 18,016 [g]
R	Gaskonstante, $8{,}206 \cdot 10^{-2}$ [Literatm. $grad^{-1}$]
ρ_{H_2O}	Dichte des Wassers bei 20° C, 0,9982 [$g \cdot cm^{-3}$]
$V_i \approx V_{0i}$	partielles Molvolumen $\approx$ Molvolumen von H_2O bei 20° C, 18,05 [$cm^3 \cdot mol^{-1}$]

6. Indizierung

a) tiefgesetzte

0	(Null) vor i oder w, reine Phase betreffend
H_2O	Wasser
i, j	Substanz i, j betreffend
il	Flüssigkeit betreffend
iv	Dampf betreffend
PP	Protoplasma
Q	Quellung betreffend
w	Wasser

Z	Zucker, Zelle
ZI, Zi	Zellinneres
ZO	Zelloberfläche
ZS	Zellsaft
ZW	Zellwand

b) hochgesetzte

*	potentielle Drücke
'	Gasphase betreffend
α, β	Phasen betreffend
+	Standardwert bezeichnend

7. Synonyme osmotischer Zustandsgleichungen

1. Bezeichnungen nach URSPRUNG und BLUM (1916 b)

$$S_Z \qquad = \qquad S_{Zi} \qquad - \qquad W \text{ (vgl. 30)}$$
(Saugkraft der Zelle)   (Saugkraft des Zellinhalts)   (Wanddruck)

2. Bezeichnungen nach WALTER (1952)

$$S \qquad = \qquad W \qquad - \qquad P \text{ (vgl. 31)}$$
(Saugspannung)   (osmotischer Wert)   (Turgordruck)

3. Bezeichnungen nach MEYER (1956)

$$DPD \qquad = \qquad OP \qquad - \qquad PP \text{ (vgl. 34)}$$
(diffusion pressure defizit)   (osmotic pressure)   (turgor pressure)

4. Nach SLATYER und TAYLOR (1960)

$$\Psi_w \qquad = \qquad \Psi_\pi \qquad + \qquad \Psi_P \text{ (vgl. 57)}$$
(water potential)   (osmotic potential)   (pressure potential)

8. Potentielle osmotische Drücke (π^*) bei 20° C in atm für relative Dampfspannungen $\left(\dfrac{p_w}{p_{0w}} \cdot 100\right)$ zwischen 100% und 90% in Stufen von 0,1%, zwischen 89% und 60% in Stufen von 1% und angenäherte Werte für sehr geringe Dampfspannungen. Nach WALTER 1931 a.

%	,9	,8	,7	,6	,5	,4	,3	,2	,1	,0
99	1,3	2,6	4,0	5,3	6,6	8,0	9,3	11,0	12,0	13,4
98	14,7	16,1	17,4	18,8	20,1	21,4	22,8	24,2	25,6	26,9
97	28,3	29,6	31,0	32,4	33,8	35,2	36,5	37,8	39,2	40,6
96	42,0	43,3	44,7	46,1	47,5	48,9	50,3	51,7	53,1	54,5
95	55,8	57,2	58,6	60,0	61,4	62,8	64,2	65,6	67,0	68,4
94	69,8	71,2	72,6	74,0	75,4	76,8	78,2	79,6	81,0	82,4
93	83,8	85,3	86,8	88,2	89,6	91,0	92,4	93,8	95,2	96,7
92	98,1	99,6	101	102	104	105	107	108	110	111
91	113	114	115	117	118	119	121	122	124	125
90	127	128	130	131	133	134	136	137	139	140

	9.	8.	7.	6.	5.	4.	3.	2.	1.	0.
8	155	171	186	201	217	233	249	265	281	298
7	315	332	349	366	384	401	419	438	457	476
6	495	514	533	553	574	594	615	636	658	680

50% = 923 atm,   30% = 1604 atm,   10% = 3067 atm,
40% = 1220 atm,   20% = 2144 atm,   0% = ∞ atm.

*9. Sättigungswassergehalt (SWg) in [g · m⁻³] und Sättigungsdampfdruck (SD) in [mm Hg]
der Luft bei verschiedenen Temperaturen. Nach Handbook of Chemistry and Physics, herausgegeben von R. C. WEAST, Cleveland 1962.*

°C	*SWg*	*SD*	°C	*SWg*	*SD*	°C	*SWg*	*SD*
0	4,85	4,579	20	17,30	17,51	40	51,1	55,13
1	5,19	4,924	21	18,35	18,62	41	53,7	58,14
2	5,56	5,290	22	19,42	19,79	42	56,5	61,30
3	5,95	5,681	23	20,58	21,02	43	59,5	64,59
4	6,36	6,097	24	21,78	22,32	44	62,5	68,05
5	6,80	6,541	25	23,04	23,69	45	65,6	71,66
6	7,26	7,011	26	24,36	25,13	46	68,8	75,43
7	7,75	7,511	27	25,75	26,65	47	72,2	79,38
8	8,27	8,042	28	27,22	28,25	48	75,7	83,50
9	8,82	8,606	29	28,75	29,94	49	79,4	87,80
10	9,41	9,205	30	30,35	31,71	50	83,2	92,30
11	10,02	9,840	31	32,01	33,57	51	87,2	96,99
12	10,67	10,513	32	33,76	35,53	52	91,2	101,88
13	11,35	11,226	33	35,61	37,59	53	95,5	106,99
14	12,06	11,980	34	37,57	39,75	54	100,0	112,30
15	12,83	12,779	35	39,60	42,02	55	104,0	117,85
16	13,64	13,624	36	41,70	44,40	56	109,4	123,61
17	14,47	14,517	37	43,90	46,90	57	114,4	129,63
18	15,36	15,460	38	46,19	49,51	58	119,6	135,89
19	16,31	16,456	39	48,59	52,26	59	125,0	142,41

10. Dampfdruck (p) bei 0° C in [mm Hg], potentielle osmotische Drücke (π) in [atm] bei
20° C und Luftfeuchtigkeit (LF) in % von NaCl-Lösungen. Nach WALTER 1931 a.*

Mol NaCl pro Liter Lösung	Mol NaCl pro Liter Wasser	*p*	π*	*LF*
0,1	0,100	4,60	4,33	99,68
0,2	0,201	4,59	8,39	99,37
0,3	0,303	4,58	12,48	99,07
0,4	0,404	4,56	16,57	98,77
0,5	0,507	4,55	20,96	98,44
0,6	0,610	4,53	25,66	98,10
0,7	0,714	4,52	29,65	97,89
0,8	0,817	4,50	34,24	97,47
0,9	0,923	4,49	38,56	97,14
1,0	1,03	4,47	43,2	96,8
2,0	2,12	4,30	96,4	93,0
3,0	3,27	4,08	166	88,3
4,0	4,49	3,83	249	83,0
5,0	5,79	3,63	323	78,4
gesättigt	6,07	3,50	369	75,8

11. Potentielle osmotische Drücke in atm (π^*) bei KNO_3-Lösungen in Stufen von je 0,01 Mol KNO_3, gültig für die jeweilige Gefrierpunktstemperatur und angenäherte Werte für 1-m-, 2-m- und 3-m-Lösungen, gültig für 18° C. Nach WALTER 1931 a.

Mol auf 1000 g Wasser	Mol auf 1000 cm³ Lösung	π^*									
		0	1	2	3	4	5	6	7	8	9
0,0 =	0,0	0,0	0,4	0,8	1,2	1,6	2,0	2,4	2,8	3,2	3,6
0,105 =	0,1	4,0	4,4	4,7	5,1	5,5	5,8	6,2	6,6	6,9	7,3
0,202 =	0,2	7,6	8,0	8,4	8,7	9,1	9,4	9,8	10,1	10,5	10,9
0,304 =	0,3	11,2	11,6	11,9	12,3	12,6	13,0	13,4	13,7	14,1	14,4
0,406 =	0,4	14,6	14,9	15,2	15,6	15,9	16,2	16,5	16,8	17,2	17,5
0,509 =	0,5	17,8	18,1	18,4	18,7	19,0	19,3	19,6	19,9	20,2	20,5
0,613 =	0,6	20,8	21,1	21,4	21,7	22,0	22,3	22,5	22,8	23,1	23,4
0,718 =	0,7	23,7	24,0	24,3	24,5	24,8	25,1	25,4	25,6	25,9	26,2
0,823 =	0,8	26,5	26,8	27,0	27,3	27,6	27,9	28,1	28,4	28,7	28,9
0,929 =	0,9	29,2	29,5	29,7	30,0	30,2	30,5	30,7	31,0	31,2	31,4
1,035 =	1,0	31,7									

Mol im Liter	1	2	3
π^* in Atmosphären	36,9	69,4	99,9

12. Relative Dampfspannungen zwischen 100 und 70%, gültig für 20° C, bei Schwefelsäure-lösungen. Nach WALTER *1931 a, vgl. auch* HEINTZELER *1939.*

Relative Dampfspannung bei 20° C in %	g Schwefelsäure auf 100 g Wasser	% H_2SO_4, d. h. g H_2SO_4 in 100 g Lösung	Spezifisches Gewicht bei 15° C
99,5	0,97	0,96	1,006
99,0	1,95	1,91	1,012
98,5	2,92	2,84	1,019
98,0	3,90	3,75	1,025
97,5	4,87	4,65	1,031
97,0	5,85	5,53	1,037
96,5	6,82	6,38	1,043
96,0	7,80	7,24	1,049
95,5	8,78	8,08	1,054
95,0	9,75	8,88	1,060
94,5	10,70	9,67	1,066
94,0	11,60	10,40	1,071
93,5	12,50	11,10	1,076
93,0	13,40	11,80	1,081
92,5	14,30	12,50	1,086
92,0	15,18	13,17	1,091
91,5	16,08	13,84	1,096
91,0	16,95	14,50	1,101
90,5	17,85	15,15	1,106
90,0	18,72	15,75	1,110
89,0	20,47	17,0	1,119
88,0	22,15	18,2	1,128
87,0	23,90	19,3	1,137
86,0	25,60	20,4	1,145
85,0	27,20	21,4	1,153
84,0	28,80	22,4	1,161
83,0	30,40	23,3	1,168
82,0	32,00	24,2	1,175
81,0	33,55	25,1	1,182
80,0	35,00	25,9	1,189
79,0	36,45	26,7	1,195
78,0	37,90	27,5	1,201
77,0	39,30	28,2	1,207
76,0	40,68	28,9	1,213
75,0	42,02	29,6	1,219
74,0	43,38	30,2	1,224
73,0	44,70	30,9	1,229
72,0	46,00	31,5	1,234
71,0	47,30	32,1	1,239
70,0	48,60	32,7	1,244

13. Potentielle osmotische Drücke von Rohrzuckerlösungen in atm in Stufen von 0,01 Mol, gültig 20° C. Nach Walter 1931 a.

	0	1	2	3	4	5	6	7	8	9
0,0	0	0,26	0,53	0,79	1,06	1,32	1,59	1,85	2,11	2,38
0,1	2,64	2,91	3,17	3,43	3,70	3,96	4,22	4,48	4,75	5,01
0,2	5,29	5,57	5,86	6,14	6,42	6,70	6,98	7,27	7,55	7,84
0,3	8,13	8,42	8,71	9,00	9,29	9,58	9,87	10,17	10,48	10,80
0,4	11,11	11,43	11,74	12,06	12,37	12,69	13,01	13,33	13,66	13,99
0,5	14,31	14,64	14,96	15,29	15,64	15,99	16,35	16,71	17,06	17,42
0,6	17,77	18,13	18,50	18,87	19,24	19,61	19,98	20,35	20,72	21,10
0,7	21,49	21,88	22,27	22,66	23,05	23,44	23,84	24,27	24,69	25,11
0,8	25,54	25,96	26,38	26,8	27,2	27,6	28,0	28,4	28,8	29,3
0,9	29,7	30,2	30,7	31,1	31,6	32,1	32,6	33,1	33,6	34,1
1,0	34,6	35,1	35,7	36,2	36,7	37,2	37,7	38,2	38,8	39,3
1,1	39,8	40,4	40,9	41,5	42,0	42,5	43,1	43,7	44,2	44,8
1,2	45,4	46,0	46,6	47,2	47,8	48,4	49,0	49,6	50,3	50,9
1,3	51,6	52,2	52,9	53,6	54,3	54,9	55,6	56,3	57,0	57,7
1,4	58,4	59,1	59,9	60,6	61,3	62,1	62,8	63,6	64,3	65,0
1,5	65,8	66,5	67,3	68,1	68,9	69,7	70,6	71,5	72,5	73,1
1,6	73,9	74,8	75,7	76,5	77,4	78,3	79,2	80,2	81,2	82,1
1,7	83,0	84,0	85,0	86,0	87,0	88,0	89,0	90,1	91,1	92,2
1,8	93,2	94,3	95,4	96,5	97,6	98,7	99,9	101,0	102,2	103,3
1,9	104,5	105,7	106,9	108,1	109,2	110,3	111,5	112,7	114,0	115,2
2,0	116,6	117,8	119,1	120,5	121,8	123,1	124,4	125,8	127,2	128,7
2,1	130,1	131,5	133,0	134,4	135,9	137,3	138,7	139,8	141,3	142,8

Die gesättigte Lösung (20° C) enthält 203,9 g Rohrzucker auf 100 g Wasser (5,96 gewichtsmolar) und besitzt einen π^* von 220 atm = 85% Luftfeuchtigkeit.

14. Gefrierpunktserniedrigung (Δ) in °C und potentielle osmotische Drücke (π^*) von verdünnten Glucoselösungen in [atm], gültig für die Gefrierpunktstemperatur. Nach Handbook of Chemistry and Physics. Herausgegeben von R. C. WEAST, Cleveland 1965.

Mol pro Liter	Δ	π^*
0,000	0,00	0
0,028	0,05	0,6030
0,056	0,10	1,2060
0,084	0,16	1,9296
0,112	0,21	2,5326
0,140	0,27	3,2562
0,168	0,32	3,8592
0,197	0,38	4,5828
0,225	0,43	5,1858
0,254	0,49	5,9088
0,282	0,55	6,6330
0,311	0,61	7,3566
0,340	0,67	8,0802
0,369	0,73	8,8038
0,398	0,79	9,5274
0,428	0,85	10,1304
0,457	0,91	10,9746
0,487	0,98	11,8188
0,516	1,04	12,5424
0,546	1,11	13,3866
0,576	1,17	14,1102

15. Potentielle osmotische Drücke in [atm] für Gefrierpunktserniedrigungen von 0 bis − 5,99° C.
Nach WALTER 1931 a.

°C	0	1	2	3	4	5	6	7	8	9
0,0	0,000	0,121	0,241	0,362	0,482	0,603	0,724	0,844	0,965	1,085
0,1	1,206	1,327	1,447	1,568	1,688	1,809	1,930	2,050	2,171	2,291
0,2	2,412	2,532	2,652	2,772	2,893	3,014	3,134	3,255	3,375	3,496
0,3	3,616	3,737	3,857	3,978	4,098	4,219	4,339	4,459	4,580	4,700
0,4	4,821	4,941	5,062	5,182	5,302	5,423	5,543	5,664	5,784	5,904
0,5	6,025	6,145	6,266	6,386	6,506	6,627	6,747	6,867	6,988	7,108
0,6	7,229	7,349	7,469	7,590	7,710	7,830	7,951	8,071	8,191	8,312
0,7	8,432	8,552	8,672	8,793	8,913	9,033	9,154	9,274	9,394	9,514
0,8	9,635	9,755	9,875	9,995	10,12	10,24	10,36	10,48	10,60	10,72
0,9	10,84	10,96	11,08	11,20	11,32	11,44	11,56	11,68	11,80	11,92
1,0	12,04	12,16	12,28	12,40	12,52	12,64	12,76	12,88	13,00	13,12
1,1	13,24	13,36	13,48	13,60	13,72	13,84	13,96	14,08	14,20	14,32
1,2	14,44	14,56	14,68	14,80	14,92	15,04	15,16	15,28	15,40	15,52
1,3	15,64	15,76	15,88	16,00	16,12	16,24	16,36	16,48	16,60	16,72
1,4	16,84	16,96	17,08	17,20	17,32	17,44	17,56	17,68	17,80	17,92
1,5	18,04	18,16	18,28	18,40	18,52	18,64	18,76	18,88	19,00	19,12
1,6	19,24	19,36	19,48	19,60	19,72	19,84	19,96	20,08	20,20	20,32
1,7	20,44	20,56	20,68	20,80	20,92	21,04	21,16	21,28	21,40	21,52
1,8	21,64	21,76	21,88	22,00	22,12	22,24	22,36	22,48	22,60	22,72
1,9	22,84	22,96	23,08	23,20	23,32	23,44	23,56	23,68	23,80	23,92
2,0	24,04	24,16	24,28	24,40	24,52	24,63	24,75	24,87	24,99	25,11
2,1	25,23	25,35	25,47	25,59	25,71	25,83	25,95	26,07	26,19	26,31
2,2	26,43	26,55	26,67	26,79	26,91	27,03	27,15	27,27	27,39	27,51
2,3	27,63	27,75	27,87	27,99	28,11	28,23	28,34	28,46	28,58	28,70
2,4	28,82	28,94	29,06	29,18	29,30	29,42	29,54	29,66	29,78	29,90
2,5	30,02	30,14	30,26	30,38	30,50	30,62	30,74	30,86	30,98	31,09
2,6	31,21	31,33	31,45	31,57	31,69	31,81	31,93	32,05	32,17	32,29
2,7	32,41	32,53	32,65	32,77	32,89	33,00	33,13	33,25	33,36	33,48
2,8	33,60	33,72	33,84	33,96	34,08	34,20	34,31	34,43	34,56	34,68
2,9	34,79	34,91	35,03	35,15	35,27	35,39	35,51	35,63	35,75	35,87

Fortsetzung der Tabelle 15

°C	0	1	2	3	4	5	6	7	8	9
3,0	35,99	36,11	36,23	36,35	36,47	36,59	36,71	36,83	36,95	37,06
3,1	37,18	37,30	37,42	37,54	37,66	37,78	37,90	38,02	38,14	38,26
3,2	38,38	38,50	38,62	38,73	38,85	38,97	39,09	39,21	39,33	39,45
3,3	39,57	39,69	39,81	39,93	40,05.	40,17	40,28	40,40	40,52	40,64
3,4	40,76	40,88	41,00	41,12	41,24	41,36	41,48	41,60	41,71	41,83
3,5	41,95	42,07	42,19	42,31	42,43	42,55	42,67	42,79	42,91	43,02
3,6	43,14	43,26	43,38	43,50	43,62	43,74	43,86	43,98	44,10	44,22
3,7	44,33	44,45	44,57	44,69	44,81	44,93	45,05	45,17	45,29	45,41
3,8	45,52	45,64	45,76	45,88	46,00	46,12	46,24	46,36	46,48	46,60
3,9	46,71	46,83	46,95	47,07	47,19	47,31	47,43	47,55	47,67	47,79
4,0	47,90	48,02	48,14	48,26	48,38	48,50	48,62	48,74	48,86	48,97
4,1	49,09	49,21	49,33	49,45	49,57	49,69	49,81	49,93	50,04	50,16
4,2	50,28	50,40	50,52	50,64	50,76	50,88	50,99	51,11	51,23	51,35
4,3	51,47	51,59	51,71	51,83	51,94	52,06	52,18	52,30	52,42	52,54
4,4	52,66	52,78	52,89	53,01	53,13	53,25	53,37	53,49	53,61	53,73
4,5	53,84	53,96	54,08	54,20	54,32	54,44	54,56	54,68	54,79	54,91
4,6	55,03	55,15	55,27	55,39	55,51	55,62	55,74	55,86	55,98	56,10
4,7	56,22	56,34	56,46	56,57	56,69	56,81	56,93	57,05	57,17	57,29
4,8	57,40	57,52	57,64	57,76	57,88	58,00	58,12	58,23	58,35	58,47
4,9	58,59	58,71	58,83	58,95	59,06	59,18	59,30	59,42	59,54	59,66
5,0	59,78	59,89	60,01	60,13	60,25	60,37	60,49	60,60	60,72	60,84
5,1	60,96	61,08	61,20	61,32	61,43	61,55	61,67	61,79	61,91	62,03
5,2	62,14	62,26	62,38	62,50	62,62	62,74	62,85	62,97	63,09	63,21
5,3	63,33	63,45	63,56	63,68	63,80	63,92	64,04	64,16	64,27	64,39
5,4	64,51	64,63	64,75	64,87	64,98	65,10	65,22	65,34	65,46	65,58
5,5	65,69	65,81	65,93	66,05	66,17	66,29	66,40	66,52	66,64	66,76
5,6	66,88	67,00	67,11	67,23	67,35	67,47	67,59	67,71	67,82	67,94
5,7	68,06	68,18	68,30	68,41	68,53	68,65	68,77	68,89	69,01	69,12
5,8	69,24	69,36	69,48	69,60	69,71	69,83	69,95	70,07	70,19	70,30
5,9	70,42	70,54	70,66	70,78	70,90	71,01	71,13	71,25	71,37	71,49

16. Unterkühlungskorrektur für Gefrierpunkte zwischen 0° C und 0,49° C in Stufen von 0,01° C und zwischen 0,5° C und 5,9° C in Stufen von 0,1° C. Gilt nur für Mikrokryoskop nach DRUCKER-BURIAN. Nach WALTER 1936 a.

Der Korrekturwert ist von dem gefundenen Gefrierpunkt abzuziehen.

°C	,00	,01	,02	,03	,04	,05	,06	,07	,08	,09
0,0		,002	,004	,006	,008	,009	,011	,013	,015	,016
0,1	,018	,020	,021	,023	,025	,026	,028	,029	,030	,032
0,2	,033	,035	,036	,038	,039	,041	,042	,044	,045	,046
0,3	,047	,048	,050	,051	,052	,053	,054	,055	,056	,057
0,4	,058	,058	,059	,059	,060	,061	,061	,061	,062	,062

°C	,0	,1	,2	,3	,4	,5	,6	,7	,8	,9
0,			s. oben			,063	,067	,071	,074	,078
1,	,082	,086	,090	,093	,097	,101	,105	,109	,112	,116
2,	,120	,124	,128	,132	,135	,139	,143	,147	,150	,154
3,	,158	,162	,166	,169	,173	,177	,181	,185	,188	,192
4,	,196	,200	,204	,207	,211	,215	,219	,223	,227	,230
5,	,234	,238	,242	,246	,249	,253	,257	,260	,264	,268

17. Temperaturkorrektur für potentielle osmotische Drücke (π^*) von 0 bis 79 atm. Gilt strenggenommen nur für ideale Lösungen. Nach WALTER 1936 a.

Diese Korrektur ist zum korrigierten π^* beim Gefrierpunkt zu addieren, um den Wert bei 20° C zu erhalten.

atm	0,0	1,0	2,0	3,0	4,0	5,0	6,0	7,0	8,0	9,0
—	0,00	0,07	0,15	0,22	0,30	0,37	0,45	0,52	0,60	0,68
10,	0,76	0,84	0,92	1,00	1,08	1,17	1,25	1,34	1,42	1,51
20,	1,59	1,68	1,76	1,85	1,93	2,02	2,11	2,20	2,29	2,38
30,	2,47	2,56	2,65	2,75	2,84	2,94	3,03	3,13	3,22	3,32
40,	3,42	3,52	3,62	3,72	3,82	3,92	4,02	4,12	4,22	4,33
50,	4,43	4,54	4,64	4,75	4,85	4,96	5,06	5,17	5,28	5,39
60,	5,50	5,61	5,72	5,83	5,94	6,06	6,17	6,29	6,40	6,52
70,	6,63	6,75	6,87	6,99	7,11	7,23	7,35	7,47	7,59	7,71

Literatur

ABD EL RAHMAN, A. A., A. F. SHALABY, and M. S. BALEGH, 1966 a: Water economy of olive under desert conditions. Flora (B) 156, 202—219.

— K. H. BATANOUNY, and N. H. EZZAT, 1966 b: Water economy of barley under desert conditions. Flora (B) 156, 252—270.

ALLEWELDT, G., und G. GEISLER, 1958: Untersuchungen über die Zellsaftkonzentration bei Reben. I. Modifikabilität und Variabilität des osmotischen Wertes. VITIS 1, 181—196.

ANDEL, O. M. VAN, 1952: Determination of the osmotic value of exudation sap by means of the thermoelectric method of BALDES and JOHNSON. Proc. kon. ned. Akad. Wet. (C) 55, 40—48.

ARCICHOVSKIJ, V., und N. ARCICHOVSKAJA, 1931: Untersuchungen über die Saugkraft der Pflanzen. II. Die gravimetrische Methode der Saugkraftmessungen an den Blättern. Planta 14, 528—532.

ARISZ, W. H., I. J. CAMPHUIS, H. HEIKENS, and A. J. VAN TOOREN, 1955: The secretion of the salt glands of Limonium latifolium KTZE. Acta bot. neerl. 4, 322—338.

ASHBY, E., and R. WOLF, 1947: A critical examination of the gravimetric method of determining suction force. Ann. Bot. 11, 261—268.

ASPINALL, D., 1965: The effects of soil moisture stress on the growth of barley. II. Grain growth. Aust. J. Agric. Res. 16, 265—275.

— P. B. NICHOLLS, and L. H. MAY, 1964: The effects of soil moisture stress on the growth of barley. I. Vegetative development and grain yield. Aust. J. Agric. Res. 15, 729—745.

AYERS, A. D., 1952: Seed germination as affected by soil and salinity. Agron. J. 44, 82—84.

BABUSHKIN, L. N., 1959: Diagnosen des H_2O-Bedarfs von Gemüsepflanzen auf Grund der Saftkonzentration. Fiziol. Rastenij 6, 480—483. [Russ.]

BAILEY, C. H., and A. M. GURJAR, 1918: Respiration of stored wheat. J. Agric. Res. 12, 685—713.

BARGER, G., 1904: A microscopical method of determining molecular weights. J. chem. Soc. 85, 286—324.

— 1924: Eine mikroskopische Methode zur Bestimmung des Molekulargewichtes. Abder. Hdb. d. biol. Arbeitsmethoden, Abt. III, A, 1, 729—741.

BARRS, H. D., 1964: Heat of respiration as a possible cause of error in the estimation by psychrometric methods of water potential in plant tissue. Nature 203, 1136—1137.

— 1965 a: Psychrometric measurement of leaf water potential: lack of error attributable to leaf permeability. Science 149, 63—65.

— 1965 b: Comparison of water potentials in leaves as measured by two types of thermocouple psychrometer. Aust. J. biol. Sci. 18, 36—52.

— and P. E. WEATHERLEY, 1962: A re-examination of the relative turgidity technique for estimating water deficits in leaves. Aust. J. biol. Sci. 15, 413—428.

BASLAVSKAJA, S. S., 1936: Influence of the chloride ion on the content of carbohydrates in potatoe leaves. Plant Physiol. 11, 863—872.

— 1943: The effect of chlorides on the activity of plant amylase. Biochimija 8, 213—221. [Russ.]

BATALIN, A., 1876: Cultur von Salzpflanzen Regel. Gartenflora 28, 68—72.

BAUMANN, L., 1957: Über die Beziehungen zwischen Hydratur und Ertrag. Ber. dtsch. bot. Ges. 70, 67—78.

BAUMEISTER, W., 1960: Das Natrium als Pflanzennährstoff. Stuttgart.

— A. BADE, und D. CONRAD, 1966: Die physiologische Bedeutung des Natriums für die Pflanze. II. Versuche mit niederen Pflanzen. Forsch.-Ber. d. Landes N-Rhein-Westfalen Nr. 1678. Köln und Opladen.

— und L. SCHMIDT, 1962: Die physiologische Bedeutung des Natriums für die Pflanze. I. Versuche mit höheren Pflanzen. Forsch.-Ber. d. Landes N-Rhein-Westfalen Nr. 1086. Köln und Opladen.

BAVEL, VAN C. H. M., 1962: Light-weight rate meter for neutron soil moisture measurement. Soil Sci. 94, 418—419.

— P. R. NIXON, and V. L. HAUSER, 1963: Soil moisture measurement with the neutron method. Agric. Res. Serv. 41—70.

BELIK, V. F., 1960: Diagnostics of the requirement of tomato plants in water as determined on basis of the suction pressure and concentration of the cell sap of the leaves. Fiziol. Rastenij 7, 95—97. [Russ.]

Benett, O. L., D. O. Doss, D. A. Ashley, V. J. Kilmer, and C. E. Richardson, 1964: Effects of soil moisture regime on yield, nutrient content and evapotranspiration for three annual forage species. Agron. J. **56**, 195—198.

Ben-Zioni, A., C. Itai, and Y. Vaadia, 1967: Water and salt stresses kinetin and protein synthesis in tobacco leaves. Plant Physiol. **42**, 361—365.

Berg, C. van den, and J. J. Westerhof, 1954: Examination of soils and crops after the inudations of 1st February 1953. I. Salty soils and agricultural crops. Neth. Agric. Sci. **2**, 243—253.

Berger-Landefeldt, U., 1959: Beiträge zur Ökologie der Pflanzen nordafrikanischer Salzpfannen. IV. Vegetation. Vegetatio **9**, 1—47.

Berkeley, Earl of, and E. G. J. Hartley, 1904: A method of measuring directly high osmotic pressures. Proceed. Roy. Soc. (London) **75**, 436—443.

Bernstein, L., 1963: Osmotic adjustment of plants to saline media. II. Dynamic phase. Amer. J. Bot. **50**, 360—370.

— and A. D. Ayers, 1951: Salt tolerance of six varieties of green beans. Proc. Amer. Soc. Hort. Sci. **57**, 243—248.

— and G. Ogata, 1966: Effects of salinity on nodulation, nitrogen fixation, and growth of soybeans and alfalfa. Agron. J. **58**, 201—203.

Bertsch, A., 1966 a: CO_2-Gaswechsel und Wasserhaushalt der aerophilen Grünalge *Apatococcus lobatus*. Planta **70**, 46—72.

— 1966 b: Über den CO_2-Gaswechsel einiger Flechten nach Wasserdampfaufnahme. Planta **68**, 157—166.

Bethke, H., Haas, H. und O. Stocker, 1965: Über den Wasser- und Photosynthesehaushalt einiger Frühjahrsgeophyten. Flora (B) **156**, 8—49.

Bharucha, F. R., 1933: Etude Ecologique et Phytosociologique de l'association à Brachypodium ramosum et Phlomis lychnitis des garigues languedociennes. Beih. Bot. Zbl. **50**, II, 247—379.

Biebl, R., 1962: Protoplasmatische Ökologie der Pflanzen. Wasser und Temperatur. In: Protoplasmatologia, Hdb. der Protoplasmaforschung, herausg. v. L. V. Heilbrunn und F. Weber, XII, **1**. Wien.

— 1964: Zum Wasserhaushalt von *Tillandsia recurvata* L. und *Tillandsia usneoides* L. auf Puerto Rico. Protoplasma (Wien) **58**, 345—368.

— und H. Kinzel, 1965: Blattbau und Salzhaushalt von *Laguncularia racemosa* GAERTN(L) f. und anderer Mangrovebäume auf Puerto Rico. Österr. Bot. Zschr. **112**, 56—93.

Bihler, E., 1963: Der Einfluß von salzhaltigem Bewässerungswasser auf den Ertrag und den Chloridgehalt von Blättern einiger Kulturpflanzen unter mitteleuropäischen Verhältnissen. Dissertation, Stuttgart-Hohenheim.

Binet, P., 1960: Cultures sans sol de plantes halophiles: Les enseignements de quelques essais préliminaires. Bull. Soc. Linn. Norm. 10e Ser. **1**, 28—39.

— 1961: Les semences de *Triglochin palustre* L. et de *Triglochin maritimum* L.: Étude comparée de leur germination. Bull. Soc. Linn. Norm. 10e Ser. **2**, 148—160.

— 1962: Induction d'une dormance chez les graines de *Juncus maritimus* LAMK. Role protecteur de l'eau de mer. Rev. Gen. Bot. **69**, 5—14.

— 1964: Action de la temperature et de la salinite sur la germination des graines de *Plantago maritima* L. Bull. Soc. Bot. Fr. III, **9**, 407—411.

— 1965 a: Action de la température et de la salinité sur la germination des graines de *Glaux maritima* L. Bull. Soc. Bot. Fr. **112**, 346—350.

— 1965 b: Étude de quelques aspects physiologiques de la germination chez Atriplex tornabeni Tin. Bull. Soc. Bot. Nord Fr. **18**, 40—55.

— 1965 c: Action de divers rythmes thermiques journaliers sur la germination des semences de *Triglochin maritimum* L. Bull. Soc. Linn. Norm. 10e Ser. **6**, 99—102.

— 1965 d: Études d'écologie expérimentale et physiologique sur *Cochlearia anglica* L. I. Études dans l'estuaire de l'Orne. Oecol. Plant. **1**, 7—37.

— et J. Boucaud, 1964: Etude de quelques aspects de la croissance et du metabolisme chez le genre Suaeda. III. Suaeda flexilis Focke. Ann. Sci. nat., bot et biol. Veget. V, **4**, 723—738.

— J. Boucaud et M. J. Devouges, 1963: Étude de quelques aspects de la croissance et du metabolisme chez le genre Suaeda. II. Suaeda vulgaris Moq. Ann. Sci. nat., bot. et biol. Veget. IV, 539—556.

Birand, H. A., 1938: Untersuchungen zur Wasserökologie der Steppenpflanzen bei Ankara. Jb. wiss. Bot. **87**, 93—172.

Bleasdale, J. K. A., 1966: Plant growth and crop yield. The fourth Barnes Memorial Lecture. Ann. appl. Biol. **57**, 173—182.

BLUM, G., 1958: Osmotischer Wert, Saugkraft, Turgor. In: Protoplasmatologia, Hdb. der Protoplasmaforschung, herausg. v. L. V. HEILBRUNN und F. WEBER, II. Wien.

BOODLE, L. A., 1904: Succulent leafs in the wall-flower (*Cheiranthus cheiri L.*). New Phytol. **3**, 39—41.

BORCHARD, W., 1966: Quellungsdruckmessungen an Polystyrolgelen. Dissertation, Aachen.

BOSS, G., 1952: Die Brauchbarkeit des Piche-Evaporimeters bei Verdunstungsmessungen. Ber. dtsch. Wetterdienst i.d. US-Zone, **35**, 194—202.

BOX, J. E., and E. R. LEMON, 1958: Preliminary field investigations of electrical resistance-moisture stress relations in cotton and grain sorghum plants. Soil Sci. Soc. Amer. Proc. **22**, 193—196.

BOYER, J. S., 1965: Effects of osmotic water stress on metabolic rates of cotton plants with open stomata. Plant Physiol. **40**, 229—234.

— 1966: Isopiestic technique: measurement of accurate leaf water potentials. Science **154**, 1459—1460.

— 1967 a: Leaf water potential measured with a pressure chamber. Plant Physiol. **42**, 133—137.

— 1967 b: Matric potentials of leaves. Plant Physiol. **42**, 213—217.

— and E. B. KNIPLING, 1965: Isopiestic technique for measuring leaf water potentials with a thermocouple psychrometer. Proc. nat. Acad. Sci. (Wash.) **54**, 1044—1051.

BOYKO, H., 1966: Salinity and aridity. New approaches to old problems. The Hague.

— — and E. BOYKO, 1964: Principles and experiments regarding direct irrigation with highly saline and sea water without desalination. Trans. N. Y. Acad. Sci. **26**, 1087—1102.

BRAUN-BLANQUET, J., und H. WALTER, 1931: Zur Ökologie der Mediterranpflanzen. Jb. wiss. Bot. **74**, 697—748.

BRECKLE, S., 1966: Ökologische Untersuchungen im Korkeichenwald Kataloniens. Dissertation, Stuttgart-Hohenheim.

BRIGGS, G. E., 1957: Osmotic pressure of vacuolar sap by the plasmometric method. New Phytologist **56**, 258—260.

— A. B. HOPE, and R. N. ROBERTSON, 1961: Electrolytes and plant cells. Oxford.

BRIX, H., 1962: The effect of water stress on the rates of photosynthesis and respiration in tomato plants and loblolly pine seedlings. Physiol. Plant. **15**, 10—20.

— 1966: Errors in measurement of leaf water potential of some woody plants with the SCHARDAKOW dye method. Forestry Branch Dep. Publ. No. 1164.

BROWNELL, P. F., and J. G. WOOD, 1957: Sodium as an essential micronutrient element for *Atriplex vesicaria*, Herward. Nature **179**, 635—636.

BROYER, T. C., 1939: Methods of tissue preparation for analysis in physiological studies with plants. Bot. Rev. **5**, 531—545.

BUHMANN, A., 1935: Kritische Untersuchungen über vergleichende plasmolytische und kryoskopische Bestimmungen des osmotischen Wertes bei Pflanzen. Protoplasma **23**, 579—612.

— 1936: Untersuchungen an Epidermiszellen von *Bergenia cordifolia*, ein Beitrag zur Frage der Volumkontraktion der Zellen bei Plasmolyse. Protoplasma **27**, 114—124.

BURCIK, E., 1950: Über die Beziehungen zwischen Hydratur und Wachstum bei Bakterien und Hefen. Arch. Mikrobiol. **15**, 203—235.

BURIAN, R., und K. DRUCKER, 1910: Gefrierpunktsmessungen an kleinen Flüssigkeitsmengen. Zbl. Physiol. **22**, 772—777.

BURSTRÖM, H., 1966: Definition and determination of water saturation. Protoplasma **61**, 294—301.

BUTIN, H., 1954: Physiologisch-ökologische Untersuchungen über den Wasserhaushalt und die Photosynthese bei Flechten. Biol. Zbl. **73**, 459—502.

BUTLER, G. W., 1953: Time coarse of the absorption of potassium and chloride ions. Physiol. Plant. (Kopenhagen) **6**, 594—616.

CANNON, W. A., 1911: The root habitats of desert plants. Carnegie Inst. of Wash. Publ. **131**.

CARRICK, D. B., 1930: Some cold-storage and freezing studies on the fruit of the *Vinifera grape*. Cornell Universit Agr. Exp. station Memoir **131**.

ČATSKÝ, S., 1959: The role played by growth in the determination of water-deficit in plants. Biol. Plant. **1**, 277—286.

— 1960: Determination of water deficit in disks cut out from leaf blades. Biol. Plant. **2**, 76—78.

— 1965 a: Leaf-disc method for determining water saturation deficit. In: Methodology of plant eco-physiology, 353—360. UNESCO.

Čatský, S., 1965 b: Water saturation deficit and photosynthetic rate as related to leaf age in the wilting plant. In: Water stress in plants, herausg. v. B. Slavik, 203—209. The Hague.

Chien-Ren Chu, 1935/36: Der Einfluß des Wassergehaltes der Blätter der Waldbäume auf ihre Lebensfähigkeit, ihre Saugkräfte und ihren Turgor. Flora **130**, 384—437.

Child, G. F., 1960: Brief notes on the ecology of the resurrection plant (*Myrothamnus flabellifolia*) with mention of its waterabsorbing abilities. J. S. Afr. Bot. **26**, 1.

Clausen, J. J., and T. T. Kozlowski, 1965: Seasonal changes in moisture contents of Gymnosperm cones. Nature (London) **206**, 112—113.

Collander, R., 1956: Methoden zur Messung des Stoffaustausches. Hdb. Pflanzenphys. II, 196—217, herausg. v. W. Ruhland. Berlin-Göttingen-Heidelberg.

Collis-George, W., and J. E. Sands, 1962: Comparison of the effects of physical and chemical components of soil water energy on seed germination. Aust. J. Agric. Res. **13**, 575—584.

Coutinho, L. M., 1964: Untersuchungen über die Lage des Lichtkompensationspunktes einiger Pflanzen zu verschiedenen Zeiten mit besonderer Berücksichtigung des „de Saussure-Effektes" bei Sukkulenten. In: Beitr. zur Phytologie, 101—108, herausg. von K. Kreeb. Stuttgart.

— 1965: Algunas informações sobre a capacidade ritmica diaria da fixação e acumulacão de CO_2 no escuro em epifitas e erbaceas terrestre da mata pluvial. Bol. No. **294**, Fac. Fil., Ciênce e Letras da USP, 397—408.

Crafts, A. S., H. B. Currier, and C. R. Stocking, 1949: Water in physiology of plants. Chronica Botanica Company, Waltham, Mass.

Curtis, O. F., and H. T. Scofield, 1933: A comparison of osmotic concentrations of supplying and receiving tissues and its bearing on the Münch Hypothesis on the translocation mechanism. Amer. J. Bot. **20**, 502—512.

Dainty, J., 1963: Water relations of plant cells. Advances in Bot. Res. **1**, 279—326.

— 1965: Osmotic flow. In: The state and movement of water in living organisms. Cambridge.

Dam, J. G. C. van, 1955: Examinations of soils and crops after the inudation of 1st February 1953. II. The influence of salt on the chief vegetable crops. Neth. J. Agric. Sci. **3**, 1—14.

Dixon, H. H., and W. R. G. Atkins, 1910: On osmotic pressure in plants and on a thermo-electric-method of determining freezing points. Scient. Proc. roy. Dublin Soc. (N. S.) **12**, 275—311.

— — 1913 a: Osmotic pressure in plants I. Methods of extracting sap from plant organs. Scient. Proc. roy. Dublin Soc. (N. S.) **13**, No. 28, 422.

— — 1913 b: Osmotic pressure in plants II. Cryoscopic and conductivity measurements on some vegetable saps. Scient. Proc. roy. Dublin Soc. (N. S.) **13**, 434—440.

— — 1915: Osmotic pressure in plants V. Seasonal variation in the concentration of the cell sap of some deciduous evergreen trees. Scient. Proc. roy. Dublin Soc. (N. S.) **14**, 445—461.

Djendov, C., 1966: Versuche zur Erhöhung der Resistenz gegenüber Salzen bei Mais- und Sorghumpflanzen. Stud. Cercet. Biol. Ser. Bot. **18**, 471—475.

Drachovská, M., a K. Sandera, 1958: Membránová konduktivita v potravinářství. Scientific Papers from Institute of Chemical Technology (Prague) 325—368.

Drucker, C., und E. Schreiner, 1913: Mikrokryoskopische Versuche. Biol. Zbl. **33**, 99—103.

Eaton, F. M., 1941: Water uptake and root growth as influenced by inequalities in the concentration of the substrate. Plant Physiol. **16**, 545—564.

— 1942: Toxity and accumulation of chloride and sulphate salts in plants. J. Agric. Res. **64**, 357—399.

— 1955: Physiology of cotton plants. Ann. Rev. Plant Physiol. **6**, 299—328.

Eckardt, F., 1953: Transpiration et photosynthèse chez un xerophyte mesomorphe. Physiol. Plant. (Kopenhagen) **6**, 253—261.

Edlich, F., 1936: Einwirkung von Temperatur und Wasser auf aerophile Algen. Arch. Mikrobiol. **7**, 62—109.

Eggert, J., 1960: Lehrbuch der physikalischen Chemie. Stuttgart.

Ehlig, C. F., 1962: Measurement of energy status of water in plants with a thermocouple psychrometer. Plant Physiol. **37**, 288—290.

Ehrler, W. L., C. H. M. van Bavel, and F. S. Nakayama, 1966: Transpiration, water adsorption and internal water balance of cotton plants as affected by light and changes in saturation deficit. Plant Physiol. **41**, 71—74.

EHRLER, W. L., F. S. NAKAYAMA, and C. H. M. VAN BAVEL, 1965: Cyclic changes in water balance and transpiration of cotton leaves in a steady environment. Physiol. Plant. **18**, 766—775.

EIJK, VAN M., 1939: Analyse der Wirkung des NaCl auf die Entwicklung, Sukkulenz und Transpiration bei *Salicornia herbacea*. Rec. Trav. bot. néerl. **36**, 559—567.

ENGEL, K.-H., K. UNGER, A. MÄDE, G. SCHILLING und J. BIRKE, 1963: Probleme der Ertragsbildung bei den Kulturpflanzen. Sitzungsberichte XII, **13**, 21—40. DDR., Deutsche Akademie der Landwirtschaftswiss. zu Berlin.

ERHART, H., 1962: Témoins pédogénétiques de l'epoque permo-carbonifère. C. R. Sci. Soc. Biogéogr. Nr. **335**—337, 21—23.

ERNEST, E. C. M., 1935: Factors rendering the plasmolytic method inapplicable in the estimation of osmotic values of plant cells. Plant Physiol. **10**, 553—558.

ERRERA, L., 1899: Hérédite d'un Caractère acquis chez un Champignon pluricellulaire, d'après les expériences de M. le Dr. Hunger, faites à l'Institut botanique de Bruxelles. Bull. de la classe des Sciences, Acad. Roy. Belgique 3e Série, **37**, 1/1, 81—102.

ESCHE, P. VOR DEM, 1953: Der Einfluß der Elektrolyte auf den Quellungszustand von Bakterien. Teil II. Arch. Hyg. **137**, 487—498.

ESCHENHAGEN, F., 1889: Über den Einfluß von Lösungen verschiedener Konzentration auf das Wachstum der Schimmelpilze. Dissertation, Leipzig.

ETHERINGTON, J. R., and A. J. RUTTER, 1964: Soil water and the growth of grasses. I. The interaction of water-table depth and irrigation amount on the growth of *Agrostis tenuis* and *Alopecurus pratensis*. J. Ecol. **52**, 677—689.

FEEKES, W., 1936: De ontwikkeling van de natuurlijke vegetatie in de Wieringmeerpolder. Ned. Kruidk. Arch. **46**, 1—296.

FIEDLER, W., 1964 a: Die Hydratur der Obstgehölze und ihre Abhängigkeit von verschiedenen Umweltfaktoren. Wiss. Zschr. d. Karl-Marx-Univ., Leipzig. Math.-naturwiss. Reihe **13**, 923—928.

— 1964 b: Untersuchungen über die Eignung der Refraktometer-Methode zur Bestimmung der Hydraturverhältnisse von Obstgehölzen. In: Tagungsber. Nr. **65**. Physiol. Probleme im Obstbau 211—233.

FILIMONOV, M. A., 1952: Besonderheiten der Quellung lebender und toter Leguminosensamen. Dokl. Akad. Nauk SSSR, N. S. **84**, 377—379. [Russ.]

FILIPPOV, L. A., 1965: The refractometric method of diagnosing water deficit in plants. In: Water stress in plants, herausg. v. B. SLAVIK, 136—144. The Hague.

FILZER, P., 1951: Die natürlichen Grundlagen des Pflanzenertrages in Mitteleuropa. Stuttgart.

— 1957: Weitere Beiträge zur Ökologie des Pflanzenertrages. Ber. dtsch. bot. Ges. **70**, 389—400.

FISCHER, H., 1965: Ionenwirkungen. Hdb. Pflanzenphysiol. II, 706—746, herausg. v. W. RUHLAND. Berlin-Göttingen-Heidelberg.

FISCHER, R. A., and R. M. HAGAN, 1965: Plant water relations, irrigation management and crop yield. Exp. Agric. **1**, 161—177.

FITTING, H., 1911: Die Wasserversorgung und die osmotischen Druckverhältnisse der Wüstenpflanzen. Z. Bot. **4**, 209—275.

— 1915: Untersuchungen über die Aufnahme von Salzen in die lebende Zelle. Jb. wiss. Bot. **56**, 1—64.

— 1917: Untersuchungen über isotonische Koeffizienten und ihren Nutzen für Permeabilitätsbestimmungen. Jb. wiss. Bot. **57**, 553—612.

FRITSCH, F. E., 1922: The moisture relations of terrestrial algae I. Ann. Bot. **36**, 1—20.

— and F. M. HAINES, 1923: The moisture relations of terrestrial algae II. Ann. Bot. **37**. 683—728.

FUEHRING, H. D., A. MAZAHERI, M. BYBORDI, and A. K. S. KHAN, 1966: Effect of soil moisture depletion on crop yield and stomatal infiltration. Agron. J. **58**, 195—198.

GAFF, D. F., and D. J. CARR, 1961: The quantity of water in the cell wall and its significance. Aust. J. biol. Sci. **14**, 299—311.

— — 1964: An examination of the refractometric method for determining the water potential of plant tissues. Ann. Bot. N. S. **28**, 351—368.

GAIL, F. W., 1926: Osmotic pressure of cell sap and its possible relation to winter killing and leaf fall. Bot. Gaz. **81**, 434—445.

GAUCH, H. G., and C. H. WADLEIGH, 1942: The influence of saline substrates upon the absorption of nutrients by bean plants. Proc. Amer. Soc. Hort. Sci. **41**, 365—369.

GÄUMANN, E., 1951: Pflanzliche Infektionslehre. Basel.

280   II/C/6: H. Walter und K. Kreeb, Hydratation und Hydratur

GALLE, H. K., 1964: Untersuchungen über die Entwicklung von *Phycomyces blakes-leanus* unter Anwendung des Mikrozeitrafferfilmes. Protoplasma **59**, 423—471.
GARDNER, W. R., and C. F. EHLIG, 1965: Physical aspects of the internal water relations of plant leaves. Plant Physiol. **40**, 705—710.
GARNER, W. W., J. E. McMURTEREY Jr., J. O. BOWLING Jr., and E. G. MOSS, 1930: Role of chlorine in nutrition and growth of the tobacco plant and its effect on the quality of the cured leaf. J. Agric. Res. **40**, 627—648.
GASSNER, G., und G. BAUMGARTEN, 1952: Das osmotische Verhalten keimender Weizenkörner. Der Züchter **22**, 65—79.
GESSNER, F., 1956: Die Wasseraufnahme durch Blätter und Samen. Hdb. Pflanzenphysiol., 215—246, herausg. v. W. RUHLAND, Berlin-Göttingen-Heidelberg.
— und L. HAMMER, 1960: Die Photosynthese von Meerespflanzen in ihrer Beziehung zum Salzgehalt. Planta **55**, 306—312.
GLASSTONE, S., and D. LEWIS, 1965: Elements of physical chemistry. London. 2. Aufl.
GLERUM, C., 1962: Temperature injury to conifers measured by electrical resistance. Forest Sci. **8**, 303—308.
GOLDSMITH, G. W., and J. H. SMITH, 1926: Some physico-chemical properties of spruce sap. Colorado College Publ. Sc. Ser. **13**, 13.
GONZALEZ, F., et G. GARCIA-FERRERO, 1966: Emploi de la fréquence de résonance des feuilles dans l'étude des rapports plante-eau. Oecol. Plantar. **1**, 199—218.
GORTNER, R. A., 1932: The role of water in the structure and properties of protoplasm. Ann. Rev. Biochem. **1**, 21—44.
GREATHOUSE, G. A., 1932: Effect of the physical environment on the physico — chemical properties of plant saps, and the relation of these properties to leave temperature. Plant Physiol. **7**, 349—390.
GREEN, P. B., and F. W. STANTON, 1967: Turgor pressure: direct manometric measurement in single cells of *Nitella*. Science **155**, 1675—1676.
GREENHAM, C. G., 1966: The relative electrical resistances of the plasmalemma and tonoplast in higher plants. Planta **69**, 150—157.
GREENWAY, H., A. GUNN, and C. A. THOMAS, 1966: Plant response to saline substrates. VIII. Regulation of ion concentrations in salt-sensitive and halophytic species. Aust. J. biol. Sci. **19**, 741—756.
GRIEVE, B. J., 1961: Negative Turgor Pressure in Sclerophyll Plants. Austral. J. Sci. **23**, 376—377.
GRUNDELL, R., 1933: Zur Anatomie von *Myrothamnus flabellifolia* Welw. l. c. Symb. Bot. Upsal. **2**, 1—17.

HAAS, W., 1967: Stoffliche Unterschiede zwischen Sonnen- und Schattenblättern der Blutbuche (*Fagus sylvatica* L. cv. *atropunicea*). Dissertation. Bonn.
HAASE, R., 1956: Thermodynamik der Mischphasen. Berlin-Göttingen-Heidelberg.
— 1963: Thermodynamik der irreversiblen Prozesse. Darmstadt.
HADDOCK, J. L., 1953: Sugar beet yield and quality as affected by plant population, soil moisture condition, and fertilization. Utah Agr. Expt. Sta. Bull. 352.
HAMBLER, D. J., 1961: A poikilohydrous, poikilochlorophyllous angiosperm from Africa. Nature (London) **191**, 1415—1416.
HANSTEEN-CRANNER, B., 1922: Zur Biochemie und Physiologie der Grenzschichten lebender Pflanzenzellen. Meld. fra Norges Landbruksh. **2**, 1—160.
HARGITAY, B., W. KUHN und H. WIRZ, 1951: Eine mikrokryoskopische Methode für sehr kleine Lösungsmengen (0,1—1). Experientia (Basel) **7**, 276—278.
HARRIS, J. A., 1934: The physico-chemical properties of plant saps in relation to phytogeography. Minneapolis.
— and R. A. GORTNER, 1914: Notes on the calculation of the osmotic pressure of expressed vegetable saps from the depressio of freezing point, with a table for the values of P for = 0,001° to = 2.999°. Amer. J. Bot. **1**, 75—78.
— and J. LAWRENCE, 1916: The cryoskopic constants of expressed vegetable saps as related to local environmental conditions in the Arizona deserts. Physiol. Res. **2**, 1.
HARTER, L. L., 1908: The influence of a mixture of soluble salts, principally sodium chloride, upon the leaf structure and transpiration of wheat, oats and barley. U. S. Dep. Agr. Bur. Plant Ind. Bull. **134**.
HÄRTEL, O., 1936: Pflanzenökologische Untersuchungen an einem xerothermen Standort bei Wien. Jb. wiss. Bot. **83**, 1—59.
— 1940: Physiologische Studien an *Hymenophyllaceen*. II. Wasserhaushalt und Resistenz. Protoplasma **34**, 489—514.
— 1963: Über die Möglichkeit der Anwendung der plasmometrischen Methode Höflers auf nichtzylindrische Zellen. Protoplasma **57**, 354—370.

HASSENSTEIN, B., 1967: Biologische Kybernetik. Heidelberg.

HATAKEYAMA, J., 1961: Studies on the freezing of living and dead tissues of plants with special reference to the colloidally bound water in living state. Mem. Coll. Sci., Univ. Kyoto, Sec. B. **28**, 401—429.

— and J. KATO, 1965: Studies on the water relation of *Buxus* leaves. Planta **65**, 259—268.

HAYWARD, H. E., and L. BERNSTEIN, 1958: Plant growth relationships on saltaffected soils. Bot. Rev. **24**, 584—635.

— and E. M. LONG, 1941: Anatomical and physiological responses of the tomato to varying concentrations of sodium chloride, sodium sulphate and nutrient solutions. Bot. Gaz. **102**, 437—462.

— and C. H. WADLEIGH, 1949: Plant growth on saline and alkali soils. Advances in Agronomy **1**, 1—38.

HECHT, H., 1964: Die Schnellfeuchtigkeitsbestimmung bei Gerste mit dem Super-Beha-Gerät. Brauwissenschaft. **17**, 7, 250—254.

HEIL, H., 1925: *Chamaegigas intrepidus* Dr., eine neue Auferstehungspflanze. Beih. Bot. Zbl. **41**, 41—50.

HEIMANN, H., 1962: The irrigation with saline water and the ionic environment. Field Experiments with groundnuts and cow peas. Haifa.

— 1966: Plant growth under saline conditions and the balance of the ionic environment. In: Salinity and Aridity 201—213, herausg. v. H. BOYKO, The Hague 1966.

— 1967: Ein Beitrag zur Lösung des Salzproblems in der bewässerten Landwirtschaft arider und semiarider Gebiete. „Afrika heute" **7**. Sonderbeilage, 1—8.

— und R. RATNER, 1961: The influence of potassium on the uptake of sodium by plants under saline conditions. Bull. Res. Coun. Israel, Sect. A, **10**, 55—62.

HEINTZELER, I., 1939: Das Wachstum der Schimmelpilze in Abhängigkeit von den Hydraturverhältnissen unter verschiedenen Außenbedingungen. Arch. Mikrobiol. **10**, 92—132.

HENCKEL, P. A., 1954: Salt tolerance of plants and its planned increase. Timiryazevkie Chteniya XII. Izdat. Akad. Nauk SSSR. [Russ.]

HENZE, J., 1967: Untersuchungen über die Anwendung von Leitfähigkeitsmethoden zur Bestimmung der Frostresistenz von Obstgehölzen. Angew. Bot. **40**, 6, 249—274.

HERRICK, E. M., 1933: Seasonal and diurnal variations in the osmotic values and suction tension values in the aerial portions of *Anbrosia trifida*. Amer. J. Bot. **20**, 18—34.

HERTEL, W., 1938/39: Beiträge zur Kenntnis maßhafter Beziehungen im Wasserhaushalt der Pflanzen. Flora **133**, 143—214.

HIBBARD, R. F., and O. E. HARRINGTON, 1913: Depression of the freezing point in triturated plant tissues. Physiol. Res. **1**, 441.

HODGES, J. D., 1967: Patterns of photosynthesis under natural environmental conditions. Ecology **48**, 234—242.

HOF, T., 1935: Investigations concerning bacterial life in strong brines. Recueil des trav. bot. néerl. **32**, 92—173.

HOFF, J. H. VAN'T, 1887: Die Rolle des osmotischen Druckes in der Analogie zwischen Lösungen und Gasen. Z. Physik. Chem. **1**, 481—508.

HÖFLER, K., 1917: Die plasmolytisch-volumetrische Methode und ihre Anwendbarkeit zur Messung des osmotischen Wertes lebender Pflanzenzellen. Ber. dtsch. bot. Ges. **35**, 706—726.

— 1918: Eine plasmometrisch-volumetrische Methode zur Bestimmung des osmotischen Wertes von Pflanzenzellen. Denkschr. Akad. Wiss. Wien, Math.-naturwiss. Kl. **95**, 99—170.

— 1920: Ein Schema für die osmotische Leistung der Pflanzenzelle. Ber. dtsch. bot. Ges. **38**, 288—298.

— 1928: Über Kappenplasmolyse. Ber. dtsch. bot. Ges. **46**, 73—82.

— 1932: Zur Tonoplastenfrage. Protoplasma **15**, 462—477.

— 1934: Kappenplasmolyse und Salzpermeabilität. Z. wiss. Mikr. **51**, 70—87.

— 1940: Salzquellung des Protoplasmas und Ionenantagonismus. Ber. dtsch. bot. Ges. **58**, 295—305.

— 1942: Unsere derzeitige Kenntnis von den spezifischen Permeabilitätsreihen. Ber. dtsch. bot. Ges. **60**, 179—200.

HOLLE, H., 1915: Untersuchungen über Welken, Vertrocknen und Wiederstraffwerden. Flora **108**, 73—127.

HOUBEN, J., 1966: Imbibition des graines de Pisum sativum 1ère partie, imbibition par trempage. Planta **71**, 87—97.

Huber, B., und H. Ziegler, 1960: Atmung und Wasserhaushalt. Hdb. Pflanzenphys. XII/2, 150—169, herausg. v. W. Ruhland. Berlin-Göttingen-Heidelberg.
Hunt, O. J., 1965: Salt tolerance in intermediate wheatgrass. Crop. Sci. 5, 407—409.

Iljin, W. S., 1927: Über die Austrocknungsfähigkeit des lebenden Protoplasmas der
vegetativen Pflanzenzelle. Jb. wiss. Bot. 66, 947—964.
— 1930: Die Ursachen der Resistenz von Pflanzenzellen gegen Austrocknen. Protoplasma 10, 379—414.
— 1931: Austrocknungsresistenz des Farnes Notholaena marantae R. Br. Protoplasma
13, 322—330.
— 1933: Über Absterben der Pflanzengewebe durch Austrocknung und über ihre
Bewahrung vor dem Trockentode. Protoplasma 19, 414—442.
Irmscher, E., 1912: Über die Resistenz der Laubmoose gegen Austrocknung und
Kälte. Jb. wiss. Bot. 50, 387—449.
Itzerott, H., 1937: Untersuchungen zum Wasserhaushalt von Prasiola crispa. Jb.
wiss. Bot. 84, 254—275.

Jaccard, P., und A. Frey-Wyssling, 1934: Über Versuche zur Bestimmung der
Zellsaftkonzentration in der Kambialzone beim exzentrischen Dickenwachstum.
Jb. wiss. Bot. 79, 655—680.
Jaeger, S., 1966: Der Wasserhaushalt von Avena sativa L. bei steigender Mineral-
volldüngung. II. Hydratur und Preßsaftanalysen. Plant and Soil 26, 201—212.
Jagnow, G., 1957: Streptomyceten. Arch. f. Mikrobiol. 26, 175—191.
Jarvis, P. G., 1963: Comparative studies in plant water relations. Acta univers.
upsaliensis 27, Uppsala.
— and M. S. Jarvis, 1963: Effects of several osmotic substrates on the growth of
Lupinus albus seedlings. Physiol. Plant. 16, 485—500.
— — 1965: The water relations of tree seedlings. V. Growth and root respiration in
relation to osmotic potential of the root medium. In: Water stress in plants, herausg. v. B. Slavik, 167—182. The Hague.
— and R. O. Slatyer, 1966: Calibration of beta gauges for determining leaf water
status. Science 153, 78—79.
Jauerka, O., 1912: Die ersten Stadien der Kohlensäureausscheidung bei quellenden
Samen. Beitr. Biol. Pfl. 11, 193—248.
Jeremias, K., 1964: Über die jahresperiodisch bedingten Veränderungen der Ab-
lagerungsform der Kohlenhydrate in vegetativen Pflanzenteilen unter besonderer
Berücksichtigung der Zucker der Raffinose-Gruppe. Botan. Studien. Jena.
— 1965: Der Einfluß des Welkens auf den Zucker- und Stärkegehalt isolierter Blätter
von Teucrium chamaedrys und Brunella grandiflora. Planta 65, 73—82.
— 1966: Der Einfluß der Bodentrockenheit auf den Zuckergehalt vegetativer Pflan-
zenteile. Pflanzenphysiol. 54, 237—239.
Joffe, A., 1964: The determination of moisture in seeds with special reference to the
Marconi electrical conductance method. II. Sorghums. S. Afr. J. Agric. Sci. 7,
563—572.
Johnston, R. D., 1964: Water relations of Pinus radiata under plantation conditions.
Aust. J. Bot. 12, 111—124.

Kaess, G. und W. Schwartz, 1935: Über das Wachstum von Schimmelpilzen bei
hoher relativer Luftfeuchtigkeit. Arch. Mikrob. 6, 208—214.
Kahho, H., 1921 a: Zur Kenntnis der Neutralsalzwirkung auf das Pflanzenplasma.
Biochem. Z. 120, 125—142.
— 1921 b: Ein Beitrag zur Permeabilität des Pflanzenplasmas für Neutralsalze. Biochem. Z. 123, 284—303.
Kaku, S., 1963: Autecological studies on the hydrature accomodation in higher
plants. Sieboldia 3, 1—38.
— 1966: Changes in supercooling in growing leaves of some evergreen plants and
their relation to intercellular space, osmotic value and water content. Bot. Mag.
(Tokyo) 79, 98—104.
Kappen, L., 1965: Untersuchungen über den Jahreslauf der Frost-, Hitze- und Austrocknungsresistenz von Sporophyten einheimischer Polypodiaceen (Filicinae).
Flora 155, 123—166.
— 1966 a: Untersuchungen über die Widerstandsfähigkeit der Gametophyten einheimischer Polypodiaceen gegenüber Frost, Hitze und Trockenheit. Flora 156 (A),
101—115.

KAPPEN, L., 1966 b: Der Einfluß des Wassergehaltes auf die Widerstandsfähigkeit von Pflanzen gegenüber hohen und tiefen Temperaturen, untersucht an Blättern einiger Farne und von *Ramonda myconi*. Flora (B) **156**, 427—445.

KARZEL, R., 1926: Über die Nachwirkungen der Plasmolyse. Jb. wiss. Bot. **65**, 551—591.

KATCHALSKY, A., and P. F. CURRAN, 1965: Nonequilibrium thermodynamics in biophysics. Cambridge, Massachusetts.

KATZ, J. R., 1918: Die Gesetze der Quellung. Kolloidch. Beih. **9**, 1—182.

KAUSCH, W., 1959: Der Einfluß von edaphischen und klimatischen Faktoren auf die Ausbildung des Wurzelwerks der Pflanze. Habilitationsschrift. Darmstadt.

— 1965: Beziehungen zwischen Wurzelwachstum, Transpiration und CO_2-Gaswechsel bei einigen Kakteen. Planta **66**, 229—238.

— und W. HAAS, 1965: Chemische Unterschiede zwischen Sonnen- und Schattenblättern der Blutbuche (*Fagus sylvatica* L. c. v. *Atropunicea*). Naturwissenschaften **52**, 214—215.

KESSELER, H., 1958: Eine mikrokryoskopische Methode zur Bestimmung des Turgors von Meeresalgen. Kieler Meeresf. **14**, 23—41.

KICKSEE, U., 1964: Die Eigenschaften des Lutrol als Osmotikum und das Sproß- und Wurzelwachstum unter verschiedenen Hydraturverhältnissen. Zulassungsarbeit. Stuttgart-Hohenheim.

KILLIAN, CH., et G. LEMÉE, 1956: Les xérophytes: leur économie d'eau. Hdb. der Pflanzenphysiol. III, 787—824, herausg. von W. RUHLAND, Berlin-Göttingen-Heidelberg.

KINNE, O., 1952: Ein neues Gerät zur Bestimmung der Gefrierpunktserniedrigung kleiner Flüssigkeitsmengen. Veröffl. d. Inst. f. Meeresfschg. Bremerhaven **1**, 47—51.

KLEBS, G., 1928: Die Bedingungen der Fortpflanzung bei einigen Algen und Pilzen. Jena.

KLEMM, W., 1966: Die Entwicklung der Durchstrahlungsmethode zur Untersuchung des Wasserhaushaltes von Bäumen. Isotopenpraxis, **2**, 262—267.

KLOTZ, I. M., 1957: Chemical Thermodynamics. Englewood Cliffs, N. J.

KLUGE, M., und K. FISCHER, 1967: Über Zusammenhänge zwischen dem CO_2-Austausch und der Abgabe von Wasserdampf durch *Bryophyllum daigremontianum* Berg. Planta **77**, 212—223.

KLUTE, A., and L. A. RICHARDS, 1961: Effect of temperature on relative vapor pressure of water in soil: apparatus and preliminary measurements. Soil Sci. **93**, 391—396.

KNIPLING, E. B., 1967: Effect of leaf aging on water deficit-water potential relationships of dogwood leaves growing in two environments. Physiol. Plant. **20**, 65—72.

KNODEL, H., 1938: Eine Methodik zur Bestimmung der stofflichen Grundlagen des osmotischen Wertes von Pflanzensäften. Planta **28**, 704—715.

— 1939: Über die Abhängigkeit des osmotischen Wertes von der Saugkraft des Bodens. Jb. wiss. Bot. **87**, 557—564.

KOLKWITZ, R., 1901: Über die Atmung ruhender Samen. Ber. dtsch. bot. Ges. **19**, 285—287.

KOLLER, D., and Y. SAMISH, 1964: A null-point compensation system for simultaneous and continuous measurement of net photosynthesis and transpiration by controlled gas-stream analysis. Botan. Gaz. **125**, 81—88.

KOLUMBE, E., 1927: Untersuchungen über die Wasserdampfaufnahme der Flechten. Planta **3**, 734—757.

KOSHANIN, H., 1939: Contribution to the biology of *Ramondia nathaliae*, *Ramondia serbica* and *Ceterach officinarum*. Memoirs Serb. Roy. Ac. 1st. Sect. 1—67.

KOZINKA, V., 1960: Die Gewinnung von Preßsaft für kryoskopische Bestimmungen des osmotischen Wertes bei Pflanzen. Biólogia 15, **8**, 567—583.

— and A. NIŽNANSKY, 1903: Biometric analysis of the relationship between the osmotic pressure of the cell sap and its refractive index. Biol. Plant. **5**, 77—84.

KOZLOWSKI, T. T., 1964: Water metabolism in plants. New York-Evanston-London.

— and J. J. CLAUSEN, 1965: Changes in moisture contents and dry weights of buds and leaves of forest trees. Bot. Gaz. **126**, 20—26.

KRAMER, P. J., 1955: Bound water. Hdb. der Pflanzenphysiol., I, 223—242, herausg. v. W. RUHLAND, Berlin-Göttingen-Heidelberg.

KREEB, K., 1955: Untersuchungen über die Hydratur einiger Kulturpflanzen. Ber. dtsch. bot. Ges. **68**, 71—86.

— 1957: Hydratur und Ertrag. Ber. dtsch. bot. Ges. **70**, 121—136.

— 1958: Die Bedeutung der Hydratur für die Kontrolle der Wasserversorgung bei Kulturpflanzen. Habilitationsschrift. Stuttgart-Hohenheim.

— 1959: Die Bodenversalzung als störender Faktor bei Feldversuchen und ihre Bedeutung für Keimung, Wachstum und Ertrag. Ber. dtsch. bot. Ges. **72**, 123—137.

Kreeb, K., 1960 a: Über die gravimetrische Methode zur Bestimmung der Saugspannung und das Problem des negativen Turgors. I. Mitteilung. Planta 55, 274—281.

— 1960 b: Salzschädigungen bei Kulturpflanzen. Zeitschr. Pflanzenkr., Pflanzenpathologie u. Pflanzenschutz 67, 385—399.

— 1961 a: Die Bedeutung der Hydratur für die Kontrolle der Wasserversorgung bei Kulturpflanzen. Beitr. Biol. Pfl. 36, 57—89.

— 1961 b: Zur Frage des negativen Turgors bei mediterranen Hartlaubpflanzen unter natürlichen Bedingungen. Planta 56, 479—489.

— 1963 a: Untersuchungen zum Wasserhaushalt der Pflanzen unter extrem ariden Bedingungen. Planta 59, 442—458.

— 1963 b: Hydrature and plant production. The water relations of plants, 272—288, herausg. v. A. J. Rutter und F. H. Whitehead. Oxford.

— 1964 a: Ökologische Grundlagen der Bewässerungskulturen in den Subtropen. Stuttgart.

— 1964 b: Zur Methodik der NTC-Temperaturmessung und Tagesgänge der Blatttemperatur bei immergrünen Macchienpflanzen Südfrankreichs. In: Beitr. zur Phytologie 50—58, herausg. von K. Kreeb. Stuttgart.

— 1965 a: Determination of the internal water balance (Hydrature) in the field by measuring suction force and refractive index. In: Arid Zone Res. 25, 385—391. UNESCO.

— 1965 b: Untersuchungen zu den osmotischen Zustandsgrößen. I. Mitteilung: Ein tragbares elektronisches Mikrokryoskop für ökophysiologische Arbeiten. Planta 65, 269—279.

— 1965 c: Untersuchungen zu den osmotischen Zustandsgrößen. II. Mitteilung: Eine elektronische Methode zur Messung der Saugspannung (NTC-Methode). Planta 66, 156—164.

— 1965 d: Die Bedeutung des Quellungswassers der Zelle bei der kryoskopischen Bestimmung des osmotischen Wertes. Ber. dtsch. bot. Ges. 78, 159—166.

— 1965 e: Die ökophysiologische Bedeutung der Bodenversalzung. Angew. Bot. 39, 1—15.

— 1966: Die Registrierung des Wasserzustandes über die elektrische Leitfähigkeit der Blätter. Ber. dtsch. bot. Ges. 79, 150—162.

— 1967 a: Entgegnung an R. O. Slatyer. Z. Pflanzenphysiol. 56, 95—97.

— 1967 b: Thermodynamische Betrachtungen zum Wasserhaushalt der Pflanze. Ber. dtsch. bot. Ges. 80, 43—45.

— und W. Bogner, 1967: Untersuchungen zu den osmotischen Zustandsgrößen. III. Saugspannung, osmotisches Potential und elektrische Leitfähigkeit der Blätter. Planta 75, 358—361.

— und W. Borchard, 1967: Thermodynamische Betrachtungen zum Wasserhaushalt der Pflanze. Z. Pflanzenphysiol. 56, 186—202.

— und M. Önal, 1961: Über die gravimetrische Methode zur Bestimmung der Saugspannung und das Problem des negativen Turgors. 2. Mitteilung: Die Berücksichtigung von Atmungsverlusten während der Messungen. Planta 56, 409—415.

Kroemer, K., und G. Krumbholz, 1932: Untersuchungen über osmotische Sproßpilze. V. Mitt.: Das Verhalten von Sproßpilzen und Nährlösungen mit hohen Neutralsalzkonzentrationen. Arch. Mikrobiol. 3, 384—396.

Krumbholz, G., 1931: Untersuchungen über osmotische Sproßpilze. III. Mitt.: Über einige kleinzellige Sacharomyceten. Arch. Mikrobiol. 2, 601—619.

Kühne, L., 1966: Zur Kinetik und Thermodynamik der Samenquellung von Pisum sativum L. Dissertation. Bonn.

— und W. Kausch, 1965: Über das Quellungsmaximum der Kotyledonen und Keimachse von Pisum sativum L. Planta 65, 27—41.

Küster, F. W., A. Thiel und K. Fischbeck, 1962: Logarithmische Rechentafeln. Berlin.

Lahiri, A. N., and B. C. Kharabanda, 1965: Studies on plant-water relationships: effects of moisture deficit at various developmental stages of bulrush millet. Proc. nat. Inst. Sci. India, B 31, 14—23.

— and V. Kumar, 1966: Studies on plant-water relationships. II. Further studies on the drought mediated alterations in the performance of bulrush millet. Proc. nat. Inst. Sci. India 32, 116—129.

Lambert, J. R., and J. v. Schilfgaarde, 1965: A method of determining the water potential of intact plants. Soil Sci. 99, 1—9.

Lang, A. R. G., and H. D. Barrs, 1965: An apparatus for measuring water potentials in the xylem of intact plants. Aust. J. biol. Sci. 18, 487—497.

LANGE, O. L., 1965: Der CO_2-Gaswechsel von Flechten bei tiefen Temperaturen. Planta **64**, 1—19.
— 1969: Die funktionellen Anpassungen der Flechten an die ökologischen Bedingungen arider Gebiete. Ber. dtsch. bot. Ges. **82**, 3—23.
— und A. BERTSCH, 1965: Photosynthese der Wüstenflechte *Ramalina maciformis* nach Wasserdampfaufnahme aus dem Luftraum. Naturwissenschaften **52**, 215—216.
— und E. D. SCHULZE, 1966: Untersuchungen über die Dickenentwicklung der kutikularen Zellwandschichten bei Fichtennadeln. Forstwiss. Cbl. **85**, 27—38.
LAPEYRONIE, A., 1961: Du pouvoir d'imbibition des pondres sèches provenant de limbes foliaires des Graminées en relation avec le comportement de celles-ce vis-à-vis de l'eau. C. R. Acad. Sci. (Paris) **253**, 1491—1493.
LAPINA, L. R., 1967: On the effect and after-effect of high isosmotic concentrations of NaCl and dextrane on horse bean plants. Fiziol. Rastenij **14**, 319—327. [Russ.]
LARCHER, W., 1963: Die Leistungsfähigkeit der CO_2-Assimilation höherer Pflanzen unter Laboratoriumsbedingungen und am natürlichen Standort. Mitteilung d. Florisch-soziolog. Arbeitsgem. N. F. **10**, 20—33.
— 1965: The influence of water stress on the relationship between CO_2 uptake and transpiration. In: Water stress in plants, herausg. v. B. SLAVIK, 184—193. The Hague.
LAUE, E., 1937/38: Untersuchungen an Pflanzenzellen im Dampfraum. Flora **132**, 193—224.
LEBEDEV, G. V., 1961: Tee unter den Bedingungen der Bewässerung. Dokl. Akad. Nauk SSSR. Moskau. [Russ.]
— and N. A. ASKOCHENSKAYA, 1965: State of water in a plant cell, mobility of water and factors which determine it. In: Water stress in plants, herausg. v. B. SLAVIK, 72—79. The Hague.
LEMÉE, G., et P. GONZALEZ, 1965: Comparison de méthodes de mesure du potential hydrique (tension de succion, DPD) dans les feuilles par équilibre osmotique et par équilibre de pression de vapeur. Arid Zone Res. **25**, 361—368. UNESCO.
— et G. LAISNÉ, 1951: La méthode réfractometrique de mesure la suction. Rev. génér. de Botanique **58**, 336—347.
LEO, H. W. M., 1964: Plant water salt relationships: as studied with a split-root technique. Irish agric. Res. **3**, 129—131.
LEPESCHKIN, W. W., 1909 a: Zur Kenntnis der photonastischen Variationsbewegungen und der Einwirkung des Beleuchtungswechsels auf die Plasmamembran. Beih. Bot. Cbl. **24**, 308—356.
— 1909 b: Über die Permeabilitätsbestimmung der Plasmamembran für gelöste Stoffe. Ber. dtsch. bot. Ges. **27**, 129—142.
LESAGE, P., 1889: Influence du bord de la mer sur la structure des feuiles. C. R. Acad. Sci. **109**, 204—206.
— 1890: Recherches expérimentales sur les modifications des feuilles chez les plantes maritimes. Rev. Gen. Bot. **2**, 55—65, 106—109, 163—170.
— 1921: Plantes salées et période des anomalies. C. R. Acad. Sci. **172**, 82—84.
— 1925: Extension du charactère acquis et faits d'hérédité dans le Lepidium sativum arrosé à l'eau salée. C. R. Acad. Sci. **180**, 854.
LEVITT, J., 1962: A sulfhydryl-disulfide hypothesis of frost injury and resistance in plants. J. Theoret. Biol. **3**, 355—391.
LEWIS, G. N., 1908: The osmotic pressure of concentrated solutions, and the laws of the perfect solution. J. Amer. Chem. Soc. **30**, 668—683.
— und M. RANDALL, 1927: Thermodynamik (übersetzt von O. REDLICH). Wien.
LIVINGSTON, B. E., 1907: Relative transpiration in cacti. Plant World **10**, 110.
LOBOV, M. F., 1948: Über die Konzentration des Zellsaftes von Sommer-Weizenblättern bei ungenügender Wasserversorgung. Arb. Inst. Physiol. d. Pflanzen „Timiriazev" VI, 245—253. [Russ.]
— 1951: Die Beziehungen zwischen dem Wachstum und der Zellsaftkonzentration der Pflanzen. Bot. Z. **36**, 21—28. [Russ.]
— 1957: Diagnose für den Zeitpunkt der Beregnung von Gemüse im Bewässerungsackerbau. Mitt. „Biol. osn. orosch. zeml.", 157—163. [Russ.]
LÖTSCHERT, W., und F. LIEMANN, 1967: Die Salzspeicherung im Keimling von *Rhizophora mangele* L. während der Entwicklung auf der Mutterpflanze. Planta **77**, 142—156.
LUPINSKI, J. H., and K. D. KOPPLE, 1964: Electro conductive polymers. Science **146**, 1038—1039.

Mac Dougal, D. T., 1912: The water-balance of desert plants. Ann. Bot. **26**, 71.
— and E. S. Spalding, 1910: The water balance of succulent plants. Carnegie Inst. of Wash., Publ. Nr. **141**.
Mack, A. R., 1965: Effect of soil temperature and moisture on yield and nutrient uptake by barley. Soil Sci. **45**, 337—346.
Macklon, A. E. S., and P. E. Weatherley, 1965: A vapour-pressure instrument for the measurement of leaf and soil water potential. J. exp. Bot. **16**, 261—270.
Mägdefrau, K., 1930/31: Untersuchungen über die Wasserdampfaufnahme der Pflanzen. Z. Bot. **24**, 417—450.
— 1935/36: Untersuchungen über die Wasserversorgung der Gametophyten und Sporophyten der Laubmoose. Z. Bot. **29**, 337—375.
— 1938: Die Wasseraufnahme der Laubmoose. Ann. Bryologici **10**, 141—150.
Magistad, O. C., A. D. Ayers, C. H. Wadleigh, and H. G. Gauch, 1943: Effect of salt concentration, kind of salt, and climate on plant growth in sand cultures. Plant Physiol. **18**, 151—166.
Manohar, M. S., 1966 a: Measurements of the water potential of intact plant tissues. I. Design of a microthermocouple psychrometer. J. Exp. Bot. **17**, 44—50.
— 1966 b: II. Factors affecting the precision of the thermocouple psychrometer technique. J. Exp. Bot. **17**, 51—56.
— 1966 c: III. The water potential of germinating peas (*Pisum sativum* L.). J. Exp. Bot. **17**, 231—235.
Maquenne, L., 1900: Recherches sur la germination. Ann. Agronom. (Paris) **26**, 321—332.
Marloth, R., 1908: Das Kapland. Wiss. Eng. dtsch. Tiefsee Exp. „Valdivia", **2**, 3. Jena.
Marr, A. G., and Y. Vaadia, 1961: Rapid cryoscopic technique for measuring osmotic properties of drop size samples. Plant Physiol. **36**, 677—680.
Mauve, A. A., 1966: Resurrection plants. In: Fauna und Flora (Nature Conservation, Pretoria), **17**, 26—31. Pretoria.
Maximov, N. A., 1914: Experimentelle und kritische Untersuchungen über das Gefrieren und Erfrieren der Pflanzen. J. wiss. Bot. **53**, 327—420.
— 1923: Physiologisch-ökologische Untersuchungen über die Dürreresistenz der Xerophyten. J. wiss. Bot. **62**, 128—143.
— A. Diljanjan und A. Silikov, 1916: Osmotischer Druck in den Blättern von *Xerophyten und Mesophyten* der Umgegend von Tiflis. Arb. d. B. Gartens Tiflis **19**, 1. [Russ.]
— und P. Lominadze, 1916: Contributions à l'étude de la pression osmotique chez les plantes. J. russ. bot. Ges., **1**, 166. [Russ.]
— and N. S. Petinov, 1948: Determination of the leaf suction force by the compensation refractometrical method. Dokl. Akad. Nauk SSSR **62**, 537—540. [Russ.]
Mayer, A., et L. Plantefol, 1924 a: Equilibre des constituants cellulaires et intensite des oxydations de la cellule. Imbition et oxydation. C. R. Acad. Sci. **178**, 1385.
— — 1924 b: Sur les échanges d'eau des mousses avec atmosphère. C. R. Acad. Sci. **179**, 204.
Meyer, B. S., 1945: A critical evaluation of the terminology of diffusion phenomena. Plant Physiol. **20**, 142—164.
Michaelis, P., 1932: Ökologische Studien an der Baumgrenze I—V. Ber. dtsch. bot. Ges. **50**, 31—42.
— 1934 a: II. Die Schichtung der Lufttemperatur, Windgeschwindigkeit und Evaporation über einer Schneefläche. Beih. Bot. Cbl. **52**, B, 310—332.
— 1934 b: III. Über die winterlichen Temperaturen der pflanzlichen Organe, insbesondere der Fichte. Beih. Bot. Cbl. **52**, B, 333—377.
— 1934 c: IV. Zur Kenntnis des winterlichen Wasserhaushaltes. Jb. wiss. Bot. **80**, 169—243.
— 1934 d: V. Osmotischer Wert und Wassergehalt während des Winters in verschiedenen Höhenlagen. Jb. wiss. Bot. **80**, 337—362.
Milburn, J. A., and R. P. C. Johnson, 1966: The conduction of sap. II. Detection of vibrations produced by sap cavitation in *Ricinus xylem*. Planta **69**, 43—52.
Miller, G. W., and J. Evans, 1956: The influence of salts on the activity of particulate cytochrome oxidase from roots of higher plants. Plant Physiol. **31**, 357—364.
Mishra, S. D., 1967: Physiological studies in Mangrove of Bombay (Studies in *Clerodendron innerme*). Dissertation. Bombay.
Monk, R. W., and H. H. Wiebe, 1961: Salt tolerance and protoplasmic salt hardiness of various woody and herbaceous ornamental plants. Plant Physiol. **36**, 478—482.

MONTEITH, J. L., and P. C. OWEN, 1958: A thermocouple method for measuring relative humidity in the range 95—100%. J. Sci. Instrum. 35, 443—446.

MONTFORT, C., 1926: Physiologische und pflanzengeographische Seesalzwirkungen. Jb. wiss. Bot. 65, 502—550.

— und W. BRANDRUP, 1927: Physiologische und pflanzengeographische Seesalzwirkungen. II. Jb. wiss. Bot. 66, 902—946.

— — 1928: Physiologische und pflanzengeographische Seesalzwirkungen. III. Jb. wiss. Bot. 67, 106—173.

— und H. HAHN, 1950: Atmung und Assimilation als dynamische Kennzeichen abgestufter Trockenresistenz bei Farnen und höheren Pflanzen. Planta 38, 503—515.

MOONEY, H. A., M. WEST, and R. BRAYTON, 1966: Field measurements of bristlecone pine and big sagebrush in the white mountains of California. Bot. Gaz. 127, 105—113.

MORSE, H. N., and J. C. W. FRAZER, 1905: The osmotic pressure and freezing points of solutions of cane sugar. Amer. Chem. J. 34, 1—99.

MOSEBACH, G., 1940: Ein Mikroverfahren zur kryoskopischen Untersuchung saftreicher Gewebe. Ber. dtsch. bot. Ges. 58, 29—40.

MÜLLER-STOLL, W. R., 1935: Ökologische Untersuchungen an Xerothermpflanzen des Kraichgaues. Z. Bot. 29, 161—253.

— 1938: Wasserhaushaltsfragen bei Sumpf- und emersen Wasserpflanzen. Ber. dtsch. bot. Ges. 56, 355—367.

NAKAYAMA, F. S., and W. L. EHRLER, 1964: Beta ray gaging technique for measuring leaf water content changes and moisture status of plants. Plant Physiol. 39, 95—98.

NAMKEN, L. N., and E. R. LEMON, 1960: Field studies of internal moisture relations of the corn plant. Agronomy J. 52, 643—646.

NEČAS, J., 1965: Zur Problematik der Verläßlichkeit der refraktometrischen Methode für die Indikation des Wasserbedarfes der Kartoffeln. Biol. plant. (Praha) 7, 146—157.

NELLEN, U. R., 1966: Über den Einfluß des Salzgehaltes auf die photosynthetische Leistung verschiedener Standortformen von *Delesseria sanguinea* und *Fucus serratus*. Helgoländer wiss. Meeresunters. 13, 288—313.

NEWTON, R., and R. A. GORTNER, 1922: A method for estimating hydrophylic colloid content of expressed plant tissue fluids. Bot. Gaz. 74, 442—446.

NIEMAN, R. H., 1962: Some effects of sodium chloride on growth, photosynthesis, and respiration of twelve crop plants. Bot. Gaz. 123, 279—285.

NISHIDA, K., 1963: Studies on stomatal movement of crassulaceen plants in relation to the acid metabolism. Physiol. Plant. (Kopenhagen) 16, 281—298.

NORDHAUSEN, M., 1912: Über Sonnen- und Schattenblatter. Ber. dtsch. bot. Ges. 30, 483—503.

NUERNBERGK, E. L., 1961: Endogener Rhythmus und CO$_2$-Stoffwechsel bei Pflanzen mit diurnalem Säurerhythmus. Planta 56, 28—70.

OEHME, F., 1961: Angewandte Konduktometrie. Heidelberg.

ÖNAL, M., 1962: Untersuchungen über den Wasserhaushalt einiger Kultur- und Holzpflanzen. Dissertation. Hohenheim.

— 1964: Die Zusammensetzung des Zellsaftes einiger Salzmarschen- und Dünenpflanzen in der Umgebung Neapels. In: Beitr. Phytologie, 81—100, herausg. v. K. KREEB. Stuttgart.

— 1964: Untersuchungen zum Wasserhaushalt einiger Kulturpflanzen unter besonderer Berücksichtigung der Refraktometermethode. Ber. dtsch. bot. Ges. 77, 243—255.

— 1965: Beiträge zum Halophytenproblem. Ber. dtsch. bot. Ges. 78, 68—72.

— 1966: Vergleichende ökologische Untersuchungen bei Halophyten und Glykophyten in der Nähe von Neapel. Rev. Fac. Sci. Univ. Istanbul Ser. B 31, 209—248.

OPPENHEIMER, H. R., 1932: Über Zuverlässigkeit und Anwendungsgrenzen der üblichen Methoden zur Bestimmung der osmotischen Konzentration pflanzlicher Zellsäfte. Planta 16, 467—517.

— and A. H. HALEVY, 1962: Anabiosis in *Ceterach officinarum* Lam. et D. Bull. Res. Counc. Israel, D, 11, 127—147.

— and K. MENDEL, 1939: On orange leaf transpiration under orchard conditions. Part I. Soil moisture high. Palest. J. Bot. Rehovot Ser. 2, 171—250.

ORSHAN, G., 1954: Surface reduction and its significance as a hydroecological factor. J. Ecol. 42, 442—444.

OSTERHOUT, W. J. V., 1922: Injury, recovery and death in relation to conductivity and permeability. Philadelphia and London.

OVERTON, E., 1899: Über die allgemeinen osmotischen Eigenschaften der Zellen, ihre vermutlichen Ursachen und ihre Bedeutung für die Physiologie. Vjschr. natur-forsch. Ges. Zürich **44**, 88—135.

PEACH, K., 1941: Beitrag zur Bestimmung der elektrischen Leitfähigkeit in lebenden pflanzlichen Geweben. Planta **31**, 265—294.

— und W. SIMONIS, 1952: Übungen zur Stoffwechselphysiologie der Pflanzen. Berlin-Göttingen-Heidelberg.

PALLAS, Jf., B. E. MICHEL, and D. G. HARRIS, 1967: Photosynthesis, transpiration, leaf temperature and stomatal activity of cotton plants under varying water potentials. Plant Physiol. **42**, 76—88.

PESSIN, L. J., 1924: A physiological and anatomical study of the leaves of *Polypodium polypodioides*. Amer. J. Bot. **11**, 370—381.

PETINOV, N. S. und V. S. SHAIDUROV, 1963: Determination of the watering periods for Lucerne according to the physiological data. Fiziol. Rastenij **10**, 605—607. [Russ.]

PFEFFER, W., 1877: Osmotische Untersuchungen. Leipzig.

PICKETT, F. L., 1914: Ecological adaptations of certain fern-prothallia. Amer. J. Bot. **1**, 477—498.

PISEK, A., und E. CARTELLIERI, 1932 a: Zur Kenntnis des Wasserhaushaltes der Pflanzen. I. Sonnenpflanzen. J. wiss. Bot. **75**, 195—251.

— — 1932 b: Zur Kenntnis des Wasserhaushaltes der Pflanzen. II. Schattenpflanzen. Jb. wiss. Bot. **75**, 643—678.

— — 1934: Zur Kenntnis des Wasserhaushaltes der Pflanzen. III. Alpine Zwerg-sträucher. Jb. wiss. Bot. **79**, 131—190.

— — 1939: Zur Kenntnis des Wasserhaushaltes der Pflanzen. IV. Bäume und Sträu-cher. Jb. wiss. Bot. **88**, 22—68.

— H. SOHM und E. CARTELLIERI, 1935: Untersuchungen über osmotischen Wert und Wassergehalt von Pflanzen und Pflanzengesellschaften der alpinen Stufe (Mit besonderer Berücksichtigung der Zwergsträucher im Winter). Beih. Bot. Zbl. **52 B**, 634—675.

— und E. WINKLER, 1955: Wassersättigungsdefizit, Spaltenbewegung und Photo-synthese. Protoplasma **46**, 597—611.

POLANYI, M., 1914: Adsorption, Quellung und osmotischer Druck von Kolloiden. Biochem. Zeitschr. **66**, 258—268.

POLSTER, H., 1965: The influence of soil drought on the vitality of forest plants. In: Water stress in plants 228—237, herausg. v. B. SLAVIK, The Hague.

— G. WEISE und G. NEUWIRTH, 1960: Ökologische Untersuchungen über CO_2-Stoff-wechsel und Wasserhaushalt einiger Holzarten auf ungarischen Sand- und Alkali-(„Szik"-)Böden. Arch. Forstwesen **9**, 947—1014.

POMPE, E., 1941: Beiträge zur Ökologie der Hiddensur Halophyten. Beih. Bot. Zbl. **60** (A), 223—326.

PORATH, E., and A. POLJAKOFF-MAYBER, 1964: Effect of salinity on metabolic path-ways in pea root tips. Israel J. Bot. **13**, 115—121.

PRINGSHEIM, E. G., 1930: Untersuchungen über die Samenquellung. Planta **11**, 528—581.

RACIBORSKY, M., 1905: Über die obere Grenze des osmotischen Druckes der lebenden Zellen. Bull. de l'Acad. d. Sci. de Cracovie; Cl. d. Sc. math. et natur. 668.

RAGAI, H., and W. E. LOOMIS, 1954: Respiration of maize grain. Plant Physiol. **29**, 49—55.

RAMSAY, J. A., 1949: A new method of freezing-point determination for small quanti-ties. Exp. Biol. **26**, 54—65.

RAWLINS, S. L., 1964: Systematic error in leaf water potential measurements with a thermocouple psychrometer. Science **146**, 644—646.

RAY, P. M., 1960: On the theory of osmotic water movement. Plant Physiol. **35**, 783—795.

REHAGE, G., 1964 a: Zur Thermodynamik der Quellung. Teil I. Thermodynamische Eigenschaften vernetzter binärer Systeme. Kolloid-Z. und Z. Polymere **194**, 16—34.

— 1964 b: Teil II. Quellung im Zustand des inneren Gleichgewichts. Kolloid-Z. und Z. Polymere **196**, 97—125.

— 1964 c: Teil III. Quellung im Glaszustand. Kolloid-Z. und Z. Polymere **199**, 1—9.

REHDER, H., 1959: Versuche zur Bestimmung der Saugkraft mit der Schardakow-Methode. In: Bericht über das Geobotanische Forschungsinstitut Rübel, Zürich. Herausg. v. E. RÜBEL und W. LÜDI, 91—110. Zürich.

— 1960: Saugkraftmessungen an *Stachys silvatica* im frischen und welken Zustand. Ber. dtsch. bot. Ges. **73**, 75—82.

— und K. KREEB, 1961: Vergleichende Untersuchungen zur Bestimmung der Blattsaugspannung mit der gravimetrischen Methode und der Schardakow-Methode. Ber. dtsch. bot. Ges. **74**, 95—98.

REIMERS, I., 1957: Vergleichende zellphysiologische Studien an einigen etiolierten und grünen mono- und dicotylen Pflanzen. Planta **49**, 455—488.

RENNER, O., 1912: Über die Berechnung des osmotischen Druckes. Biol. Zbl. **32**, 486—504.

— 1932: Zur Klärung des Wasserhaushaltes javanischer Kleinepiphyten. Planta **18**, 215—287.

— 1933: Wasserzustand und Saugkraft. I. Erwiderung an H. WALTER. II. Berichtigung. Planta **19**, 644—647.

REPP, G., 1951: Kulturpflanzen in der Salzsteppe. Experimentell ökologische Untersuchungen zur Salzresistenz verschiedener Nutzpflanzen. Bodenkultur **5**, 249—294.

— 1958: Die Salztoleranz der Pflanzen. I. Salzhaushalt und Salzresistenz von Marschpflanzen der Nordseeküste Dänemarks in Beziehung zum Standort. Österr. bot. Z. **104**, 454—490.

— 1961: The salt tolerance of plants: basic research and tests. Arid Zone Res. **14**, 153—161. UNESCO.

— D. R. McALLISTER, and H. H. WIEBE, 1959: Salt resistance of protoplasm as a test for the salt tolerance of agricultural plants. Agron. J. **51**, 311—314.

RICHARDS, L. A., and R. B. CAMPBELL, 1948: Use of thermistors for measuring the freezing point of solutions and soils. Soil Sci. **65**, 429—436.

— and G. OGATA, 1958: Thermocouple for vapour pressure measurement in biological and soil systems at high humidity. Science **128**, 1089—1090.

RIJVEN, A. H. G., 1952: In vitro studies on the embryo of *Capsella bursa-pastoris*. Dissertation. Utrecht.

RODIN, L. E., 1962: Dynamik der Wüstenvegetation, am Beispiel des westlichen Turkmenistan. Moskau-Leningrad. [Russ.]

RODIONOV, V. S., 1962: Die Möglichkeit, die Bewässerungsmenge und den Bewässerungstermin aufgrund von Zellsaftkonzentrationsmessungen bei Mais zu bestimmen. Fiziol. Rastenij **9**, 91—97. [Russ.]

ROMOSE, V., 1940: Ökologische Untersuchungen über *Homalothecium sericeum*, seine Wachstumsperioden und seine Stoffproduktion. Dansk. Bot. Ark. **10**, 1—138.

ROUSCHAL, E., 1938: Eine physiologische Studie an *Ceterach officinarum* Willd. Flora **132**, 305—318.

RUGE, U., 1967: Angewandte Pflanzenphysiologie. Stuttgart.

RUHLAND, W., 1915: Untersuchungen über die Hautdrüsen der *Plumbaginaceen*. Ein Beitrag zur Biologie der Halophyten. Jb. wiss. Bot. **55**, 409—498.

RUTTER, A. J., 1963: Water relations and growth in trees. In: Forestry Supplement, 19—31. Oxford.

RÜSCH, J., 1959: Das Verhältnis von Transpiration und Assimilation als physiologische Kenngröße, untersucht an Pappelklonen. Der Züchter **29**, 348—354.

RYCZKOWSKI, M., 1960: Observation on the osmotic value of the central vacuole sap in *Haemanthus katharinae Bak. ovula*. Bull. Acad. pol. Sci. Sér. Sci. biol. **8**, 143—148.

SACHS, E., und H. HECHT, 1964: Über Schnellfeuchtigkeitsbestimmer für Weizen. Bayer. Landwirtschaftl. Jb. **41**, 155—164.

SANTARIUS, K. A., 1966: Das Verhalten von Hill-Reaktion und Photophosphorylierung in Blattzellen und isolierten Chloroplasten in Abhängigkeit vom Wassergehalt. Dissertation. Bonn.

— 1967: Das Verhalten von CO_2-Assimilation, NADP- und PGS-Reduktion von ATP-Synthese intakter Blattzellen in Abhängigkeit vom Wassergehalt. Planta **73**, 228—242.

— und R. ERNST, 1967: Das Verhalten von Hill-Reaktion und Photophorylierung isolierter Chloroplasten in Abhängigkeit vom Wassergehalt. I. Wasserentzug mittels konzentrierter Lösungen. Planta **73**, 91—108.

— und U. HEBER, 1967: Das Verhalten von Hill-Reaktion und Photophosphorylierung isolierter Chloroplasten in Abhängigkeit vom Wassergehalt. II. Wasserentzug über $CaCl_2$. Planta **73**, 109—137.

Scheumann, W., 1964: Spezialpreßsatz für kleinste Probemengen. Landwirtsch. Versuchs- und Untersuchungswesen 10, 169—171.
— 1965: Serial studies on the hydration of forest plants. In: Water stress in plants, herausg. v. B. Slavik, 99—107. The Hague.
— und K. Fritsche, 1962: Hydratur und Wachstum von Pappeln in Abhängigkeit von der Nährstoffversorgung des Bodens. Der Züchter 32, 179—184.
Schimper, A. F. W., 1898: Pflanzengeographie auf physiologischer Grundlage. Jena.
Schläfli, A., 1964: Über die Eignung der Refraktometer- und der Schardakowmethode zur Messung osmotischer Zustandsgrößen. Protoplasma 58, 75—95.
— 1966: Untersuchungen über den Refraktometerwert und das spezifische Gewicht des Zellsaftes. Mitteilung der Thurgauischen naturforsch. Ges. 39, 39—47.
Schmid, G., 1927: Zur Ökologie der Luftalgen. Ber. dtsch. bot. Ges. 45, 518—533.
Schmidt, W., 1910: Über den Einrollungsmechanismus einiger Farnblätter. Beih. Bot. Zbl. (A) 26, 476—508.
Schneider, R., 1954: Hydraturgrenzen für pathologische Pilze. Phytopathol. Z. 21, 63—78.
Scholander, P. F., 1968: How mangroves desalinate sea water. Physiol. Plant. (Kopenhagen) 21, 251—261.
— H. T. Hammel, Edda D. Bradstreet, and E. A. Hemmingsen, 1965: Sap pressure in vascular plants. Science 148, 339—346.
— H. T. Hammel, E. Hemmingsen, and W. Garey, 1962: Salt balance in Mangroves. Plant Physiol. 37, 722—729.
Schönborn, A. von, 1965: Die Atmung der Samen. Allg. Forstzeitschr. 1/12, 16—20.
Schouw, J. F., 1822: Grundträk tilen almindelig Plantegeografi. Kjöbenhavn.
Schratz, E., 1934: Beiträge zur Biologie der Halophyten. I. Zur Keimungsphysiologie. Jb. wiss. Bot. 80, 112—142.
— 1935: II. Untersuchungen über den Wasserhaushalt. Jb. wiss. Bot. 81, 59—93.
— 1936: III. Über Verteilung, Ausbildung und NaCl-Gehalt der Strandpflanzen in ihrer Abhängigkeit vom Salzgehalt des Standorts. Jb. wiss. Bot. 83, 133—189.
— 1937: IV. Die Transpiration der Strand- und Dünenpflanzen. Jb. wiss. Bot. 84, 593—638.
Schretzenmayr, M., 1966: Wasserhaushaltsuntersuchungen mit der Schardakowmethode. Naturwissenschaften 53, 160—161.
Schröder, J., 1938: Über natürliche und künstliche Änderung des Interzellularvolumens bei Laubblättern. Beitr. Biol. Pfl. 25, 75—124.
Schwartz, W., und G. Kaess, 1934: Das Wachstum von Schimmelpilzen auf gekühltem Fleisch bei verschiedenen Luftzuständen. Arch. Mikrobiol. 5, 157—184.
Shardakov, V. S., 1948: A new field method for the determination of the suction pressure of plants. Dokl. Akad. Nauk SSSR 60, 169—172. [Russ.]
Shepherd, W., 1964: Diffusion pressure deficit and turgidity relationships of detached leaves of Trifolium repens L. Aust. J. agric. Res. 15, 746—751.
Shimshi, D., and A. Livne, 1967: The estimation of the osmotic potential of plant sap by refractometry and conductimetry: a field method. Ann. Bot. 31, 505—511.
Shmueli, E., and O. P. Cohen, 1964: A critique of Walters Hydrature concept and of his evaluation of water status measurements. Israel J. Bot. 13, 199—207.
— — 1967: In support of the critique on the hydrature concept. Israel J. Bot. 16, 45—47.
Shreve, E. B., 1915: An investigation of the causes of autonomic movements in succulent plants. Plant World 18, 297—331.
— 1916: An analysis of the causes of variation in the transpiring power of cacti. Physiol. Res. 2, 73.
Simonis, W., 1936: Untersuchungen über die Abhängigkeit des osmotischen Wertes vom Bodenwassergehalt bei Pflanzen verschiedener ökologischer Gruppen. J. wiss. Bot. 83, 191—239.
— 1948: CO_2-Assimilation und Stoffproduktion trockengezogener Pflanzen. Planta 35, 188—224.
— 1952: Untersuchungen zum Dürreeffekt. I. Morphologische Struktur, Wasserhaushalt, Atmung und Photosynthese feucht- und trockengezogener Pflanzen. Planta 40, 313—332.
Singh, R., and R. B. Alderfer, 1966: Effects of soil-moisture stress at different periods of growth of some vegetable crops. Soil Sci. 101, 69—80.
Slatyer, R. O., 1958: The measurement of DPD in plants by a method of vapour equilibration. Aust. J. Biol. Sci. II, 3, 349—365.
— 1961: Effect of several osmotic substrates on the water relationships of tomato. Aust. J. Biol. Sci. 14, 519—540.

SLATYER, R. O., 1966: An underlying cause of measurement discrepancies in determinations of osmotic characteristics in plant cells and tissues. Protoplasma **62**, 34—43.
— 1967 a: Plant-water relationships. In: Experimental Botany. An International Series of Monographs. Vol. 2. London and New York.
— 1967 b: Terminology for cell and tissue water relations. Z. Pflanzenphysiol. **56**, 91—94.
— 1967 c: Terminology for cell and tissue water relations. Z. Pflanzenphysiol. **56**, 469—470.
— and H. D. BARRS, 1965: Modifications to the relative turgidity technique with notes on its significance as an index of the internal water status of leaves. In: Arid Zone Res. **25**, 331—342. UNESCO.
— and J. F. BIERHUIZEN, 1964: The influence of several transpiration suppressants on transpiration, photosynthesis and wateruse efficiency of cotton leaves. Aust. J. Biol. Sci. **17**, 131—146.
— and W. R. GARDNER, 1965: Overall aspects of water movement in plants and soils. In: The State and Movement of water in living organisms, 113—129. Cambridge.
— and S. A. TAYLOR, 1960: Terminology in plant- and soilwater relations. Nature **187**, 922—924.
SLAVIK, B., 1952: Der osmotische Wert der Holzpflanzen als Zeiger für ihre Standortseignung. Tschechosl. Biologija **1**, 225—235. [Russ.]
— 1959 a: Gradients of osmotic pressure of cell sap in the area of one leaf blade. Biol, Plant. **1**, 39—47.
— 1959 b: The relation of the refractive index of plant cell sap to its osmotic pressure. Biol. Plant. **1**, 48—53.
— 1963 a: The distribution pattern of transpiration rate, water saturation deficit, stomata number and size, photosynthetic and respiration rate in the area of the tobacco leaf blade. Biol. Plant. **5**, 143—153.
— 1963 b: Relationship between the osmotic potential of cell sap and the water saturation deficit during the wilting of leaf tissue. Biol. Plant. **5**, 258—264.
— 1965: Influence of decreasing hydration level on photosynthetic rate in the thalli of hepatic *Conocephalum conicum* (L.) Wiggers. In: Water Stress in Plants, 195—201, herausg. v. B. SLAVIK. The Hague.
— 1966: Response of grasses and cereals to water. In: The Growth of Cereals and Grasses, 227—240, herausg. v. F. L. MILTHROPE und J. D. IVINS. London.
SLAVIKOVA, J., 1963 a: Eine ökologische Methode zur Wurzelsaugkraftmessung. Preslia **35**, 241—242.
— 1963 b: A critical evaluation of the determination of the root suction force. Acta Universitatis Carolinae Biologica **3**, 245—254.
— 1963 c: Horizontaler Gradient der Saugkraft eines Wurzelastes und sein Zusammenhang mit dem Wassertransport in der Wurzel. Acta Horti Bot. Pragensis, 73—79.
— 1965: Die maximale Wurzelsaugkraft als ökologischer Faktor. Preslia **37**, 419—428.
— 1966: Wechselseitige Beziehungen der Wurzelsaugkraft bei einigen Komponenten der Eschenphytozönosen. Preslia **38**, 15—22.
— 1967 a: Compensation of root suction force within a single root system. Biol. Plant. **9**, 20—27.
— 1967 b: Dependence of the root suction force on the soil water content. Biol. Plant. 149—156.
SNOW, D., 1949: Keimung der Pilzsporen nach 2 Jahren bei 62—66% hy. Ann. apl. Biol. **36**, 1.
SPANNER, D. C., 1951: The Peltier-effect and its use in the measurement of suction pressure. J. Exp. Bot. **2**, 145—168.
— 1964: Introduction to thermodynamics. London and New York.
SPOEHR, H. A., 1919: The carbohydrate economy of cacti. Carnegie Inst. of Wash. Publ. No **287**.
STADELMANN, E., 1956 a: Plasmolyse und Deplasmolyse. Hdb. Pflanzenphysiol. **II**, 71—115, herausg. v. W. RUHLAND. Berlin-Göttingen-Heidelberg.
— 1956 b: Mathematische Analyse experimenteller Ergebnisse: Gewinnung der Permeabilitätskonstanten, Stoffaufnahme- und -abgabewerte. Hdb. Pflanzenphysiol. **II**, 139—195, herausg. v. W. RUHLAND, Berlin-Göttingen-Heidelberg.
STÅLFELT, M. G., 1960: Wassergehalt und Plasmazustand. Hdb. Pflanzenphysiol. **V/2**, 174—179, herausg. v. W. RUHLAND. Berlin-Göttingen-Heidelberg.
STAPLE, W. J., and J. J. LEHANE, 1962: Effect of soil moisture tensions on growth of wheat. Canad. J. Soil. Sci. **42**, 180—188.

Steiner, M., 1933: Zum Chemismus der osmotischen Jahresschwankungen einiger immergrüner Holzgewächse. Jb. wiss. Bot. **78**, 564—622.
— 1934: Zur Ökologie der Salzmarschen der nordöstl. Vereinigten Staaten von Nordamerika. Jb. wiss. Bot. **81**, 94—202.
— 1935: Winterliches Bioklima und Wasserhaushalt der Pflanzen an der alpinen Baumgrenze. Bioklimat. Beih. H. **2**, 57—65.
— 1939: Die Zusammensetzung des Zellsaftes bei höheren Pflanzen in ihrer ökologischen Bedeutung. Ergebn. d. Biol. **17**, 151—254.
Steubing, L., 1965: Pflanzenökologisches Praktikum. Methoden und Geräte zur Bestimmung wichtiger Standortsfaktoren. Berlin und Hamburg.
Stieglitz, H., 1936: Beiträge zur Zellsaftchemie des Winterweizens. Z. Pflanzenernährg., Düng. und Bodenk. **43**, 152—170.
Stiles, W., 1956: Water content and respiration. Hdb. Pflanzenphysiol. **III**, 652—657, herausg. v. W. Ruhland. Berlin-Göttingen-Heidelberg.
— 1960: Respiration in seed germination and seedling development. Hdb. Pflanzenphysiol. **II**, 465—492, herausg. v. W. Ruhland. Berlin-Göttingen-Heidelberg.
Stille, B., 1947: Grenzwerte der relativen Feuchtigkeit und des Wassergehaltes getrockneter Lebensmittel für den mikrobiellen Befall. Z. Lebensm. u. Forsch. **88**, 9—12.
Stocker, O., 1927: Physiologische und ökologische Untersuchungen an Laub- und Strauchflechten. Flora N. F. **21**, 334—415.
— 1928: Das Halophytenproblem. Erg. d. Biol. **3**, 265—354.
— 1929: Das Wasserdefizit von Gefäßpflanzen in verschiedenen Klimazonen. Planta **7**, 382—387.
— 1954: Der Wasser- und Assimilathaushalt südalgerischer Wüstenpflanzen. Ber. dtsch. bot. Ges. **67**, 289—299.
— 1956 a: Die Dürreresistenz. Handb. Pflanzenphysiol. **III**, 696—741, herausg. v. W. Ruhland. Berlin-Göttingen-Heidelberg.
— 1956 b: Wasseraufnahme und Wasserspeicherung bei Thallophyten. Handb. Pflanzenphysiol. **III**, 160—172, herausg. von W. Ruhland. Berlin-Göttingen-Heidelberg.
— 1956 c: Wassermangel und Zellaktivität. Handb. Pflanzenphysiol. **II**, 639—654, herausg. v. W. Ruhland. Berlin-Göttingen-Heidelberg.
— 1959: Über die Atmung ruhender Weizenkörner in Abhängigkeit vom Wassergehalt. Angew. Botanik **33**, 153—158.
— 1960: Die photosynthetische Leistung der Steppen- und Wüstenpflanzen. Hdb. Pflanzenphysiol. **V**, 460—491, herausg. v. W. Ruhland. Berlin-Göttingen-Heidelberg.
— 1967: Der Wasser- und Photosynthese-Haushalt mitteleuropäischer Gräser, ein Beitrag zum allgemeinen Konstitutionsproblem des Grastypus. Flora (B) **157**, 56—96.
Stocking, C. R., 1956: Osmotic pressure or osmotic value. Hdb. Pflanzenphysiol. **II**, 57—70, Berlin-Göttingen-Heidelberg.
Stoehr, H., 1913: Photochemische Vorgänge bei der diurnalen Entsäuerung der Sukkulenten. Biochem. Z. **57**, 95.
Strogonov, B. P., 1962: Physiological basis of salt-tolerance of plants. Englische Übersetzung, Jerusalem 1964.
Strugger, S., 1949: Praktikum der Zell- und Gewebephysiologie der Pflanze. Berlin-Göttingen-Heidelberg.
Svejda, F., 1966: Investigations on the relationship between winter-hardiness in roses and the electric impedance measured during the growing period. Canad. J. Plant Sci. **46**, 441—448.

Takada, H., 1951: Über Tagesschwankungen des osmotischen Wertes in den Blättern von Strandpflanzen in ihrem Zusammenhang mit dem Chloridgehalt. J. Inst. Polytechn., Osaka Univ. **2** (D), 9—21.
Takaoki, T., 1957: Relationships between plant hydrature and respiration. II. Respiration in relation to the concentration and the nature of external solutions. J. Sci. Hirosh. Univ. B, 2, **8**, 73—80.
— 1962: Osmotic value, bound water, and respiration of the plant in relationship to soil moisture variations. J. Sci. Hirosh. Univ. B, 2, **9**, 209—238.
Tallis, J. H. 1959: Studies in the biology and ecology of *Rhacomitrium lanuginosum* II. J. Ecology **47**, 325—350.
Taper, C. D., and R. S. Ling, 1961: Estimation of apple rootstock vigor by the electrical resistance of living shoots. Can. J. Botany, **39**, 1585—1589.

TAYLOR, S. A., 1962: Water relations of field crops. In: Arid Zone Res. **16**, 303—308. UNESCO.

— and R. O. SLATYER, 1961: Proposals for unified terminology in studies of plant-soil-water relationships. In: Arid Zone Res. **16**, 339—349. UNESCO.

THEDEN, G., 1941: Holzzerstörende Pilze. Angew. Bot. **23**, 189.

THODAY, D., 1918: On turgescence and the absorption of water by the cells of plants. New Phytologist **17**, 108—113.

— 1921: On the behavior during drought of leaves of two cape species of *Passerina*. Ann. Bot. **35**, 585—601.

THÖNI, H., 1965: Eine modifizierte Kapillarmethode zur Messung osmotischer Werte von Pflanzensäften und Lösungen. Experientia (Basel) **21**, 112.

THREN, R., 1933/34: Jahreszeitliche Schwankungen des osmotischen Wertes verschiedener ökologischer Typen in der Umgebung von Heidelberg. Mit einem Beitrag zur Methodik der Preßsaftuntersuchung. Z. Bot. **26**, 449—526.

TINKLIN, R., 1967: Note on the determination of leaf water-potential. New Phytol. **66**, 85—88.

TOMKINS, R. G., 1930: Studies of the growth of molds. Proc. Roy. Soc. London, ser. B, **105**, 375—401.

TRANQUILLINI, W., 1963: Die Abhängigkeit der Kohlensäureassimilation junger Lärchen, Fichten und Zirben von der Luft- und Bodenfeuchte. Versuche in einem klimatisierten Windkanal. Planta **60**, 70—94.

TREZZI, F., M. G. GALLI e E. BELLINI, 1965: L'asmoresistenza di *Dunaliella salina*, ricerche ultrastrutturali. Giorn. Bot. Ital. **72**, 255—263.

TSVETKOVA, I. V., 1953: Increase of salt tolerance in millet and wheat on saline irrigated soils. Kandidatskaya dissertatsiya, Moskau. [Russ.]

TUMANOV, I. I., 1967: On the physiological mechanism of frost resistance of plants. Fiziol. Rastenij. **14**, 520—539. [Russ.]

— und J. N. BORODIN, 1930: Untersuchungen über die Kälteresistenz von Winterkulturen durch direktes Gefrieren und indirekte Methoden. Phytopathol. Zschr. **1**, 575. [Russ.]

TYURINA, M. M., 1957: The significance of the negative turgor pressure for the water relations of leaves. Bot. Z. **42**, 1035—1042. [Russ.]

UNGAR, I. A., 1962: Influence of salinity on seed germination in succulent halophytes. Ecol. **43**, 763—764.

UNGER, K., 1959: Die Anwendung radioaktiver Strahlungsquellen zur berührungslosen Massenbestimmung von Pflanzenbeständen und Einzelpflanzen am natürlichen Standort. Der Züchter **29**, 289—293.

— 1965: Zur Bestimmung des relativen Wasservorbrauchs von Pflanzenbeständen durch radiometrische Bodenfeuchtigkeitsmessungen. Der Züchter **35**, 2—6.

— 1966: Quantitative Analysen der Ertragsbildung in der Züchtungsforschung. Tagungsber. Nr. **82** der DAL.

URSPRUNG, A., und G. BLUM, 1916 a: Über die Verteilung des osmotischen Wertes in der Pflanze. Ber. dtsch. bot. Ges. **34**, 88—104.

— — 1916 b: Zur Methode der Saugkraftmessung. Ber. dtsch. bot. Ges. **34**, 525—539.

— — 1920: Dürfen wir die Ausdrücke osmotischer Wert, osmotischer Druck, Turgordruck, Saugkraft synonym gebrauchen? Biol. Zbl. **40**, 193—216.

— — 1928: Eine Methode zur Messung der Saugkraft von Hartlaub. Pringsheim Jahrbücher **67**, 334—346.

— — 1930: Zwei neue Saugkraftmeßmethoden. Jb. wiss. Bot. **72**, 254—334.

— — 1947: Die osmotischen Zustandsgrößen der Nadeln von *Pinus silvestris*. Commentationes **II**, 465—634.

VARTAPETYAN, B. B., 1965: Water relations of plants in experiments with heavy isotope O^{18}. In: Water stress in plants, 72—79, herausg. v. B. SLAVIK. The Hague.

VASSILJEV, I. M., 1931: Über den Wasserhaushalt von Pflanzen der Sandwüste im südöstlichen Kara-Kum. Planta **14**, 225—309.

VIEWEG, G. H., 1960: Wasserhaushalt und Photosynthese des Kormophyten-Blattes, mit besonderer Berücksichtigung der refraktometrischen Saugkraft-Bestimmung. Dissertation, Darmstadt.

VIRGIN, H. I., 1955: A new method for the determination of the turgor of plant tissues. Physiol. Plant. **8**, 954—962.

VOGEL, S., 1955: „Niedere Fensterpflanzen" in der südafrikanischen Wüste. Beitr. Biol. Pfl. **31**, 45—135.

VOLK, O. H., 1931: Beiträge zur Ökologie der Sandvegetation der Oberrheinischen Tiefebene. Z. Bot. **24**, 81—185.
VRIES, H. DE, 1877: Über die Ausdehnung wachsender Pflanzenzellen durch ihren Turgor. Bot. Z. **35**, 1—10.
— 1884 a: Zur plasmolytischen Methodik. Bot. Z. **42**, 289—298.
— 1884 b: Eine Methode zur Analyse der Turgorkraft. Jb. wiss. Bot. **14**, 427—601.

WADLEIGH, C. H., and H. G. GAUCH, 1942: Assimilation in bean plants of nitrogen from saline solutions. Proc. Amer. Soc. Hort. Sci. **41**, 360—364.
WAISTER, P. D., 1963 a: An improved thermocouple for assessing leaf water potential by vapour pressure measurement. Israel J. Botany **12**, 192—196.
— 1963 b: Water stress in plants as a guide to irrigation practice. University of Nottingham, School of Agriculture Report 65—72.
— 1965: Precision of thermocouple psychrometers for measuring leaf water potential. Nature **205**, 4974, 922—923.
WALDERDORFF, M., 1924: Über die Kultur von Pollenschläuchen und Pilzmycelien auf festem Substrat bei verschiedener Luftfeuchtigkeit. Bot. Arch. **6**, 84—110.
WALTER, H., 1923 a: Zur Biologie der *Bangia fusco-purpurea Lyngl.* Flora **116**, 316—322.
— 1923 b: Protoplasma- und Membranquellung bei Plasmolyse. Jb. wiss. Bot. **62**, 145—213.
— 1924: Plasmaquellung und Wachstum. Z. Bot. **16**, 353—417.
— 1925: Der Wasserhaushalt der Pflanze in quantitativer Betrachtung. Freising-München.
— 1928: Über die Preßsaftgewinnung für die kryoskopische Messung des osmotischen Wertes bei Pflanzen. Ber. dtsch. bot. Ges. **46**, 539—549.
— 1929: Plasmaquellung und Assimilation. Protoplasma **6**, 113—156.
— 1931 a: Die Hydratur der Pflanze und ihre physiologisch-ökologische Bedeutung. Jena.
— 1931 b: Die kryoskopische Bestimmung des osmotischen Wertes bei Pflanzen. Abderh. Hdb. d. biol. Arbeitsmethoden, Abt. XI, 4, 353—371.
— 1933 a: Zur Klärung des Hydraturbegriffes. Planta **19**, 636—643.
— 1933 b: Schlußwort. Planta **19**, 648—650.
— 1936 a: Tabellen zur Berechnung des osmotischen Wertes von Pflanzensäften, Zuckerlösungen und einigen Salzlösungen. Ber. dtsch. bot. Ges. **54**, 328—339.
— 1936 b: Die ökologischen Verhältnisse in der Namib-Nebelwüste (Südwestafrika). Jb. wiss. Bot. **84**, 58—222.
— 1939: Grasland, Savanne und Busch der ariden Teile Afrikas in ihrer ökologischen Bedingtheit. Jb. wiss. Bot. **87**, 750—860.
— 1952: Kritisches zur Darstellung der osmotischen Zustandsgrößen in den verschiedenen Lehrbüchern der Botanik. Planta **40**, 550—554.
— 1955: The water economy and the hydrature of plants. Ann. Rev. Plant Physiol. **6**, 239—252.
— 1958: Phylogenie und Physiologie des Wasserhaushalts: poikilohydre und homoiohydre Pflanzen. Scientia **52**, 1—5.
— 1960: Einführung in die Phytologie, Bd. **III**. Stuttgart.
— 1962: Einführung in die Phytologie. Bd. **I**. Stuttgart.
— 1963 a: Zur Klärung des spezifischen Wasserzustandes im Plasma und in der Zellwand bei der höheren Pflanze und seine Bestimmung. Teil I. Ber. dtsch. bot. Ges. **76**, 40—53.
— 1963 b: Teil II. Ber. dtsch. bot. Ges. **76**, 54—71.
— 1964: Die Vegetation der Erde in öko-physiologischer Betrachtung. Bd. I. Jena.
— 1965: Zur Klärung des spezifischen Wasserzustandes im Plasma. Teil III. Ber. dtsch. bot. Ges. **78**, 104—114.
— 1966: Remarks on the critique of hydrature concept by E. SHMUELI and O. P. COHEN. Israel J. Bot. **15**, 35—36.
— 1967 a: Die physiologischen Voraussetzungen für den Übergang der autotrophen Pflanzen vom Leben im Wasser zum Landleben. Z. Pflanzenphysiol. **56**, 170—183.
— 1967 b: Critique of the hydrature concept by E. SHMUELI and O. P. COHEN. Israel. J. Bot. **16**, 48.
— 1968: Die Vegetation der Erde in öko-physiologischer Betrachtung. Bd. **II**. Jena.
— und G. BAUER, 1937: Über das Einrollen der Blätter bei Farnen und Blütenpflanzen. Flora **131**, 387—399.
— und J. VAN STADEN, 1965: Über die Jahreskurven des osmotischen Wertes bei einigen Hartlaubarten des Kaplandes. J. S. Afr. Bot. **31**, 225—236.

WALTER, H., und M. STEINER, 1936: Die Ökologie der ostafrikanischen Mangrove. Z. Bot. **30**, 65—193.

— und R. THREN, 1934: Die Berechnung des osmotischen Wertes auf Grund von kryoskopischen Messungen und der Vergleich mit Saugkraftbestimmungen. Jb. wiss. Bot. **80**, 20—35.

— und E. WALTER, 1929: Ökologische Untersuchungen des osmotischen Wertes bei Pflanzen aus der Umgebung des Balatons (Plattensees) in Ungarn während der Dürrezeit 1928. Planta **8**, 571—624.

— und O. WEISMANN, 1936: Über Gefrierpunkte und osmotische Werte lebender und toter pflanzlicher Gewebe. Jb. wiss. Bot. **82**, 273—310.

— and H. WIEBE, 1966: Toward clarification of the specific condition of water in protoplasm and in the cell wall of higher plants and its determination. Advancing frontiers of plant Sciences **14**, 173—218.

WALTHER, K., 1967: Zur Typisierung von *Chamaegigas intrepidus* Dtr. Mitt. Staatsinst. Allg. Bot. Hamburg **12**, 187—190.

WARDLAW, I. F., 1967: The effect of water stress on translocation in relation to photosynthesis and growth. I. Effect during grain development in wheat. Aust. J. Biol. Sci. **20**, 25—39.

WARDLE, P., 1965: A comparison of alpine timberlines in New Zealand and North America. New Zeal. J. Bot. **3**, 113—135.

WARING, R. H., and B. D. CLEARY, 1967: Plant moisture stress: evaluation by pressure bomb. Science **155**, 1248—1254.

WEAST, R. C., S. M. SELBY, and C. D. HODGEMAN, 1965—1966: Handbook of Chemistry and Physics. **46**. Aufl. Cleveland (USA).

WEATHERLEY, P. E., 1950: Studies in the water relations of cotton plant. I. The field measurement of water deficits in leaves. New Phytol. **49**, 81—97.

— 1960: A new micro-osmometer. J. Exp. Bot. **11**, 258—268.

— 1965: The state and movement of water in the leaf, 157—184. In: The state and movement of water in living organisms. Cambridge.

WEISE, G., und S. BÖRTITZ, 1964: Biochemische und gasstoffwechsel-physiologische Untersuchungen an Fichte (*Picea abies* Karst.) und Omorikafichte (*Picea omorica* Pančič) nach Dürrebelastungen unter standardisierten Bedingungen. Biol. Zbl. **83**, 19—25.

— und S. FUCHS, 1964: Die Sistierung der Nettoassimilation und ihre Beziehung zur Dürreresistenz. Biol. Zbl. **83**, 625—631.

WEISMANN, O., 1938: Eine theoretische und experimentelle Kritik der „Bound Water"-Theorie. Protoplasma **31**, 27—68.

WEISSER, P., 1967: Zur Kenntnis der Erdkakteen in Chile. Ber. dtsch. bot. Ges. **80**, 331—338.

WENZL, H., 1934: Untersuchungen über den Wasserhaushalt von *Marchantia polymorpha*. Jb. wiss. Bot. **79**, 311—352.

WIEBE, H. H., 1966: Matric potential of several plant tissues and biocolloids. Plant Physiol. **41**, 1439—1442.

WILSON, J. W., 1967 a: The components of leaf water potential. I. Osmotic and matric potentials. Aust. J. Biol. Sci. **20**, 329—347.

— 1967 b: II. Pressure potential and water potential. Aust. J. Biol. Sci. **20**, 349—357.

— 1967 c: The components of leaf water potential. III. Effects of tissue characteristics and relative water content on water potential. Aust. J. Biol. Sci. **20**, 359—367-

WINTER-GÜNTHER, L., 1936: Über den Einfluß des Lichtes auf das Wachstum von *Pleurococcus vulgaris*. Jb. wiss. Bot. **83**, 240—263.

WITTROCK, V., 1891: Biologiska ormbunk studier. Acta Horti Bergiani I, 3.

ZEMKE, I., 1939: Anatomische Untersuchungen an Pflanzen der Namibwüste. Flora **133**, 365—416.

ZEUCH, L., 1934: Untersuchungen zum Wasserhaushalt von *Pleurococcus vulgaris*. Planta **22**, 614—643.

ZIEGLER, H., 1967: Wasserumsatz und Stoffbewegungen. Bericht über die Arbeiten zum Wasserumsatz in den Jahren 1965 und 1966. Fortschritte der Botanik **29**, 68—80. Berlin-Heidelberg-New York.

— und V. LÜTTGE, 1966: Die Salzdrüsen von *Limonium vulgare*. I. Mitteilung: Die Feinstruktur. Planta **70**, 193—206.

— — 1967: Die Salzdrüsen von *Limonium vulgare*. II. Mitteilung: Die Lokalisierung des Chlorids. Planta **74**, 1—17.

— und I. ZIEGLER, 1965: Der Einfluß der Belichtung auf die NADP+-abhängige Glycerinaldehyd-3-phosphat-Dehydrogenase. Planta **65**, 369—380.

Sachverzeichnis

Berichtigungen

S. 11, Zeile 12 von oben lies: Abnahme statt: Abname.

S. 26, Zeile 12 und 13 von unten lies: Saccharose-Lösung, durch Wasserentzug eine statt: Saccharose-Lösung durch Wasserentzug, eine.

S. 121, in der Unterschrift zu Abb. 61 lies: 2 und 5 Blättern statt: 2 und 6 Blättern.

S. 204, Zeile 6 von oben lies: konnten statt: konnte.

S. 227, Zeile 23 von oben lies: Landformen, oder statt: Landformen oder.

S. 249, Zeile 6 von unten lies: hohem Sulfatgehalt statt: einem Sulfatgehalt.